"十二五"国家重点图书出版规划项目

现代电磁无损检测学术丛书

电磁无损检测传感与成像

田贵云　何赟泽　高　斌　周秀云　著

曾志伟　蔡桂喜　林俊明　审

机械工业出版社

本书全面系统地介绍了电磁无损检测传感与成像技术原理及应用。全书共8章，第1章概述了电磁无损检测传感与成像的定义、分类、特点及发展；第2、3章介绍了涡流和脉冲涡流检测传感与成像；第4、5章介绍了漏磁、巴克豪森和磁光成像等磁性无损检测技术；第6章介绍了微波无损检测技术及应用；第7章介绍了涡流脉冲热成像检测技术；第8章介绍了图像和图像序列处理方法以及在涡流热成像检测中的应用。

本书具有以下特色：第一，内容丰富，涵盖了低频、高频和多物理场等10余种电磁无损检测技术；第二，理论与实践并重；第三，需求和应用相结合，重点讨论了电磁无损检测技术在复合材料、航空航天、轨道交通、石化、海洋、土木、风电等多个领域的需求和应用；第四，兼具教材与专著功能。

本书是作者携国际化研究团队对电磁无损检测传感与成像技术的梳理，并汇集了10余年来的科研与技术应用成果，可供高等院校相关专业高年级本科生和研究生、研究人员以及相关企业的工程技术和科技管理人员阅读和参考。

图书在版编目（CIP）数据

电磁无损检测传感与成像/田贵云等著. —北京：机械工业出版社，2019.8

"十二五"国家重点图书出版规划项目　现代电磁无损检测学术丛书

ISBN 978-7-111-63729-5

Ⅰ.①电…　Ⅱ.①田…　Ⅲ.①传感器-应用-电磁检验-无损检验②成象-应用-电磁检验-无损检验　Ⅳ.①TG115.28

中国版本图书馆CIP数据核字（2019）第208493号

机械工业出版社（北京市百万庄大街22号　邮政编码100037）
策划编辑：薛　礼　责任编辑：李超群　赵志鹏　安桂芳　薛　礼
责任校对：陈　越　封面设计：鞠　杨
责任印制：郜　敏
北京圣夫亚美印刷有限公司印刷
2020年3月第1版第1次印刷
184mm×260mm·22印张·2插页·544千字
0001—1900册
标准书号：ISBN 978-7-111-63729-5
定价：188.00元

电话服务　　　　　　　　　网络服务
客服电话：010-88361066　　机　工　官　网：www.cmpbook.com
　　　　　010-88379833　　机　工　官　博：weibo.com/cmp1952
　　　　　010-68326294　　金　书　网：www.golden-book.com
封底无防伪标均为盗版　机工教育服务网：www.cmpedu.com

现代电磁无损检测学术丛书编委会

序 1

利用大自然的赋予，人类从未停止发明创造的脚步。尤其是近代，科技发展突飞猛进，仅电磁领域，就涌现出法拉第、麦克斯韦等一批伟大的科学家，他们为人类社会的文明与进步立下了不可磨灭的功绩。

电磁波是宇宙物质的一种存在形式，是组成世间万物的能量之一。人类应用电磁原理，已经实现了许多梦想。电磁无损检测作为电磁原理的重要应用之一，在工业、航空航天、核能、医疗、食品安全等领域得到了广泛应用，在人类实现探月、火星探测、无痛诊疗等梦想的过程中发挥了重要作用。它还可以帮助人类实现更多的梦想。

我很高兴地看到，我国的无损检测领域有一个勇于探索研究的群体。他们在前人科技成果的基础上，对行业的发展进行了有益的思考和大胆预测，开展了深入的理论和应用研究，形成了这套"现代电磁无损检测学术丛书"。无论他们的这些思想能否成为原创技术的基础，他们的科学精神难能可贵，值得鼓励。我相信，只要有更多为科学无私奉献的科研人员不懈创新、拼搏，我们的国家就有希望在不久的将来屹立于世界科技文明之巅。

科学发现永无止境，无损检测技术发展前景光明！

中国科学院院士

程开甲

2015 年秋日

序　2

　　无损检测是一门在不破坏材料或构件的前提下对被检对象内部或表面损伤以及材料性质进行探测的学科，随着现代科学技术的进步，综合应用多学科及技术领域发展成果的现代无损检测发挥着越来越重要的作用，已成为衡量一个国家科技发展水平的重要标志之一。

　　现代电磁无损检测是近十几年来发展最快、应用最广、研究最热门的无损检测方法之一。物理学中有关电场、磁场的基本特性一旦运用到电磁无损检测实践中，由于作用边界的复杂性，从"无序"的电磁场信息中提取"有用"的检测信号，便可成为电磁无损检测技术理论和应用工作的目标。为此，本套现代电磁无损检测学术丛书的字里行间无不浸透着作者们努力的汗水，闪烁着作者们智慧的光芒，汇聚着学术性、技术性和实用性。

　　丛书缘起。2013 年 9 月 20—23 日，全国无损检测学会第 10 届学术年会在南昌召开。期间，在电磁检测专业委员会的工作会议上，与会专家学者通过热烈讨论，一致认为：当下科技进步日趋强劲，编织了新的知识经纬，改变了人们的时空观念，特别是互联网构建、大数据登场，既给现代科技，亦给电磁检测技术注入了全新的活力。是时，华中科技大学康宜华教授率先提出：敞开思路、总结过往、预测未来，编写一套反映现代电磁无损检测技术进步的丛书是电磁检测工作者义不容辞的崇高使命。此建议一经提出，立即得到与会专家的热烈响应和大力支持。

　　随后，由福建省爱德森院士专家工作站出面，邀请了两弹一星功勋科学家程开甲院士担任丛书总顾问，钱七虎院士、徐滨士院士、陈达院士、杨叔子院士、张履谦院士等为顾问委员会成员，为丛书定位、把脉，力争将国际上电磁无损检测技术、理论的研究现状和前沿写入丛书中。2013 年 12 月 7 日，丛书编委会第一次工作会议在北京未来科技城国电研究院举行，制订出 18 本丛书的撰写名录，构建了相应的写作班子。随后开展了系列活动：2014 年 8 月 8 日，编委会第二次工作会议在华中科技大学召开；2015 年 8 月 8 日，编委会第三次工作会议在国电研究院召开；2015 年 12 月 19 日，编委会第四次工作会议在西安交通大学召开；2016 年 5 月 15 日，编委会第五次工作会议在成都电子科技大学召开；2016 年 6 月 4 日，编委会第六次工作会议在爱德森驻京办召开。

好事多磨，本丛书的出版计划一推再推。主要因为丛书作者繁忙，常"心有余而力不逮"；再者丛书提出了"会当凌绝顶，一览众山小"的高度，故其更难矣。然诸君一诺千金，知难而进，经编委会数度研究、讨论、精简，如今终于成集，圆了我国电磁无损检测学术界的一个梦！

最终决定出版的丛书，在知识板块上，力求横不缺项，纵不断残，理论立新，实证鲜活，预测严谨。丛书共包括九个分册，分别是：《钢丝绳电磁无损检测》《电磁无损检测数值模拟方法》《钢管漏磁自动无损检测》《电磁无损检测传感与成像》《现代漏磁无损检测》《电磁无损检测集成技术及云检测/监测》《长输油气管道漏磁内检测技术》《金属磁记忆无损检测理论与技术》《电磁无损检测的工业应用》，代表了我国在电磁无损检测领域的最新研究和应用水平。

丛书在手，即如丰畴拾穗，金瓯一拢，灿灿然皆因心仪。从丛书作者的身上可以感受到电磁检测界人才辈出、薪火相传、生生不息的独特风景。

概言之，本丛书每位辛勤耕耘、不倦探索的执笔者，都是电磁检测新天地的开拓者、观念创新的实践者，余由衷地向他们致敬！

经编委会讨论，推举笔者为本丛书总召集人。余自知才学浅薄，诚惶诚恐，心之所系，实属难能。老子曰："夫代大匠斫者，希有不伤其手者矣"。好在前有程开甲院士屈为总顾问领航，后有业界专家学者扶掖护驾，多了几分底气，也就无从推诿，勉强受命。值此成书在即，始觉"千淘万漉虽辛苦，吹尽狂沙始到金"，限于篇幅，经荟选，终稿。

洋洋数百万字，仅是学海撷英。由于本丛书学术性强、信息量大、知识面宽，而笔者的水平局限，疵漏之处在所难免，望读者见谅，不吝赐教。

丛书的编写得到了中国无损检测学会、机械工业出版社的大力支持和帮助，在此一并致谢！

丛书付梓费经年，几度惶然夜不眠。

笔润三秋修正果，欣欣青绿满良田。

是为序。

现代电磁无损检测学术丛书编委会总召集人
中国无损检测学会副理事长
林俊明

丙申秋

前　言

经过 100 多年的发展，电磁无损检测技术大家庭培育出了电位检测、涡流检测、漏磁检测、磁粉检测、巴克豪森检测、微波检测、电磁超声、涡流热成像、磁光成像等众多成员，已成为保证产品制造质量和设备安全运行不可或缺的手段。近年来，电磁无损检测技术的发展日新月异，主要表现在：①涌现出多种电磁无损检测新技术，如以多物理场耦合为基础的磁光成像、涡流热成像检测技术，以及处于更高频段的微波检测技术；②电磁及多物理场耦合的解析和数值模型研究得到重视，相关成果在电磁检测的理论研究、传感器设计、反演解释等方面发挥着越来越重要的应用；③电磁传感技术飞速发展，各种性能优异的电磁传感器（如 GMR 磁传感器、MEMS 基传感器、磁光薄膜、红外热像仪等）被引入电磁无损检测领域，提高了检测能力，丰富了成像手段；④多维信号与图像处理方法日新月异，盲源分析与模式识别等方法得到应用，提高了智能化程度和诊断能力；⑤检测对象日益增多，不仅可以检测金属和复合材料的缺陷与性能，还可以检测电子器件、集成电路、半导体、涂层、流体、混凝土、土壤、木材中的异常情况；⑥应用领域不断扩展，其在电力、国防、海洋、航空、航天、核能、化工、机械、建筑、汽车、石油、特种设备、铁路、冶金、造船等领域越来越受到重视；⑦无损检测逐步与视情维修及以可靠性为中心的维修有机融合，与云计算、大数据、人工智能、互联网+以及工业 4.0 的结合也初露峥嵘，这些新概念与新理念将给电磁无损检测带来飞跃式发展，甚至是彻底的变革。

尽管如此，现有电磁无损检测的研究和应用仍存在一些不足，主要表现在：①诸多新技术的检测机理尚不明确，缺陷检测方法尚未成熟；②理论研究和应用研究之间存在较大的脱节现象；③针对复杂和特殊对象的传感器和检测系统设计方法尚未完全建立；④检测信号反演解释和缺陷定量评估的研究还存在较多理论和技术难点需要攻克；⑤自然缺陷检测识别的自动化和智能化程度水平较低，与现代人工智能技术发展水平不匹配。

作者根据多年相关科学研究的实践和思考，并结合国际上相关研究的动态和前沿，撰写了本书，试图梳理出一些针对上述问题和不足的解决思路与方法，进一步完善电磁无损检测技术的理论和方法，促进电磁无损检测技术的发展和推广应用。

本书全面系统地介绍了电磁无损检测传感与成像技术原理及应用，具有以下几个特色：第一，内容丰富，涵盖了低频电磁检测技术（如涡流、漏磁、脉冲涡流、巴克豪森效应）、高频电磁检测技术（如微波波导检测、探地雷达）以及多物理场检测技术（如涡流脉冲热成像、电磁超声、磁光）等10余种检测技术；第二，理论与实践并重，不仅介绍了各类电磁无损检测技术的基本原理和仿真研究方法，还详细描述了传感与系统设计、信号与图像处理以及定量分析等方法，并提供了丰富的试验与结果讨论；第三，注重需求和应用的结合，重点讨论了电磁无损检测技术在复合材料、航空、轨道交通、石化、海洋、土木、风电等多个领域的需求和应用；第四，兼具教材与专著功能，不仅介绍了各项检测技术的基本概念和基础理论，而且融合了作者团队近年来取得的前沿成果。

全书共8章。第1章绪论，简要介绍了电磁无损检测传感与成像的定义、分类、特点与发展；第2章介绍了涡流检测传感与成像技术，着重讨论了解析法正问题建模与基于模型的反问题求解方法；第3章介绍了脉冲涡流检测技术，特别介绍了脉冲涡流的特征值提取方法及应用；第4章介绍了漏磁、巴克豪森、剩余磁场等几种磁无损检测技术；第5章介绍了磁光成像，特别描述了其在磁畴观测、应力评估方面的应用；第6章介绍了几种高频段的电磁无损检测技术，包括（扫频）微波波导无损检测技术、基于微波波导传输的管道检测技术和探地雷达；第7章介绍了涡流脉冲热成像及其在金属、复合材料检测方面的应用；第8章以涡流脉冲热成像检测技术为范例，介绍了图像及图像序列处理方法，包括独立成分分析、非负矩阵分解、稀疏分解等盲源分离方法。

多年来，作者团队的研究工作得到英国国家工程和自然科学研究委员会、英国皇家学会、英国皇家工程院、国家自然科学基金委员会、科学技术部等部门以及欧盟地平线2020、欧盟第七框架等科技计划的鼎力资助。诸位研究生也参与了本书的撰写工作，高运来和丁松博士撰写了第4章的部分内容，邱发生博士撰写了第5章的部分内容。本书的完善与提高得到几位专家的无私指导和帮助，他们是厦门大学曾志伟教授、中国科学院金属研究所蔡桂喜研究员、爱德森（厦门）电子有限公司林俊明研究员、四川大学杨随先教授、北京航空航天大学雷银照教授等。本书的出版得到了"现代电磁无损检测学术丛书"编委会和机械工业出版社的大力支持。作者对以上机构和人员表示最衷心的感谢！

本书可供高等院校相关专业高年级本科生和研究生、相近学科的研究人员以及相关企业的工程技术人员和科技管理人员阅读和参考。

由于作者水平有限，本书难免存在不当和疏漏之处，敬请各位同仁、读者和专家谅解，并给予批评指正。

作　者

目　　录

第1章 绪 论

无损检测与评估（Nondestructive Testing and Evaluation，NDT&E），是指在不破坏被检对象的前提下，对被检对象内部及其表面的结构、性质、状态进行检查和测试的方法，通常简称为无损检测（Nondestructive Testing，NDT）或无损评估（Nondestructive Evaluation，NDE）。现代无损检测技术广泛应用于零部件缺陷检测、材料的机械或物理性能测试、产品性质和状态的评估、产品的几何度量、结构完整性评估、在役设备的检测监测以及剩余寿命评估等，在控制产品制造质量、改进生产工艺、降低制造成本、提高劳动生产率和保证设备安全运行等方面都具有十分重要的现实意义。

无损检测技术具有多学科综合交叉、理论与实践紧密结合、应用性强等特点，涵盖了工程学、物理学、材料学、电子学、仪器科学、控制科学、信息科学以及计算机科学等多个学科，涉及声、光、热、红外、电磁、力、射线等多种物理现象。其中，利用材料与电磁场/波的相互作用进行检测和评估的技术统称为电磁无损检测技术（Electromagnetic Nondestructive Testing，EMNDT）。电磁无损检测技术是以电磁场作用下材料电磁学参数变化，或由电磁场导致的声、光、热、力学等参数的变化为依据，进而判断材料的组织、缺陷和性能的。电磁无损检测技术是无损检测技术大家庭的重要成员，其重要性在全世界得到公认。经过100多年的发展，电磁无损检测技术已成为保证产品制造质量和设备安全运行不可或缺的手段，并广泛应用于机械装备、冶金、石油化工、兵器、船舶、航空与航天、核能、电力、建筑、交通、电子电器、医药、轻工业、食品、地质勘探、安全检查、材料科学等领域。

本章在简述电磁无损检测技术的概念、分类、特点以及发展的基础上，着重介绍了电磁无损检测中的传感与成像技术，电磁无损检测正问题和反问题求解方法以及电磁无损检测技术的应用对象和范围。

1.1 电磁无损检测技术概述

1.1.1 电磁无损检测技术的分类

电磁无损检测技术种类繁多，包括电位法、电容法、电阻法、涡流法、漏磁法、磁粉法、金属磁记忆法、巴克豪森噪声法、磁声发射法、射频法、微波法、太赫兹法、电磁超声法、涡流热成像法、磁光成像法、微波热成像法等众多成员。每种方法还可以进行细分，如涡流法可分为单频涡流法、多频涡流法、脉冲涡流法、远场涡流法以及阵列涡流法等。电磁无损检测技术可进行如下分类：

1. 按照频率分类

无线电波、微波、太赫兹、红外线、可见光、紫外线、X射线、γ射线都是电磁波。按电磁波的频率范围，电磁无损检测技术可以分为：

1）直流或准直流电磁无损检测技术，如直流电位法、直流漏磁法、直流磁粉法、金属磁记忆法等。

2）低频电磁无损检测技术，其工作频率低于射频波段（300kHz），如交流磁粉法、涡流法、巴克豪森法、磁声发射法等。

3）射频电磁无损检测技术，其工作频率位于射频波段（300kHz~300GHz）内，如射频检测和微波检测，部分涡流检测方法也工作在这个频段。

4）太赫兹无损检测技术，其工作频率位于太赫兹波段（0.1~10THz）。

此外，虽然红外线、可见光、紫外线、X射线、γ射线都属于电磁波，但在无损检测领域通常把以它们为基础的无损检测技术视为光学无损检测技术和射线无损检测技术，这些内容不在本书讨论范围之内。一些以电磁和光学相互耦合为基础的无损检测技术（如磁光成像、涡流热成像、电致发光等）既可以被视为光学无损检测技术，也可以被视为电磁无损检测技术，这些技术在本书讨论范围。

2. 按照物理场分类

按照所涉及的物理场，电磁无损检测技术可以分为：

1）电场法，如电位法、电阻法、电容法等。

2）磁场法，如磁粉法、漏磁法、金属磁记忆法等。

3）电磁场法，如涡流法、交变磁场法等。

4）电磁波法，如微波法、太赫兹法等。

5）多物理场法，如电磁超声法、磁光成像法、涡流热成像法、磁声发射法、电致发光法等。

3. 按照激励信号的模式分类

首先，按照有无激励信号，电磁无损检测技术可以分为主动式和被动式。磁记忆法就是一种被动式电磁无损检测技术。其次，按照激励信号的模式，主动式电磁无损检测技术可以分为：①直流或准直流信号激励（静态激励）；②单频信号激励；③多频信号激励；④脉冲信号激励；⑤调制信号激励。调制信号可以是调幅信号、调频信号、调相信号和脉冲调制信号。例如，涡流法可以分为单频涡流法、多频涡流法、脉冲涡流法和调频涡流法。同理，漏磁法可分为直流漏磁法、交流漏磁法和脉冲漏磁法。微波法可以分为单频激励法、脉冲激励法和调制信号激励法。

4. 按照电磁场/波与材料的相互作用模式分类

按照电磁波与材料的相互作用模式，电磁无损检测技术可以分为穿透法、反射法、散射法和干涉法等。

1.1.2　电磁无损检测技术的特点

总体来说，电磁无损检测技术具有如下特点：

1）非接触，不需要耦合剂，对被测表面要求不高。

2）响应快。

3）频谱宽，波段从直流到太赫兹。

4）种类多。

5）适用性广，可以检测的对象很多，不仅可以检测金属材料和复合材料，还可以检测电子器件、流体、混凝土、土壤和木材等材料。

6）易于实现数字化、自动化和智能化。

电磁无损检测技术方法众多，各方法使用的电磁场现象差别很大，检测机理不尽相同，优缺点和用途也千差万别。常用电磁无损检测技术的用途、优点与局限性见表 1-1。

表 1-1 常用电磁无损检测技术的用途、优点与局限性

方法	用途	优点	局限性
磁粉法	直观显示缺陷的位置、形状，并可大致确定缺陷的性质。主要应用于金属铸件、锻件和焊缝的检测	灵敏度高，不受试件大小和形状的限制；检测速度快；检测费用低	限于铁磁材料；只能检测表面或近表面缺陷，可探测的近表面缺陷的埋藏深度一般在 2mm 以内；一般要求磁化场的方向与缺陷所在平面的夹角大于 20°；对试件表面的质量要求较高；缺陷深度方向的定量与定位困难
漏磁法	检测工件表面或近表面裂纹、折叠、夹层、夹渣、腐蚀等，并可确定缺陷的位置、大小、形状	操作方便、速度快、检测可靠性和效率高，易于实现自动化；可同时检测内外壁缺陷	限于铁磁材料；缺陷的形状特征和检测信号的特征难以建立对应关系，只能给出缺陷的粗略量化；无损检测前必须清洁工件，涂层太厚会引起假显示，某些应用要求无损检测后退磁
涡流法	检测导电材料表面或近表面的裂纹、夹杂、折叠、凹坑、疏松等缺陷，能确定缺陷的位置和相对尺寸	经济、简便，检测速度快，效率高，便于实现自动化	限于导电材料；穿透浅，要有参考标准；难以判断缺陷种类，信号解释困难，缺陷的定性、精确定位和定量评估都较困难
微波法	能穿透声速衰减很大的非金属材料，如复合材料、非金属制品，可以用于检测火箭壳体、航空部件、轮胎等结构中的缺陷，测量厚度、密度、湿度	灵敏度高，穿透介电材料的能力强；操作方便，可实现自动化	不能检测金属材料内部缺陷；一般不适用于检测小于 1mm 的缺陷，空间分辨率较低；灵敏度受工作频率的限制；需要有参考标准；微波源对人体有伤害；要求操作者有较熟练的操作技能；受试件的几何形状、振动、电磁波干扰较大
交流磁场法	检测表面和近表面的裂纹、腐蚀，检验不通孔、焊缝、表面有涂层的结构，对导电和合金材料进行检测	速度快、精度高、非接触、无须标定，而且检测不受提离效应、材料属性和边缘效应的影响	使用正弦信号激励，交变的磁化场存在趋肤效应，激励电流的频率对检测结果有很大影响
金属磁记忆法	检测应力集中部位，对由于疲劳、形变、损伤而产生的微裂纹可进行早期诊断	无须清理表面；无须人工磁化；提离效应影响小，检测灵敏度高；能在线检测运行和修理的设备	属于弱磁检测技术，检测信号的影响因素较多，如材质、初始磁场、缺陷的大小和种类、热处理及表面粗糙度等因素；只能检测铁磁材料；只能确定应力集中区的位置，无法通过检测的信号推断缺陷的大小和类型，量化性差；由于大多被检测对象的磁场强度、梯度与外界条件之间没有明确的对应关系，信号解释困难；金属磁记忆现象具有一定的空间方向性，磁记忆检测机理的缺陷判定准则无法区尚未形成缺陷的应力集中区域与微小缺陷部位，该技术对缺陷的几何尺寸有一定的适用范围

（续）

方法	用途	优点	局限性
巴克豪森噪声法	评估铁磁材料表面及次表面残余应力量值;评估工件显微组织状态;评估材料热处理状态及磨削烧伤缺陷	进行无损应力分析,可实现全自动化;可实现永久性记录;精确度、灵敏度和可靠性高	需要参考标准;对于操作者有较高的训练要求;材料影响大,影响参数多
电流扰动法	可应用于双层构件、紧固件、孔中底层、孔边的裂纹、叶片榫槽表面裂纹等方面的检测	可检测复杂形状试件;可检测表面和近表面微小缺陷	只适用于非铁磁性金属试件,如铁合金和铝合金制件
电位差法	主要用于裂纹深度的测量,在厚度测量、材料表征等方面也有一定的应用	仅需从试件的一侧进行测量,而不受背面条件的限制,操作方便	电位差法需要试件的电阻率均匀且各向同性

1.1.3　电磁无损检测技术的发展

1. 电磁无损检测的发展历程

（1）电磁无损检测理论的发展历程　1831年,法拉第发现了电磁感应现象,并提出了电磁感应定律。19世纪下半叶,麦克斯韦提出了电磁场的概念并建立了电磁场理论的完整体系。此后,电磁学的理论不断完善和发展,为电磁无损检测技术奠定了坚实的基础。

20世纪40—60年代,学术界开始重视电磁无损检测的理论研究。在福斯特（Foster）阻抗法的基础上,发达国家对涡流无损检测展现了极大兴趣。美国无损检测学会全文刊登了福斯特有关涡流检测理论和工艺成果。1940年,美国编写并出版了《磁通检验的原理》教科书。1961年,Leonard和Stropki撰写了关于微波无损检测的出版物。不久,Hochschild在美国无损检测学会会刊上发表了关于微波无损检测可行性的专题论文。苏联于1966年出版了第一篇定量分析缺陷漏磁场的论文。

20世纪80年代以后,电磁无损检测的理论研究不断深入。目前,几种常规低频电磁无损检测技术的理论已比较成熟。以多物理场为基础的电磁无损检测技术的理论逐渐成为研究热点,如涡流脉冲热成像多物理检测技术、基于磁光效应的磁微观组织检测技术、电磁超声（EMAT）检测技术、3MA多参数检测技术等。电磁无损检测已成为一门交叉学科,涉及物理学、材料学、电子技术、测量技术、信号处理和信息技术等多个学科。

（2）电磁无损检测应用的发展历程　早在19世纪末期,人们就发现电磁方法可以用来进行金属材料的分选。在20世纪初,电磁方法主要应用于材料分选和不连续性检测。1918年,美国人Hoke切削钢件的时候,发现磨削下来的金属粉末会形成与钢件表面裂纹一致的花纹。根据此现象,Hoke申请了磁粉检测的专利。1921—1935年,涡流无损检测仪、涡流测厚仪和磁粉无损检测装置先后问世。

20世纪40—60年代,伴随着第二次世界大战后工业生产的复苏,电磁无损检测仪器在工业界进入了快速发展期。德国人福斯特发明了先进的阻抗涡流仪,用于缺陷的探测定位、材料特性的测试等，推动了涡流检测技术在工业中的实际应用和发展。福斯特在开展涡流检测研究的同时，研制出产品化的漏磁无损检测装置。1948年，Liskow申请了微波用于测试工业材料的专利，公开了一个用于检查介电薄板的超高频仪器。1965年，美国Tubecope公司采用漏磁检测装置首次进行了管内检测，并研发了井口探测系统。

20世纪80年代以后，电子和计算机技术快速发展，电磁无损检测仪器的研究进入了一个崭新的发展时期。在这期间，我国也研制了诸多电磁无损检测仪器，在很多行业得到了应用，解决了很多关键问题。现代电磁无损检测仪器已具备自动化、数字化特征，并向智能化、自主化、无人化发展。目前，电磁无损检测技术已成为保证产品制造质量和设备安全运行不可或缺的手段，并广泛应用于机械装备、冶金、石油化工、兵器、船舶、航空与航天、核能、电力、建筑、交通、电子电器、医药、轻工业、地质勘探、安全检查等领域。

2. 电磁无损检测的发展趋势

1）研究手段不断创新，新方法和新技术不断涌现。新方法的出现始终伴随着电磁无损检测技术的发展。早期，除了常规的磁粉、涡流、漏磁之外，交变磁场、金属磁记忆、巴克豪森噪声、磁声发射等新方法不断涌现。同时，在原有方法的基础上又出现了许多新方法。例如，涡流法发展出了多频涡流、脉冲涡流、远场涡流和阵列涡流等新方法。这些新方法丰富了电磁无损检测体系，增大了操作人员的选择性。

近年来，电磁无损检测新技术的发展更是迅速。一方面，电磁无损检测技术向高频段发展，产生了射频检测技术、微波检测技术以及太赫兹检测技术。这些高频段电磁无损检测技术可以检测非导电材料，如陶瓷、混凝土和复合材料，弥补了低频段涡流检测技术的缺点。另一方面，逐步发展出了电、磁、热、振动等多物理场耦合的新技术。比如，磁场和光结合产生了磁光涡流检测技术，电磁感应与红外热成像结合产生了涡流热成像检测技术，电磁激励和超声结合产生了电磁超声检测技术，微波与红外热成像结合产生了微波热成像检测技术。可以预见，未来将会有更多的电磁无损检测新技术和新方法出现。

2）电磁及多物理场耦合的解析和数值模型研究得到重视。长久以来，电磁无损检测的理论研究和应用研究之间存在一些脱节。一般而言，学术界以理论研究为主，而工业界以应用研究为主。模拟仿真是理论和应用之间的桥梁。模拟仿真有助于理解电磁检测的物理机理，优化传感器设计和检测参数，评估缺陷的可检测性，反演解释检测信号等。近年来，电磁及多物理场耦合的解析和数值模型研究得到重视。尤其是数值计算法，具有适用性强、可模拟复杂形状对象等优势。体积积分法（Volume Integral Method，VIM）、边界元法（Boundary Element Method，BEM）、矩量法（Moment of Method，MoM）、有限元法（Finite Element Method，FEM）、有限差分法（Finite Difference Method，FDM）以及它们之间的组合法都得到了长足的发展，并在电磁无损检测的理论研究、传感器设计和反演解释等方面发挥着越来越重要的应用。

3）反问题求解和定量评价更准确，检测结果评价自动化和智能化。从无损探伤、无损检测向无损评价和无损表征方向发展的趋势来看，电磁无损检测的发展趋势是，不仅需要对缺陷的有无、性质、大小、位置等进行检测，即定量无损评估（Quantitative Nondestructive Evaluation，QNDE），还要对被检对象的健康状态给出评判。对于在役设备和构件来说，进行健康监测和寿命预估比损坏后检测更重要，即无损评价比无损检测要重要得多，相应的技术难度也大得多。借助现代信号处理、人工智能、计算机网络等学科的研究成果，人们正在进行对缺陷种类智能识别等方面的探索，即自动无损检测（ANDT）。通过建立专家系统，集中专家智慧，使评判结果更具权威性。检测结果的智能化评定，可以使处在不同地域的专家共同参与对某一检测结果的评判，不仅提高了结果的可靠性和可信度，同时也更经济和高效。

4）检测对象日益增多，应用领域不断扩展。在电磁无损检测的研究与实践活动中，以前的检测对象以金属材料为主，应用领域集中在机械、船舶、航空航天、材料等少数几个行业。随着电磁无损检测相关技术基础研究的不断深入，人们对产品质量保障体系重要性的认识也在不断提高，复合材料及制品也逐渐成为电磁无损检测的研究对象，应用领域也不断向石油化工、冶金、电力、电子、轨道交通、安检、能源等领域拓展。可以说，电磁无损检测几乎渗透到现代生产和生活的每一个角落。另外，针对生态监测、反恐等方面的无损检测技术需求，目前正在研究的太赫兹成像检测技术有望弥补这些领域的空白。针对危害人民生命安全的放射性残存物（α 放射源残存物、β 以及 γ 放射源残存物，即放射性物质垃圾）的检测和诊断也是急需开展的电磁无损检测研究领域。

5）多传感技术集成与融合，检测设备的小型化和集成化。现代电磁无损检测技术有多种多样的方法，每一种检测方法都有各自的基础原理，其检测特点各有优劣。面对复杂的检测对象及不同的检测要求，单靠一种检测技术很难全面准确地判定缺陷程度并做出寿命评估。随着数字电子技术的发展，现场可编程门阵列（FPGA）、高级精简指令集计算机（ARM）和数字信号处理器（DSP）等集成电子器件的大量应用，研制和开发全新的 NDT 集成技术产品成为可能。集成化主要体现在：

① 在一台检测设备中融合多种检测技术——机电一体化，如集成了自动化超声、涡流、磁记忆检测技术的动车空心轴检测系统。

② 多物理场集成的新检测技术，如以超声波与涡流检测技术相集成的电磁超声技术，以涡流与热成像技术相集成的涡流脉冲热成像技术。

③ 对多种方法获取的检测数据实现资源共享、综合处理、数据融合和信息挖掘，以比较各检测方法的检测结论，提高检测结果的置信度。

国内外对于 NDT 集成技术的研究开发已初具规模，已有相关的 NDT 集成检测仪器问世。例如，多功能电磁/超声一体化检测仪包含常规涡流检测、远场涡流检测、磁记忆检测、漏磁检测、低频电磁场检测、超声检测、声阻抗检测等。随着新型传感技术、微电子技术和计算机软硬件技术的发展，体积更小，重量更轻、功能更强的检测设备不断投放市场，使得现代检测设备检测出的结果可以保存成数据文件，便于传输和资料的积累；设备之间，设备与计算机之间可以进行通信、交换数据，接受统一的指挥和控制，实现不同检测设备间的协同工作。

6）电磁无损检测与结构健康监测技术相互交叉和高度融合。结构健康监测就是对结构实施长期的、实时的在线检测措施，并进行（健康）状态评价，以便在结构发生早期损伤或者疲劳裂纹萌生的时候对结构采取修复性措施，以避免结构出现或者产生不可修复的破坏。随着智能传感器技术、智能材料技术、微机电制造技术、射频和微波传感技术等的快速发展，目前已发展了一些"行之有效"的基于电磁无损检测的结构健康监测方法，如基于 RFID（射频识别）的无损检测与健康监测的融合方法。由于健康监测的本质是需要对健康状态做出综合评价，在这一层面上，目前还没有一种技术是真正意义上的健康监测，大部分都是属于损伤检测（有些能做到发现早期损伤或早期裂纹）的范畴。

7）电磁无损检测与云计算、大数据分析技术逐步结合。随着互联网的繁荣发展，云计算从概念演变为实际行为，进入了人们的生活，它能够给用户提供可靠的、自定义的、最大化资源利用的服务，是一种崭新的分布式计算模式。美国国家标准技术研究院对云计算的定义是：云计算是一个模型，这个模型是可以方便地按需访问一个可配置的计算资源（如网络、服务器、存储设备、应用程序以及服务）的公共集。云无损检测（CNDT）的概念是在无损检测技术集成和云计算的发展中产生的。不久的将来，多种电磁无损检测技术，如涡流、金属磁记忆、漏磁、电磁超声，将与其他无损检测技术，如声扫频、电磁扫频、视频、温度、压力、硬度、金相以及射线等，高度集成在云检测终端，同时集成高速无线网络模块，使得云检测终端可以通过无线方式与云检测服务器建立连接，同步传输检测信号。云检测终端具有高度灵活性和更为广泛的检测应用范围，可借助云检测服务器对工件实施高效、全面、综合的无损检测与评价。检测人员只需携带一个云检测传感器终端，无损检测工作将变得更为简单、方便、轻松。随着检测数据量的增加，除基本组件（如终端检测探头、信号发生器、信号接收、显示、报警等组件）的信息数据外，还有其他组件（如检波、滤波、调理、信息融合、专家评估软件系统、信息反馈、传播、共享、存储、打印输出等组件）的信息也需要集成到云端服务器和数据库中。为了不造成数据的拥堵和保证检测的实时性，需要利用大数据分析的方法来对众多的信息进行分类、处理。当然，随着互联网、物联网及无线网络技术的飞速发展，云无损检测和大数据分析将不再是天方夜谭。

1.2 电磁无损检测的传感与成像技术

1.2.1 电磁无损检测的传感技术

1. 传感技术是电磁无损检测技术的重要组成

在现代电磁无损检测技术中，探头（传感器）利用声、光、热、电、力等物理现象之间的各种效应对电磁信息进行变换，最终转化为电信号，并通过电子、计算机等技术进一步采集、量化、传输、存储、计算和显示等。因此，传感器是电磁无损检测系统的最前端，也是最重要的一环。

从理论上讲，电磁无损检测技术可以检测一切能够影响材料的电磁特性和电磁效应的参数，如铁磁材料和非铁磁性导电材料上的缺陷、裂纹、应力及残余应力等。电磁检测系统中的传感技术是把待检测的信息变换为便于接收的电磁信息，即用磁传感器或线圈等传感器将电磁信息量变换成电量，或经过磁声、磁光、磁热等系统把待测量变换为声、光、热信号，然后再经电路采集、放大、调理等，最终达到检测缺陷或表征材料参量的目的。这些信息变换技术和电信号处理技术便是电磁无损检测传感技术的主要内容，包括种类繁多、功能各异的磁场测量传感器（例如霍尔元件、巨磁阻 GMR、磁敏二极管、磁头、线圈、超导量子干涉仪 SQUID 等）以及磁声、磁光、磁热变换系统，以及各种电信号处理系统。

显然，以上各种传感技术（含信息获取和转换技术）是电磁检测系统的核心部分，决定了整个检测系统的灵敏度、精度、动态响应等。信息处理的作用是将传感器输出的微弱电信号或图像信号进行处理，以适应后续显示、控制或执行机构的要求。

2. 新型电磁无损检测传感器

近些年，电磁无损检测技术中的传感技术飞速发展。第一，各种性能优异的固态磁传感器在电磁无损检测中得到应用。传统的涡流传感器采用线圈作为检测单元，测量的是磁场的变化率，灵敏度随着频率的降低而减小。而固态磁传感器测量的是磁场，在低频时仍具有较好的灵敏度。此外，磁传感器种类繁多，有霍尔传感器、GMR 传感器、GMI 传感器以及 SQUID 传感器，这些磁传感器参数（如灵敏度、量程性能）差异巨大，使得传感器的设计更加有选择性。第二，以柔性电路板、MEMS 为基础的电磁传感器逐渐得到应用。采用柔性电路板和 MEMS 技术制备的电磁传感器具有高分辨率、高灵敏度、柔性基底、易嵌入和易集成等优势，正受到业界的关注，有望解决复杂结构检测和监测等问题。第三，非电磁的传感器被引入电磁无损检测。如磁光薄膜、红外热像仪等被引入电磁无损检测领域，使得检测能力越来越强，成像手段越来越多。

1.2.2　电磁无损检测的成像技术

1. 成像是电磁无损检测的发展趋势

成像技术已经成为电磁无损检测的一个重要研究方向。电磁无损检测可用的电磁波频率很宽，其成像技术也包含了：直流或静态成像方法，如漏磁成像；低频成像方法，如涡流阵列成像；高频成像方法，如微波成像、毫米波成像和太赫兹成像。

电磁无损检测成像技术包括图像形成、采集、传输、分析、编辑和可视化等技术。因此，可以说，电磁无损检测成像的本质就是通过 2D 或 3D 图像数据测量材料中的异常和缺陷。早前的电磁图像处理方法通常是利用交流励磁器将电磁能量耦合到被测对象内，接收端测量出能量与材料相互作用后的响应进行成像。随着不同类型电磁传感器的广泛应用，还发展出一些新兴的电磁成像方法，如混合电磁成像、超导量子干涉仪成像，以及磁光成像、磁热成像、磁超声成像等基于多物理场的成像方法，通过其他物理现象（如热分布或光学特性）来反映被测磁场或涡电流场的分布特征。从图像信息中提取与被测量或缺陷相关的信息，即电磁无损检测成像的反问题（Inverse Problem），也是电磁无损检测成像技术的组成部分。

2. 电磁无损检测成像方法

（1）不同类型传感器的电磁无损检测成像方法　在利用传感器进行电磁成像时，可以利用单个磁传感器或感应线圈，也可以利用线阵传感器和传感器阵列进行静态或动态扫描式成像。

1）单传感器扫描图像。目前单个图像传感器主要用于检测所处环境的磁场强度，如磁敏二极管，它由硅材料构成，并且其输出电压在一定范围内与输入的磁场强度成正比。单一传感器产生二维图像时，必须使传感器在成像区内沿 X 和 Y 两个方向进行移动，虽然这种成像的成本低廉，成像精度也可以达到很高，但速度很慢。考虑到成像的速度和效率，现在一般不用单个的传感器扫查来产生二维图像。

2）线阵传感器扫描图像。线阵传感器由线排列的多个传感器组成。这种传感器在成像时，能够一次性对线上的物理变量（如磁场甚至热量）形成线状图像。每扫描完成一条线的图像后，再沿相对于线状传感器垂直的方向运动一个像素的距离形成另一条线的图像，那么一系列的线阵图像就可以形成一幅完整的区域捕获图。如线阵排列的三维传感霍尔元件可以用来实现缺陷漏磁场的快速扫描磁成像，进而实现缺陷的检测识别。

3）面阵列传感器成像。面阵列传感器就是很多传感器元件呈面状的组合。很明显，面阵列传感器不需要像前面两种传感器那样运动便可以形成完整的二维图像，因此，成像速度快，效率高。如近年来发展起来的磁相机（Magnetic Camera），基于高灵敏度的 128×128 阵列霍尔元件，可以在静态下实现缺陷漏磁场的快速可视化成像。目前，静态式阵列成像方式的应用还不多。一种折中的方式是把扫描成像和面阵列传感器进行结合，如阵列传感器扫描成像。由于兼具快速性和可视化的优势，面阵列扫描成像方法已成为电磁无损检测技术的研究热点之一。

另外，通过结合电磁激励和光学传感器阵列产生了很多新兴的电磁无损检测成像方法，如涡流热成像、磁光成像等，分别采用红外热探测器阵列和 CCD 阵列实现热成像和光成像，间接反映磁场或电流场的分布特征。

（2）图像及图像序列处理方法 电磁无损检测获得的图像及图像序列包含丰富的检测信息（空间域、时域、频域等），可用于实现被测结构件缺陷、应力、材质等特性的检测与评价。从图像及图像序列中提取被测量（涡流场、磁场和电磁热响应）的特征值，主要方法包括图像重构、图像表征和分析、模式识别等。

重构成像方法可以通过对检测信号进行信号处理和反演而得到受检区域的三维图像。该成像方法包含的信息量更大，缺陷位置、形状、长度，特别是深度等参数的表征更为准确。

1.3 电磁无损检测的正问题和反问题

电磁无损检测研究内容包括系统设计、传感器设计、特征量提取、信号处理和定量评估等，这些研究内容可以归纳为正问题或反问题。正问题（Forward Problem）是由原因推断结果的问题；反问题又称逆问题，是针对正问题而提出来的，它是由已知的结果来反推出原因或者过程。电磁场研究中的问题可分为两类：一类是已知场源和媒质分布而求解场的分布，称为电磁正问题（Electromagnetic Forward Problem）；另一类是已知场分布或部分场信息来推断场源或媒质分布，称为电磁反问题（Electromagnetic Inverse Problem）。从应用的角度出发，电磁反问题又可分为两大类：一类是参数辨识问题；另一类是优化设计问题，也称为综合问题。参数辨识问题的本质是在给定试验结果和试验参数的前提下，反演或重建出这一结果的源参数或者媒质的电磁等物理特性；而优化设计的本质是给定某电磁系统期望的性能指标，然后通过参数的寻优来实现这一目标。这两类反问题在对解的存在性和唯一性的要求上有明显的区别：一方面，在优化设计问题中，是否存在满足要求的设计方案是首要问题，而参数辨识问题中，物理意义上的解总是客观存在的，但由于模型和数据的误差又使得解的存在性无法保证；另一方面，参数辨识问题强调的是得到与客观实际吻合的唯一解，而优化设计问题显然容许多种可行的设计方案。

以上电磁正问题和反问题可以表述如下。图 1-1a 表示正问题，即已知原因和系统，求结果；图 1-1b 为优化设计反问题，即已知系统和结果，求原因（即对传感器或检测系统进行优化）；图 1-1c 为参数辨识反问题，即已知原因和结果，求系统（被检材料及缺陷）。

在电磁无损检测中，场源为探头（传感器）受激励信号驱动而产生的电磁场；媒质为含有缺陷的被检工件或材料。电磁无损检测正问题为已知传感器、激励信号、被检材料及缺陷的情况下，求解电磁场的分布。解析分析（Analytical Analysis）、数值计算（Numerical

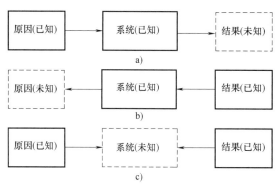

图 1-1 正、反问题的表述

a) 正问题　b) 优化设计反问题　c) 参数辨识反问题

Calculation）和试验研究（Experimental Study）已成为解决电磁检测正问题的三种重要手段。电磁无损检测反问题为：在已知电磁场分布或部分电磁场信息的情况下，求解场源或媒质分布（被检材料属性分布和缺陷信息）。电磁无损检测反问题属于电磁反问题范畴，它也包含参数辨识问题（定量无损评价就是一种典型的参数辨识问题）和优化设计问题。对被检材料属性分布和缺陷信息进行求解属于参数辨识问题，对传感器及检测系统进行优化属于优化设计问题。在实际应用中，出现的大都是参数辨识问题。解决电磁无损检测反问题的方法有两大类——模型法和黑箱法（非模型法）。模型法是基于解析分析和数值计算的方法，而黑箱法则是基于模式识别等唯象的数学方法。

1.3.1 电磁无损检测的正问题

1. 电磁无损检测正问题描述

从系统分析的角度来看，电磁无损检测正问题可以描述为：已知原因（探头和激励信号）、系统（被检对象和扰动）等条件，需要求解该系统受原因而产生的结果（检测信号或电磁场的分布）。此处把系统细分为被检对象和扰动（被检对象的缺陷、状态或属性变化等）。在该系统分析问题中，原因、系统为已知量，结果为未知量。如图 1-2 所示，电磁无损检测正问题各部分的详细描述如下：

1）原因包含探头和激励信号。激励信号通常为具有特定频率的正弦波信号或一段脉冲信号；探头和激励信号可以形成可描述的电磁场。

2）系统含有被检对象和扰动。被检对象是指被检测的工件或材料，应当知道该对象的几何属性和物理属性；扰动为被检对象中的缺陷、状态或属性变化等。

3）结果为被检对象受变化（扰动）后的检测信号或电磁场分布。

图 1-2 电磁无损检测正问题的描述

除试验外，解析分析和数值计算是两种主要的电磁无损检测正问题求解方法。解析分析法和数值计算法是相互联系且互补的。所有的解析分析法都涉及数值计算，而所有的数值计算方法都扎根于解析分析法。

2. 解析分析法

自从麦克斯韦建立了统一的电磁场理论，并得出著名的麦克斯韦方程组以来，经典的数学分析方法是 100 多年来电磁学发展中一个极为重要的手段，围绕电磁分布边值问题的求解，国内外专家学者做了大量的工作。在数值计算方法之前，电磁分布边值问题的研究方法主要是解析分析法。解析法包括严格解析法和近似解析法。

严格解析法包括分离变量法、格林函数法、保角变换法（Conformal Transformation）和函数变换法（傅里叶变换和拉普拉斯变换）等。其优点是能够得到精确解析式，可以直观地看出各物理参量间的变化关系，为分析其他非严格解的正确性提供检验和比较的标准。一些非严格解是在严格解的基础上发展起来的，严格解的缺点是分析过程比较困难和复杂，仅适合于少数规则边值问题；少数有严格解的问题也往往是在理想化条件下得到的，因而实质上也并非严格解。

近似解析法包括微扰法、变分法、逐步逼近法（迭代法）和高频法（几何光学法、物理光学法、几何绕射法和物理绕射法）。近似解析法的优点是能够得到近似解析式，既能显示各物理参量间的变化趋势，又简化了解析运算，简便、省时，便于优化设计；而且有些近似法借助于计算机的帮助，原则上可以得到所要求的任意精度；而另一些近似法可以估计解的误差范围。其缺点是所求的解不够精确，其正确性也难以估计；对于某一特定的边值问题，选择适合的近似解法有赖于经验，不存在可以求解许多边值问题的统一近似法；近似解的应用范围虽然比严格解大大扩展，但目前许多复杂的问题仍未获得所需要的近似解，或所得到的近似解的误差太大，无法实际应用。

3. 数值计算法

解析法推导过程比较烦琐，缺乏通用性，可求解的问题有限。20 世纪 60 年代，随着电子计算机技术的飞速发展，多种电磁场数值计算方法不断涌现，并得到了广泛应用。相对解析法，数值计算方法受边界形状的约束大为减少，可以解决各种类型的复杂问题。

按照求解域划分，电磁数值计算方法可以分为时域方法（Time Domain，TD）和频域方法（Frequency Domain，FD）两大类。时域方法是对 Maxwell 方程按时间步进后求解有关场量。最著名的时域方法是时域有限差分法（Finite Difference Time Domain，FDTD）。这种方法通常适用于求解在外界激励下场的瞬态变化过程。若使用脉冲激励源，一次求解可以得到较宽频带内的响应。时域方法具有可靠的计算精度、较快的计算速度，能够真实地反映电磁现象的本质。频域方法是基于时谐微分和积分方程，通过对 N 个不同频率谐波的傅里叶逆变换得到所需的脉冲响应。当要获取时域超宽带响应时，频域方法需要在超宽带内的不同频率点上进行多次计算，然后利用傅里叶变换来获得时域响应数据，计算量较大；如果直接采用时域方法，则可以一次性获得时域超宽带响应数据，大大提高计算效率。特别是时域方法还能直接处理非线性媒质和时变媒质问题，具有很大的优越性。

从求解方程的形式看，电磁数值计算方法总体上可分为积分方程法、微分方程法和混合法三大类。积分方程法包括体积积分法、边界元法和矩量法。微分方程法包括有限元法和有限差分法。混合法是多种计算方法的混合。

1.3.2　电磁无损检测的反问题

1. 电磁无损检测反问题概述

如图 1-3 所示，电磁无损检测反问题的系统可详细描述如下：

1) 原因包含探头和激励信号。在涡流检测中，传感器通常为线圈，激励信号通常为具有特定频率的正弦波信号或一段脉冲信号；探头和激励信号形成可描述的电磁场。

2) 系统为被检对象和扰动。被检对象是指被检测的工件或材料，应当知道该对象的几何尺寸和物理属性；扰动为被检对象中的缺陷、状态或属性变化，扰动是参数辨识反问题中待评估的参数。

3) 结果为受缺陷扰动的电磁场分布或对扰动的检测要求（即需要达到的检测效果）。如已知系统（被检对象、扰动）和结果，求解原因，则是一个优化设计反问题，如图 1-3a 所示。如已知原因、被检对象和结果，求解扰动，则是一个参数辨识反问题，如图 1-3b 所示。电磁无损检测中面临最多的是参数辨识反问题。

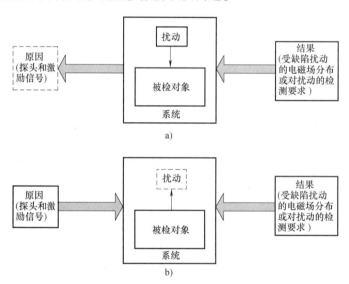

图 1-3　电磁无损检测反问题的系统描述
a) 优化设计反问题　b) 参数辨识反问题

2. 模型法

电磁无损检测反问题的求解方法可分为两大类——模型法和黑箱法。模型法通常是基于解析分析或数值计算模型建立的。把实际得到的测量信号与已知缺陷参数的模型产生的输出信号（也称为预测信号）相比较，得到误差值。通过优化算法调整扰动参数后，继续这种比较，直到误差值满足一定的条件为止，进而判断出实际测量中的未知缺陷信息。这一过程是迭代的，需要重复求解理论模型这一正问题，直到测量信号与预测信号的误差值达到某一条件，迭代过程才会停止。模型法中最简单的迭代过程是穷举法，即逐一计算所有可能解的目标函数，然后找出那个（那些）目标函数值最优的解。穷举法原理简单，但当列举量无穷大或解空间维数剧烈增长时，穷举法理论上或实际上是行不通的。为了避免"穷举"，可以在迭代过程中根据一定的策略，只选取部分可能解进行"试验"，以得到或逼近最优解。根据不同的策略，可以将优化算法分为确定性方法和随机性方法两大类。

（1）确定性方法 确定性方法是指在迭代过程中根据每步迭代所确定的搜索方向与步长，一步一步地进行搜索。确定性方法的不同主要是指搜索方向不同，如最速下降法、共轭梯度法和拟牛顿法等。确定性方法是利用当前搜索位置邻域的特点来确定下一步的搜索位置（同时也实现了非线性问题的局部线性化），所以本质上是一种局部寻优。其寻找局部最优解的效率很高，但在多极值问题中几乎不具备寻找全局最优解的能力，除非提供一个合适的初始猜测解，但在没有相关先验信息的条件下，这几乎是不可能的。确定性方法的另一个缺点是需要知道目标函数的一阶或二阶导数，这通常要求目标函数不太复杂并具有解析表示。此外，该方法的计算量较大，有时目标函数本身并不可导。另一方面，由于反问题的病态往往会遗传到优化问题中，所以确定性方法的每步迭代过程中一般还需要加入正则化处理，否则计算误差会增大，甚至使迭代无法收敛。

（2）随机性方法 随机性方法又称为蒙特卡罗（Monte Carlo）法，是指在每步迭代中都有（伪）随机数参与了当前迭代解的生成，或者说搜索方向和步长具有随机性。蒙特卡罗法分为传统蒙特卡罗法和现代蒙特卡罗法。传统蒙特卡罗法进行完全随机的"盲目"搜索，即认为所有可能解都等概率地出现，其列举量较穷举法小，但代价是无法保证找到最优解，只能找出满足给定条件的部分解集。然后可以总结出这些解的共性，这些共性反映了最优解的特点。现代蒙特卡罗法则是有指导地进行随机搜索，让不同的可能解具有不同的出现概率。它是启发式的，是对传统蒙特卡罗法的发展。现代蒙特卡罗法的典型代表是遗传算法和模拟退火法等。对比确定性方法，蒙特卡罗法的优点有普适性强，不需要区分待求问题是线性的还是非线性的，是病态的还是良态的；可以处理正算子等非常复杂或无法用解析式表示的问题；具有较强的全局寻优能力。其缺点是计算量通常较大，且随着问题阶数显著增长。

3. 黑箱法

黑箱法又叫非模型法或模式识别法，是基于模式识别方法建立的。模式识别方法是一种唯象的处理反问题方法，在遥感分析、地震波识别、资源勘探及医学成像等领域得到广泛应用。模式识别方法避开了烦琐的数学建模，通过测量、采样或计算建立数据知识库，再进行特征提取，进而分类和识别。但这一方法在如何提取特征量及确定特征数目方面具有一定的盲目性，实时应用受到制约。

在电磁无损检测领域，基于黑箱法（模式识别法）的反问题求解方法起步较晚，却为电磁无损检测缺陷识别和分类等问题开辟了一条新途径。电磁无损检测反问题中常用的模式识别方法有人工神经网络和支持向量机。人工神经网络（Artificial Neural Network，ANN）是一种唯象的处理方法，它通过学习大量的实际范例来分类和识别目标。人工神经网络是在一定程度上模仿人脑神经系统处理信息的方法，用大量简单的基本单元——神经元相互连接组成自适应的非线性动态系统。该方法具有大规模并行处理、分布式存储信息的特点。人工神经网络还具有自适应和自组织能力，在学习或训练过程中改变连接权值，以适应环境的要求。同一网络因学习方式及内容的不同可具有不同的功能。人工神经网络的上述特点使其可以避开模式识别方法中的特征提取过程，消除特征选择不当带来的影响，提高系统实时识别和分类的能力。近年来，人工神经网络在电磁无损检测中的应用越来越多。支持向量机（Support Vector Machine，SVM）是 AT&T Bell 实验室的 Vapnik 教授提出的针对分类和回归问题的统计学习理论。它具有完备的统计学习理论基础和出色的学习性能，已成为机器学习界的研究热点，并在很多领域都得到了成功的应用。近 20 年来，支持向量机被引入电磁无损检测，并和人工神经网络进行比较。最近，深度学习（Deep Learning）也引起了无损检测研究者的注意，开始用于测试。

1.3.3　电磁无损检测的研究方法

　　理论基础研究与应用研究是电磁无损检测的两大发展方向。正问题与反问题贯穿于电磁无损检测理论与应用研究之中。模拟仿真、实验/试验研究、系统设计、信号处理与特征提取、定量评估是电磁无损检测正问题和反问题中几个密不可分的概念。它们的关系可大致描述为：

　　（1）模拟仿真是理论和应用之间的桥梁　长久以来，电磁无损检测的理论研究和应用研究之间存在脱节，而模拟仿真是连接理论和应用之间的桥梁。模拟仿真有助于理解电磁检测的物理机理，优化传感器和检测系统，评估缺陷的可检测性，对试验信号进行反演解释等。

　　（2）应用研究是正问题和反问题的结合　电磁无损检测应用的最终目的是对被检对象的属性和异常情况进行定量评估，这是反问题范畴；实际测量得到的是一些未知信号，对这些实测信号进行合理的解释，必须事先了解涡流检测信号的产生和变化机理，掌握异常情况的信号特征，以指导实测信号的反演与解释，这就需要先对检测问题进行正向分析，即正问题。因此，电磁无损检测的应用是正问题和反问题的结合。

　　（3）正问题求解方法主要有模拟仿真和实验/试验两大类　模拟仿真法具有适应性强、方便灵活、节约成本等优势，主要包含解析分析法和数值计算法。而实验/试验法是检验模拟仿真结果正确与否的可靠标准。

　　（4）解决反问题的方法主要有基于模型的方法和基于非模型（黑箱）的方法　在基于模型的反问题求解方法中，要不断地使用正问题结果接近试验结果。在基于黑箱的反问题求解方法中，也需要模拟仿真或实验/试验提供样本数据。因此，正问题是解决反问题必不可少的支撑。

　　图 1-4 所示为电磁无损检测研究方法。可见，理论是模拟仿真、实验/试验和定量评估的基础；模拟仿真有助于系统设计、试验研究和信号处理；正问题主要包含模拟仿真和试验两种手段；正问题是反问题必不可少的组成。

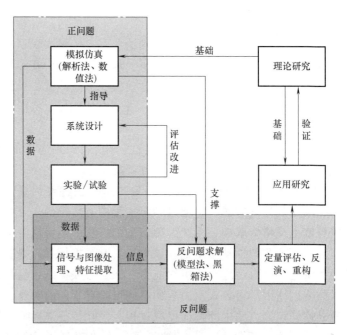

图 1-4　电磁无损检测研究方法

1.4 电磁无损检测的应用范围和可靠性

1.4.1 金属材料及涂层的常见缺陷

金属材料分为黑色金属和有色金属两大类，是目前应用最广泛的工程材料。黑色金属包括铸铁、钢材，有色金属包括铝、铜、金、银及其合金等。由于金属的导电性和导磁性，金属材料及其制品是电磁无损检测技术的主要对象。

1. 钢材的常见缺陷

钢铁材料具有资源丰富、生产规模大、易于加工、性能多样可靠、价格低廉、使用方便和便于回收等特点，常被用于制造板材、管材、棒材和钢轨等构件。这些构件在生产和使用中会产生诸多缺陷。钢铁构件中常见的缺陷见表1-2。

表 1-2 钢铁构件中常见的缺陷

构件	常 见 缺 陷
板材	分层裂纹、条状裂纹、夹杂物、皮下气孔、纵向裂纹、横向裂纹、龟裂、边缘裂纹、线状缺陷、鳞状折叠
管材	外壁折叠、横向裂纹、外壁划痕、纵向裂纹、热处理裂纹
棒材	纵向裂纹、线状缺陷、折叠、夹杂、横向裂纹、缩孔、皮下气孔、过烧、鳞状折叠、皱纹
钢轨	夹渣、气孔、夹砂、缩孔、未焊透、裂纹、内部裂纹、氢裂、皮下气泡、偏析、纹理、波浪形磨耗、接触疲劳裂纹、焊接缺陷

2. 铝材的常见缺陷

铝材由铝和其他合金元素制成，常用于制造板、带、管、棒等型材。铝材常见缺陷有气孔、夹杂、擦伤、划伤、乳液痕、皱纹和腐蚀等。

1）气孔是由于铸锭有气洞及严重的疏松，在板、带材上下两面同一位置上，呈现大小不同的圆形或条形空心凸包，凸包周边比较圆滑，如图1-5a所示。

2）擦伤和划伤。擦伤是指棱状物（如板边等）与板面接触，或板面与板面接触（包括曲面接触），在相对滑动或错动时所造成的呈束状分布的伤痕；划伤是指尖锐物（如板角、金属屑等）与板面接触，在相对滑动时所造成的呈单条状分布的伤痕。擦伤沿运动方向呈束状分布，划伤沿运动方向呈单条状分布，如图1-5b所示。

3）腐蚀是产品表面与外界介质发生化学或电化学作用而引起的局部破坏。腐蚀会使铝材表面失去光泽，严重时产生灰色粉末，并有腐蚀坑，如图1-5c所示。

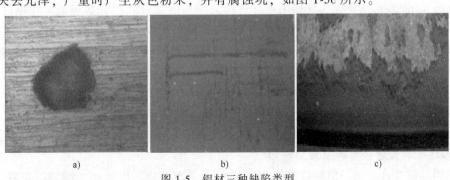

a)　　　　　　　　　　b)　　　　　　　　　　c)

图 1-5 铝材三种缺陷类型

a）气孔 b）划伤 c）腐蚀

3. 涂层的常见缺陷

涂层（Coating）是涂料施涂在基材上所形成的薄层固态连续膜，目的是防护、防腐、绝缘和装饰等。涂层的应用十分广泛，例如，蒙皮涂层能保护铝合金不受高速飞行时风沙和雨水冲蚀，不受海水和航空燃料的腐蚀，并能改善空气动力学性能。飞机发动机上从风扇到尾喷管，几乎所有部件都要使用涂层，如耐腐蚀涂层、隔热涂层、耐磨涂层和封严涂层。涂层的缺陷会影响产品性能，继而影响使用寿命。涂层常见缺陷有龟裂、细裂、鳄裂、剥落、分层、针孔、起泡、缩孔和流挂等。其中，龟裂是由温度变化、风蚀作用和持续的聚合反应所产生的整个涂膜、涂膜与基材之间的应力所引起的穿透涂层、延伸至基材的裂纹。细裂是随着涂层的干燥和固化的进行，其表面变得硬而脆并产生了表面应力，造成表面出现了不见底的细小裂纹（涂层内聚力小而被表面大的收缩力拉裂的现象），如图1-6a所示。鳄裂是涂层表面硬化和收缩的速率比涂料本身快的细裂反应所引起的，这是一种由涂层表面应力引起的微裂型损坏。剥落、脱皮、脱层、分层是指涂层从基材上脱落或分层的现象，如图1-6b所示。缩孔又称陷穴，是指涂层上出现圆形小坑的现象，如图1-6c所示。

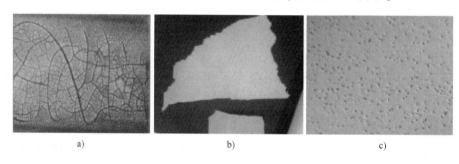

a)　　　　　　　　　　　b)　　　　　　　　　　　c)

图1-6　涂层的细裂、剥落和缩孔

a）细裂　b）剥落　c）缩孔

1.4.2　复合材料的常见缺陷

复合材料是由两种或两种以上不同性质的材料，通过物理或化学的方法，在宏观（或微观）上组成具有新性能的材料。各种材料在性能上互相取长补短，产生协同效应，使复合材料的综合性能优于原组成材料而满足各种不同的要求。复合材料按增强材料的外形分为纤维增强复合材料（Fiber Reinforced Polymer/plastic，FRP）和颗粒增强复合材料（Particle Reinforced Composites，PRC）。根据增强材料种类的不同，FRP可分为玻璃纤维增强复合材料（Glass Fiber Reinforced Polymer/plastic，GFRP）、碳纤维增强复合材料（Carbon Fiber Reinforced Polymer/plastic，CFRP）以及芳纶纤维增强复合材料（Aramid Fiber Reinforced Polymer/plastic，AFRP）。其中，碳纤维增强复合材料具有导电性，涡流法、射频法、涡流热成像法在碳纤维增强复合材料的检测中已得到应用。而玻璃纤维增强复合材料和芳纶纤维增强复合材料不具有导电性，采用高频电磁无损检测技术（如微波法、太赫兹法）对这两种材料进行检测具有优势。

1. 碳纤维增强复合材料及常见缺陷

碳纤维增强复合材料是以碳纤维或碳纤维织物为增强体，以树脂、陶瓷、金属、水泥、碳质或橡胶等为基体所形成的复合材料。碳纤维增强复合材料是复杂的各向异性多相体系，其质量存在离散性，成型过程与服役条件极其复杂。环境控制、制造工艺、运输以及操作等都可能使材料产生缺陷使结构失效。碳纤维增强复合材料的主要缺陷有：

1）纤维断裂，如图 1-7a 所示。碳纤维属于脆性材料，其断后伸长率很小，容易发生纤维断裂，且断裂具有突然性，经常会造成严重后果。纤维断裂和基体开裂是密切相关的。基体开裂导致材料结构局部应力重新分布，使纤维集中应力变大，发生断裂。纤维断裂往往发生在有缺陷的地方，这些缺陷主要有纤维表面和内部的缺陷和杂质，以及中空、气泡等。

2）分层（Delamination），如图 1-7b 所示。分层是指层间的脱粘或开裂。碳纤维增强复合材料结构在加工、装配及服役过程中受到低能量冲击，在层间易产生分层损伤。当存在分层损伤时，复合材料结构容易发生分层子板的局部屈曲，进而引起分层扩展，表现为相邻两铺层之间脱粘部分的延伸（类似于断裂力学中的裂纹扩展问题），从而导致层合板提前破坏，使其承载能力大大下降。此外，由于分层损伤往往发生在层合板的内部，在其表面很难通过目视来发现。

3）脱粘（Disbond）。由粘接理论可知，粘接强度由两方面作用力构成：一是黏结剂内部产生的内聚力；二是粘接界面两方由于分子力产生的界面力。两者中任意一种力达不到设计所需强度时都会产生脱粘。因此脱粘缺陷有三种形式：内聚强度弱化、界面脱粘和同时出现两种缺陷所形成的混合脱粘。

4）冲击（Impact）。碳纤维增强复合材料结构件在使用中常常会受到冲击而引起损伤。冲击是一定能量的载荷短时间内作用于局部结构的过程。复合材料在冲击的作用下会导致纤维的变形、断裂，树脂的塑性变形，复合板的分层、开裂和破碎等结果。冲击分高能量冲击和低能量冲击，高能量冲击（一般指高速冲击）指飞行器在飞行中受到子弹、飞鸟等外来物的撞击，通常引发复合板的穿透损伤，同时伴随有一定范围的分层，这类损伤一般可目视检查。低能量冲击（其中多数是低速冲击）指生产和维护所用工具的掉落，叉车、货车和工作平台这一类维护设施对飞机的撞击，飞机起飞或着陆时受到从跑道上卷起的石头、螺钉、轮胎碎片的撞击，以及飞机在地面停放或空中飞行时受到的冰雹撞击等。

a)   b)

图 1-7 碳纤维增强复合材料的常见缺陷

a）纤维断裂 b）分层

2. 玻璃纤维增强复合材料及常见缺陷

玻璃纤维增强复合材料是以玻璃纤维及其制品（玻璃布、带、毡、纱等）作为增强材料，以合成树脂作为基体材料的一种复合材料，俗称玻璃钢。纤维（或晶须）的直径很小，一般在 $10\mu m$ 以下，缺陷较少又较小，断裂应变约为 3% 以内，是脆性材料，易损伤、断裂和受到腐蚀。基体相对于纤维来说，强度、模量都要低很多，但可以经受住大的应变，往往具有黏弹性和弹塑性，是韧性材料。玻璃纤维增强复合材料的常见缺陷有孔隙、夹杂、裂纹、纤维断裂、分层、干丝、缺胶以及脱粘。孔隙是指在成型过程中形成的孔洞，包括纤维束内的孔隙、纤维束与纤维束之间的孔隙以及布层层间的孔隙。夹杂指所有在产品设计图样上没有，但在产品实物上出现的异物，如玻璃纤维带、脱模布等。裂纹主要发生在粘接区域，分为胶粘剂本体裂纹和胶粘剂与壳体粘接裂纹。产生裂纹的主要原因是外界冲击、环境骤变和疲劳作用。分层主要指两个手糊玻璃钢层或者灌注玻璃钢层分离，或者两个粘接面分离，如图 1-8a 所示。缺胶多指壳体正面和背面粘接位置缺少结构胶或者刮胶宽度不够，如图 1-8b 所示。

a)   b)

图 1-8　玻璃纤维增强复合材料中的分层和缺胶

1.4.3　典型领域关键构件的常见缺陷

1. 特种设备领域

特种设备在现代工业和生活中发挥的作用越来越大。对特种设备进行科学的检测以保证其质量，对于安全生产和社会安全意义重大。锅炉、压力容器（含气瓶）、压力管道为承压类特种设备；电梯、起重机械、客运索道、大型游乐设施为机电类特种设备。承压类特种设备常见缺陷包括：

1）加工、生产过程中产生的焊缝缺陷。焊接是压力容器制造的关键工艺，其质量的好坏会影响使用的安全性。焊接过程中常见的外部缺陷有咬边、焊瘤、弧坑、表面气孔和表面裂纹，如图 1-9a 所示；焊接的内部缺陷有气孔、夹渣、未焊透和未熔合、内部裂纹等，如图 1-9b 所示。

2）压力容器使用过程中产生的缺陷，如裂纹、腐蚀和变形等。图 1-9c 所示为压力容器使用过程中产生的腐蚀和变形。

机电类特种设备在制造过程中的主要缺陷是焊接缺陷。在使用过程中，受介质、载荷、温度和环境等因素的影响会产生腐蚀、冲蚀、应力腐蚀、磨损、疲劳开裂和材料劣化等缺陷。钢丝绳是机电类特种设备以及大型桥梁钢缆中的主要部件，其常见缺陷有：

① 钢丝绳的外部和内部都会发生磨损。外部磨损是指外部钢丝与滑轮或卷筒之间由于摩擦引起的磨损，如图 1-10a 所示。内部磨损是指钢丝之间和绳股之间产生的磨损。

② 腐蚀在钢丝绳内、外部都可能发生。腐蚀与环境有关，在海边或水中使用的钢丝绳更易发生腐蚀，如图 1-10b 所示。

③ 断丝是钢丝绳弯曲疲劳、接触疲劳与挤压的总和作用结果，如图 1-10c 所示。

④ 钢丝绳失去正常形状称为变形，如图 1-10c 所示，变形会使钢丝绳的内部应力分布发生变化。漏磁技术是目前钢丝绳缺陷电磁无损检测的有效手段。

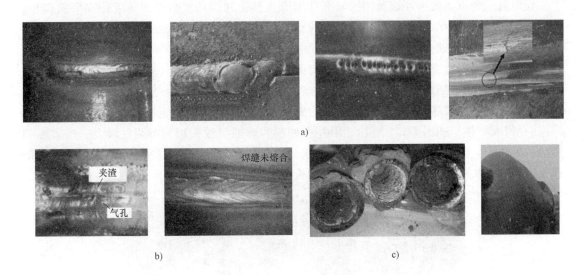

图 1-9 特种设备的典型缺陷

a) 常见外部缺陷（弧坑、咬边、表面气孔和表面裂纹）

b) 常见内部缺陷（气孔、夹渣和未熔合） c) 压力容器使用过程中产生的腐蚀和变形

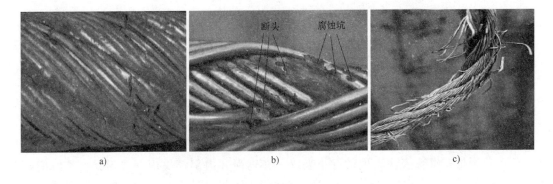

图 1-10 钢丝绳的常见缺陷

a) 磨损 b) 腐蚀 c) 断丝和变形

2. 风力发电领域

我国风机总装机容量和新装机容量已成为世界第一。风机是一个复杂的机电系统，包含多个重要部件，如叶片、齿轮、主轴、螺栓、轴承和电机等。叶片主要由玻璃纤维复合材料或碳纤维复合材料制成，外面涂有漆层，其中一些纤维复合蒙皮间还附以泡沫、木板等结构。在风机叶片的玻璃纤维（简称玻纤）外壳之间会加入 T 形或 L 形支撑结构。叶片制造企业通常最关心的是玻纤外壳内部是否有分层缺陷，以及外壳与支撑结构之间的粘接是否完好，因而在这些区域可能出现的缺陷包括分层、干丝、缺胶以及粘接宽带不够等。在服役过程中，湿度、疲劳、强风和雷击都可能造成叶片的损坏。在实际风况下，叶片要承受拉、压、弯、扭等载荷作用，微观缺陷会不断扩展并发展为疲劳损伤，如出现分层、粘接区域脱粘开裂等。高频电磁无损检测技术，如微波法、太赫兹法，在叶片检测中加快了研究步伐。

齿轮箱主要由承受循环载荷的回转部件组成，易受到循环载荷导致的疲劳和磨损损伤。轮齿折断和齿面疲劳故障约占齿轮箱故障的 60%。主要缺陷有：

1）轮齿表面点蚀、变形和疲劳。其原因主要是在局部存在过大的接触应力，导致轮齿表面材料处于屈服状态而产生塑性变形或齿面疲劳。

2）轮齿折断，如图 1-11a 所示，指齿根部位应力过大的情况下，危险截面处从疲劳源开始的微裂纹不断扩展，导致齿轮截面上的应力超过极限应力而发生折断。

3）齿面磨损，如图 1-11b 所示。因存在磨粒和腐蚀导致齿廓侧隙明显增大，严重影响传动系统性能。齿轮箱中的部件由金属制成，电磁无损检测技术（如电涡流检测、巴克豪森噪声检测以及涡流脉冲热成像）是有效的检测方法。

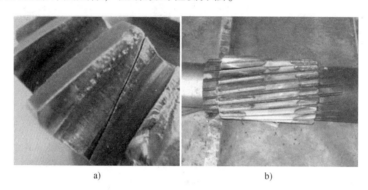

a)　　　　　　　　　　　　b)

图 1-11　轮齿折断和齿面磨损

a）轮齿折断　b）齿面磨损

3. 高铁领域

在铁路基础设施中，轮对、车轴及铁路钢轨的结构性能和质量好坏直接影响铁路运行安全。钢轨表面的损伤主要有轨头龟裂、隐伤和蜂窝状裂纹。

1）轨头龟裂，也称滚动接触疲劳（Rolling Contact Fatigue，RCF）裂纹，如图 1-12a 所示。轨头龟裂是在钢轨表面出现的细小裂纹，在表面和内部都呈现斜线形状，裂纹间距在 0.5～10mm 范围内。表面裂纹最初以 10°～15°角度向踏面下发展，然后向轨头深处发展，角度越来越大。踏面斜向排列的裂纹向踏面下发展时可能合拢和形成剥离掉块，并导致钢轨横向断裂。

2）隐伤。隐伤最初的形态是在踏面的内侧上圆角处出现表面裂纹，然后与踏面成较小的角度向内和向运行方向扩展，同时裂纹上部材料的塑性变形造成踏面局部凹陷，致使轮轨不接触或产生锈蚀，从而使凹陷部位变暗。隐伤与轨头龟裂一样，其产生与表层金属的塑性变形以及变形层处萌生疲劳裂纹密切相关，本质上属于踏面剥离裂纹类伤损。对于高速、重负荷的车辆，不仅在踏面上承受很高热负荷，而且由于热负荷作用，车轮将产生较严重的踏面热裂纹，如图 1-12b 所示。

3）蜂窝状裂纹。这种裂纹发生在钢轨踏面中心线与轨头上圆角之间的条状范围内，在较长的波浪磨耗区段则呈周期的簇分布。在钢轨表面，蜂窝状群裂纹长度约为 5～15mm，与钢轨纵轴夹角约为 45°，倾斜向下发展与踏面成 20°～30°。蜂窝状裂纹仅在 200 km/h 及以上的线路上出现，主要在大半径曲线的外轨上，或者交替地出现在直线轨道的两股钢轨上。高铁主要承力部件为金属，具有导电性或导磁性，电磁无损检测技术，如漏磁法、电涡流法、巴克豪森噪声检测法、涡流热成像法等是解决高铁重要部件检测监测的有效方法。

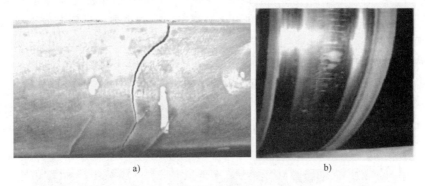

a) b)

图 1-12 钢轨斜裂纹和车轮踏面热裂纹

a) 钢轨斜裂纹 b) 车轮踏面热裂纹

4. 海洋领域

海洋平台是海洋资源开发过程中重要的基础设施，它集各种钻探设备、油气处理设备装置和生活基地等于一体，结构复杂，体积庞大。海洋平台结构的失效破坏会直接危及平台上人员的生命安全，并造成直接的重大经济损失和严重的海洋环境污染以及社会影响。海洋平台及其配套设备的金属结构件以铸件、锻件、型材和焊接件为主。除腐蚀外，铸件中常见的缺陷有气孔、缩孔和缩松、夹渣和夹砂、裂纹等；锻件中常见的缺陷有砂眼、缩松（包括气孔）和显微裂纹，还有经常发生的皱疤、夹层、因过烧及其他原因造成的巨大裂纹，如烧裂、骤冷骤热裂纹、延迟裂纹和轧制裂纹等；焊接件中的缺陷主要有裂纹、未焊透、未熔合、夹渣、气孔和咬边等；型材包括板材和管材两种，板材常见的缺陷有分层、夹杂、裂纹、气孔和表面缺陷等，管材中会有外壁折叠、划痕以及横向裂纹和纵向裂纹等。电磁无损检测技术是检测这些技术部件缺陷的有效方法。

5. 航空航天领域

除铝合金、钛合金之外，复合材料和蜂窝夹层结构在航空航天中的应用越来越多。蜂窝夹层结构是在两块强度和弹性模量较大的面层材料中间（称为面板或蒙皮）夹着厚而轻的蜂窝芯材，并采用胶粘剂在一定温度和压力下复合成一个整体刚性结构，即胶接成型。图 1-13a 所示为金属腹板与蜂窝芯侧壁的胶接结构。胶接型蜂窝夹层结构的常见缺陷有：①纵向断裂，如图 1-13b 所示；②蜂格节点脱开，如图 1-13c 所示；③夹芯拼接缝

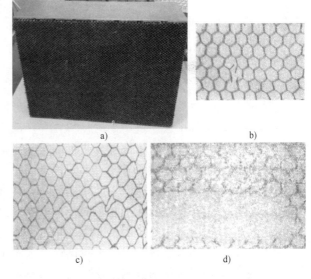

a) b)

c) d)

图 1-13 胶接成型蜂窝夹层结构及几种常见缺陷

a) 金属腹板与蜂窝芯侧壁的胶接 b) 蜂格纵向断裂

c) 蜂格节点脱开 d) 夹芯拼接缝脱粘

脱粘，如图 1-13d 所示；④芯子移动和塌陷；⑤蜂窝结构积水。

另一种工艺是共固化成型，共固化和胶接不同之处在于上下蒙皮铺叠完成后不进行固化，而是组合成夹芯结构后同时固化。共固化蜂窝夹层结构主要的缺陷与胶接成型夹层结构相似，常见的缺陷有：

1）复合材料蒙皮的缺陷，如孔隙、夹杂、分层等（见图 1-14a）。

2）复合材料蒙皮和蜂窝的黏结缺陷，主要是脱粘。

3）蜂窝芯的损坏。

与胶接成型不同的缺陷主要是蒙皮的缺陷，包括蒙皮表面贫胶（见图 1-14b）、内部孔隙密集（见图 1-14c）等。

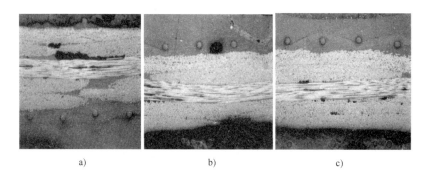

a)　　　　　　　　　　b)　　　　　　　　　　c)

图 1-14　共固化蜂窝夹层结构的常见缺陷

a）分层　b）表面贫胶　c）孔隙密集

6. 土木建筑领域

杆索钢构件具有承力大、质量小、柔性好、尺寸紧凑、使用方便等优点，是大型结构的主要承力和传力构件，目前已广泛应用于桥梁、体育馆、歌剧院、机场以及游乐设施。杆索钢构件是这些大型结构中最重要且最薄弱的环节，其健康状况直接关系到整个结构的安危，一旦受损，将导致整个大型建筑和结构产生灾难性后果。杆索钢构件的安全服役离不开多种无损检测和健康监测手段，只有及时掌握关键构件的施工质量、材性变化和实际受力状况，为结构提供必要维护，才能延长其使用寿命，保证运营安全，避免事故发生。因为钢材具有导电性和导磁性，所以低频电磁检测技术被认为是一种有效的检测方法。

混凝土是建筑工程中应用最广泛的材料之一。混凝土的形成通常需要经过配料、搅拌、成形等环节，每一个环节都对构件质量产生影响，再加上设计、施工控制不严，自然灾害或结构老化等原因，在混凝土结构中会出现一些缺陷，如裂纹、内部架空、表面不平整、空蚀、磨损、渗漏溶蚀和化学侵蚀等。此外，混凝土的缺陷还有冻融破坏、海水侵蚀等。由于混凝土的介电属性，高频电磁无损检测技术（如微波波导法、探地雷达法）也逐渐得到重视和发展。

纤维复合材料在建筑、桥梁、海工构筑物等土木工程领域得到迅速发展。国际范围内，土木工程中碳纤维增强塑料的研究主要包括：①新型 CFRP 材料及其性能；②CFRP 修复和加固现有结构；③CFRP 配筋的混凝土结构；④CFRP 型材结构以及组合结构；⑤CFRP 杆索结构；⑥CFRP 结构的检测和监测等。CFRP 结构在使用过程中容易产生不同类型的损伤，如纤维断裂、分层和撞击等。CFRP 补强结构也容易出现分层和脱粘的现象。以 CFRP 加固混凝土为例，如图 1-15 所示，可能出现 CFRP 与胶层或混凝土之间的脱粘和内部分层，也可能出现内部混凝土修补处脱粘。可用于 CFRP 检测的无损检测技术包括 X 射线、超声、声发射、涡流、微波和红外热成像等。其中，电磁无损检测技术（如涡流、微波、太赫兹和涡流热成像法）具有独特的优势。

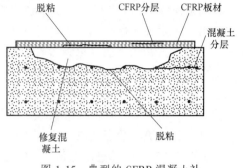

图 1-15 典型的 CFRP 混凝土补强结构脱粘、分层示意图

木结构作为土木结构领域的一个分支，也对安全检测有着较高的需求。木结构作为我国古代的主要建筑结构形式，应用于大多数古建筑中。在对一些木结构古建筑进行维修和保护时，不能破坏原有木构件，就需要对构件进行现场无损检测，检测木构件的强度和缺陷情况，确定木结构的现状，对古建筑的维护方案提供可靠参考。决定木制品内在质量的关键因素主要就是木材含水率。当木构件含水率过高，建筑木构件发生病虫害的可能性会大大增加。此外，古树名木是珍贵的自然资源，也是重要的文化遗产，为加强古树名木的保护，需要在不破坏其生长的条件下进行内部缺陷和病虫害的检测，这就需要应用无损检测技术，这已经是发达国家对城市树木进行保护必须采用的重要技术。目前常用的木结构电磁无损检测技术有电阻抗层析成像、微波检测技术等。

1.4.4 视情维修与可靠性

1. 电磁无损检测与视情维修

视情维修（On-condition Maintenance，OCM）是根据产品实际工作情况或状态来安排维修活动的一类策略或方式。视情维修来源于 20 世纪 60—70 年代美国航空界提出的"以可靠性为中心的维修（Reliability Centered Maintenance，RCM）"、维修指导小组（Maintenance Steering Group，MSG）等维修原理中的维修方式。《世界航空公司技术使用词汇》中对视情维修定义为：一种主要的维修方式，它是以重复性的检测和测试来确定器件、系统或结构部位的有关持续的适用性的状况，当状况显示有需要时，采取维修措施。莫布雷在《以可靠性为中心的维修》一书中对视情维修定义为：用状态评估来检查潜在故障（Potential Failures，P），以此采取措施预防功能故障（Functional Failures，F），或者避免功能故障的后果。我国 GJB 451A—2005 对视情维修的定义为：对产品进行定期或连续监测，发现其有功能故障征兆时，进行有针对性的维修。综合以上定义，广义的视情维修包括基于状态的维修（Condition-based Maintenance，CBM）和基于探测的维修（Detection Based Maintenance，DBM）。基于状态的维修是采用一定的状态监测技术对产品的各种信息进行实时或接近实时的检测、分析和诊断，据此推测其状态，并根据状态发展情况安排预防性维修。注意，视情维修的检查计划是基于状态而安排的动态时间间隔或周期，而基于状态的维修是对产品实际运行状态

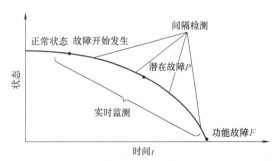

图 1-16 P-F 曲线和检测监测技术的实施方式

的把握。也就是说，CBM 更强调对产品状态实时或接近实时的评估监控。如图 1-16 所示的 *P-F* 曲线是视情维修的基础，它是视情维修所依赖的基本事实——即大量功能故障（*F*）的发生都有一个发展的过程，不会瞬时发生。也就是说，大部分故障在它们快要发生时都有一些预告信号，这些预告信号称为潜在故障（*P*）。如果能够检测监测这些预告信号，就可以发现故障过程正在逐渐产生，可以采取措施预防功能故障（*F*）的发生或者避免功能故障后果。

　　由以上分析可知，视情维修的关键是可获取产品情况或状态的无损检测与状态监测技术。这些无损检测与状态监测技术可以重复性、间隔性（或周期性）地进行检测（视情维修），也可以是实时性的进行监测（CBM）。目前产品的结构和功能越来越复杂，涉及的物理场越来越多，与潜在故障（*P*）相关的预告信号种类繁多，包括振动、声学、油液、温度、湿度、力学、裂纹、电学、磁学等状态参数。为了全面了解产品的情况或状态，必须采用多种传感和检测技术来采集这些数据。这些传感与检测技术包括振动法、超声波法、油液分析法、红外热成像法、目视法、涡流法、漏磁法和 *X* 射线法等。电磁传感与无损检测技术具有种类多、频带宽、信息丰富和传感技术成熟等优点，其适用性非常广，不仅可以检测金属和复合材料，还可以检测电子器件、集成电路、半导体、涂层、流体、混凝土、土壤和木材等材料。采用电磁传感与无损检测技术可以获取产品运行过程中结构的微观组织、宏观缺陷、电磁学参数等状态信息，有利于实施更加科学的视情维修，提高产品的安全性、可靠性，降低生产及运营成本。近年来，电磁传感与无损检测技术与视情维修的融合越来越紧密，预计将迎来飞跃式发展，甚至是彻底的变革。

2. 电磁无损检测与可靠性

　　可靠性是指产品在规定的条件下和规定的时间内完成规定功能的能力。以可靠性为中心的质量是推动经济社会发展永恒的主题，关系国计民生，关乎发展大局。《中国制造 2025》提出，要将可靠性技术作为核心应用于质量设计、控制和管理，在产品全生命周期各阶段实施可靠性系统工程。可靠性工作的主要内容包括两个方面：一是评价可靠性，二是提高可靠性。评价可靠性的方法主要包括可靠性数学预计、可靠性试验评价、可靠性数据获取、可靠性评估模型等；而提高可靠性则通过失效分析、工艺监控和可靠性设计来实现。在评价产品服役阶段的可靠性时，必须依赖检测监测技术获取产品服役的情况与状态，这与前文所述视情维修中需要的无损检测与状态监测技术基本是相同的。失效分析（Failure Analysis）是对已失效产品进行的一种事后检查，根据需要，使用电测试及必要的物理、金相和化学分析技术，确定产品失效模式，明确失效机理，查找失效原因，提出改进措施，从而提升产品的可靠性。失效分析是提高产品可靠性的必要途径。"工欲善其事，必先利其器"，开展失效分析的关键是测试、检测与分析技术。以声、光、热、红外、电磁、力、射线等物理原理为基础的无损检测技术是进行失效分析的主要技术，而电磁无损检测技术是失效分析技术的重要组成。

　　电磁无损检测技术本身的可靠性日益受到重视。从定性角度分析，电磁无损检测技术的可靠性是指电磁无损检测方法对缺陷的检出能力。从定量意义上来说，电磁无损检测技术的可靠性常以缺陷检出概率（Probability of Detection，POD）来衡量。客观存在的缺陷能否被检出会受多方面因素影响，其中包括检测方法的选择、检测人员的技术水平、工作态度、检测环境、构件的几何形状、仪器的性能等。因此，一定尺寸范围内的缺陷能否被检出存在一定的随机性，所以有必要从统计学角度出发，对电磁无损检测技术的能力给予一定的评估，从而得到比较切合实际的检出概率。POD 是非常实用的电磁无损检测可靠性度量方法，能够定量评价某种检测方法的缺陷检出能力。为了得到有代表性、比较真实的统计结果，在给

出检出概率的同时，也要求给出这一概率的置信度。通常以 90% 检出概率和 95% 置信度下所能发现的最小缺陷尺寸来表达缺陷检出能力。如图 1-17 所示，电磁无损检测技术对缺陷的检出能力通常用 POD 曲线表示。从 POD 曲线上可一目了然地看出，在不同的置信度下，POD 曲线是不同的，其 90% 检出概率下所能发现的最小缺陷尺寸也是不同的。很明显，90% 置信度下以 90% 检出概率所能检出的缺陷尺寸（$a_{90/90}$）要小于 95% 置信度下以 90% 检出概率所能检出的缺陷尺寸（$a_{90/95}$）。

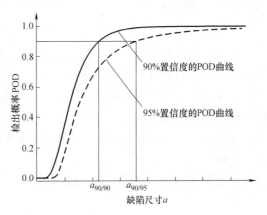

图 1-17　POD 和置信度曲线

第 2 章　涡流检测传感与成像

涡流检测（Eddy Current Testing，ECT）是建立在电磁感应基础上的一种无损检测方法，适用于导电材料和含有导电成分的复合材料。涡流检测技术是最广泛使用的无损检测技术之一，已成为工业生产的有机组成。本章首先介绍涡流检测技术的特点、分类和应用范围，其次介绍涡流检测传感和成像技术，特别介绍了阻抗分析法、场量分析法和涡流阵列成像技术。然后，着重介绍涡流检测的解析建模法和基于模型的反问题求解法。

2.1　涡流检测传感与成像概述

2.1.1　涡流检测技术

当导体在变化的磁场中或相对于磁场运动时，其内部会感应出呈旋涡状流动的电流，简称涡流。涡流检测是涡流效应的一项重要应用。如图 2-1 所示，涡流检测的基本原理为：载有交变电流的线圈会在周围空间产生交变磁场，当该线圈靠近导电材料时，由于电磁感应现象，导电材料中会产生电涡流。该涡流的大小、相位及流动形式受到试件电磁特性和缺陷的影响。同时，导电材料中的涡流也会形成涡流磁场，该涡流磁场反过来又会影响线圈磁场。导电材料中的缺陷会阻碍涡流的流动，并影响涡流磁场，最终使线圈的阻抗或输出电压发生变化。因此，通过线圈阻抗或检测单元输出电压的变化就可以对材料的电磁特性及缺陷进行检测和评估。

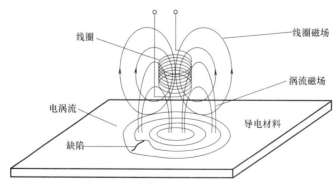

图 2-1　涡流检测的基本原理示意图

1. 涡流检测技术的特点

涡流检测的优点如下：

1）涡流探头不需要接触工件，也无需耦合介质，检测速度快，易于实现自动化检测和在线检测。

2）对工件表面或近表面缺陷，具有很高的检出灵敏度，且在一定范围内具有良好的线性指示，可对缺陷大小及深度做出评价。

3）检测时既不接触工件，又不用耦合介质，可在高温状态下进行检测。

4）探头灵活多样，可以对工件狭窄部位、深孔壁、零件内孔表面等其他检测方法不适用的场合实施检测。

5）适用范围广，能检测导电金属材料，还可以检测金属表面覆盖层的厚度。

6）检测信号为电信号，便于对结果进行处理和存储。

涡流检测的缺点如下：

1）只适合于导电材料或含有导电材料的结构。

2）只适合于表面或近表面缺陷，不适用于材料内部埋藏较深的缺陷（远场涡流除外）。

3）检测深度和检测灵敏度相矛盾，增大频率有利于提高检测灵敏度，但是会导致检测深度下降。反之，降低频率有利于提高检测深度，但是会导致检测灵敏度下降。

4）对于形状复杂的工件，很难进行全面检测及成像。

5）缺陷的定性、定位及定量存在一定问题。例如，采用穿过式线圈，线圈覆盖的是管、棒、线材上一段长度的圆周，获得的信息是整个圆环上影响因素的综合，对缺陷在圆周上的具体位置无法判定；若采用探头式线圈，可准确定位，但检测区狭小，如果进行全面扫查，速度过慢。

2. 趋肤效应与涡流检测深度

交变电流通过导线时，导体周围变化的磁场也会在导体中产生感应电流，从而使沿导体截面的电流分布不均匀，表面的电流密度较大，越往中心处越小。交变电流频率 f 越高时，感应电流几乎是在导体表面附近的薄层中流动，这种现象称为集（趋）肤效应（Skin Effect）。以归一化涡流密度 J 为纵坐标、以深度 z（离导体表面的距离）为横坐标构成平面坐标图，图 2-2 所示为涡流密度在不同深度的分布。可见，涡流密度随着距表面深度的增加呈负指数规律衰减。当深度增大时，涡流密度值将从 100% 很快地衰减。把涡流密度等于表面涡流密度 $1/e$（37%）处的深度称为标准透入深度 δ，也叫趋肤深度，其计算公式为

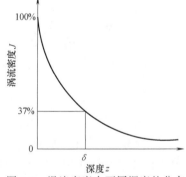

$$\delta = \frac{1}{\sqrt{\pi f \mu \sigma}} = \frac{503}{\sqrt{f \mu_r \sigma}} \qquad (2-1)$$

式中，π 为圆周率；f 为交流电流的频率（Hz）；μ 为被检材料的磁导率（H/m）；μ_r 为被检材料的相对磁导率；σ 为金属试件的电导率（S/m）。

图 2-2　涡流密度在不同深度的分布

深度为 3δ 处的涡流密度仅为其表面密度的 5%。通常将 3δ 作为实际涡流检测能够达到的极限深度。实际上，采取一些措施（如增大激励电流、提高检测单元灵敏度等），也可以检测到超过 3δ 深度的缺陷。

值得注意的是，涡流趋肤深度还和涡流探头的尺寸有关系。以圆柱形探头为例，其趋肤深度可以表示为

$$\delta = \frac{1}{\mathrm{Re}\left[\sqrt{k^2 + j\omega\mu\sigma}\right]} \qquad (2-2)$$

式中，k 是空间频率（mm^{-1}），与探头的尺寸有关；ω 是激励信号的角频率。

观察式（2-2）可以看出，当激励频率较大时，空间频率对趋肤深度的影响很小；当激励频率较小时，空间频率对趋肤深度的影响较大。在涉及具体探头时，其趋肤深度将采用式（2-2）重新计算。

3. 涡流检测技术的种类

涡流检测技术种类繁多，包括常规（单频）涡流检测技术、多频涡流检测技术、脉冲涡流检测技术、远场涡流检测技术、阵列涡流检测技术和调制式涡流检测技术（如调频涡流检测技术、脉冲调制涡流检测技术）等。

（1）多频涡流检测技术　按照激励信号频率的数量，涡流检测技术可以分为单频涡流检测技术和多频涡流检测技术。单频涡流检测技术就是采用单个频率的正弦信号作为激励。为了克服单频涡流检测技术的缺点，美国学者 Libby 于 1970 年提出了多频涡流检测技术（Multi-frequency Eddy Current Testing，MFECT）。多频涡流检测技术的激励信号包含几个不同频率的信号，可以获得多个频率下的检测（阻抗）信息。以 4 频涡流检测为例，图 2-3a 所示为分时多频激励信号，图 2-3b 是叠加式多频激励信号。多频涡流法比单频涡流法可以获取更多的信息，这样就可以抑制实际检测中的许多干扰因素，如热交换器管道中的支撑板、管板、凹痕、沉积物、表面锈斑和管子冷加工产生的干扰噪声，汽轮机大轴中心孔、叶片表面腐蚀坑、氧化层等引起的噪声，以及探头晃动引起的提离噪声等。

a)

b)

图 2-3　4 频涡流的激励信号

a）分时多频激励信号　b）叠加式多频激励信号

（2）瞬态（脉冲）涡流检测技术　按照激励信号与检测信号的特征，涡流检测技术可以分为稳态和瞬态两种。稳态涡流检测（Steady Eddy Current Testing）技术是指利用正弦稳态信号作为激励的涡流检测技术，其检测信号通常也是周期性正弦信号。瞬态涡流检测（Transient Eddy Current Testing）技术的激励信号是一段瞬态形式（随时间变化，具有明显的起点和终点）的电压（或电流）。相应地，它的检测信号也是一段瞬态形式的电压（或电流）。因此，稳态涡流检测技术和瞬态涡流检测技术的信号处理和特征值提取方法截然不同。由于具有检测速度快、深度大、灵敏度高、频谱宽、易定量等优势，瞬态涡流检测技术已成为最具发展前景的一类电磁无损检测技术，如脉冲涡流（Pulsed Eddy Current，PEC）检测技术、脉冲远场涡流（Pulsed Remote Field Eddy Current）检测技术等。

脉冲涡流检测技术最早由美国学者 D. L. Waidelich 在 20 世纪 50 年代初开展研究。目前，脉冲涡流检测技术已成为电磁无损检测领域的一个研究热点。脉冲涡流检测技术的激励电流通常为具有一定占空比的方波，施加在探头上的方波会在试件中感应出脉冲涡流。此脉冲涡流又会产生一个快速衰减的磁场，进而影响线圈上的阻抗或电压。与常规涡流检测技术不同，脉冲涡流检测技术主要对感应电压信号进行时域的瞬态分析。另外，脉冲涡流检测技术中的激励信号可以看成一系列不同频率正弦谐波的合成信号，具有很宽的频谱。因此，脉冲涡流可以提供更多的频域信息。目前，脉冲涡流检测技术主要应用于导体较深层缺陷、飞机机身多层结构、管道等的检测和评估。

（3）远场涡流检测技术　按照线圈激发的涡流场的性质，涡流检测技术可以分为近场涡流检测技术和远场涡流检测技术。远场效应是 20 世纪 40 年代发现的。1951 年 W. R. Maclean 运用远场理论开发了一项检测技术，获得了美国专利。不久，壳牌公司的 T. R. Schmidt 对远场涡流检测技术进行了研究，并研制成功了可检测井下套管腐蚀的探头。1961 年他将此项技术命名为"远场涡流检测"，以区别于普通的涡流检测。20 世纪 60 年代初期，壳牌公司采用远场涡流检测技术检测各种管线。近年来，B. Yang 等学者采用脉冲信号作为远场涡流的激励信号，并提出了脉冲远场涡流检测技术。

远场涡流检测原理如图 2-4 所示，远场涡流检测的探头主要包括一个与管道同轴放置的激励线圈和相距 2~3 倍管道直径的同轴检测线圈。远场涡流是发生在金属管道中的独特现象，在激励线圈中通以低频交流电，它所产生的磁场能量向管道的两端传播时有两个路径：一是沿管道内部与激励线圈直接耦合的路径；二是能量两次穿过管壁的间接耦合路径，它源于激励线圈附近区域管壁中

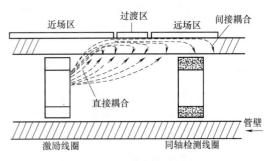

图 2-4　远场涡流检测原理示意图

感应的周向涡流，此周向涡流迅速扩散到管外壁，同时幅值衰减、相位滞后。到达管外壁的电磁场向管外扩散，又在管外壁产生涡流，并最终穿过管壁向管内扩散，再次产生涡流，这也就是远场区检测到的信号。出现在远场区的涡流现象称为远场涡流效应。利用远场涡流信号与激励信号的相位差可以检测管壁的厚度，进而可探知管壁的腐蚀、缺陷等信息。

（4）阵列涡流检测技术　按照探头（传感器）的数量和形式，涡流检测技术可以分为单传感器涡流检测技术和阵列涡流检测技术。阵列涡流检测技术的传感器由多个检测单元以一定方式排列构成。同单传感器涡流检测技术相比，阵列涡流检测技术具有下列优势：

1）阵列涡流检测探头可覆盖更大的检测区域，从而缩短检测时间，提高检测效率。

2）阵列涡流检测技术减小了对机械扫查系统的依赖性，减少了系统的复杂性。

3）由于检测单元较多，阵列涡流检测技术可以提高缺陷检测的可靠性和检出概率。

4）由于多个检测单元的组合排列，对任意走向裂纹都敏感。

5）阵列传感器可以快速成像，甚至可以以"拍照/录像"的形式对某个部位连续成像。

阵列涡流检测技术也面临着越来越多的挑战。如微缺陷的尺寸难以定量，传感器难以贴近复杂结构的表面而造成提离效应，传感器尺寸过大而难以嵌入结构内部实现结构状态的实时监测。基于微机电系统（Micro-Electro-Mechanical System，MEMS）和微纳制造（Micro-nano Manufacturing）技术制备的电磁传感器具有高分辨率、高灵敏度、柔性基底、易嵌入和易集成等优势，该电磁传感器是解决以上问题的潜在方案。

4. 涡流检测技术的发展趋势

涡流检测的发展趋势包括但并不仅限于以下方面：

1）理论、模拟仿真和试验结合得越来越紧密。长久以来，涡流检测的理论、模拟仿真和应用研究之间存在部分脱节。一般而言，学术界以理论和模拟仿真为主。理论和模拟仿真的优点是：可以用来理解涡流检测背后的物理现象、对探头及激励信号进行优化设计、对试验设计进行指导等。而工业界以应用研究为主。目前的发展趋势是，理论、模拟仿真和应用研究并重，互相渗透。

2）特殊的涡流现象，如非线性涡流和运动引起的涡流。常规涡流问题只与磁化曲线中的线性部分相关，即认为材料的相对磁导率为一常数。如果外加的磁场激励信号较大，受铁磁材料的磁导率影响，其 B-H 磁化曲线会进入非线性的部分，并在导体材料中感应出非线性涡流。这种情况下输入单个频率的交流激励信号时，检出信号中会产生多个频率的谐波响应。通过谐波信号可以研究 B-H 磁化曲线与材料的塑性变形损伤之间的关联性。在高速漏磁检测中，由于传感器和对象的相对运动会引起涡流效应，继而引起漂移现象。研究该涡流效应有助于对漂移信号进行补偿。

3）从定性检测走向定量评估。涡流检测可分为识别、定位和定量三步。所谓缺陷识别，就是判断待测试件中是否有缺陷；定位就是确定缺陷在试件中的位置；定量就是在允许的误差范围内确定缺陷的形状和参数，对缺陷的形状、类型和尺寸进行量化评估，继而对被测试件的固有属性、功能、状态、安全性剩余寿命等进行分析、预测和综合评价。目前，缺陷识别和定位已经研究得比较深入，但缺陷的定量仍然是一个挑战。

4）固态磁传感器的广泛使用。传统的涡流传感器采用线圈作为检测单元，以线圈的阻抗变化作为检测信号。线圈测量的是磁场的变化率，灵敏度随着频率的降低而减小。而磁传感器测量的是磁场，在低频时仍具有较好的灵敏度。此外，磁传感器种类繁多，有霍尔传感器、GMR 传感器、GMI 传感器以及 SQUID 传感器，这些磁传感器的性能指标（如灵敏度、量程等）差异巨大，使得传感器的设计更加灵活，选择性更大。另外，使用磁传感器易于实现阵列及成像检测。

5）涡流探头的优化设计与创新。传感器是信息技术的源泉。涡流传感器一直是涡流检测领域的一项关键技术。如果无法感知缺陷信号，即使后续的信号处理功能再强大都无济于事。提高电涡流探头性能一直是电涡流研究的重点。探头的优化设计主要包括优化线圈。传统的传感器采用单一的圆柱形线圈，而 Hoshikawa 使用了矩形的激励线圈，获得了均匀涡流场。近年来，采用柔性电路板和 MEMS 技术制备的探头具有高分辨率、高灵敏度、柔性基底、易嵌入和易集成等优势，受到业界的广泛关注。

6）激励信号的复杂和多样化。传统的涡流检测采用单频的正弦波作为激励信号。为了克服单频带来的缺点，多频、脉冲、调频、脉冲调制等方法越来越多地用于涡流检测，如多频涡流检测、脉冲涡流检测、调频涡流检测和脉冲调制涡流检测等。这些检测技术含有丰富的频域信息。当然，它们在理论模型、系统设计和信号处理方面也带来一些困难，这正是目前的研究重点。

7）成像和可视化检测技术。成像技术可以实现缺陷的可视化检测，即可以对缺陷的位置、走向、尺寸等给出一个直观的评价，也可以提高检测速度和效率。以往，成像技术主要有两个途径：扫描成像和阵列成像。扫描成像技术借助于扫描机构把传感器的位置信息和检测信息进行融合形成图像，优点是传感器简单，缺点是耗时。阵列成像技术可以提高检测效率和可靠性，减少对扫描结构的依赖，缺点是传感器比较复杂。借助于其他类型的成像传感器（如 CCD 和热像仪），通过磁光效应和电磁热效应，间接对涡流场进行成像是涡流成像检测的一个发展方向。此外，通过数据重构算法实现三维成像也是涡流检测的一个发展方向。

8）涡流与其他检测技术的集成。涡流检测技术对表面和近表面缺陷有着极高的检测灵敏度，但是检测深度比较小，采用多个检测技术集成可以在功能上进行补充，如涡流与漏磁集成、涡流与超声集成、涡流与内窥集成等。此外，多个检测技术集成可以共享传感器或硬件系统。如电磁超声信号本身含有涡流信号的部分。对检测信号进行分离提取和结果融合，即可开发涡流/电磁超声复合检测方法，使两种方法优缺点互补，从而得到更加可信的无损评价结果。

2.1.2　涡流检测传感技术

涡流检测传感器又称为涡流检测探头（Probe），是涡流检测系统中必不可少的组成。涡流检测探头首先需要一个激励单元（线圈），以便激励信号在其周围形成电磁场并在待检材料内产生涡流。同时，为了把在电磁场作用下能反映被检材料特征的信号检出来，还需要一个检测单元。只要对磁场变化敏感的元件，如线圈、霍尔磁传感器等，都可作为涡流探头的检测单元。

涡流探头（传感器）种类繁多。根据检测单元的数量，涡流传感器可以分为常规涡流传感器和涡流阵列传感器。按照与工件的相对位置，可以分为外穿式传感器、内穿式传感器和放置式传感器。其中，外穿式传感器适用于管道、棒材；内穿式传感器适用于管道等中空式结构；放置式传感器则几乎适用于任何形状的结构。

根据检测单元所用器件的不同，涡流传感器可分为线圈式和固态磁传感器式涡流传感器。顾名思义，线圈式涡流传感器采用线圈作为检测单元，而固态磁传感器式涡流传感器采用固态磁传感器作为检测单元。按照检测线圈输出信号的不同，线圈式涡流传感器可以分为参量式和变压器式。参量式涡流传感器输出的信号是线圈阻抗的变化，由一个线圈构成。这个线圈既是产生激励磁场的线圈，又是拾取工件涡流信号的线圈，所以又叫自感式传感器。变压器式涡流传感器的输出是线圈上的感应电压信号，它一般由两组线圈构成：一个是激励线圈（或称一次线圈），用于产生交变磁场；另一个是检测线圈（或称二次线圈），用于拾取涡流信号，该类型传感器又叫互感式传感器。

通常，把使用参量式传感器的涡流检测方法称为涡流检测阻抗分析法。把使用固态磁传感器式涡流传感器的涡流检测方法称为涡流检测场量分析法。本节着重介绍基于参量式传感器的阻抗分析法、基于固态磁传感器的场量分析法和涡流阵列传感器。

1. 参量式涡流传感器和阻抗分析法

（1）阻抗分析法　参量式涡流检测的信号来自检测线圈的阻抗变化。影响阻抗的因素很多，且各个因素的影响程度也不同。因此，涡流检测设备必须具备对信号进行处理的功能，以达到消除干扰信号并提取有用信息的目的。在涡流检测的发展过程中，曾经提出过多种消除干扰因素的手段和方法，但直到阻抗分析法的引进，才使涡流检测技术得到了重大的突破和广泛应用。

阻抗分析法是通过分析涡流效应引起线圈阻抗的变化，从而鉴别各影响因素的一种分析方法。从电磁波传播的角度来看，这种方法实质上是根据信号含不同相位的延迟来区别工件中的不连续性。因为在电磁波的传播过程中，相位延迟与电磁信号进入导体中的不同深度和折返来回所需的时间联系。到目前为止，阻抗分析法仍然是涡流检测中应用最广泛的一种方法。在阻抗分析法的发展过程中，由于福斯特的开拓性工作和实用性资料积累，在实际应用中，均以福斯特建立的阻抗分析法表述，下面依照该法进行讨论。

涡流检测中，线圈和被检对象之间的电磁联系可以用两个线圈（检测对象相当于二次线圈，自感式线圈相当于一次线圈）来类比。

在图 2-5 所示的等效电路中，线圈可以看作是由电阻、电容和电感组合而成的等效电路，一般忽略线圈匝间的电容，线圈自身的复阻抗可以表示为

$$Z_1 = R_1 + j\omega L_1 = R_1 + jX_1 \tag{2-3}$$

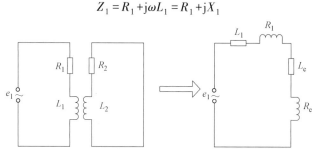

图 2-5　参量式涡流检测等效电路

给一次线圈通以交变电流，由于互感（M）的作用，会在闭合的二次线圈（R_2 和 L_2）中产生电流。同时，这个感应电流又通过互感的作用影响到一次线圈中的电流和电压的关系，这种影响可以用二次线圈中的阻抗通过互感折合到一次线圈电路的折合阻抗（等效阻抗）来表示，即

$$Z_e = R_e + jX_e \tag{2-4}$$

$$R_e = \frac{X_M^2}{R_2^2 + X_2^2} R_2 \tag{2-5}$$

$$X_e = \frac{-X_M^2}{R_2^2 + X_2^2} X_2 \tag{2-6}$$

$$X_M = \omega M \tag{2-7}$$

一次线圈的阻抗与折合阻抗的和称为视在阻抗，可表示为 $Z_s = Z_1 + Z_e$。检测前，检测线圈远离被检对象，$R_2 \to \infty$，有

$$Z_s = Z_1 = R_1 + jX_1 = R_1 + j\omega L_1 \tag{2-8}$$

检测中，检测线圈靠近被检对象，$R_2 \to 0$，有

$$Z_s = Z_1 + Z_e = R_1 + j(X_1 + X_e) = R_1 + j\omega L_1(1 - K^2) \tag{2-9}$$

式中，K 为耦合系数，可表示为 $K = M / \sqrt{L_1 L_2}$。

当检测线圈逐步靠近被检对象时，R_2 由 $\infty \to 0$（或 X_2 由 $0 \to \omega L_2$），便可以得到一系列相对应的视在电阻 R_s 和视在电抗 X_s。以 R_s 作为横坐标，X_s 作为纵坐标，可以得到图 2-6a 所示的阻抗平面图，该阻抗图为一个半圆形曲线。可直观地反映被检对象阻抗的变化对一次线圈（检测线圈）视在阻抗的影响。

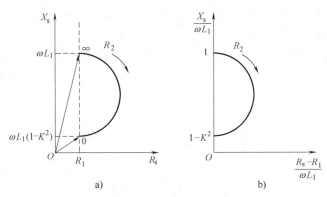

图 2-6 阻抗平面图和归一化阻抗平面图

但是，Z_s 的轨迹不仅与二次线圈（被检对象）的特性有关，而且与一次线圈的特性（R_1，L_1，K）和外加信号的频率有关。为了消除上述影响（检测只是由于 Z_2 的变化所形成的影响），可对阻抗进行归一化处理。把坐标纵轴的位置向右移 R_1 的距离，随后将新的曲线坐标值除以 ωL_1，即采用下列坐标轴来表示视在阻抗的变化规律：横坐标为 $(R_s - R_1)/(\omega L_1)$，纵坐标轴为 $X_s/(\omega L_1)$。经过该变换，可以得到如图 2-6b 所示的归一化阻抗平面图。这样轨迹半圆的直径必然重合于纵轴，半圆上端坐标为 $(0, 1)$，下端坐标为 $(0, 1-K^2)$，半径为 $K^2/2$，于是轨迹仅仅取决于耦合系数 K，曲线上点的位置依然取决于参变量 R_2（或 X_2）。经过归一化处理后的电阻和电抗都是量纲一的量，且恒小于 1。根据此法得到阻抗平面图，既有统一的形式，又有广泛通用的可比性。

（2）信号检出电路　检测线圈的阻抗发生变化 ΔZ，经适当的电路转换为电压信号 ΔU，便于后续放大、滤波和运算等处理。大多数涡流仪器采用交流电桥来测量线圈之间或者线圈和参考线圈之间的微小阻抗变化。图 2-7 所示为涡流仪器中一种比较典型的电桥线路。该电桥中，涡流探头可以位于任意一个桥臂。

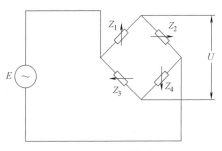

图 2-7 电桥线路

该电桥平衡时，阻抗的关系可表示为 $Z_1 Z_4 = Z_2 Z_3$。该电桥的输出电压可表示为

$$U = \frac{1}{4} E \left(\frac{\Delta Z_1}{Z_1} - \frac{\Delta Z_2}{Z_2} + \frac{\Delta Z_3}{Z_3} - \frac{\Delta Z_4}{Z_4} \right) \tag{2-10}$$

由此可看出，只要某个桥臂上涡流探头的阻抗发生变化，就会打破电桥平衡，输出电压。

（3）正交相敏检波技术　涡流探头输出的阻抗或电压是具有一定频率的调幅或调相信号。给涡流探头施加具有一定频率幅值和相位的激励信号相当于载波信号，被检材料的变化相当于调制信号，它会改变载波信号的幅值和相位，相当于对载波信号进行了幅度调制和相位调制。为了获得被检材料的信息，必须从已调制的调幅或调相信号中恢复调制信号，就需要解调技术。正交相敏检波技术具有判别信号的相位和选频的能力，可以同时输出检测信号相位正交的两个分量（实部和虚部）。这样既可以测得信号的幅值，又可以测定相位。正交相敏检波技术的原理框图如图 2-8 所示，检测信号分别与两路频率相同（与检测信号频率相同）、相互正交（相位相差90°）的参考信号进入相敏检波器进行检波。相敏检波器的核心是乘法器和低通滤波器。乘法器的作用是把有用信息进行频谱搬移，低通滤波器的作用是滤除高频信号，而只留下低频段的有用信号。用硬件来实现正交相敏检波技术需要两个通道、两个模拟乘法器、两个低通滤波器，再加上前期信号调理需要的前置放大器和带通滤波器等，硬件的耗费比较大。

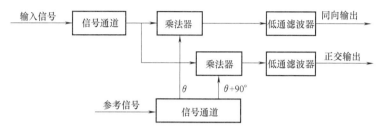

图 2-8　正交相敏检波技术的原理框图

正交相敏检波技术也可以通过软件来实现。设被测信号为 $s(t) = x(t) + z(t) = A\sin(\omega t + \theta + \varphi) + z(t)$，其中 $x(t)$ 为有用信号，$z(t)$ 为噪声信号，A 是检测信号的幅值，ω 是检测信号的频率，与激励信号一致，θ 是激励信号的初始相位，φ 是待求相位，即检测信号相对激励信号的相位变化量。ω 和 θ 都是已知的。根据已知参数，可以获得两路正交参考信号，分别表示为 $y(t) = B\sin(\omega t + \theta)$、$y'(t) = B\cos(\omega t + \theta)$。检测信号与参考信号之间的相关函数可以表示为

$$Rsy = \frac{1}{T}\int_0^T s(t)y(t)\,\mathrm{d}t = \frac{1}{2}AB\cos\varphi \tag{2-11}$$

$$Ryy = \frac{1}{T}\int_0^T y(t)y(t)\,\mathrm{d}t = \frac{1}{2}B^2 \tag{2-12}$$

$$Rsy' = \frac{1}{T}\int_0^T s(t)y'(t)\,\mathrm{d}t = -\frac{1}{2}AB\sin\varphi \tag{2-13}$$

求解上述三个公式，则检测信号的幅值 A 和相位变化 φ 可以表示为

$$B = \sqrt{2Ryy} \tag{2-14}$$

$$\varphi = \arctan\left(-\frac{Rsy'}{Rsy}\right) \tag{2-15}$$

$$A = \frac{2Rsy}{B\cos\varphi} = \frac{2}{B}\sqrt{Rsy^2 + Rsy'^2} \tag{2-16}$$

可通过以上公式得到检测信号的幅值 A 和相位变化 φ，并获得阻抗或电压信号的虚部和实部分量。

2. 固态磁传感器式涡流探头和场量分析法

固态磁传感器可以直接测量磁场的强度。与线圈相比，磁传感器在低频时具有良好的响应特性。

（1）线圈和固态磁传感器的比较　由涡流趋肤深度式（2-1）可以看出，对被测金属物体中电涡流的渗透深度有影响的因素有：激励频率、被测物体的磁导率和电导率。而且这三个影响因素都与涡流渗透深度的平方成反比关系。要增大涡流在被测物体中的渗透深度，只

能降低激励频率。但是降低激励频率时，也会降低探头的灵敏度。根据法拉第电磁感应定律，激励信号为交变电流时，检测线圈所产生的感应电压 U 可表示为

$$U = -NA \frac{\mathrm{d}(B\sin\omega t)}{\mathrm{d}t} \propto NA\omega B \tag{2-17}$$

由式（2-17）可知，感应线圈中的电压正比于激励频率 ω、线圈匝数 N、磁感应强度 B 以及磁通面积 A。该式表明，感应线圈的灵敏度与频率 ω 成正比关系。为了提高检测深度，即增大涡流的渗透深度，必须要降低线圈探头的激励频率。但是，减小频率会降低灵敏度。为了提高探头的检测灵敏度，即需要提高线圈产生的感应电压，又需要增大线圈探头的激励频率，却会降低检测深度。也就是说，检测深度和检测灵敏度是相互矛盾的。

此外，用传统的单线圈式探头检测到缺陷数据时，需要人工对照阻抗平面图查找相应的缺陷参数，再经过复杂的计算才能得出相应的结论。此方法常需要技术熟练并且有一定的电磁学理论知识的专业人员才能根据检测数据计算得到相应结果。

为了有效解决上述问题，人们提出了基于磁传感器的涡流探头以及场量分析法，根据缺陷对磁场的扰动来进行缺陷判别与评估。与线圈相比，磁传感器的测量灵敏度与频率无关，在低频时具有良好的响应特性，检测深度更大。此外，磁传感器的体积更小，空间分辨率更高。场量分析法还可以减小常规涡流检测中的人工干预程度，提高系统自动化检测程度。近年来，随着微型固态磁传感器技术的发展，场量分析法正在成为涡流检测技术的发展方向。

（2）主要磁传感器及其特点　磁传感器主要有霍尔器件、磁阻（Magneto Resistance，MR）元件、各向异性磁阻（Anisotropic Magneto Resistance，AMR）元件、巨磁阻（Giant Magneto Resistance，GMR）元件、磁通门（Fluxgate）、超导量子干涉仪（Superconducting Quantum Interference Device，SQUID）和原子磁力仪。原子磁力仪代表了目前最灵敏的磁场测量系统，其灵敏度可达 $0.16\mathrm{fT}/\sqrt{\mathrm{Hz}}$，但是成本高，系统复杂，在无损检测领域的应用几乎是空白。SQUID 具有较高的灵敏度，但是成本高、尺寸大、功耗高，在涡流检测领域的应用较少。霍尔传感器虽然灵敏度较低，但是尺寸小、功耗小、成本低。GMR 传感器不仅灵敏度高、成本较低、尺寸较小，而且可测磁场范围大。目前涡流检测领域应用广泛的磁传感器主要是霍尔器件和 GMR 器件。

（3）磁传感器在涡流检测中的应用　上述磁传感器的物理原理是不同的，本书不再赘述它们的工作原理，而是直接介绍它们在涡流检测中的应用。20 世纪 90 年代后期，涡流检测领域就开始应用磁场传感器。1998 年，E. S. Boltz 等人提出 GMR 传感器由于具有高灵敏度、高空间分辨率、大带宽和低噪声的优点，适用于低频、渗透深度比较大的磁场的检测，因此，可用于老龄化飞机结构深层缺陷、腐蚀及铆接孔四周裂纹的检测，并通过试验验证了 GMR 传感器的检测能力优于传统的线圈传感器。1999 年，A. R. Perry 等人利用 GMR 传感器检测了铁磁结构中深度达 10mm 的缺陷。法国 GEMPPM 的科研人员 B. Lebrun 等人采用一对磁阻传感器作为检测元件，对飞机铆接结构周围的缺陷进行了检测。1997 年，他们对原来的方法进行了一些改进，采用霍尔传感器作为检测元件，对机身缺陷进行了定量检测。进入 21 世纪，磁传感器在涡流检测中的研究和应用更加丰富，主要表现在以下方面：

1）不同固态磁传感器的比较研究。2001 年，英国国防评估和研究机构的 R. Smith 系统地比较了霍尔传感器与线圈传感器，归纳出了霍尔传感器的优势。2005 年，田贵云（G. Y. Tian 或 G. Tian）等人将 GMR 和霍尔传感器的试验性能进行了对比。

2）磁传感器和脉冲涡流检测技术的结合。2005 年，G. Y. Tian 和 A. Sophian 将 GMR 传感器引入到脉冲涡流技术，并对多层导电结构内部缺陷进行检测。Haan 使用改进的 GMR 传感器（Improved GMR Magnetometer，IGMRM），改进了 RTD-Incotest 公司的脉冲涡流测厚仪。G. Y. Tian 与 QinetiQ 公司合作，采用霍尔传感器和 GMR 传感器作为检测单元，开发了脉冲涡流检测系统。采用该检测系统对航空铝合金中的应力进行了测量。

3）高灵敏度 SQUID 也被开始研究和应用。德国薄膜和界面研究所（Institute of Thin Films and Interfaces）的 Panaitov 将超导量子磁力计 SQUID 应用于脉冲涡流检测技术，利用瞬态响应实现了导体纵深方向上电导率的断层成像。英国思克莱德大学的 C. Carr 等利用涡流检测法对受到热损伤与撞击的碳纤维复合材料进行了检测，比较了多种传感器［包括高温超导量子干涉仪（HTS SQUID）、梯度仪和感应线圈在内］的检测信号的信噪比（Signal-to-Noise Ratio，SNR）和空间分辨率。

4）固态磁传感器阵列和成像技术。GMR 等固态磁传感器具有体积小、功耗低、与半导体兼容性好等优点，可用于制造高密度阵列。NVE 公司制造出了 GMR 阵列，并用于涡流成像检测。GE 全球研发中心将 GMR 阵列传感器作为脉冲涡流检测单元，实现了四层结构中不同层缺陷的成像检测。

3. 涡流阵列传感器

采用涡流阵列传感器，无需机械扫描装置即可对工件进行大面积快速成像检测，而且具有与传统点探头同样的分辨率，还解决了某一走向长裂纹缺陷的"盲视"问题。

涡流阵列传感器的主要参数包括检测灵敏度和空间分辨率等。最初的涡流阵列传感器由绕制的线圈单元构成。1988 年，Krampfner 和 Johnson 将印制电路板（PCB）技术用于涡流阵列传感器的设计，制作了含 60 个微小线圈单元的阵列传感器，提高了检测的可靠性。1991 年，Podney 和 Czipott 制作了微 SQUID 阵列传感器，大大缩小了传感器线圈单元尺寸，该传感器水平方向的检测精度为 1mm，垂直方向的检测精度为 0.3mm。同年，Melcher 研制了一种蜿蜒缠绕式磁传感器（Meandering Winding Magnetometer，MWM）。2002 年，Smith 和 Dogaru 等发表了关于巨磁阻阵列传感器的学术论文。2004 年，CODECI 传感器问世，该传感器将阵列排布的线圈单元与 CCD 结合，能够实时检测各种合金的表面缺陷，缺陷深度的检测精度可达 0.2 m。CODECI 传感器是电磁式涡流阵列传感器与其他检测方法的传感器在信息获取层上的集成。

涡流阵列传感器种类众多。根据传感器构成单元类型，可分为线圈阵列传感器、霍尔阵列传感器、GMR 阵列传感器、SQUID 阵列传感器、MWM 阵列传感器等。依照涡流阵列传感器构成单元排布方式，可分为线性阵列（Linear Array）、平面阵列（Flat Array）和自由形态阵列（Free-Form Array）等。其中，平面阵列又可分为矩阵型平面阵列和交错型平面阵列。根据制作方式不同，线圈阵列传感器可分为绕线线圈阵列传感器、印制电路板阵列传感器、柔性印制电路板（Flexible Printed Circuit Board，FPCB）阵列传感器和基于 MEMS 的阵列传感器。图 2-9 所示为几种典型的涡流阵列传感器。

线圈阵列传感器结构形式灵活多样，依照检测方式的不同可分为以下几种类型。第一种是自感式涡流阵列传感器，如图 2-10a 所示，含有多个线圈，每个线圈单元在同一时刻既为激励又是检测。一般是直接在基底材料上制作多个线圈单元，布置成矩阵形式；为了尽量减少或消除线圈单元间的互感，相邻线圈单元间要保留足够的间隙。第二种是单激励接收式涡

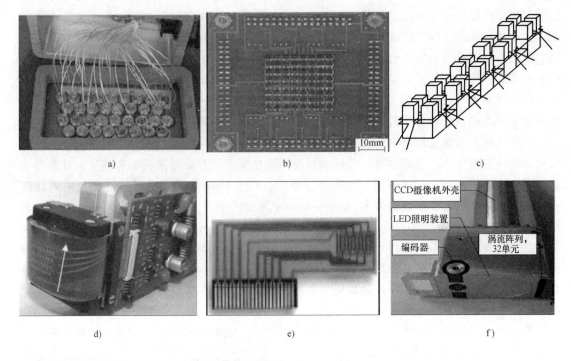

图 2-9　几种典型的涡流阵列传感器

a）绕线线圈阵列传感器　b）霍尔阵列传感器　c）巨磁阻阵列传感器

d）柔性印制电路板阵列传感器　e）MWM 阵列传感器　f）CODECI 传感器

流阵列传感器，如图 2-10b 所示，一般设计为一个大的激励线圈加多个小的检测线圈单元阵列的形式。第三种是多激励接收式涡流阵列传感器，如图 2-10c 所示，一般设计为尺寸相同的多个小的线圈单元，线圈单元在不同时刻既可作为激励，又可作为检测。多激励接收式线圈阵列传感器除具有对提离干扰不敏感、检测信噪比高、缺陷方向识别能力强、易于扩展形成大规模阵列传感器等优点外，由于检测均采用尺寸较小的线圈单元，对于复杂形状和曲面检测也有独特的优势。

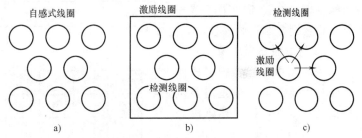

图 2-10　线圈涡流阵列传感器的结构

a）自感式　b）单激励接收式　c）多激励接收式

2.1.3　涡流检测成像技术

涡流检测成像技术的优势主要表现在：能够直观获取缺陷的空间位置、走向和分布；较实时波形显示和阻抗显示更易于理解；通过比较不同区域的颜色差异，更易识别缺陷，并对缺陷的损伤程度进行定量；能够记录和监测缺陷的缓慢扩展过程；方便进行图像处理和自动检测。

目前，涡流成像方法主要有扫描成像、阵列成像、三维（层析）成像、磁光涡流成像和涡流热成像。扫描成像在获取检测传感器阻抗或电压变化的同时，利用扫描装置精确控制传感器的空间位置，当传感器扫描完整片受检区域后，将阻抗变化与空间位置信息结合，得到受检区域的图像。涡流扫描成像技术可采用单传感器或阵列传感器。涡流阵列成像直接采用二维面阵列传感器进行成像，类似于 CCD 相机和磁镜。目前，静态式阵列成像方式的应用还不多。一种折中的方式是把扫描成像和阵列传感器进行结合。涡流阵列扫描成像就是将涡流阵列传感器与扫描成像方法相结合，形成图像的过程。由于兼具快速性和可视化的优势，涡流阵列扫描成像方法已成为涡流阵列检测技术的研究热点之一。

三维成像方法通过对涡流检测输出信号进行反演而得到受检区域的三维图像。该成像方法包含的信息量更大，缺陷位置、形状、长度特别是深度等参数的表征更为准确。日本对三维成像方法的研究处于国际前列。2006 年，Duong 和 Kojima 应用发射接收式涡流阵列传感器，提出了基于涡流检测数据库和 Greedy-Search 算法的缺陷重构技术，大大缩短了缺陷重构和三维成像的耗时。2006 年，Endo 等采用模板匹配（Template Matching）的方法解决了缺陷重构中多裂纹识别、裂纹长度、深度估计等问题。三维涡流成像方法基于完备准确的涡流检测数据库，因此需要对受检对象进行精确的电磁场仿真和大量的试验，以建立并修正该数据库。目前，该成像方法在理论研究、工程实践上均处于起步阶段，成功应用的案例主要集中于核发电站蒸汽管道的常规涡流检测。

除了发展涡流阵列传感器和重构方法进行成像外，依靠其他物理场和光学阵列传感器的涡流成像方法也得到重视，如磁光涡流成像和涡流热成像。磁光涡流成像是借助于磁光效应的成像方法，采用 CCD 相机观察涡流场的分布。涡流热成像是借助于焦耳热效应，通过红外热像仪观察涡流场的分布。本书第 5 章和第 7 章将分别介绍这两种技术。

1. 单传感器扫描成像

涡流检测单传感器扫描成像只需要一个传感器，但是需要机械扫描装置。既可以采用阻抗分析法，也可以采用场量分析法。图 2-11a 所示为涡流检测单传感器扫描成像方式示意图。传感器可以采取蛇形扫描或逐行扫描方式。涡流检测单传感器扫描成像的优点是：传感器和检测系统结构简单，成本低；采用同一个传感器获取信号，避免多个检测单元或多个检测通道的校正；利用扫描机构提高成像分辨率。涡流检测单传感器扫描成像的缺点是

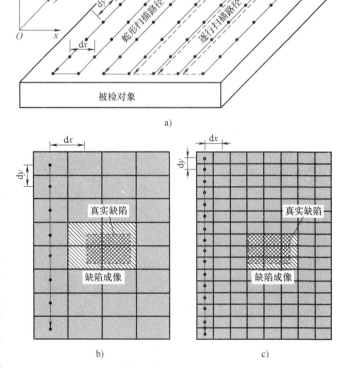

图 2-11　单传感器扫描成像

a）单传感器扫描成像方式示意图　b）单传感器扫描成像结果

c）步进减少为 1/2 时单传感器扫描成像结果

需要扫描机构，成像耗时。图 2-11b 和 c 所示为扫描成像结果示意图。通过设置传感器的步进距离，可调整成像的横向分辨率 dx 和纵向分辨率 dy。图 2-11c 传感器的步进量是图 2-11b 的一半，则分辨率为图 2-11b 的 2 倍，图 2-11c 缺陷区域的成像精度要明显优于图 2-11b。但是，图 2-11c 的数据量也增大为图 2-11b 的 2×2＝4 倍。

2. 多激励接收式涡流线圈阵列传感器扫描成像

多激励接收式涡流阵列传感器采用多个线圈单元进行规模化排布。不论是激励线圈单元还是检测线圈单元，相互之间距离都非常近。为了使各个激励线圈的激励磁场之间、检测线圈的感应磁场之间不相互干扰或干扰较小，涡流阵列检测系统通常采用多路复用技术，同一检测时刻只有一个线圈单元被加载激励信号。在图 2-12 所示刘波等开发的涡流阵列中，通常包含 U 检测模式和 T 检测模式。U 检测模式是，A 组线圈单元为激励，B 组线圈单元为检

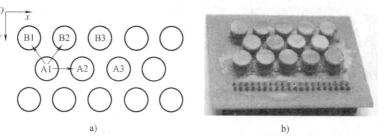

测。由电磁感应定律可知，线圈 A1 产生的磁场在受检件中激励产生涡流，涡流所产生的磁场由作为检测线圈单元的 B1 和 B2 所接收，并将检测信号传递到涡流阵列检测系统中进行处理。同理，线圈单元 A2 产生

图 2-12　涡流阵列传感器及其电磁耦合方式简图
a）电磁耦合方式　b）传感器实物

的涡流磁场信号被作为检测线圈单元 B2 和 B3 接收，以此类推。以这种电磁耦合方式形成的涡流适于发现 y 方向的缺陷。T 检测模式是，线圈单元 A1 作为激励，其产生的涡流磁场被检测线圈单元 A2 接收，而 A2 作为激励线圈产生的磁场又被检测线圈单元 A3 接收，以此类推。以这种方式电磁耦合形成的涡流适于发现 x 方向的缺陷。

例如，待检试件含有 4 个缺陷，第 1 个缺陷长度方向与扫描方向成 45°夹角，尺寸为 12mm×1mm×1.2mm。第 2、3、4 个裂纹长度方向与扫描方向平行，尺寸分别为 12mm×1mm×0.9mm、12mm×1mm×1.2mm、18mm×1mm×0.9mm。其中，3 号缺陷最深，4 号缺陷最长。图 2-13a 所示为应用 U 检测模式得到的 C 扫描图像，图 2-13b 所示为应用 T 检测模式得到的 C 扫描图像。不论是 U 检测模式还是 T 检测模式的涡流阵列 C 扫描图像，对试件包含的 4 个裂纹均能够清晰直观地反映。值得注意的是，虽然裂纹 1 和裂纹 3 实际深度相同，但是 U 检测模式中裂纹 3 中心区域颜色较裂纹 1 中心区域深，T 检测模式中裂纹 1 中心区域颜色较裂纹 3 中心区域深，说明了 U 检测模式对 y 方向裂纹敏感，T 检测模式对 x 方向裂纹敏感。同时也说明了，不同方向裂纹深度的定量不能仅凭借 C 扫描图像颜色加以判断，而应该需要更准确的定量反演方法。

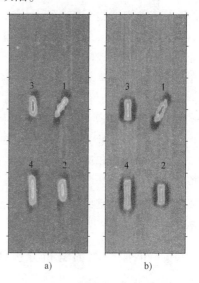

图 2-13　多激励接收式涡流阵列传感器获得的 C 扫描图像
a）U 检测模式　b）T 检测模式

2.2 涡流检测正问题及求解方法

根据第 1 章对电磁无损检测正问题的描述，涡流检测正问题可以定义为，已知涡流传感器、激励信号、被检对象及缺陷的情况下，求解涡流场的分布。涡流检测正问题可以被看作是一个已知原因（传感器和激励信号）、系统（被检对象）和扰动（如缺陷或性能的异常）的条件下，求解结果的问题。各部分可详细描述如下：

1）原因包含涡流传感器和激励信号。涡流检测的激励信号通常为具有特定频率的正弦波信号，脉冲涡流检测的激励信号则为矩形波，包含多个谐波成分；传感器和施加在传感器上的激励信号会形成可描述的电磁场。

2）系统指被检对象，即被检测的材料（Material under Test，MUT）或工件，应当知道该被检对象的几何尺寸和电磁属性（电导率和磁导率）。

3）扰动为被检对象中存在的缺陷或异常。异常即指被检对象的几何尺寸或属性发生了变化。缺陷可以是宏观缺陷，也可以是微观缺陷。目前，涡流检测正问题中的缺陷包含裂纹、腐蚀、应力变化和电磁属性变化等。

4）结果为受被检对象和扰动影响的电磁场分布。

涡流检测正问题的求解方法主要包括试验法和基于模型的模拟仿真法。试验法包括使用真实涡流检测系统进行的直接测量的方法和使用具有数学相似性的模型来确定解的电模型方法（或称为缩比模型法，因涡流检测体积小，该方法应用较少）。正如实践是检验真理的唯一标准，试验法是解决正问题最可靠的工具。试验法需要搭建涡流检测试验系统。涡流检测试验系统一般包含：激励模块，用于产生激励信号；涡流传感器（探头），用于产生电磁场、涡流场并接收电磁信号；信号调理、采集和处理模块，用于放大、滤波、采集和处理检测信号；被检对象和缺陷，已知尺寸和电磁属性，可影响电磁场的分布。但是，试验法需要搭建涡流检测试验系统，而且需要多次试验，比较耗时。

基于模型的模拟仿真法主要包括解析分析法和数值计算法。解析分析法是通过数学中的代数方法或基于极限过程的方法（如微分法、积分法、复变函数法等）求解电磁场定解问题，得到用数学运算符号连接表示数的字母或数字且可以运算的表达式。数值计算方法是通过将连续介质离散化，形成代数方程组并求解后，得到用数字表示的离散数值解的方法。解析解的重要性包括，能够直观揭示电磁场的变化规律，不存在数值不稳定问题，计算速度快，表达式能被他人重复导出，表达形式具有科学美，是数值解的基础，并作为计算公式被广泛用于解决工程问题。缺点是仅适合于几何形状简单的被检对象。数值模型法适用性强，可用于复杂形状的模拟，但是计算速度比较慢。值得注意的是，解析分析法和数值计算法是相互联系不可分割的。所有的解析法都涉及数值计算，而所有的数值计算方法都扎根于解析法理论。

2.2.1 涡流检测的解析分析法

1. 解析分析法概述

目前涡流检测中已有多种解析方法，常用的有分离变量法、复变函数法、格林函数法、积分变换法和近似解析法（如微扰法、积分方程迭代法以及变分近似法等）。Förster 是最早建立涡流检测解析模型的学者之一。他使用解析模型证实了涡流检测的试验结果，并预测了材料属性对试验结果的影响。目前，比较重要的涡流检测解析模型有 Dodd-Deeds 模型和 TREE 模型。

2. Dodd-Deeds 模型

（1）初始模型　1968 年，美国橡树岭国家实验室（Oak Ridge National Laboratory）的 C. V. Dodd 和田纳西大学（University of Tennessee）的 W. E. Deeds 教授合作推导出了空气芯线圈放置在两层金属板上方时的向量磁势求解方法及线圈互感变化的积分解析表达，以下简称为 Dodd-Deeds 模型。为简化求解问题，他们对问题做了如下假设：

1）待检测的导电材料是无限大的。

2）电涡流检测技术的工作频率比较低（小于 10MHz），因此忽略了位移电流效应，即将涡流场看作准静态场。

3）认为绕制探头线圈的漆包线足够细，以至于忽略匝间空隙。

4）忽略线圈的匝间电容效应、电流的相位延迟效应以及漆包线内电流的趋肤效应等，将线圈看作纯电感元件，即认为线圈内的电流幅值和相位完全相同，且在漆包线内均匀分布。

基于以上假设，Dodd 和 Deeds 提出了 2D 轴对称问题的涡流场解析模型。他们引入矢量磁位的概念，利用分离变量法和边界条件推导了涡流场的解析表达式。时至今日，Dodd-Deeds 模型仍然被广泛使用。研究者们在 Dodd-Deeds 模型的基础上进行了改进和完善，提出了更多的扩展模型。如 Luquire 推导出了更多层导电材料的涡流场解析解，并用归纳法获得了任意层导电材料的探头阻抗变化量的解析解。Dodd-Deeds 模型中，线圈阻抗的解析表达式是积分区域从零到无穷大的非常复杂的内含 Bessel 函数积分的二重广义积分，计算难度不小，所以很多优秀学者对线圈阻抗表达式的数值计算投入了很多精力。Blitz 研究了规范化线圈阻抗计算方法；雷银照研究了单层导电结构线圈阻抗积分表达式的上下限确定算法和 Bessel 函数的计算方法，比较了各种数值积分计算方法。T. Theodoulidis 研究了表达式中 Bessel 函数积分的原函数，大大减小了数值计算的难度。

（2）3D 解析模型　紧随 Dodd-Deeds 模型，非对称涡流问题的 3D 解析模型也被提出。这些非对称涡流问题包括任意形状的线圈、导体材料中的内含物等。传统的分离变量法不再适用于 3D 模型，一些特殊的求解方法得到研究。如叠加法（Superposition Approach）被用于求解带有缺陷的半空间上的丝状线问题，一阶波恩近似（First-order Born Approximation，FBA）被用于任意形状线圈的阻抗求解，二阶矢量位（Second-order Vector Potential，SOVP）被用于球坐标下等涡流问题的解析解。

（3）Cheng 矩阵法　Cheng 首次将迭代的概念应用到多层导电结构 Dodd-Deeds 模型的求解过程。Cheng 通过相邻媒质之间的边界条件将两层媒质中磁场联系起来。经过数学处理后用下一层媒质中的磁场表达上一层媒质中的磁场，直至用数学表达式描述顶层媒质与底层媒质中磁场之间的关系。在应用 Cheng 提出的方法求解涡流场或者线圈阻抗时，需要进行大量 2×2 矩阵运算，因此该方法被命名为 Cheng 矩阵法。Cheng 矩阵法的成功应用使人们在电涡流检测解析建模时不用反复计算庞大的线性方程组，尤其是导电结构层数很多的情况，而是将其转化为大量 2×2 矩阵的运算；更重要的是 Cheng 矩阵法引入了迭代的思想，将 Dodd-Deeds 模型推广到了任意多层。

3. TREE 模型

希腊的 T. Theodoulidis 教授将偏微分方程理论中的特征函数展开式法应用到电涡流检测解析建模中，提出了截断区域特征函数展开法（Truncated Region Eigenfunction Expansion Method，TREE）。该方法的基本思路是，把 Dodd-Deeds 模型中的无限大求解区域用有限半径的圆柱体代替，这样线圈阻抗的解析模型就不再是二重广义积分表达式，而是无穷级数之和。该方法可以简化线圈阻抗的数值计算过程，不需要确定积分上限，只需要设置求解区域大小和调整级数的求和项数就可非常容易地调整计算精度，并提高计算效率。人们采用 TREE 法建立了一些复杂对象的解析模型，如含有铁心的线圈阻抗解析模型、管材和棒材的端部效应对线圈阻抗的影响、平板型导电材料的边缘效应对线圈阻抗的影响等。TREE 模型只分析了线圈的阻抗变化，为了研究固态磁传感器作为检测单元的输出信号，李勇提出了扩展的 TREE 模型（Extended TREE，ETREE）。此外，他还利用傅里叶变换和反傅里叶变换把 ETREE 模型扩展到了脉冲涡流检测中。

4. 解析模型的研究热点

（1）复杂线圈的涡流解析模型　涡流检测技术的工程应用多数采用圆柱状线圈。自 20 世纪 90 年代中后期，矩形线圈探头在学术研究和工程应用中越来越受到重视。随之，很多学者开始从事矩形线圈、椭圆形线圈以及任意形状线圈的涡流场解析建模研究。传统研究大多都是针对多层多匝激励线圈的磁场。在电涡流检测中，当激励频率高达数兆赫兹甚至十几兆赫兹时，很多探头不再是多层多匝线圈，而是仅有数匝或者十几匝的单层线圈。螺旋状的单层线圈是多层线圈的特例，所以单层线圈的磁场和阻抗解析模型可以从对应问题的多层线圈磁场和阻抗模型演化而来。

（2）多层导体的涡流解析模型　多层导体结构常见于航空、航天设备中。为解决多层导体中的厚度测量、性能评估和缺陷检测问题，必须建立多层导体的解析模型。李勇建立了磁传感器式涡流探头检测多层导体的 TREE 模型。范孟豹基于准静磁场条件下的 Maxwell 方程组，建立了半无限大任意多层导电结构上方圆柱形线圈模型，推导出线圈阻抗变化量的解析表达式。任芳芳和雷银照探索提出可一次性对三层平板导体所有分层厚度及电导率同时检测的方法，利用电磁场理论建立了正问题求解模型，推导了三层不导磁平板导体上方空心圆柱线圈的散射场阻抗表达式，试验验证了该表达式的正确性。

（3）含缺陷检测对象的解析模型　传统涡流解析模型只能求解无缺陷的检测对象，但是涡流检测归根结底还是要研究带有缺陷的检测对象。缺陷涡流场的理论建模方法目前以数值法为主，但仍然有部分学者在解析建模方面做了大量研究工作，如美国爱荷华州立大学 Bowler 教授的研究工作。为了能够解析求解缺陷的涡流场，Bowler 做了两点假设：

1）裂纹为理想裂纹，即宽度为零。

2）裂纹是完全电绝缘的。

根据以上假设，Bowler 用等效的电流偶极子效应替代理想裂纹效应，从而建立了线圈阻抗的解析模型。后来 Bowler 和 Fu 改进了理想裂纹（即裂纹宽度为零）的模型，将其推广到有限宽度裂纹的涡流场建模问题，并研究了裂纹宽度对探头响应的影响。紧接着，Bowler 和 Fu 建立了近表面缺陷的探头瞬态响应解析模型，研究了缺陷几何参数对探头输出的影响。

（4）磁传感器作为检测单元的解析模型　传统的涡流解析模型主要是计算线圈阻抗的变化。目前，固态磁传感器在涡流检测中的应用越来越多。相应地，采用解析法求解此类型的正问题，并与试验方法进行比较得到了业内的广泛关注。

2.2.2　涡流检测的数值计算法

20 世纪 60 年代开始，计算机技术的巨大进步加快了涡流检测数值模型的研究。1968
年，Roger F. Harrington 出版了《Field Computation by Moment Methods》，详细论述了矩量法
（MoM）用于解决工程问题的理论和数学概念。接着，MoM 被引入涡流检测数值模型。同一
时期，体积分法、边界元法和有限元法都逐步引入到涡流检测数值模型中。

1. 体积分法

体积分法把缺陷区等效为电流偶极子，由积分方程求解其分布。体积分法只需在缺陷区
进行离散，其系数矩阵较有限元法大为减少。但是，体积分法中格林函数的计算比较复杂和
费时，尤其作为反问题的下向求解器，其求解时间是难以接受的。而且，不是所有问题都能
求得其格林函数。尽管如此，体积分法仍然是涡流检测中一种主要的正向求解器。多年来，
提高其计算效率的研究一直受到重视。Bowler 和 Harfield 提出，当涡流的透入深度远小于裂
纹长度时，裂纹表面的电磁场可以按照满足两维拉氏方程的标量来求解。这一思想使原来的
矢量方程大为简化，提高了计算效率。Bowler 还提出，当裂纹的宽度小于透入深度的 1/10
时，一般裂纹可以看成为宽度为零的理想裂纹，等效电流偶极子的体分布转变为面分布，极
大地简化了积分方程的求解。Victor Technologies LLC 公司采用体积分法研发了 VIC-3D 计算
软件。2003 年，Harold A. Sabbagh 等人出版了专著《Computational Electromagnetics and Mod-
el-Based Inversion》，详细阐述了体积分法在涡流检测领域的应用，并介绍了如何使用 VIC-
3D 软件求解不同的涡流检测问题。

2. 边界元法

边界元法 BEM 与体积分法 VIM 十分相近，与 VIM 对整个体积进行离散不同，BEM 只
对感兴趣的区域边界进行离散。两者在涡流检测中的比较见参考文献。2010 年，Xie 提出了
带有缺陷的涡流检测 BEM 方法。BEM 边界元法也可称为表面积分方程法（BIEM）。边界元
法可以把问题的维数降低一维，对于开域问题的处理有其优越性。在涡流检测中，边界元法
的求解对象为导体表面的等效源，对导体表面的裂纹问题，边界元法可获得裂纹周围的磁场
分布。K. Ishibashi 将阻抗边界条件（IBC）引入边界元法中，用 IBC 方法求解远离导体的涡
流场，用积分方程法求解导体边缘附近的涡流场。由于积分方程中含有表面磁场的导数项，
使裂纹边缘处的磁场计算引起较大误差。当裂纹宽度非常小时，系数矩阵趋于病态。Deeley
应用棱边边界条件和裂纹单元解决这一问题并获得了满意的结果。BEM 不能求解导体内部
缺陷的磁场分布，也不能求解非线性问题，因此在涡流检测中的应用不如 FEM 广泛。

3. 有限元法

原则上讲，有限元法可以用于求解任何电磁场正问题，但计算量和存储量的巨大常常使
该方法的直接应用十分困难。早在 20 世纪 60 年代，FEM 就被引入涡流检测领域。20 世纪
90 年代以后，各种改进算法引入到涡流检测 FEM 中，如对开域涡流场引入矢量渐近边界条
件。Z. Badics 等提出了涡流场计算中的微扰模型，将缺陷存在时的场分为未扰动场和扰动场
两部分，未扰动场的计算可利用各种对称条件或解析求解，扰动场的源位于缺陷区且由未扰
动场的计算得到。由于涡流的趋肤效应，需在缺陷周围 5~6 倍透入深度的区域进行扰动场
的空间剖分，使系数矩阵大大减小，提高求解效率。段耀勇将这一微扰模型推广到棱边有限

元的计算中。涡流检测中的裂纹一般都很窄，用 FEM 求解时必须将裂纹及其周围区域剖分得很细，这使求解系数矩阵很大，对计算机性能要求过高。否则，计算精度会下降。Kamiya 和 Qnuki 提出了用 A-φ 法求解，在裂纹区用双节点标量位 φ，磁矢量位 A 仍为单节点量，有效地解决了这一问题，提高了计算精度。

4. 研究热点

（1）不同方法的集成和混合　上述方法都有各自的优缺点。FEM 法对场域的形状具有较好的适应性，可求解非线性问题，但需要剖分整个求解区域，求解矩阵比较大，尤其是开域问题的求解。BEM 法通过降低求解问题的维数，降低了求解难度，但 BEM 法不能处理非线性问题，而且很难处理复杂边界问题。VIM 法将缺陷等效为扰动场，并应用电流偶极子模型建立缺陷涡流场的理论模型，只需对缺陷区域进行剖分计算，对计算机的性能要求较低，计算速度快。正因为不同数值法的优缺点不同，混合法越来越受重视。其中，FEM-BEM 组合法在涡流检测中应用得较多。其基本思想是，在导体区域用 FEM 剖分，导体以外区域用 BEM，等效源位于导体表面。这一方法结合了 FEM 和 BEM 的优点，且剖分区域比单独用 FEM 减少很多，系数矩阵为分块稀疏阵，计算结果的精度和计算时间都可以得到保证。

（2）各向异性材料的数值模拟　近年来，部分学者将目光投向 CFRP 等各向异性材料的数值仿真研究。2009 年，H. Menana 等提出一个 CFRP 涡流检测的三维计算模型。该模型基于 T-φ 表述（T 和 φ 分别代表电矢量位和磁标量位），利用有限差分法计算 CFRP 的涡流密度。作者研究了材料内部的涡流分布规律及缺陷对涡流的影响。通过模拟得到了优化的探头参数和检测条件，为试验研究提供了很好的指导作用。2011 年，H. Menana 等提出基于 A-T 表述（A 代表磁矢量位）的积分微分模型，计算出 CFRP 涡流检测中线圈阻抗的变化，还提出用于模拟 CFRP 薄板结构检测的简化准二维模型，提高了薄板结构检测模拟的计算效率。G. Megali G 等人在 2010 年针对碳纤维复合材料涡流检测专门设计了一个铁氧体磁芯探头，并利用有限元法进行仿真，与试验结果对比进行验证。曾志伟等介绍了一种碳纤维复合材料涡流检测的三维计算模型，该模型基于 V-A 表述（A 和 V 分别代表磁矢量位和电标量位），利用有限元法计算 CFRP 中的涡流。

2.2.3　场量分析法正问题求解实例

涡流传感器主要包括激励单元和检测单元。激励单元通常采用线圈。检测单元可采用线圈、霍尔器件、GMR 器件及其他类型的磁传感器。其中，线圈式检测单元测量的是磁场变化率。磁传感器测量的是磁场大小，而且在低频时具有良好的响应特性。为了检测更深的缺陷，固态磁传感器被广泛采用。相应地，采用解析或数值方法求解此类型的正问题，得到了业内的广泛关注。然而，这方面研究起步晚，成果非常少。本节将介绍经典的 Dodd-Deeds 模型、截断区域特征函数展开法（TREE）、有限元法和试验分析法对磁传感器式涡流检测正问题的求解方法。

1. 磁传感器作为检测单元的涡流检测正问题

涡流检测解析二维模型如图 2-14 所示，该涡流检测正问题可描述如下：

1）系统和扰动。被检对象包含三层/多层导电材料，电导率和磁导率分别为 σ_1、μ_1、σ_2、μ_2、σ_3 和 μ_3 等。第一层厚度为 d_1，第二层厚度为（d_2-d_1），其余层可类推。本问题无扰动，即被检对象中不存在缺陷。

2）输入。传感器激励单元为圆柱形线圈，内半径为 r_1，外半径为 r_2，高度为 z_2-z_1，提离为 z_1，激励信号为单频正弦波，频率为 ω。

3）输出。求被检对象表面与线圈轴线相交区域 z 方向的磁场表达式。

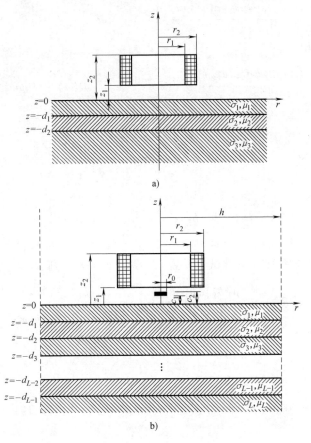

图 2-14　涡流检测解析二维模型

a）三层导体的涡流检测解析模型的截面示意图　b）多层导体的涡流检测 ETREE 模型的截面示意图

2. Dodd-Deeds 模型

如图 2-14a 所示的三层导体，点（r，z）处的磁场可表示为主磁场和副磁场之和，即

$$B_z = B_z^{(1)} + B_z^{(2)} \tag{2-18}$$

式中，$B_z^{(1)}$ 为线圈产生的主磁场的 z 向成分；$B_z^{(2)}$ 为由多层导体产生的副磁场的 z 向成分。

主磁场的积分形式可表示为

$$B_z^{(1)} = \frac{\mu_0 i_0}{2} \int_0^\infty \frac{J_1(ar)\chi(ar_1, ar_2)}{a^3} F(az_1, az_2, az)\,\mathrm{d}a \tag{2-19}$$

其中

$$F(az_1, az_2, az) = \begin{cases} \mathrm{e}^{a(z_2-z)} - \mathrm{e}^{a(z_1-z)} & z \geq z_2 \\ 2 - \mathrm{e}^{a(z-z_2)} - \mathrm{e}^{a(z_1-z)} & z_2 \geq z \geq z_1 \\ \mathrm{e}^{a(z-z_1)} - \mathrm{e}^{a(z-z_2)} & z_1 \geq z \geq 0 \end{cases} \tag{2-20}$$

$$\chi(x_1, x_2) = \int_{x_1}^{x_2} x J_1(x) \, \mathrm{d}x \tag{2-21}$$

副磁场的积分形式可表示为

$$B_z^{(2)} = \frac{\mu_0 i_0}{2} \int_0^\infty \frac{J_1(ar)\chi(ar_1, ar_2)}{a^3} \mathrm{e}^{-az}(\mathrm{e}^{-az_1} - \mathrm{e}^{-az_2}) R(a) \, \mathrm{d}a \tag{2-22}$$

两者的叠加可表示为

$$B_z = \frac{\mu_0 i_0}{2} \int_0^\infty \frac{J_1(ar)\chi(ar_1, ar_2)}{a^3} [\mathrm{e}^{-az}(\mathrm{e}^{-az_1} - \mathrm{e}^{-az_2}) R(a) + F(az_1, az_2, az)] \, \mathrm{d}a \tag{2-23}$$

其中

$$R(a) = \frac{(a+b_1)\mathrm{e}^{-\alpha_1 d_1} U + (a-b_1) V}{(a+b_1)\mathrm{e}^{-\alpha_1 d_1} U + (a+b_1) V} \tag{2-24}$$

其中

$$U = (b_1+b_2)(b_2-b_3)\mathrm{e}^{-2\alpha_2(d_2-d_1)} + (b_1-b_2)(b_2+b_3) \tag{2-25}$$

$$V = (b_1-b_2)(b_2-b_3)\mathrm{e}^{-2\alpha_2(d_2-d_1)} + (b_1+b_2)(b_2+b_3) \tag{2-26}$$

对于一个两层导体系统（后续试验设置），假设 $\sigma_1 = \sigma_2$，则 $R(a)$ 可以简化为

$$R(a) = \frac{(a+b_1)(b_1-b_2)\mathrm{e}^{-2\alpha_1 d_1} + (a-b_1)(b_1+b_2)}{(a-b_1)(b_1-b_2)\mathrm{e}^{-2\alpha_1 d_1} + (a+b_1)(b_1+b_2)} \tag{2-27}$$

对于一个单层导体，$\sigma_1 = \sigma_2 = \sigma_3$，则 $R(a)$ 可以简化为

$$R(a) = \frac{a-b_1}{a+b_1} \tag{2-28}$$

在上述表达式中，$\alpha_n = \sqrt{a^2 + j\omega\mu_0\mu_n\sigma_n}$，$b_n = \alpha_n/\mu_n$，$n=1, 2, 3$。

3. ETREE 法

在图 2-14b 所示的截断区域模型中，点 (r, z) 处的主磁场可表示为

$$B_z^{(1)}(r, z, \omega) = \mu_0 i_0(\omega) \sum_{i=1}^\infty \frac{J_0(a_i r)\chi(a_i r_1, a_i r_2) F(a_i z_1, a_i z_2, a_i z)}{a_i^3 [h J_0(a_i h)]^2} \tag{2-29}$$

副磁场可表示为

$$B_z^{(2)}(r, z, \omega) = \mu_0 i_0(\omega) \sum_{i=1}^\infty \frac{J_0(a_i r)\chi(a_i r_1, a_i r_2) \mathrm{e}^{-a_i z}(\mathrm{e}^{-a_i z_1} - \mathrm{e}^{-a_i z_2})}{a_i^3 [h J_0(a_i h)]^2} \frac{V_1}{U_1} \tag{2-30}$$

式（2-30）中，a_i 的特征值是下面方程在边界处 $r=h$ 时的正根：

$$J_1(a_i h) = 0 \tag{2-31}$$

或者，可以等效为

$$J_1(x_i) = 0$$
$$a_i = x_i / h \tag{2-32}$$

由图 2-14b 可知，磁传感器并不是一个点，其半径为 r_0，厚度为 $c = c_2 - c_1$。通过体积分，可以获得磁传感器的主/副磁场的磁感应强度的体积分表达式分别为

$$\phi_1 = \iiint_V B_z^{(1)}(r,z,\omega)\,\mathrm{d}V = 2\pi\mu_0 i_0(\omega)\sum_{i=1}^{\infty}\frac{\chi(a_i r_1, a_i r_2)}{a_i^3\left[hJ_0(a_i h)\right]^2}\cdot \tag{2-33}$$

$$\int_0^{r_0}\int_{c_1}^{c_2} rJ_0(a_i r)F(a_i z_1, a_i z_2, az)\,\mathrm{d}r\mathrm{d}z$$

$$\phi_2 = \iiint_V B_z^{(2)}(r,z,\omega)\,\mathrm{d}V = 2\pi\mu_0 i_0(\omega)\sum_{i=1}^{\infty}\frac{\chi(a_i r_1, a_i r_2)}{a_i^3\left[hJ_0(a_i h)\right]^2}\frac{V_1}{U_1}\cdot \tag{2-34}$$

$$\int_0^{r_0}\int_{c_1}^{c_2} rJ_0(a_i r)\left[\mathrm{e}^{-a_i(z+z_1)} - \mathrm{e}^{-a_i(z+z_2)}\right]\mathrm{d}r\mathrm{d}z$$

为了得到 r 与贝塞尔函数之积 $\left[rJ_0(a_i r)\right]$ 的积分，可利用下面的公式，即

$$\int_0^x t^n J_{n-1}(t)\,\mathrm{d}t = x^n J_n(x),\quad n>0 \tag{2-35}$$

接下来，可以计算得到磁传感器区域的平均磁感应强度。主磁场为

$$B_{zV}^{(1)}(\omega) = \frac{\phi_1}{\pi r_0^2 c} = \frac{2\mu_0 i_0(\omega)}{r_0 c}\sum_{i=1}^{\infty}\frac{J_1(a_i r_0)\chi(a_i r_1, a_i r_2)}{a_i^5\left[hJ_0(a_i h)\right]^2}\times \mathrm{int\_}F_i \tag{2-36}$$

其中

$$\mathrm{int\_}F_i = \int_{c_1}^{c_2} F(a_i z_1, a_i z_2, a_i z)\,\mathrm{d}(a_i z)$$

$$= \begin{cases} (\mathrm{e}^{a_i z_1} - \mathrm{e}^{a_i z_2})(\mathrm{e}^{-a_i c_2} - \mathrm{e}^{-a_i c_1}), & c_2 > c_1 \geqslant z_2 \\ 2a_i c + \left[\mathrm{e}^{a_i(c_2+c_1-z_2)} + \mathrm{e}^{a_i z_1}\right](\mathrm{e}^{-a_i c_2} - \mathrm{e}^{-a_i c_1}), & z_2 \geqslant c_2 > c_1 \geqslant z_1 \\ (\mathrm{e}^{-a_i z_1} - \mathrm{e}^{-a_i z_2})(\mathrm{e}^{a_i c_2} - \mathrm{e}^{a_i c_1}), & z_1 \geqslant c_2 > c_1 \geqslant 0 \end{cases} \tag{2-37}$$

副磁场为

$$B_{zV}^{(2)}(\omega) = \frac{\phi_2}{\pi r_0^2 c} = \frac{2\mu_0 i_0(\omega)}{r_0 c}\cdot$$

$$\sum_{i=1}^{\infty}\frac{J_1(a_i r_0)\chi(a_i r_1, a_i r_2)V_1}{a_i^5\left[hJ_0(a_i h)\right]^2 U_1}\left[\mathrm{e}^{-a_i(c_2+z_2)} - \mathrm{e}^{-a_i(c_1+z_2)} - \mathrm{e}^{-a_i(c_2+z_1)} + \mathrm{e}^{-a_i(c_1+z_1)}\right] \tag{2-38}$$

副磁场可以表示为更加紧凑的形式，即

$$B_{zV}^{(2)}(\omega) = \frac{\phi_2}{\pi r_0^2 c} = \frac{2\mu_0 i_0(\omega)}{r_0 c}\sum_{i=1}^{\infty}\frac{J_1(a_i r_0)\chi(a_i r_1, a_i r_2)}{a_i^5\left[hJ_0(a_i h)\right]^2}\cdot\frac{V_1}{U_1}(\mathrm{e}^{-a_i c_2} - \mathrm{e}^{-a_i c_1})(\mathrm{e}^{-a_i z_2} - \mathrm{e}^{-a_i z_1})$$

$$\tag{2-39}$$

现在，可以获得磁传感器的叠加磁场，即

$$B_{zV}(\omega) = B_{zV}^{(1)}(\omega) + B_{zV}^{(2)}(\omega) \tag{2-40}$$

4. FEM 模型

FEM 模型即 Comsol 和 Matlab 联合建立的二维轴对称模型，如图 2-15 所示，模型包含线圈、霍尔传感器、空气和层叠结构。第一种层叠结构为两层结构，第一层为铝，第二层为空气。第二种层叠结构为三层结构，第一层为铝，第二层为黄铜，第三层为空气。求解器为时

域谐波求解器。

5. 试验装置

李勇等开发的涡流检测系统试验装置示意图和传感器如图 2-16 所示，主要包含激励信号源、涡流探头、信号采集调理模块和多层导体结构。试验中，激励信号的幅值为91.5mA（最小频率时），频率范围为 20Hz ~ 10kHz。涡流探头中的霍尔传感器采用SS495A，用来测量 z 向磁场。线圈的外直径为 24.6mm，内直径为 22.6mm，高为

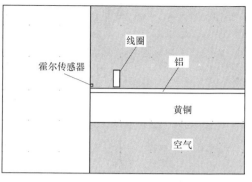

图 2-15　涡流检测 FEM 模型示意图

6.6mm，匝数为 804，直流电阻为 134.7Ω，电感为 19.4mH，提离为 0.6mm，漆包线直径为0.08mm，线圈的阻抗谐振频率为 250.5kHz。

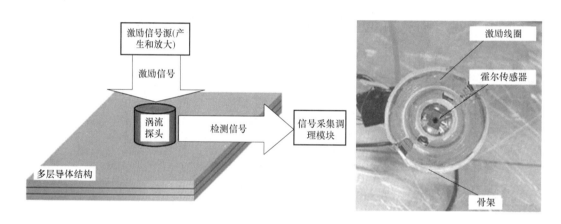

图 2-16　试验装置示意图和传感器

多层导电结构的材料参数和尺寸见表 2-1。

表 2-1　多层导电结构的材料参数和尺寸

材料	电导率/（S/m）	相对磁导率	（长度/mm）×（宽度/mm）×（厚度/mm）
铝	3.4E7	1	100×99.5×1.5
铜	1.4E7	1	400×600×9.5

6. 结果分析与比较

采用 FEM、ETREE 和试验分别获得了两层结构处磁感应强度（B_z）和磁感应强度与电流的比值（B_z/I），它们与频率的关系分别如图 2-17a 和 b 所示。李勇等采用 FEM、ETREE和试验分别获得了三层结构的磁感应强度（B_z）和磁感应强度与电流的比值（B_z/I），分别如图 2-17c 和 d 所示。由结果可以发现，三种方法的结果基本吻合，误差在 1% 以内。在计算时间方面，FEM 对两种结构的计算时间分别为 262.63s 和 411.06s，而 ETREE 的计算时间分别为 2.85s 和 4.67s。

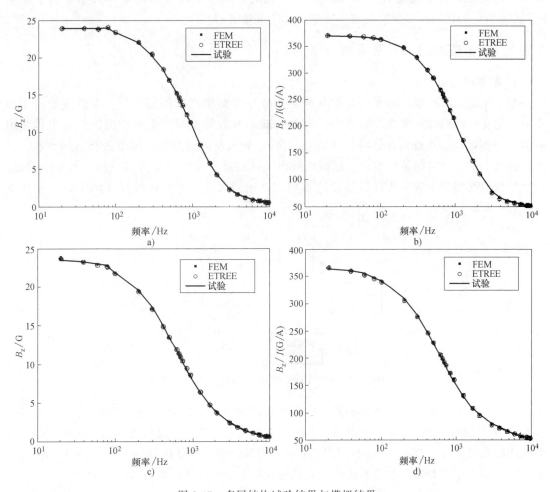

图 2-17　多层结构试验结果与模拟结果

a）两层结构磁感应强度　b）两层结构磁感应强度/电流　c）三层结构磁感应强度　d）三层结构磁感应强度/电流

2.3　基于模型的涡流检测反问题求解方法及实例

如第 1 章所述，涡流检测反问题大多数是参数辨识问题，要求在已知输入（涡流探头和激励信号）、输出（受扰动的涡流场分布或检测信号）和系统（被检对象）的情况下，采用合适的方法求解扰动（被检对象参数的变化或存在的缺陷）。涡流检测反问题求解方法主要有两大类，一类是基于模型的反问题求解方法（简称为模型法），另一类是非模型的反问题求解方法（简称为非模型法或黑箱法）。非模型法主要应用先进的信号处理技术建立缺陷尺寸和信号特征之间的关系，而不涉及两者之间的机理关系。非模型法的典型代表是基于人工神经网络或支持向量机的反演方法。非模型法的特点是速度快，但缺点是需要大量的学习样本，而很多应用场合恰恰很难获得所需的训练样本。模型法则不需要任何学习样本，它仅需要建立含有缺陷的模型，通过不断优化缺陷尺寸，使得探头对缺陷的仿真结果和测量结果之间的误差最小。模型法的缺点是需要反复多次计算正问题求解模型，所以反演速度很慢，很难实时完成缺陷的定量过程。本节介绍基于模型的涡流检测反问题求解方法。基于黑箱（模式识别）的涡流检测反问题求解方法可参阅其他资料。

2.3.1 基于模型的反问题求解方法

1. 基本思路

基于模型的反问题求解方法是把反问题视作一个数学优化问题。其基本思路如图 2-18 所示，把实际得到的涡流检测测量信号与已知缺陷参数的模型产生的输出信号（也称为预测信号）相比较，并得到评估因子（如误差值）。调整缺陷参数后，继续进行这种比较，直到评估因子满足一定的条件为止，进而求解出实际测量中检测信号所对应的未知缺陷信息。基于模型的反问题求解方法可以估计的参数包括缺陷尺寸、材料属性和系统状态（如传感器提离和倾斜）。

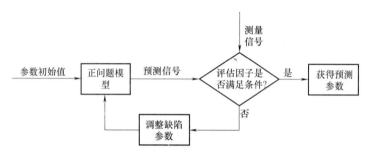

图 2-18 基于模型的涡流检测反问题求解方法思路

可见，该方法主要包括模型和数学优化算法两大部分。模型是一个正问题，可采用 2.2 节的解析分析法和数值计算法来求解。数学优化算法实际是一个迭代过程，不断通过评估因子来比较预测信号（模型产生的信号）和测量信号。如果评估因子满足一定的条件，则完成比较，获得预测参数。如果不满足，则调整缺陷参数，继续比较过程。

在数学优化算法中，主要采用非线性最小二乘估计（Nonlinear Least-squares Estimation, NLSE）方法来计算评估因子（误差的平方和）。数学优化算法中调整缺陷参数的方法主要有确定法和随机法两大类。传统的确定法，如牛顿型方法和共轭梯度法从本质上讲都是局部收敛算法，虽然收敛速度很快，但收敛性过于依赖初值的选取。当目标泛函或由于问题本身的非线性而呈现出多个局部极值点时，这些经典迭代算法无法寻找到全局最优解。随机性方法是指在搜索方向和步长方面具有随机性，其典型代表是遗传算法和模拟退火法等。与确定性方法相比，它的优势在于全局收敛，适用范围广，线性及非线性问题都可应用。缺点是计算量大，收敛速度慢，很难满足工程计算的要求。

对基于模型的涡流检测反问题求解方法的研究已经有很多年，但在实际应用中还是受到很多限制。主要原因有：①正问题中模型的精确求解需要较长时间；②某些反问题具有固有的不确定性；③对现场检测中存在的噪声和不受控制的变化缺乏具有鲁棒性的求解方法。

2. 改进的基于模型的反问题求解方法

Sabbagh 提出的改进的基于模型的反问题求解方法的基本框架如图 2-19 所示。该方法可以提高反问题求解的可靠性。其主要步骤如下：

1）参数评估。全面评估可能影响试验的各项参数，如被检对象尺寸和材料、缺陷尺寸和材料、传感器的参数以及其他系统和环境参数。

2）模型建立。建立包含以上参数，并可对以上参数的影响进行模拟仿真的正问题模型，可以是解析模型，也可以是数值模型。

3）模型简化或代理。在反问题求解过程中，对多参数的模型求解十分费时。因此，可以对模型进行简化或代理，如数据表和插值方法。

4）模型校正。模型校正是必不可少的一步，通过校正和验证，把试验数据和仿真数据放在统一的框架下。

经过以上步骤，可以获得校正之后的模型的模拟结果。

5）试验信号预处理。对试验获得的信号进行去噪、消除趋势等预处理，消除一些干扰因素。

6）数据注册。把试验信号按照时间和空间顺序进行合理的排列，以便和仿真数据进行合适的数据比较和反演。

7）特征提取。用来减少试验信号的维数和数量。有效的特征提取可以减少反问题求解的病态性，减少计算时间，从而提高反问题求解的性能。

经过以上步骤，可以获得有效的测量数据。

8）优化求解。通过一定的优化求解算法对试验获得的有效数据和校正之后模型的模拟结果进行反复比较，从而反演出待估计的参数。

可见，除对正问题模型进行简化、校正之外，试验数据的处理和数学优化算法在反问题求解中也十分重要。

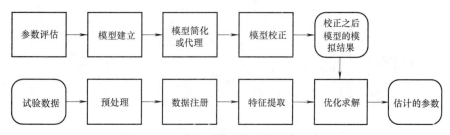

图 2-19　一种基于模型的反问题求解方法

3. 基于非线性最小二乘估计的参数估计

（1）基本思路　非线性最小二乘估计（NLSE）是以模拟结果与实际结果误差的平方和最小为准则来估计非线性静态模型参数的一种参数估计方法。由于非线性，不能像线性最小二乘法那样用求多元函数极值的办法来得到各参数的估计值，而需要采用复杂的优化算法来求解。常用的算法有两类，一类是搜索算法，另一类是迭代算法。

搜索算法的思路是：按一定的规则选择若干组参数值，分别计算它们的目标函数值并比较大小；选出使目标函数值最小的参数值，同时舍弃其他参数值；然后按规则补充新的参数值，再与原来留下的参数值进行比较，选出使目标函数达到最小的参数值。如此继续进行，直到选不出更好的参数值为止。以不同的规则选择参数值，即可构成不同的搜索算法。常用的方法有单纯型搜索法、复合型搜索法、随机搜索法等。

迭代算法是从参数的某一初始猜测值出发，产生一系列的参数点，如果这个参数序列收敛到使目标函数极小的参数点，那么它就是估计值。迭代算法的一般步骤是：

1）给出初始猜测值 θ，并置迭代步数 $i=1$。

2）确定一个向量 v 作为第 i 步的迭代方向。

3）用寻优的方法决定一个标量步长 ρ，更新猜测值 θ。

4）检查停止规则是否满足。如果不满足，则将 i 加 1 再从 2）开始重复；如果满足，则取 θ 为估计值。

典型的迭代算法有牛顿-拉夫森法、高斯迭代算法、麦夸特算法和变尺度法等。

（2）基于非线性最小二乘估计（NLSE）的反问题求解　在涡流无损检测中，阻抗通常是频率、提离、被检对象参数、传感器参数等多个参数的非线性函数。假设

$$Z=g(f,p_1,\cdots,p_N) \tag{2-41}$$

式中，f 为已知参数，如频率；p_1，$\cdots$，p_N 为 N 个感兴趣的待求参数。

为了求解这 N 个参数，测量得到 M 个频率时的阻抗（$M>N$）：

$$Z_1=g(f_1,p_1,\cdots,p_N)$$
$$\vdots$$
$$Z_M=g(f_M,p_1,\cdots,p_N) \tag{2-42}$$

采用高斯-牛顿迭代法进行反问题求解。把阻抗分解为电阻和电抗，可近似得到如下方程：

$$\begin{pmatrix} R_1 \\ X_1 \\ \vdots \\ R_M \\ X_M \end{pmatrix} \approx \begin{pmatrix} R_1(p_1^q,\cdots,p_N^q) \\ X_1(p_1^q,\cdots,p_N^q) \\ \vdots \\ R_M(p_1^q,\cdots,p_N^q) \\ X_M(p_1^q,\cdots,p_N^q) \end{pmatrix} + \begin{bmatrix} \frac{\partial R_1}{\partial p_1} \cdots \frac{\partial R_1}{\partial p_N} \\ \frac{\partial X_1}{\partial p_1} \cdots \frac{\partial X_1}{\partial p_N} \\ \vdots \\ \frac{\partial R_M}{\partial p_1} \cdots \frac{\partial R_M}{\partial p_N} \\ \frac{\partial X_M}{\partial p_1} \cdots \frac{\partial X_M}{\partial p_N} \end{bmatrix}_{(p_1^q,\cdots,p_N^q)} \begin{pmatrix} p_1-p_1^q \\ \vdots \\ p_N-p_N^q \end{pmatrix} \tag{2-43}$$

式中，q 代表第 q 次迭代过程。

每次迭代过程中，等式右边的偏导数可以通过数值计算或试验得到。这说明了正问题解决方法在反问题中的重要性。等式左边是 M 次测量值。上述式（2-43）可以表示为

$$0 \approx r+Jp \tag{2-44}$$

式中，r 是测量值和估计值之间残差构成的 $2M$ 向量；J 是偏导数构成的 $2M \times N$ 的雅可比矩阵；p 为校正向量。

式（2-44）可通过最小二乘法，从初始值 $(p_1^0,\cdots,p_N^0)$ 进行求解，不断使用新值代替旧值，直到收敛。

4. 稳健估计

经典最小二乘估计是以误差平方和达到最小为其目标函数。因为方差为一不稳健统计量，故最小二乘估计是一种不稳健的方法。与经典的最小二乘估计不同，稳健估计（Robust Estimation）对异常值是有抵抗力的。稳健估计的主要思路是将对异常值敏感的目标函数进行修改，以目标函数来定义不同的稳健估计方法。常见的稳健估计方法有最小中值平方

（Least Median of Squares，LMS）估计法、M 估计法和 S 估计法。

2.3.2　基于模型的反问题求解实例

本节列举两个基于模型的涡流检测反问题求解实例。

1. 厚度和提离的测量模型

（1）问题描述　如图 2-20 所示，金属的厚度 t 是待测对象，而提离 l（指金属表面的非导体涂层的厚度）是未知的。该问题中，线圈的阻抗 Z 是几个变量的非线性函数：

$$Z = g(c,o,t,l,f) \tag{2-45}$$

式中，c 为线圈参数；o 为工件参数（不含厚度）；t 为工件厚度；l 为提离；f 为频率。该反问题可描述为，已知线圈阻抗 Z、频率 f、线圈参数 c 和工件参数 o，求提离 l 和工件厚度 t。

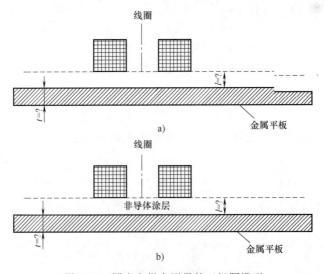

图 2-20　厚度和提离测量的正问题模型

（2）优化方法　理论上来说，一次阻抗测量后就可以求解出 t 和 l 两个未知数，因为阻抗包含电阻 R 和电抗 X 两个分量，这样就可以有两个独立的方程。实际上，由多个频率测量阻抗，可以获得一个超定方程组。由于该问题是非线性的，Sabbagh 等人使用高斯-牛顿迭代方法来执行反问题求解。在单个频率下，R 和 X 的线性近似解可表示为

$$\begin{pmatrix} R_{\mathrm{meas}}(f,t,l) \\ X_{\mathrm{meas}}(f,t,l) \end{pmatrix} = \begin{pmatrix} R(f,t_0,l_0) \\ X(f,t_0,l_0) \end{pmatrix} + \begin{pmatrix} \dfrac{\partial R}{\partial t} & \dfrac{\partial R}{\partial l} \\ \dfrac{\partial X}{\partial t} & \dfrac{\partial X}{\partial l} \end{pmatrix}_{(t_0,l_0)} \begin{pmatrix} t-t_0 \\ l-l_0 \end{pmatrix} \tag{2-46}$$

通过数值计算等正问题求解方法，可以获得阻抗 Z 的偏导数：

$$\begin{cases} \dfrac{\partial Z}{\partial t} \approx \dfrac{Z(t+\Delta t)-Z(t)}{\Delta t} \\ \dfrac{\partial Z}{\partial l} \approx \dfrac{Z(l+\Delta l)-Z(l)}{\Delta l} \end{cases} \tag{2-47}$$

使用式（2-47）来计算 (t,l)，在迭代过程中，式（2-46）的左边是测量获得的电阻和电抗，初始值指定为 (t_0,l_0)，使用 (t,l) 来替代 (t_0,l_0)，求解式（2-46），直到 t

和 l 收敛，并且满足如下条件：

$$\begin{pmatrix} R_{meas}(f) \\ X_{meas}(f) \end{pmatrix} = \begin{pmatrix} R(f,t,l) \\ X(f,t,l) \end{pmatrix} \tag{2-48}$$

当测量 N 个频率的阻抗时，超定方程组可表示为

$$\begin{pmatrix} \Delta R(f_1) \\ \Delta X(f_1) \\ \vdots \\ \Delta R(f_N) \\ \Delta X(f_N) \end{pmatrix} = \begin{pmatrix} \dfrac{\partial R}{\partial t}(f_1) & \dfrac{\partial R}{\partial l}(f_1) \\ \dfrac{\partial X}{\partial t}(f_1) & \dfrac{\partial X}{\partial l}(f_1) \\ \vdots & \vdots \\ \dfrac{\partial R}{\partial t}(f_N) & \dfrac{\partial R}{\partial l}(f_N) \\ \dfrac{\partial X}{\partial t}(f_N) & \dfrac{\partial X}{\partial l}(f_N) \end{pmatrix}_{(t_0,l_0)} \begin{pmatrix} t-t_0 \\ l-l_0 \end{pmatrix} = A\begin{pmatrix} \Delta t \\ \Delta l \end{pmatrix} \tag{2-49}$$

式中，A 为阻抗关于 t 和 l 的偏导矩阵。

$$\begin{cases} \Delta R(f) = R_{meas}(f) - R(f,t_0,l_0) \\ \Delta X(f) = X_{meas}(f) - X(f,t_0,l_0) \end{cases} \tag{2-50}$$

执行相同的迭代过程。通过寻找最小二乘解来求解超定方程组（2-49），最小二乘解是指残差的平方和最小时的 t 和 l：

$$\|\text{Residual}\|^2 = \sum_i \left\{ \left[\Delta R(f_i) \right]^2 + \left[\Delta X(f_i) \right]^2 \right\} \tag{2-51}$$

最小二乘解可以通过求解下面的正则方程来获得

$$A^{\mathrm{T}} A \begin{pmatrix} \Delta t \\ \Delta l \end{pmatrix} = A^{\mathrm{T}} \begin{pmatrix} \Delta R(f_1) \\ \Delta X(f_1) \\ \vdots \\ \Delta R(f_N) \\ \Delta X(f_N) \end{pmatrix} \tag{2-52}$$

通过 QR 分解，可以获得一个正规正交矩阵 $\boldsymbol{Q}$ 和上三角形矩阵 $\boldsymbol{R}$，它满足

$$\boldsymbol{Q} A = \begin{pmatrix} \boldsymbol{R} \\ 0 \end{pmatrix} \tag{2-53}$$

此时，最小二乘解可表示为

$$\begin{pmatrix} \Delta t \\ \Delta l \end{pmatrix} = \boldsymbol{R}^{-1} \boldsymbol{Q}_1 \begin{pmatrix} \Delta R(f_1) \\ \Delta X(f_1) \\ \vdots \\ \Delta R(f_N) \\ \Delta X(f_N) \end{pmatrix} \tag{2-54}$$

式中，$\boldsymbol{Q}_1$ 代表 $\boldsymbol{Q}$ 的前两列。

2. 厚度和提离的求解实例

（1）基于模型的实例 1 如图 2-21 所示的模型，被测材料的真实厚度为 0.1mm，提离

为 0.5mm。使用 VIC-3D 仿真软件获得的 1000～100000Hz 频率范围内的阻抗偏导数，如图 2-22 所示。

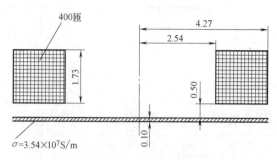

图 2-21　实例 1 的模型示意图

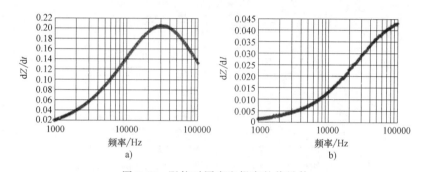

图 2-22　阻抗对厚度和提离的偏导数

a）阻抗对厚度的偏导数　b）阻抗对提离的偏导数

Sabbagh 等人选择 20000～40000Hz 之间的测量数据进行求解。将该范围内 6 个频率的测量值用于求解，厚度和提离的初始值都设定为 0.2mm，在三次迭代收敛后，获得的结果为：厚度为 0.100003mm，提离为 0.499985mm。可以看出，误差非常小。

（2）基于试验的实例 2　如图 2-23 所示的模型，被测材料为黄铜，厚度为 0.89mm，提离为 2.03mm。通过测量不同频率下的阻抗，求解材料的厚度和提离。

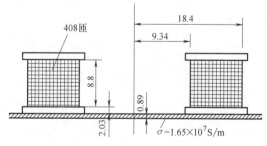

图 2-23　实例 2 的模型

Sabbagh 等人通过试验获得 1000～10000Hz 的测量结果。选择 1～2kHz 内不同频率的测量值分别进行反问题求解，求解结果见表 2-2。图 2-24 显示了求解值与真实值的比值与测量值数量的对应关系。随着测量数据的增多，厚度的求解值有少许改进，但还是存在一定的差异，这主要由测量中的系统误差导致。另外，提离的求解结果没有厚度的求解结果准确，这是由于阻抗对提离没有厚度敏感。

表 2-2　实例 2 的求解结果

序号	频率成分/Hz	厚度/mm	提离/mm	迭代次数
1	1584.89	0.8779	2.063	3
2	1412.54,1584.89	0.8779	2.062	3
3	1412.54,1584.89,1778.28	0.8788	2.063	3
4	1258.93,1412.54,1584.89,1778.28	0.8793	2.062	3
5	1258.93,1412.54,1584.89,1778.28,1995.26	0.8801	2.065	3
6	1122.02,1258.93,1412.54,1584.89,1778.28,1995.26	0.8803	2.065	3
7	1000.00,1122.02,1258.93,1412.54,1584.89,1778.28,1995.26	0.8801	2.064	3

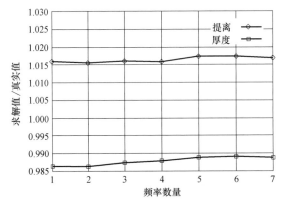

图 2-24　求解值与真实值的比值与测量值数量的对应关系

第3章　脉冲涡流检测传感与成像

脉冲涡流检测技术是一种瞬态涡流检测技术，具有特征量多、频谱宽、检测速度快、检测深度大、灵敏度高、易定量等优势，在金属材料的检测评估中有着非常重要的应用。本章首先对脉冲涡流检测、传感和成像技术进行介绍，然后介绍脉冲涡流检测信号特征量提取方法和基于支持向量机的缺陷分类识别方法，最后介绍脉冲涡流检测、传感和成像在航空航天、海洋工程等几个领域的典型应用。

3.1　脉冲涡流检测传感与成像概述

3.1.1　脉冲涡流检测技术

1. 概念和特点

常规涡流检测技术在实际应用中存在一些问题，如频谱单一、受提离影响大和检测深度受限等。脉冲涡流检测技术正是针对这些问题发展出来的一种新型涡流检测技术，它是一种典型的瞬态涡流检测技术。在脉冲涡流检测技术中，施加在激励单元上的激励信号通常为方波或阶跃信号，由于电磁感应，导体材料中会感应出脉冲涡流。此脉冲涡流又会产生一个脉冲磁场，并使检测单元上产生随时间变化的电压或电流信号。通过分析该瞬态电压的变化，就可以对材料进行缺陷检测、属性表征和状态评估。

脉冲涡流检测技术的优势主要有：

1）与常规涡流检测技术一样，具有非接触、安全等优点。相对于超声检测技术，它不需要任何耦合介质；和射线法比较，它不需要放射源，不会造成环境污染。

2）可以采用较大的瞬时功率作用于被检对象，使检测单元上瞬态信号的变化更为明显。

3）对感应电压信号进行时域的瞬态分析，可提取的特征量较多，易于对缺陷尺寸和位置进行定量评估。

4）具有丰富的频谱内容，同时实现不同深度缺陷的检测和评估。

5）检测速度快，检测效率高。相对于同样含有多频谱分量的扫频测量法，检测时间短。

6）系统成本低。无需多扫频模块，降低了检测系统的成本。

目前，脉冲涡流检测技术已在航空航天、特种设备、石油化工、核电能源、交通运输等领域得到了广泛的应用。其可检测范围不仅包括金属及合金、铁磁材料、碳纤维复合材料、导电蜂窝结构等导电材料，还包括这些导电材料表面的防火、耐磨、保温等各种涂层。

2. 脉冲涡流检测技术的发展

（1）建模与仿真（Modeling and Simulation）　脉冲涡流检测技术的建模与仿真方法主要分为解析分析法和数值计算法。

　　1）解析分析法。脉冲涡流检测技术是对单频涡流检测技术的扩展，其解析建模也是在单频涡流的基础上发展起来的。根据建模过程对激励信号的处理方法，脉冲涡流检测的解析法可分为傅里叶反变换法和拉普拉斯反变换法。

　　傅里叶反变换法就是将脉冲激励信号做傅里叶变换或展开为傅里叶级数，用一系列谐波逼近脉冲激励信号。获得各谐波的响应信号后，再进行反傅里叶变换并叠加，求得脉冲涡流响应信号。基于傅里叶反变换的脉冲涡流时域建模技术已经得到了广泛应用。H. C. Yang 和Y. Danon 等学者将该方法用于分析磁性衬底上金属涂层的探头瞬态感应电压。李勇应用截断区域特征函数法 TREE 建立了可应用于任意多层导电平板结构和多层管状对象的脉冲涡流场解析模型，且该模型考虑了场量传感器的尺寸对传感器输出的影响。张玉华建立了任意 n 层层叠导体结构的脉冲涡流检测电磁场理论模型，采用快速傅里叶变换计算探头的瞬态响应。范孟豹基于电磁波的反射和传输理论研究了多层导电结构的脉冲涡流解析问题。J. Zhang 使用 TREE 模型和傅里叶级数研究了任意多层导电结构的脉冲涡流解析解。基于傅里叶反变换的脉冲涡流理论模型充分利用了时谐涡流场的建模技术和研究成果，工程应用方便，对数学要求不高，是当前主流的脉冲涡流检测解析建模方法。

　　基于拉普拉斯反变换的脉冲涡流建模方法在近 20 年得到了重视。以往，基于拉普拉斯反变换求解时域脉冲涡流场都是先对复频域表达式进行一定的数学运算，然后从变换表中找到函数对应的时域表达式。采用这种方法建立的脉冲涡流场时域解析模型精度高，但是变换能力有限，有时无法得到准确的解析解。T. Theodoulidis 打破这一束缚，将目光聚焦在求解复频域表达式的极点上，对两层导电平板线圈感应电压的拉普拉斯变换表达式做了大量交换后，求得了表达式的极点，然后运用部分分式展开法获得了线圈感应电压的时域解；应用该方法建立的脉冲涡流场时域解析模型具有计算速度快、效率高的优势。对于响应时间较长的仿真，这一优势更加明显。多层导电结构线圈感应电压的拉普拉斯变换表达式更加复杂，范孟豹等建立了基于傅里叶反变换和拉普拉斯反变换的多层导电结构脉冲涡流场的时域解析模型。李勇等基于拉普拉斯反变换对脉冲涡流检测铁磁性管道的情况进行了建模。

　　2）数值计算法。解析分析法计算速度快，但很难模拟带有复杂缺陷情况。数值计算法可以解决这一问题。当前，数值计算法仿真软件大多采用有限元方法（FEM），但是 FEM 计算速度较慢。在反问题求解过程中，需要多次计算正问题模型，FEM 速度慢的缺点会更突出。把边界元法（BEM）与 FEM 结合，可以在一定程度上克服这个缺点，如 G. Preda 采用非线性 FEM-BEM 方程求解脉冲涡流检测正问题。T. Theodoulidis 把含有缺陷的涡流 BEM 数值建模方法扩展到了脉冲涡流检测。解社娟提出了一种快速的脉冲涡流检测数值求解器，该求解器是基于单频涡流数据库类型的求解器，通过傅里叶级数和插值方法获得脉冲涡流计算结果。

　　（2）特征量提取（Feature Extraction）　特征量提取主要包含时域特征量提取、双对数域特征量提取和频域特征量提取。这些特征量都是可以从物理角度进行解释的。

　　1）时域特征量提取。B. Lebrun 从霍尔传感器测量的脉冲涡流瞬态信号中提取了峰值、峰值时间和特征频率三个参数来对飞机机身多层结构中的缺陷进行检测。J. C. Moulder 采用线圈作为检测单元，提取了峰值和过零时间作为特征量，对腐蚀缺陷的深度进行了评估。R. A. Smith 使用不同时刻的幅值对不同深度的缺陷进行了检测。G. Tian 等人根据从霍尔响应中提取的峰值和峰值时间、上升时间对表面缺陷和下表面缺陷进行了评估。Y. He 从线圈的时域差分信号中提取了差分上升时间和差分过零时间作为特征量。

2）双对数域特征量提取。V. O. De Haan 等研究指出，铁磁材料的线圈 PEC 信号具有较大的动态范围，时域信号在经历最初的振荡，进入单调衰减时间区间以后，其衰减行为早期满足逆幂定律（Inverse Power Law），而晚期满足指数衰减定律（Exponential Decay Law），在这两种衰减规律之间有一个平滑的过渡区间。在笛卡儿域，典型铁磁材料 PEC 信号单调衰减区间的曲线形式如图 3-1a 所示。由图 3-1a 可知，笛卡儿域并不适合大动态范围的信号显示，因为很难在显示曲线的细节与其变化范围之间取得合适的折中方案。幸运的是，在双对数数域显示脉冲涡流检测信号解决了笛卡儿域显示脉冲涡流检测信号的不足。逆幂函数在双对数域为一条直线。双对数域中，理论 PEC 曲线直线段的斜率为 -1.5。在双对数域，铁磁材料 PEC 典型信号如图 3-1b 所示。对比图 3-1a 和 b，可知 PEC 信号在双对数域显示，具有两点优势：

1）能够在显示信号幅值和时间的大动态范围内同时反映信号的细节。

2）能够有效区分信号逆幂定律衰减区间与指数衰减区间。

荷兰 INCOTEST 脉冲涡流检测设备正是利用双对数域信号直线段区间到曲线段区间的过渡时间作为壁厚的特征量进行定量化。V. O. De Haan 从双对数域曲线中提取 -3dB 点作为特征量。X. Wu 提出将指数系数作为特征量。这些特征量都来自双对数曲线的后段。为了测量几十毫米的提离，武新军从双对数曲线的中间段提取了新的特征量，可以表征磁通的相对变化。

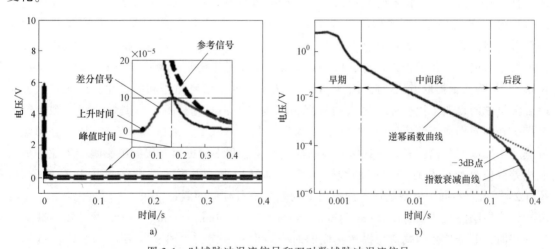

图 3-1　时域脉冲涡流信号和双对数域脉冲涡流信号

3）频域特征量提取。脉冲涡流含有丰富的频谱信息，因此频域特征提取技术也是研究重点。早在 1999 年，Clauzon 比较了脉冲涡流幅值谱和相位谱的仿真结果和试验结果，证实幅值谱可用于缺陷的检测评估。杨宾峰提出了一个新特征量——频谱分离点，可以提高缺陷分类的准确性，他还提出了对幅值谱响应进行归一化和两级差分处理来抑制提离。Kiwa 等人用傅里叶变换方法呈现出导电材料的截面信息和不同深度的缺陷。Y. He 使用特定频率分量的 FFT 幅值对表面缺陷和亚表面缺陷进行了分类。Park 提出使用脉冲涡流功率谱密度评估不锈钢厚度的变化。曾志伟对磁传感器输出的脉冲涡流差分信号进行了频域变换，提取了低频、中频和高频信息进行缺陷的分类和定量。

（3）信号处理 信号处理方法主要有：

1）时频分析，即时频联合域分析（Joint Time-Frequency Analysis）的简称，它提供了时间域与频率域的联合分布信息，能清楚地描述信号频率随时间变化的关系，近年来也在脉冲涡流检测中得到应用，如小波分析、希尔波特变换和 Rihaczek 分布。Safizadeh 对脉冲涡流信号进行了时频分析，分析了层间隙、提离效应和材料损耗的不同时频响应信号。

2）主成分分析（PCA）、独立成分分析（ICA）等盲源分离算法。2003 年，G. Tian 首次在脉冲涡流检测中使用主成分分析法进行特征量提取和缺陷分类识别。2009 年，G. Yang 提出使用独立成分分析进行缺陷分类识别。杨宾峰把 PCA 引入基于线圈的脉冲涡流特征提取中，并改善了缺陷的边缘识别。D. Zhou 比较了主成分分析法与传统的峰值和上升时间的分类识别能力，结果表明主成分分析法具有更好的分类识别结果。Y. He 提出了频域优化结合主成分/独立成分分析的特征量提取方法，并应用在多层结构的分类识别。T. W. Krause 使用改性的 PCA 对大量的测量数据进行了处理，并用于 F/A-18 机翼梁中缺陷的检测。大量结果表明，采用主成分分析法和独立成分分析法可以有效地降低数据量，提取合适的特征量进行缺陷的检测、分类和定量。

3）其他信号处理方法。除以上介绍的主成分分析法、独立成分分析法和时频分析法之外，Fisher 线性判别分析法、数值累积积分法等也在脉冲涡流检测领域得到研究。

（4）提离效应抑制 提离已成为影响脉冲涡流缺陷检测的主要因素之一，如何抑制提离干扰是脉冲涡流检测技术研究中面临的一个重要问题。Giguere 等人提出了基于提离交叉点（LOIP）的时域特征量提取法，可抑制检测中的提离噪声，能识别出小提离干扰下的缺陷信号。当提离变化较大或存在多个提离时，LOIP 并不是一个特定的点，而是一个区域，区域大小与提离变化量相关。鉴于此，G. Tian 提出了基于提离交叉区域（Lift-off Intersection Range）的特征量提取方法。此外，G. Tian 等人采用两个参考信号和归一化技术来降低金属厚度测量中的提离干扰。S. Li 等人则从探头结构出发，对比分析了典型差分探头和两级差分探头在不同提离下的信号变化特征，认为量级差分可减小提离效应。Y. He 从差分频域脉冲响应中提取差分幅值和过零频率来抑制缺陷分类过程中的提离和层间隙影响。于亚婷提出利用差分信号幅值与提离之间的线性关系来抑制提离，得到了缺陷的宽度和深度信息。图 3-2a 所示为不同深度缺陷在不同提离下的差分信号幅值的测量结果，1 代表无缺陷，2~8 分别代表缺陷深度为 2mm、3mm、4mm、5mm、6mm、7mm 和 8mm。由结果可知，缺陷深度一定时，差分信号的幅值与提离构成的曲线斜率是固定的。图 3-2b 所示为缺陷深度和斜率的测量数据和拟合曲线。可见，缺陷深度和斜率具有单调关系，这个斜率可以用来抑制提离，定量出缺陷深度。

（5）定量评估（Quantitative Evaluation）和反问题 与常规涡流检测技术相同，脉冲涡流检测的缺陷评估过程主要包括三步：缺陷检测、缺陷分类识别和缺陷定量。其中，缺陷的检测是第一步，也是较为容易的。缺陷的分类识别是至关重要的。因为不同类型的缺陷（如表面缺陷和亚表面缺陷）需要先分类和定位，然后才可以使用合适的方法来进行量化研究。当前，缺陷分类识别主要利用上面介绍的时域特征量和频域特征量及信号处理方法。缺陷的定量属于反问题范畴，主要方法有基于模型的方法和基于黑箱的方法，后者如人工神经网络和支持向量机。

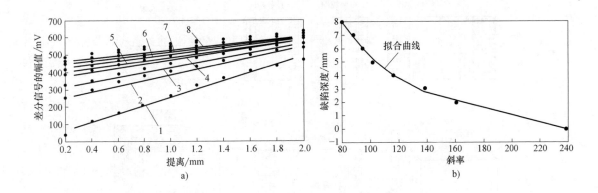

图 3-2　测量结果

a）差分信号幅值与提离之间的线性关系　b）缺陷深度与斜率的关系

3.1.2　脉冲涡流检测传感技术

1. 脉冲涡流传感器的种类

根据检测对象的不同，脉冲涡流探头（传感器）大致可分为适用于平面对象的传感器、适用于圆柱形对象的传感器和适用于特殊结构的传感器。

（1）适用于平面对象的脉冲涡流探头（传感器）　适用于平面对象的脉冲涡流探头又可以细分为：

1）圆柱形线圈传感器。除单个绝对式线圈外，圆柱形脉冲涡流传感器常包含两个线圈，一个为激励线圈，另一个为检测线圈。可以配置为同轴式，如图 3-3a 所示；也可以配置为并列式，如图 3-3b 所示。

2）方向性激励线圈传感器。这种传感器的激励线圈可激励出某一方向的磁场，对某一方向的属性变化或缺陷有着更高的灵敏度。方向性激励线圈的放置方式有多种，如图 3-3c 所示，其轴线（或磁场方向）可与被检对象垂直，也可与被检对象平行，如图 3-3d 所示。

3）基于磁传感器的脉冲涡流探头（传感器）。磁传感器可以作为检测单元，代替检测线圈。如图 3-3e 和 f 所示，分别为圆柱形激励线圈与磁传感器的组合和矩形激励线圈与磁传感器的组合。

4）差分式脉冲涡流传感器。脉冲涡流传感器可以配置为差分形式，以圆柱形激励线圈与磁传感器作为检测单元为例，两个磁传感器可以配置为同轴式，如图 3-3g 所示；或者，两个磁传感器配置为轴对称形式，如图 3-3h 所示；或者，可以把激励线圈和磁传感器作为一体，由两套激励线圈和磁传感器的组合配置为差分形式，如图 3-3i 所示。

（2）适用于圆柱形对象的脉冲涡流传感器　当检测管道等圆柱形被检对象时，脉冲涡流传感器需重新设计。首先，可以把弯曲的管道看作平面，直接借鉴适用于平面对象的脉冲涡流传感器，如图 3-4a 所示。其次，可以根据管道的特点，设计成内穿式脉冲涡流传感器，如图 3-4b 所示的双线圈传输式脉冲涡流传感器，检测线圈检测的是整个圆周范围内的缺陷，无法判断缺陷在周向的位置。如图 3-4c 所示的脉冲涡流阵列传感器是采用多个检测线圈沿着周向布置（代替一个同心检测线圈）的一种结构形式，其中每个检测线圈检测周向的部

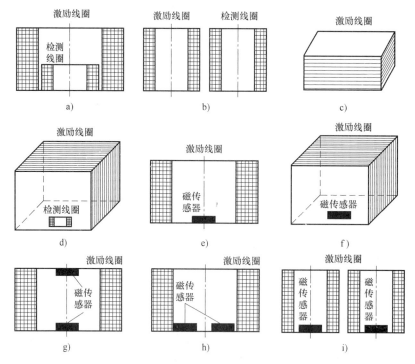

图 3-3　适用于平面对象的脉冲涡流传感器

分区域，可以判断缺陷在周向的位置。

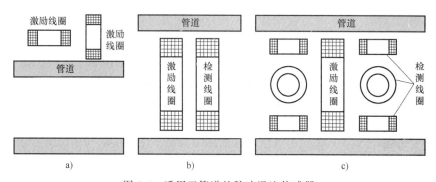

图 3-4　适用于管道的脉冲涡流传感器

（3）适用于搭接结构的脉冲涡流传感器　针对搭接结构中检测紧固件周边缺陷的脉冲涡流传感器通常具有中心对称特征。如图 3-5a 和 b 所示的两种脉冲涡流传感器，其圆柱形激励线圈都与铆钉的中轴线对齐，在铆钉的两边分别设置一个检测单元（线圈或磁传感器），两个检测单元的信号进行差分处理。检测单元的敏感方向可以与被检对象的表面垂直或平行。检测时，可以按一定步进量（角度）旋转传感器，进行整个周向的检测。这种检测方式比较耗时。也可以把检测单元配置为阵列，覆盖整个周向，这样可以节约检测时间。图 3-5c 所示为 C. A. Stott 设计的一款用于搭接结构的脉冲涡流检测传感器，其含有 8 个检测单元，可配置为绝对模式或差分模式。这种阵列方式可以一次检测整个周向。在检测时，为保证传感器的中心与紧固件的中心对齐，使用了对齐装置，如图 3-5d 所示。

2. 脉冲涡流传感技术的发展趋势

（1）方向性脉冲涡流传感器　方向性脉冲涡流传感器是指激励出的磁场或所检测的磁场具有一定的方向性，它具有对某一方向缺陷敏感的特点。方向性脉冲涡流传感器是在圆柱形传感器的基础上发展起来的。G. Tian 使用方向性脉冲涡流传感器对多种航空铝合金中的测量应用进行了研究，该传感器的激励线圈是矩形的，轴线与被检材料相垂直，采用霍尔器件作为检测单元。罗飞路等设计了一种新型的脉冲涡流矩形传感器，该传感器采用矩形的激励线圈，其法线与被检对象的表面相平行，可在被检对象表面产生平行的涡流场，对垂直于涡流的裂纹有着强烈的敏感性。他们采用该矩形传感器的时域响应信号的峰值时间与峰值作为特征量，成功对缺陷实现了成像检测，并对缺陷长度与宽度进行了定量。

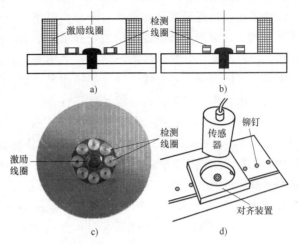

图 3-5　适用于搭接结构紧固件的脉冲涡流传感器

（2）用磁传感器作为检测单元　线圈测量的是磁场变化率。感应线圈中的电压 U 正比于激励频率 ω、线圈匝数 N、磁感应强度的幅值 B 以及磁通面积 A。当磁场垂直于线圈所在平面且在线圈所围面积内呈均匀状态时，线圈电压可表示为

$$U = -NA \frac{\mathrm{d}(B\sin(\omega t))}{\mathrm{d}t} \propto NA\omega B \tag{3-1}$$

式（3-1）表明，线圈的感应电压随着频率的提高而提高。然而，更高频率的趋肤深度更小，导致检测深度受限。此外，感应电压随着有效面积的增大而增大，但是更大的面积会导致空间分辨率减小。而磁传感器的灵敏度与频率无关。与线圈相比，磁传感器在低频时具有良好的响应特性，且磁传感器的空间分辨率更高。目前，在脉冲涡流检测中得到应用的磁传感器有霍尔器件、磁阻元件、巨磁阻（GMR）元件、各向异性磁阻（Anisotropic Magneto resistive，AMR）元件和超导量子干涉仪（SQUID）。图 3-6 所示为线圈和磁传感器的脉冲涡流时域响应。可见，线圈与磁传感器的响应曲线是有较大区别的。感应线圈的响应信号是磁感应强度随时间的变化率，先升高再降低，而两个磁传感器的响应信号都是逐渐上升的，直至稳定。此外，还可以看出，该传感器中 GMR 比霍尔更加灵敏。Panaitov 将 SQUID 磁力计应用于脉冲涡流检测技术，利用不同时间点上的响应实现了对导体纵深方向上电导率的断层成像。

（3）检测单元的多样化设计　脉冲涡流传感器的检测单元主要为线圈和磁

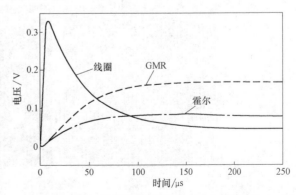

图 3-6　线圈和磁传感器的脉冲涡流时域响应

传感器。线圈和磁传感器通常具有敏感方向，只可以测量某一方向的磁场分量。通常情况下，线圈和磁传感器都是测量垂直于被检对象表面的磁场分量。改变检测线圈或磁传感器的放置方式，可以测量其他方向的磁场分量。Y. He 设计了一体化三维检测线圈，可以同时测量三个方向的磁场分量，并提出使用蝶形图来改善缺陷识别效果。此外，两个检测线圈或磁传感器也可以配置为差分式，以提高检测灵敏度。多个检测线圈和磁传感器还可以配置为阵列形式，增大检测面积，提高检测可靠性。

（4）平面/柔性脉冲涡流传感器　PCB 技术已经被用于脉冲涡流传感器的设计和制造中。采用 PCB 技术，可以设计平面脉冲涡流传感器。R. Abrantes 开发了一款脉冲涡流平面阵列传感器。如图 3-7 所示，激励单元为 3 条横导线与 3 条竖直导线，检测单元为 16 个单层平面螺旋线圈，分别位于 6 条激励导线相互交叉形成的 16 个格子之内。该传感器采用 PCB 技术制造，激励线宽度为 0.5mm，间距为 5.4mm。每个检测线圈有 21 匝，导线宽 50μm，间距为 50μm。该传感器可以用于阵列成像。但是，这些传感器尚未突破平面的限制。比 PCB 技术更加先进的 FPCB 和 MEMS 技术将使脉冲涡流传感器具有高分辨率、高灵敏度、柔性基底、易嵌入和易集成等优势。

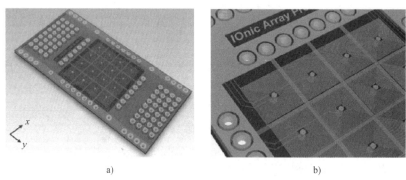

a)　　　　　　　　　　　b)

图 3-7　4×4 的脉冲涡流平面阵列传感器

R. Abrantes 还开发了一款脉冲涡流平面阵列传感器。如图 3-8 所示，激励单元为 7 条横导线与 7 条竖直导线，检测单元为 8×8 个单层平面螺旋线圈，分别位于 14 条激励导线相互交叉形成的 64 个格子之内。该传感器采用 PCB 技术制造，激励导线宽度为 0.5mm，间距为 2.7mm。每个检测线圈有 14 匝，导线宽 50μm，间距为 50μm。

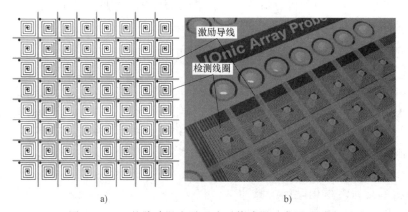

a)　　　　　　　　　　　b)

图 3-8　8×8 的脉冲涡流平面阵列传感器示意图和照片

3.1.3 脉冲涡流检测成像技术

1. 脉冲涡流阵列成像

某脉冲涡流阵列传感器如图 3-8 所示，工作时，激励电流为 1A，脉冲频率为 125kHz，占空比为 20%。检测对象表面含有一个深 1mm 的缺陷。把传感器置于缺陷上方，缺陷与传感器的横轴平行，成像结果如图 3-9a 所示。把传感器以一定倾斜角度置于缺陷上方，成像结果如图 3-9b 所示。可见，脉冲涡流平面阵列传感器无须扫描，即可对缺陷进行成像。缺点也很明显，由于检测单元体积受限，成像分辨率较小。

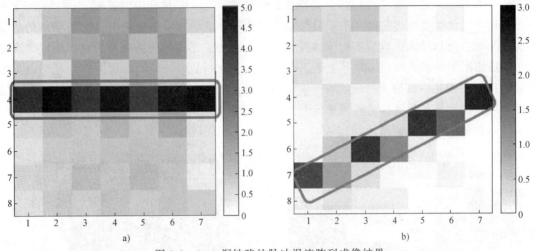

图 3-9 1mm 深缺陷的脉冲涡流阵列成像结果

2. 脉冲涡流单传感器扫描成像

脉冲涡流单传感器扫描成像只需要一个传感器。其扫描方式和优缺点如图 2-11 和 2.1.3 节所示。脉冲涡流单传感器扫描成像的优点如下：

1）传感器和检测系统结构简单，成本低。

2）每个检测点采用同一个传感器获取信号，避免多个检测单元或多个检测通道的校正。

3）可以利用扫描机构提高成像分辨率。

脉冲涡流单传感器扫描成像的缺点是整个检测系统需要扫描机构，成像耗时。

对表面和下表面缺陷，可采用矩形脉冲涡流传感器和逐行扫描方式进行成像检测。图 3-10 所示为采用峰值为特征量对三个表面缺陷的 C 扫描（C 扫描成像区域代表被检工件的投影面，这种显示能绘出缺陷的水平投影位置）成像结果。逐行扫描的行距为

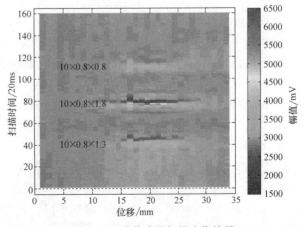

图 3-10 单传感器扫描成像结果

1mm。检测过程中，传感器处于移动状态（未考虑速度效应的影响），因此，传感器在每行的位移需要根据传感器的速度和时间进行计算。在第 3.4.3 节和第 3.4.4 节的扫描成像中，传感器在每个检测点都处于静止状态，既消除了速度效应的影响，又可以获得准确的位置信息。

3. A 扫描、B 扫描、C 扫描和层析成像

在无损检测中，A 扫描是一种波形显示，横坐标代表时间或频率，纵坐标代表波形的强度。在脉冲涡流检测中，可采用传感器获得某点的脉冲涡流响应，可以是时域响应，也可以是频域响应。A 扫描通常用于比较检测点与参考点的脉冲涡流响应异同，分析检测点是否存在缺陷，并对缺陷的参数进行评估。如图 3-6 所示波形是 A 扫描的时域波形。

B 扫描图像就是通过获得一条检测路径上多个检测点的脉冲涡流响应，把检测点的位置作为横坐标，把脉冲涡流响应的时间或频率作为纵坐标，不同时间或频率的幅值形成二维图像。B 扫描图像可以判断扫描路径上是否存在缺陷，判断缺陷所处的位置，特别是可以大致判断缺陷在扫描路径截面上的形状或走向。图 3-11a 所示为 B 扫描方式示意图，传感器（圆柱形激励线圈和霍尔器件作为检测单元）扫描经过一个表面斜裂纹，图 3-11b 所示为 B 扫描图像，可见，缺陷的倾斜属性（实线）可以很直观地观察到。

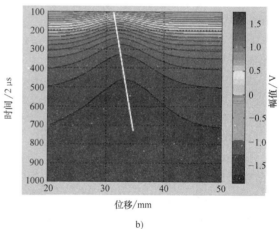

图 3-11 B 扫描方式示意图和 B 扫描图像

C 扫描就是获得一个检测区域内多个检测点的脉冲涡流响应，并提取特征量，把特征量与检测点的空间坐标相结合以形成二维（伪三维）图像。C 扫描图像可以判断缺陷在检测区域内的位置，并显示缺陷在平面内的面积。图 3-10 所示为典型的 C 扫描图像。

层析成像就是能反映不同深度处检测信息的一系列二维图像。脉冲涡流检测中，可以利用电磁场/波理论，对时频域脉冲涡流信号进行反演，获得可以反映对象不同深度处信息的特征量，结合空间坐标，进行被检对象的层析成像。

3.2 脉冲涡流检测信号的特征量提取

与常规涡流测量和分析的对象是阻抗不同，脉冲涡流检测技术测量和分析的对象是瞬态信号。近年来，各国学者在脉冲涡流瞬态信号分析与特征量提取方面取得了很多成果。根据

检测单元的不同种类，脉冲涡流探头（传感器）大致可分为基于磁传感器和基于感应线圈的脉冲涡流传感器。这两种传感器的瞬态信号分析与特征量提取方法是不同的。本节分别介绍基于磁传感器和感应线圈的脉冲涡流特征量提取方法，以及基于主成分分析或独立成分分析的特征量提取方法。

3.2.1 基于磁传感器的脉冲涡流瞬态信号分析与特征量提取

被测材料的属性（如电导率、磁导率）对脉冲涡流检测信号的影响很大。通过对基于磁传感器的脉冲涡流探头获得的瞬态信号进行时域分析和频域分析，提取合适的特征量，可表征材料电导率和磁导率的变化，从而可以解决材料中多种典型缺陷和异常（如拉伸应力、分层、腐蚀和撞击）的检测问题。本节以霍尔器件为例，研究基于磁传感器的脉冲涡流瞬态信号分析与特征量提取。

1. 基于霍尔器件的脉冲涡流探头（传感器）

图 3-12 所示为基于霍尔器件的圆柱形脉冲涡流传感器的示意图和照片。该脉冲涡流传感器由圆柱形激励线圈和一个霍尔器件构成。给线圈施加一个脉冲信号，则线圈周围会产生一个变化的主磁场。同时，被检材料内部会感应出涡流并产生副磁场。霍尔器件测量垂直于试件的主磁感应强度和副磁感应强度的叠加。

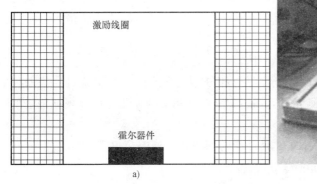
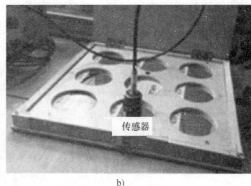

图 3-12 基于霍尔器件的圆柱形脉冲涡流传感器的示意图和照片

2. 时域响应信号分析和时域特征量提取

（1）时域响应信号分析和特征量提取方法 图 3-13a 显示了霍尔传感器获得的典型脉冲涡流时域响应信号（半周期）。为了便于描述，时间轴已做归一化处理。图中，B 代表测量获得的时域响应，它可以表示为主磁感应强度和副磁感应强度的综合：

$$B = B_1 + B_2 \tag{3-2}$$

式中，B_1 是激励线圈产生的主磁感应强度；B_2 是被检材料中涡流所产生的副磁感应强度。

如果被测对象是铁磁材料，B_1 和 B_2 的方向相同，测量的综合磁感应强度大于主磁感应强度。如果被测对象是非铁磁材料，副磁感应强度与主磁感应强度的方向是相反的，测量的综合磁感应强度小于主磁感应强度。

随着时间的变化，时域响应信号 B 可分为两个部分：上升阶段和稳定阶段。提取稳定阶段的最大值 $\max(B)$ 作为特征量，可以直接表征综合磁感应强度的大小，从而间接表征被测材料的其他属性。如果被测对象是铁磁材料，综合磁感应强度主要受被检材料磁特性的影响。材料磁导率越大，综合磁感应强度越大。因此，$\max(B)$ 可表征铁磁材料磁导率的大小。

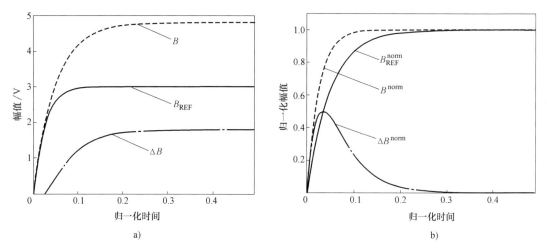

图 3-13　基于霍尔器件的脉冲涡流

a）时域响应　b）归一化时域响应

采用差分处理来增强缺陷信号，需要确定一个参考信号。如图 3-13a 所示，B_{REF} 是传感器在空气中获得的响应信号，被作为参考信号。视实际情况，B_{REF} 也可以是被测对象无缺陷部位的响应信号。使用检测信号 B 减去参考信号 B_{REF}，可以获得新的响应信号——差分时域响应信号 ΔB，即

$$\Delta B = B - B_{REF} \tag{3-3}$$

如图 3-13a 所示，差分时域响应 ΔB 也分为两个部分：上升阶段和稳定阶段。提取稳定阶段的最大值 $\max(\Delta B)$ 作为一个特征量，与 $\max(B)$ 有相似的作用，可以表征磁场的大小或铁磁材料磁导率的大小。

分别对 B 和 B_{REF} 进行幅值归一化处理，获得新的归一化时域响应 B^{norm} 和 B_{REF}^{norm}：

$$B^{norm} = B / \max(B) \tag{3-4}$$

$$B_{REF}^{norm} = B_{REF} / \max(B_{REF}) \tag{3-5}$$

图 3-13b 所示为经过归一化处理之后获得的归一化时域响应 B^{norm} 和 B_{REF}^{norm}。可以发现，两者在上升阶段是不同的。对两者进行差分处理，差分归一化时域响应 ΔB^{norm} 可以表示为

$$\Delta B^{norm} = B^{norm} - B_{REF}^{norm} = \frac{B}{\max(B)} - \frac{B_{REF}}{\max(B_{REF})} \tag{3-6}$$

观察图 3-13b 可以发现，差分归一化时域响应 ΔB^{norm} 也可以分为两个阶段：脉冲阶段和零值阶段。脉冲阶段主要对应图 3-13a 中 B 的上升阶段，零值阶段主要对应图 3-13a 中 B 的稳定阶段。由此可知，差分归一化时域响应信号可以表征脉冲涡流响应在上升阶段的信息。针对该差分信号，提取它的峰值 $PV(\Delta B^{norm})$ 作为新的特征量。

把脉冲涡流时域响应看作电路系统的响应，它的时间常数可以表示为

$$T_c = \frac{L}{R} = LG \tag{3-7}$$

式中，L 是电路系统的电感；R 是电路系统的电阻；G 是电路系统的电导。

在图 3-13b 所示的归一化响应中，B^{norm} 的时间常数小于 $B_{\text{REF}}^{\text{norm}}$ 的时间常数。把电感 L 看作常数，则可以推断 B^{norm} 的电阻要大于 $B_{\text{REF}}^{\text{norm}}$ 的电阻，而 B^{norm} 的电导要小于 $B_{\text{REF}}^{\text{norm}}$ 的电导。对 B^{norm} 和 $B_{\text{REF}}^{\text{norm}}$ 进行差分处理，获得的差分归一化响应 ΔB^{norm} 是大于零的。因此，其峰值 $\text{PV}(\Delta B^{\text{norm}})$ 在一定程度上可以反映归一化时域响应 B^{norm} 和归一化参考时域响应 $B_{\text{REF}}^{\text{norm}}$ 的电阻率（电导率）的变化。如果 $\text{PV}(\Delta B^{\text{norm}})$ 为正，则说明归一化时域响应 B^{norm} 的时间常数小于归一化参考时域响应 $B_{\text{REF}}^{\text{norm}}$ 的时间常数。相应地，归一化时域响应 B^{norm} 的电阻率要大于归一化参考时域响应 $B_{\text{REF}}^{\text{norm}}$ 的电阻率。也就是说，归一化时域响应 B^{norm} 的电导率要小于归一化参考时域响应 $B_{\text{REF}}^{\text{norm}}$ 的电导率。因此，$\text{PV}(\Delta B^{\text{norm}})$ 可表征被检材料电导率的变化，$\text{PV}(\Delta B^{\text{norm}})$ 的值越大，被检材料的电导率越小。

（2）有限元分析　前文通过理论分析得出了可用于表征材料磁导率和电导率的两个特征量，本节采用有限元数值模拟方法，分析材料属性对脉冲涡流时域响应和以上两个特征量的影响。图 3-14 所示为建立的脉冲涡流检测 3D 有限元模型。该模型由 COMSOL 3.4 建立，含有试件、线圈、磁芯和空气四部分。

首先考虑铁磁材料。试件的材料设置为结构钢 SS400（日本钢材标号，相当于国内的 Q235 钢），相对磁导率设置为 60，电导率设置为 $4.68 \times 10^6 \text{S/m}$。线圈材料设置为铜，相对磁导率设置为 1，电导率设置为 $5.8 \times 10^7 \text{S/m}$，提离（线圈和试件之间的距离）设置为 0.5mm。激励脉冲信号的持续时间为 2.5ms，时间点间隔为 2μs。获得该状

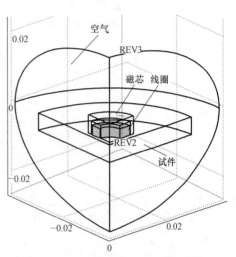

图 3-14　脉冲涡流检测 3D 有限元模型

态下的时域响应，并作为参考信号 B_{REF}。改变试件的电导率为初始值的 60%、80%、120% 和 140%，分别得到不同电导率时的时域响应 B。根据式（3-6），计算得到差分归一化时域响应 ΔB^{norm}。图 3-15 所示为不同电导率的时域响应 B 和差分归一化响应 ΔB^{norm}。可见，电导率的变化主要导致上升沿的变化，随着电导率的增加，$\text{PV}(\Delta B^{\text{norm}})$ 逐渐减小。这与前文的理论分析相一致。

接着改变磁导率为初始值的 60%、80%、120% 和 140%，分别得到不同状态下的时域响应，并计算得到差分归一化时域响应 ΔB^{norm}。图 3-16 所示为不同磁导率时的时域响应 B 和差分归一化时域响应 ΔB^{norm}。由图 3-16a 可见，磁导率的变化影响了稳定阶段的幅值。随着磁导率的增加，$\max(B)$ 逐渐增大。这是因为随着磁导率增大，同向副磁感应强度增大，从而导致综合磁感应强度增大。图 3-16b 中，经归一化处理之后，磁导率的变化也可以在差分归一化时域响应 ΔB^{norm} 的脉冲阶段展示出来。

图 3-17 所示为不同特征量与电导率和相对磁导率变化的对应关系。很明显，以 $\max(B)$ 为特征量，磁导率变化的影响非常明显；而以 $\text{PV}(\Delta B^{\text{norm}})$ 为特征量时，电导率变化的影响比磁导率要明显。由此可知：

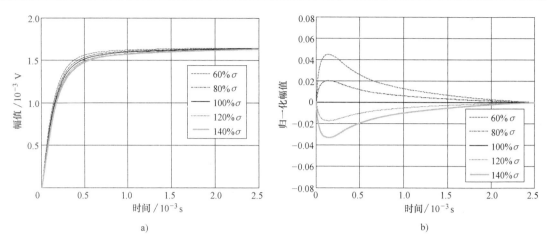

图 3-15 铁磁材料不同电导率时基于霍尔器件的脉冲涡流传感器的时域响应

a) B b) ΔB^{norm}

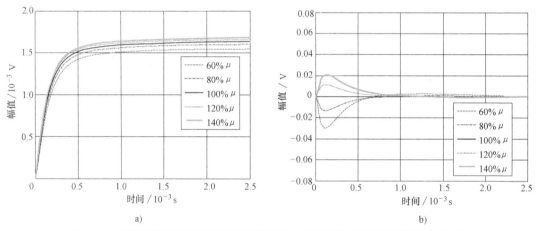

图 3-16 铁磁材料不同相对磁导率时基于霍尔器件的脉冲涡流传感器的时域响应

a) B b) ΔB^{norm}

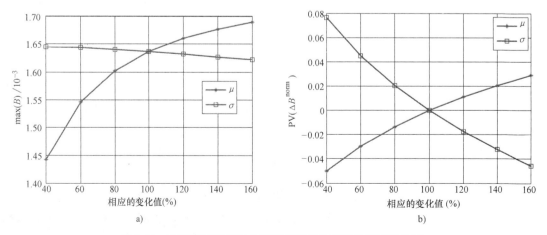

图 3-17 不同特征量与电导率和相对磁导率变化的对应关系

1) 对于 $\max(B)$，磁导率的影响要比电导率的影响大很多。随着磁导率增大，$\max(B)$ 值增大。

2) 对于 $\mathrm{PV}(\Delta B^{\mathrm{norm}})$，电导率的影响要比磁导率的影响大。随着电导率增大，$\mathrm{PV}(\Delta B^{\mathrm{norm}})$ 值变小。

考虑实际情况，铁磁材料磁导率变化范围更大。因此，$\max(B)$ 更加适用于铁磁材料的检测评估。

其次考虑非铁磁材料。试件的材料设置为铝，线圈材料为铜，其电导率设置为 $5.8 \times 10^7 \mathrm{S/m}$。提离设置为 $0.5\mathrm{mm}$。激励脉冲信号持续时间为 $2.5\mathrm{ms}$，时间点间隔为 $2\mathrm{\mu s}$。把提离距离为 $0.5\mathrm{mm}$ 称为模型的初始状态，其时域响应作为参考信号 B_{REF}。改变试件的电导率为初始值的 60%、80%、120% 和 140%，分别得到不同电导率时的时域响应 B，如图 3-18 所示。可以发现，电导率的变化主要体现在 B 的上升阶段。而在稳定阶段，电导率导致 B 的差异很小。通过仔细观察可以发现，随着电导率增大，$\max(B)$ 逐渐减小。这是因为随着电导率增大，反向副磁感应强度增大，从而导致综合磁感应强度减小。

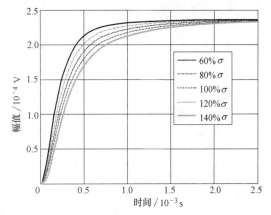

改变提离为初始值（$0.5\mathrm{mm}$）的 60% 和 140%，分别得到不同提离时的归一化时域响应 B^{norm}。图 3-19 所示为电导率和提离分别变化 60% 和 140% 时的归一化时域响应 B^{norm}。可以发现，在上升阶段，电导率导致的变化明显比提离的变化大。选择初始状态的时域响应为参考信号 B_{REF}，获得图 3-19b 不同提离和不同电导率的差分归一化时域响应

图 3-18　非铁磁材料在不同电导率时基于
霍尔器件的脉冲涡流传感器的时域响应

ΔB^{norm}。可见，对于特征量 $\mathrm{PV}(\Delta B^{\mathrm{norm}})$，电导率的影响要比提离的影响大。而且，随着电导率增大，$\mathrm{PV}(\Delta B^{\mathrm{norm}})$ 值变小。

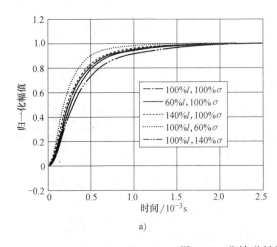

a)

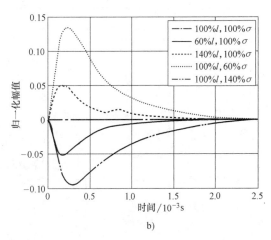

b)

图 3-19　非铁磁材料不同电导率和提离

a）归一化时域响应　b）差分归一化时域响应

本节对铁磁材料和非铁磁材料的脉冲涡流时域响应进行了分析，提取了两个特征量来表征磁导率和电导率的大小。经仿真分析，得到以下结论：

1）对于铁磁材料，可用特征量 $\max(B)$ 来表征磁导率的变化。随着磁导率增加，$\max(B)$ 单调增大。

2）对于非铁磁材料，归一化技术可抑制提离的影响，归一化之后的特征量 $\mathrm{PV}(\Delta B^{\mathrm{norm}})$ 可用来表征电导率的变化。随着电导率增加，$\mathrm{PV}(\Delta B^{\mathrm{norm}})$ 的值单调减小。

3. 频域响应信号分析和频域特征量提取

上一小节分析了材料属性对脉冲涡流时域响应信号的影响，以及相应的特征量提取方法。本小节分析材料属性对脉冲涡流频域响应的影响以及频域特征量提取方法。

（1）频域特征量提取方法　采用 FFT 技术对时域响应 B 和差分时域响应信号 ΔB 进行处理，可以获得频域响应和频域差分响应信号：

$$M(f) = \mathrm{FFT}(B)$$
$$\Delta M(f) = \mathrm{FFT}(\Delta B) \tag{3-8}$$

一个典型的频域差分响应信号如图 3-20a 所示。从频域响应和频域差分响应信号中可以提取特征量，如图 3-20 中的幅值谱最大值等，进行缺陷检测和评估。图 3-20b 显示了幅值谱最大值与表面缺陷深度、下表面缺陷深度和试件厚度的对应关系。可以看出，缺陷深度越大，幅值谱最大值越大。

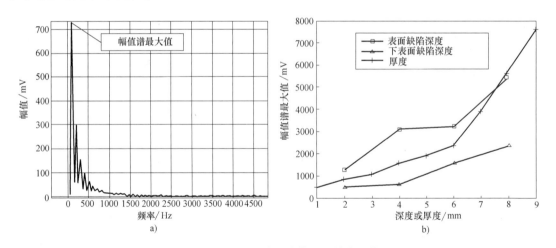

图 3-20　频域差分响应信号及其特征值

a）频域差分响应信号　b）幅值最大值和缺陷深度及试件厚度的对应关系

采用 FFT 技术对差分归一化时域响应 ΔB^{norm} 进行处理，获得幅值谱 $N_{\mathrm{amp}}(f)$，即

$$N(f) = \mathrm{FFT}(\Delta B^{\mathrm{norm}}) \tag{3-9}$$
$$N_{\mathrm{amp}}(f) = |N(f)| \tag{3-10}$$

然后，采用归一化技术对幅值谱 $N_{\mathrm{amp}}(f)$ 进行归一化处理，获得归一化幅值谱 $N_{\mathrm{amp}}^{\mathrm{norm}}(f)$，即

$$N_{\mathrm{amp}}^{\mathrm{norm}}(f) = |N_{\mathrm{amp}}(f)| / \max(|N_{\mathrm{amp}}(f)|) \tag{3-11}$$

选定某一状态下的 $N_{\mathrm{amp}}^{\mathrm{norm}}(f)$ 作为参考信号 $N_{\mathrm{REF}}^{\mathrm{norm}}(f)$，采用差分处理计算不同状态下的差

分归一化幅值谱 $\Delta N_{amp}^{norm}(f)$，即

$$\Delta N_{amp}^{norm}(f) = N_{amp}^{norm}(f) - N_{REF}^{norm}(f) \qquad (3\text{-}12)$$

最后，选择 $N_{amp}(f)$ 和 $\Delta N_{amp}^{norm}(f)$ 的最大值 $\max(N_{amp}(f))$ 和 $\max(\Delta N_{amp}^{norm}(f))$ 作为特征量，比较不同状态下材料属性变化对频域响应的影响。

（2）铁磁材料的有限元分析　采用图 3-14 所示的有限元分析模型，试件的材料设置为钢，相对磁导率设置为 60，电导率初始值设置为 4.68×10^6 S/m。提离设置为 0.5mm，激励脉冲时间设置为 2.5ms，时间步长设置为 $2\mu s$。改变电导率的值为电导率初始值的 40%、60%、80%、120%、140% 和 160%。分别计算各电导率时的脉冲涡流时域响应。使用电导率取初始值时的响应作为参考信号 B_{REF}，获得不同电导率时的差分归一化响应 ΔB^{norm}。然后，对其进行 FFT 变换，获得不同电导率时的幅值谱 $N_{amp}(f)$ 和归一化幅值谱 $N_{amp}^{norm}(f)$，结果如图 3-21 所示。可见，不同电导率时的频域响应的轮廓具有一定的相似性。经归一化处理后，差异较小。

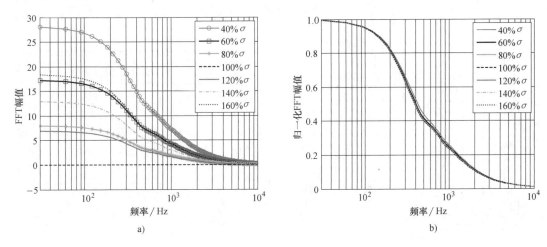

图 3-21　不同电导率时的幅值谱和归一化幅值谱

a）幅值谱　b）归一化幅值谱

改变相对磁导率为初始值的 5%、10%、20%、40%、60%、80%、120%、140% 和 160%，分别计算脉冲涡流时域响应 B。使用磁导率初始值时的响应为参考信号 B_{REF}，获得不同磁导率时的 B。采用上述方法，获得不同磁导率时的幅值谱 $N_{amp}(f)$ 和归一化幅值谱 $N_{amp}^{norm}(f)$，结果如图 3-22 所示。可见，不同磁导率的频域响应的轮廓差异较大。经归一化处理后，彼此之间的差异也特别明显。

把电导率设置为 3.0×10^7 S/m，相对磁导率分别设置为 1.00、1.10、1.27 和 1.63。获得不同磁导率时的幅值谱 $N_{amp}(f)$ 和归一化幅值谱 $N_{amp}^{norm}(f)$，分别如图 3-23a 和 b 所示。可见，相对磁导率比较小时，其频域响应与电导率的频域响应（图 3-21）十分相似。

（3）非铁磁材料试验　采用标准电导率试件研究非铁磁材料的脉冲涡流频域响应。脉冲涡流试验系统由 QinetiQ TRECSCAN 的脉冲涡流控制箱、CNC-step 的三轴扫描机构、NI 的多功能采集卡 PCI-6255 等构成。采用 Matlab 控制多功能采集卡 PCI-6255 产生脉冲激励信号。该激励信号是脉冲涡流控制箱产生的激励电流，并施加于传感器。试验中，设置激励信

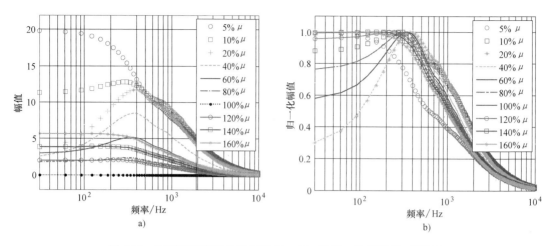

图 3-22 不同磁导率时的幅值谱 $N_{\mathrm{amp}}(f)$ 和归一化幅值谱 $N_{\mathrm{amp}}^{\mathrm{norm}}(f)$

a）幅值谱 b）归一化幅值谱

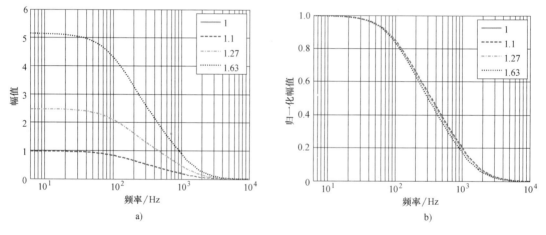

图 3-23 磁导率较小时的幅值谱 $N_{\mathrm{amp}}(f)$ 和归一化幅值谱 $N_{\mathrm{amp}}^{\mathrm{norm}}(f)$

a）幅值谱 b）归一化幅值谱

号的频率为 100Hz，幅值为 2.52V。传感器的响应信号由脉冲涡流控制箱低通滤波（截止频率为 10kHz）和放大，然后由多功能采集卡 PCI-6255 采集。在 Matlab 环境下分析脉冲涡流频域响应。电导率标准试件由英国国家物理实验室提供。每个试件直径为 80mm，厚为 10mm。表 3-1 为标准试件（W179、A179、G179、R179、S179 和 C179）的电导率值。把探头放置在电导率试件表面，获得不同电导率试件的时域响应 B。

表 3-1 电导率标准试件编号和电导率值

试件编号	W179	A179	G179	R179	S179	C179
电导率/（MS/m）	59.47	36.02	29.52	22.45	18.92	14.33

选用 W179 试件为参考试件，其时域响应作为参考时域响应 B_{REF}。获得不同电导率试件与参考试件的 B 在归一化和差分之后的差分归一化时域信号 ΔB^{norm}。然后，获得各标准试

件的幅值谱 $N_{\mathrm{amp}}(f)$ 和归一化幅值谱 $N_{\mathrm{amp}}^{\mathrm{norm}}(f)$，如图 3-24 所示。可见，不同电导率试件的频域响应的轮廓非常相似，经归一化处理后，差异较小。选用试件 A179 的归一化幅值谱作为参考信号，对不同电导率的归一化幅值谱 $N_{\mathrm{amp}}^{\mathrm{norm}}(f)$ 进行差分，获得不同电导率的差分归一化幅值谱 $\Delta N_{\mathrm{amp}}^{\mathrm{norm}}(f)$，结果如图 3-25 所示。

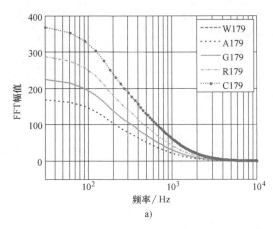
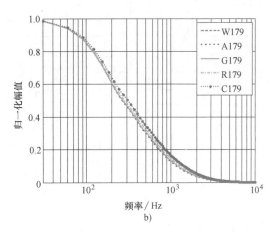

图 3-24　电导率标准试件的幅值谱 $N_{\mathrm{amp}}(f)$ 和归一化幅值谱 $N_{\mathrm{amp}}^{\mathrm{norm}}(f)$

a）幅值谱　b）归一化幅值谱

改变 W179 试件与脉冲涡流传感器之间的提离值，分别获得不同提离（0、1mm、2mm 和 3mm）时的时域响应。选用 0 提离时的时域响应作为参考信号 B_{REF}，通过式（3-4）~式（3-6）分别获得不同提离的差分归一化时域信号 ΔB^{norm}。然后，获得 W179 试件在不同提离时的幅值谱 $N_{\mathrm{amp}}(f)$ 及其归一化幅值谱 $N_{\mathrm{amp}}^{\mathrm{norm}}(f)$，结果如图 3-26 所示。可见，不同提离时的频域响应的轮廓非常相似，经归一化处理后，基本一致。选用 1mm 时的 $N_{\mathrm{REF}}^{\mathrm{norm}}(f)$ 作为参考信号，对不同提离的归一化幅值谱 $N_{\mathrm{amp}}^{\mathrm{norm}}(f)$ 进行差分，获得不同提离时的

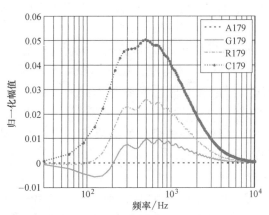

图 3-25　电导率标准试件的差分归一化幅值谱 $\Delta N_{\mathrm{amp}}^{\mathrm{norm}}(f)$

差分归一化幅值谱 $\Delta N_{\mathrm{amp}}^{\mathrm{norm}}(f)$，结果如图 3-27 所示。

比较电导率和提离对幅值谱 $N_{\mathrm{amp}}(f)$、归一化幅值谱 $N_{\mathrm{amp}}^{\mathrm{norm}}(f)$ 和差分归一化幅值谱 $\Delta N_{\mathrm{amp}}^{\mathrm{norm}}(f)$ 的影响。首先获得幅值谱 $N_{\mathrm{amp}}(f)$ 的最大值 $\max(N_{\mathrm{amp}}(f))$，图 3-24a 中 A179 和 C179 的 $\max(N_{\mathrm{amp}}(f))$ 的最大差值为 202.7，图 3-26a 中提离为 1mm 和 3mm 时 $\max(N_{\mathrm{amp}}(f))$ 的最大差值为 209，两者处于同一数量级。对差分归一化幅值谱 $\Delta N_{\mathrm{amp}}^{\mathrm{norm}}(f)$ 进行分析，获得 $\Delta N_{\mathrm{amp}}^{\mathrm{norm}}(f)$ 的最大值 $\max(\Delta N_{\mathrm{amp}}^{\mathrm{norm}}(f))$。图 3-25 中 A179 和 C179 的 $\Delta N_{\mathrm{amp}}^{\mathrm{norm}}(f)$ 的差值为 0.0505，图 3-27 中提离为 1mm 和 3mm 时的 $\Delta N_{\mathrm{amp}}^{\mathrm{norm}}(f)$ 的差值为 0.0172。也就是

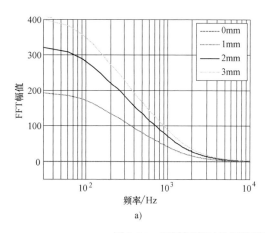
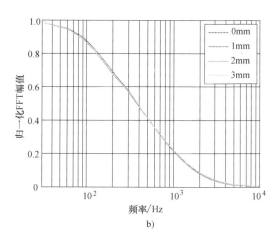

图 3-26 不同提离时的幅值谱 $N_{amp}(f)$ 和归一化幅值谱 $N_{amp}^{norm}(f)$

a) 幅值谱　b) 归一化幅值谱

说，经过 $N_{amp}(f)$ 到 $\Delta N_{amp}^{norm}(f)$ 的归一化及差分处理，电导率把脉冲涡流频域响应最大差值降低了 202.7/0.0505 = 4013 倍，而提离把脉冲涡流频域响应最大差值降低了 209/0.0172 = 12151 倍。这说明，经过频域差分归一化处理，可以抑制提离效应。

对不同材料的脉冲涡流频域响应进行的研究结果表明：电导率、磁导率和提离对脉冲涡流幅值谱响应的影响是不同的，具体如下：

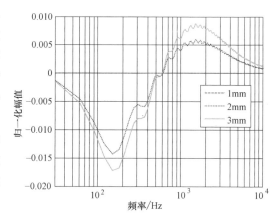

图 3-27 不同提离时的差分归一化幅值谱 $\Delta N_{amp}^{norm}(f)$

1）提离对幅值谱的影响具有一定的相似性，可以通过归一化技术来抑制提离效应。

2）电导率对幅值谱的影响具有一定的非相似性。

3）磁导率对幅值谱的影响比较复杂。当磁导率的值比较小时，幅值谱的响应与电导率类似。当磁导率的值较大时，幅值谱的响应变化很大。

4）经过归一化和差分处理之后，提离的效应可以被抑制。

航空材料大多数是非铁磁材料，在检测中没有磁导率的影响。因此，可使用归一化技术抑制提离的影响，然后可采用表征电导率的特征量，检测可导致电导率变化的缺陷。

3.2.2 基于感应线圈的脉冲涡流瞬态信号分析与特征量提取

1. 基于感应线圈的方向性脉冲涡流探头（传感器）

方向性脉冲涡流传感器具有两个特点：①激励线圈具有方向性；②采用感应线圈作为检测单元。与圆柱形脉冲涡流传感器不同，方向性脉冲涡流传感器对某一方向的材料属性（电导率和磁导率）或缺陷更加敏感。因此，在裂纹和应力检测中具有明显的优越性。

图 3-28a 所示为方向性脉冲涡流传感器的激励线圈示意图。矩形激励线圈的中轴线与被检面平行，可以在被检对象中感应出单一方向的均匀涡流。该涡流在导体中不会有自抵消现象出现，衰减速度比圆柱形涡流传感器小。因此，矩形线圈的检测灵敏度要比圆柱形线圈高。方向性脉冲涡流传感器在被检对象表面扫描时，其形成的均匀涡流场会覆盖探头下方的被检区域。当被检材料中存在缺陷时，均匀涡流场会被缺陷阻碍。如图 3-28b 所示，当涡流与缺陷垂直时，缺陷对涡流场的扰动最大。如图 3-28c 所示，当涡流与缺陷平行时，缺陷对涡流场的扰动最小。因此，方向性传感器具有敏感方向，即缺陷与涡流垂直（即缺陷与磁感应线方向平行）时，对缺陷的检测灵敏度最大。

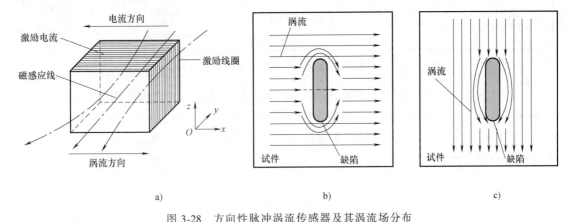

图 3-28　方向性脉冲涡流传感器及其涡流场分布

a）方向性脉冲涡流传感器的激励线圈的示意图　b）与缺陷垂直的涡流分布　c）与缺陷平行的涡流分布

把检测线圈放置在矩形激励线圈的底部中央，其中轴线与被检面垂直，用来检测磁场的垂直分量（B_z 分量）。由于检测线圈的中轴线与激励磁场的方向垂直，检测线圈对激励磁场和无缺陷时的涡流产生的磁场基本没有输出信号，因此检测线圈的信号主要来自缺陷对涡流场的扰动。图 3-29 所示为罗飞路等设计的方向性脉冲涡流探头。激励线圈长为 40mm，宽为 25mm，高为 25mm，匝数为 450，线径为 0.19mm，直流电阻为 22.77Ω，电感为 0.06mH。检测线圈内径为 0.05mm，外径为 3.0mm，高为 2.0mm，匝数为 1200，线径为 0.06mm，直流电阻为 157.8Ω，电感为 4.38mH。

图 3-29　方向性脉冲涡流传感器

2. 脉冲涡流响应的时域和频域特征量提取方法

脉冲涡流检测技术中传统的特征量提取方法主要是时域特征量和频域特征量提取方法。通过引进差分方法，本节共介绍四种特征量提取方法。图 3-30 所示为四种脉冲涡流特征量提取方法的流程和相互关系。

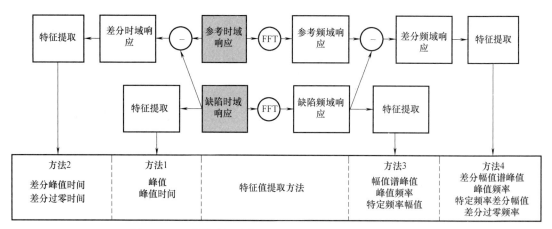

图 3-30　四种脉冲涡流特征量提取方法的流程和相互关系

（1）方法 1——时域特征量提取　采用传感器直接获得缺陷区域的时域响应，称为缺陷时域响应 $d(t)$。时域响应上最常用的特征量是峰值，但峰值很难表征缺陷的深度信息。根据电磁波时域传播理论可知，时域渗透深度 z 可以近似地表示为电磁波传播时间 t、材料电导率 σ 和磁导率 μ 的函数，即

$$z = \sqrt{\frac{t}{\pi\mu\sigma}} \tag{3-13}$$

由式（3-13）可知，时域响应中与时间有关的特征量可以表征深度信息。从缺陷时域响应 $d(t)$ 上可以提取峰值和峰值时间，用于缺陷检测和评估，如图 3-31a 所示。

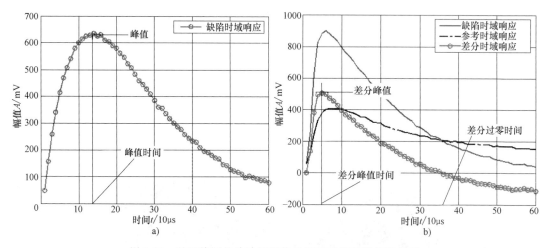

图 3-31　基于线圈的脉冲涡流信号的时域特征量提取方法

a）典型的缺陷时域响应和特征量　b）典型的差分时域响应和特征量

（2）方法 2——时域差分特征量提取　差分处理是特征量提取中常见的信号处理方法。选取无缺陷区域的时域响应为参考时域响应 $r(t)$。通过式（3-14）所示的差分处理，可以获得差分时域响应 $b(t)$。

$$b(t) = d(t) - r(t) \tag{3-14}$$

图 3-31b 所示为典型的脉冲涡流差分时域响应 $b(t)$。差分峰值、差分峰值时间和差分过

零时间是典型的特征量。差分过零时间是指差分时域响应到达零点的时间，同时也是参考时域响应 $r(t)$ 和缺陷时域响应 $d(t)$ 交叉时的时间。

（3）方法 3——频域特征量提取　方法 3 主要用于频域特征量提取。对缺陷时域响应 $d(t)$ 进行 FFT 变换，得到缺陷频域响应 $D(f)$。根据趋肤效应可知，渗透深度 δ 可以表示为激励频率 f、材料电导率 σ 和磁导率 μ 的函数，即

$$\delta = \frac{1}{\sqrt{\pi\mu\sigma f}} \tag{3-15}$$

由此可知，幅值谱上的频率信息与深度信息相关。图 3-32a 所示为典型的缺陷频域响应和参考频域响应（注：显示的是各谐波幅值谱的包络）。幅值谱峰值、峰值频率和特定频率时的幅值（注：如 9.5kHz 时的幅值，该频率是根据检测对象计算得出的）是缺陷频域响应上的主要特征量。

（4）方法 4——频域差分特征量提取　对参考时域响应 $r(t)$ 进行 FFT 变换，得到参考频域响应 $R(f)$。对缺陷频域响应 $D(f)$ 和参考频域响应 $R(f)$ 进行式（3-16）所示的差分处理，可得到差分频域响应 $B(f)$。

$$B(f) = D(f) - R(f) \tag{3-16}$$

图 3-32b 所示为典型的差分频域响应。差分幅值谱峰值、峰值频率、特定频率（如 9.5kHz）时的差分幅值、差分过零频率是差分频域响应的主要特征量。差分过零频率是指差分频域响应到达零值时的频率。

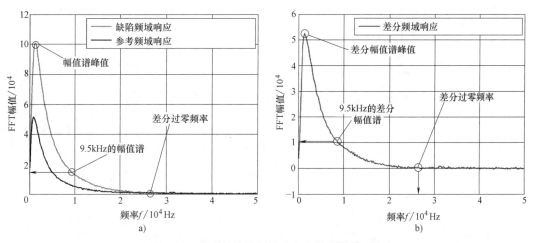

图 3-32　典型的缺陷频域响应和差分频域响应

通过 3.2.1 节介绍的归一化方法，四种特征量提取方法都可以做相应的改进。如式（3-17）所示为差分归一化时域响应，可提取新的峰值、差分过零时间等特征量；式（3-18）为差分归一化频域响应，可提取新的特定频率时的幅值和差分过零频率等特征量。

$$b^{\mathrm{norm}}(t) = \frac{d(t)}{\max(d(t))} - \frac{r(t)}{\max(r(t))} \tag{3-17}$$

$$B^{\mathrm{norm}}(f) = \frac{D(f)}{\max(D(f))} - \frac{R(f)}{\max(R(f))} \tag{3-18}$$

3. 四种特征量提取方法的试验比较

本节设计了铝合金平板试件来比较四种特征提取方法。铝合金板厚 3mm，材料为铝锰合金 3003。试件上有两个表面缺陷，缺陷尺寸（长×宽×深，此处深指缺陷底部到表面的距离，不是埋藏深度）分别为 15mm×4mm×2mm 和 15mm×8mm×2mm，编号为 1 和 2。再把铝板倒置以模拟检测下表面缺陷，则缺陷的埋藏深度为 1mm。在试验中，改变传感器和试件之间的距离，以模拟不同的提离（0、0.2mm、0.4mm、0.6mm、0.8mm、1.0mm、1.2mm 和 1.4mm）。分别在不同提离下对缺陷进行检测，获得缺陷的时域响应和参考信号，按照方法 1 和 2 提取相应的特征量。图 3-33a 所示为采用方法 1 获得的分类识别结果。方法 1 采用峰值时间作为特征量。由于提离的干扰，表面缺陷和下表面缺陷完全混叠，无法分类。图 3-33b 所示为采用方法 2 以差分幅值时间和差分过零时间作为特征量获得的分类识别结果。虽然方法 2 的结果要好于方法 1，但是依然有一个下表面缺陷与表面缺陷发生了混叠。

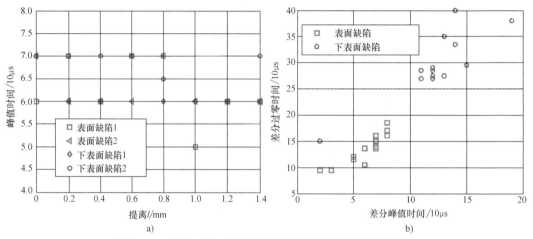

图 3-33　方法 1 和 2 对表面和下表面缺陷的分类识别结果

对不同缺陷的时域响应进行 FFT 变换，获得频域响应，采用方法 3 和方法 4 提取特征量（8.5kHz 和 9.5kHz 的幅值和差分幅值），对缺陷进行分类识别。图 3-34a 所示为采用方法 3 获得的分类识别结果，少部分缺陷仍然混叠在一起。图 3-34b 所示为采用方法 4 获得的分类

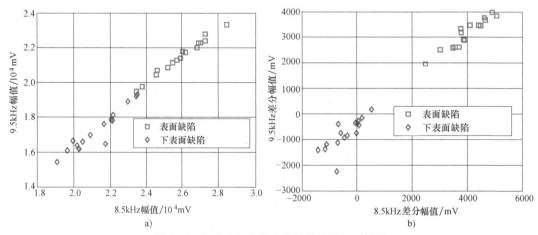

图 3-34　方法 3 和方法 4 的缺陷分类识别结果

识别结果，表面缺陷和下表面缺陷可以被完全区分开。可见，对于单层结构的缺陷分类识别问题，基于差分频域响应的方法 4 具有最优分类效果。

4. 多层结构中缺陷分类识别

（1）模拟飞机多层结构的试件设计　使用铝锰合金 3003 制作了多层结构检测试件，以验证所提出方法在飞机机身多层结构检测中的有效性。材料的电导率为 50% ~ 55% IACS。图 3-35 所示为多层结构示意图，试件由板 A 和板 C 层叠组成，采用电火花加工（Electron Discharge Machining，EDM）方法在 A 板表面加工三个凹槽（编号为 1、2 和 3），尺寸（长×宽×深）分别为 10mm×0.9mm×1.4mm，10mm×2.9mm×1.4mm 和 10mm×1.9mm×1.4mm。缺陷 1 模拟裂纹型缺陷，缺陷 2 和 3 模拟金属损耗型缺陷。通过交换和翻转两个板块，可以得到四种缺陷：图 3-35a 所示为第一层表面缺陷（TOT），图 3-35b 所示为第一层下表面缺陷（BOT），两者合称为第一层缺陷（T）。图 3-35c 所示为第二层表面缺陷（TOB），图 3-35d 所示为第二层下表面缺陷（BOB），两者合称为第二层缺陷（B）。四种缺陷的命名规则见表 3-2。

表 3-2　四种缺陷的命名规则

缺陷类型	缺陷位置及描述
TOT	第一层表面（Top of Top Layer）缺陷
BOT	第一层下表面（Bottom of Top Layer）缺陷
T	第一层缺陷，包含 TOT 和 BOT
TOB	第二层表面（Top of Bottom Layer）缺陷
BOB	第二层下表面（Bottom of Bottom Layer）缺陷
B	第二层缺陷，包含 TOB 和 BOB

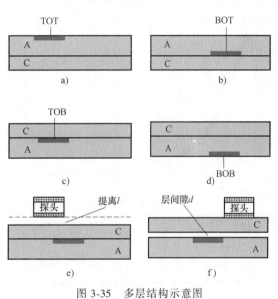

图 3-35　多层结构示意图

如图 3-35e 所示，改变传感器和试件之间的距离 l，以模拟不同的提离。如图 3-35f 所示，改变板 A 和板 C 之间的距离 d，以模拟不同的层间隙。后文的研究工作共涉及两组试件，它们的参数见表 3-3。第 1 组试件的 C 板厚 1.2mm，A 板厚 2mm，提供 8 个不同提离（0、0.2mm、0.4mm、0.6mm、0.8mm、1mm、1.2mm、1.4mm）下 TOT 和 TOB 的缺陷各 3 个，则第 1 组试件中 TOT 和 TOB 缺陷类型的试验数量各有 24 个（3 个凹槽、8 个提离）。第 2 组试件中 C 板厚 0.8mm，A 板厚 2mm，共提供 8 个不同层间隙（0、0.2mm、0.4mm、0.6mm、0.8mm、1mm、1.2mm、1.4mm）下 TOT、BOT、TOB 和 BOB 缺陷各 3 个，则每种缺陷类型的试验数量各有 24 个（3 个凹槽、8 个层间隙）。

（2）不同提离时缺陷的分类识别　对第 1 组试件中的裂纹型缺陷（编号 1，尺寸 10mm×0.9mm×1.4mm）和损耗型缺陷（编号 2，尺寸 10mm×2.9mm×1.4mm）进行分类识别。试验中，激励信号是方波，峰峰值为 19.6V，频率为 100Hz，占空比为 50%。图 3-36 所示为缺陷信号的幅值谱和差分幅值谱。从图 3-36b 中可以看出，TOB 缺陷与 TOT 缺陷的差分幅值谱曲线在较高频分量范围（2~15kHz）内差别较大，可被明显区分。

表 3-3　多层结构试件参数

试件名称	C 板厚度 /mm	A 板厚度 /mm	提离 l /mm	层间隙 d /mm	缺陷类型	数量
第 1 组试件	1.2	2.0	0~1.4	0	TOT	24
					TOB	24
第 2 组试件	0.8	2.0	0	0~1.4	TOT	24
					BOT	24
					TOB	24
					BOB	24

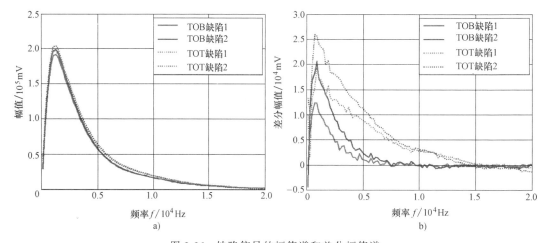

图 3-36　缺陷信号的幅值谱和差分幅值谱

在 2~15kHz 范围内选择特定频率的幅值和差分幅值分别对第 1 组试件中的缺陷进行分类识别。图 3-37 所示为不同提离时缺陷信号在 7.5kHz 时的幅值和差分幅值的分布。图 3-37a 中，随着提离的变化，TOT 缺陷和 TOB 缺陷在 7.5kHz 时的幅值分布呈斜线分布。这说明在不同提离下，用于分辨缺陷的阈值是动态变化的。因此，在未知提离时，缺陷很难被准确分类。图 3-37b 中，随着提离的变化，分辨 TOT 和 TOB 缺陷的阈值范围是稳定的。因此，差分幅值可有效地抑制提离效应，有利于不同提离下缺陷的分类识别。

（3）不同层间隙时缺陷的分类识别　把第 2 组试件中不同层间隙时的缺陷作为试验对象。图 3-38 所示为第 2 组试件中两个缺陷的差分频域响应。可见，在包含 9.5kHz 的范围内，TOB 和 TOT 缺陷的差分幅值谱区别较大。因此，采用 9.5kHz 的差分幅值和差分过零频率用作缺陷分类识别的特征量。

图 3-39 所示为第 2 组试件中缺陷信号的差分过零频率和 9.5kHz 差分幅值的分布。可见，T 缺陷和 B 缺陷可以被准确地分类。但是，在 T 缺陷中，少数 BOT 缺陷和 TOT 缺陷发生了混淆。这种混淆在 B 缺陷中更加严重。这个结果说明，在层间隙存在的情况下，上述提出的特征量及相应的分类识别方法需要改进。

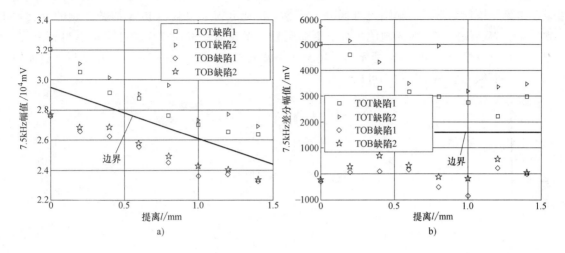

图 3-37　不同提离时缺陷信号在 7.5kHz 时的幅值和差分幅值的分布

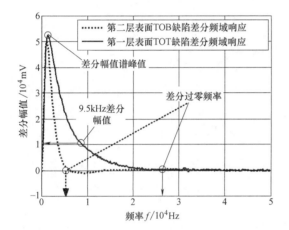

图 3-38　第 2 组试件中两个缺陷的差分频域响应

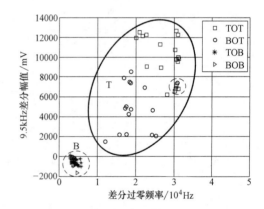

图 3-39　第 2 组试件中缺陷信号的差分
过零频率与 9.5kHz 差分幅值的分布

3.2.3　基于主成分分析和独立成分分析的特征量提取

近年来，主成分分析（PCA）与独立成分分析（ICA）也被引入到脉冲涡流检测的缺陷分类识别中。主成分分析方法和独立成分分析方法作为经典的统计分析和盲源分离方法，此处不再赘述其原理和算法，而是把重点放在 PCA、ICA 与脉冲涡流的结合中。

1. PCA/ICA 与脉冲涡流时域响应的结合

G. Y. Tian 将基于霍尔传感器的脉冲涡流时域响应信号作为 PCA、ICA 的处理对象，并提出了 PCA 的脉冲涡流特征值提取与缺陷分类识别方法。接着，他又提出了基于小波分析和 PCA 的脉冲涡流特征值提取方法。G. Yang 提出了基于 ICA 的脉冲涡流特征量提取方法和缺陷分类识别方法。B. Yang 把 PCA 引入基于线圈的脉冲涡流特征提取中，并改善了缺陷的边缘识别。

图 3-40a 所示为采用峰值时间和峰值对表面缺陷、下表面缺陷和厚度变化的分类识别结果。可见，厚度和下表面缺陷很难区分。图 3-40b 所示为采用基于 PCA 的特征量的分类识别结果，表面缺陷和下表面缺陷的分类更加明显。下表面缺陷和厚度的分类虽然得到改进，但是仍然难以区分。图 3-40c 所示为采用基于小波分析和 PCA 的特征量的分类结果，表面缺陷、下表面缺陷和厚度变化都可以区分。

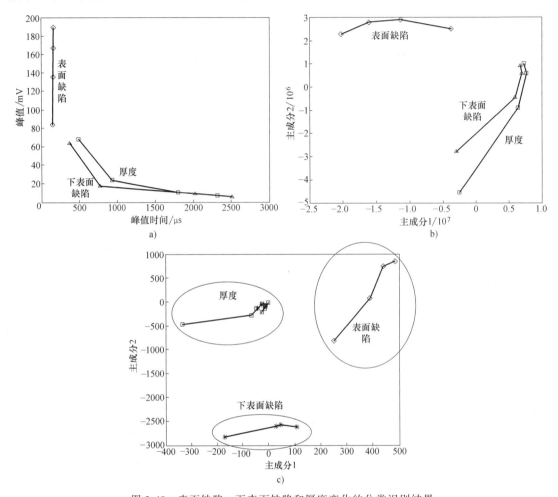

图 3-40　表面缺陷、下表面缺陷和厚度变化的分类识别结果

a) 峰值时间和峰值作为特征量　b) 基于 PCA 的特征量　c) 基于小波分析和 PCA 的特征量

2. PCA/ICA 与脉冲涡流频域响应的结合

以上方法采用了时域响应信号作为 PCA/ICA 的处理对象，而没有利用脉冲涡流丰富的频域信息。下文将含有丰富频域信息的脉冲涡流频域响应作为 PCA/ICA 的处理对象。同时，在缺陷分类识别中，利用趋肤效应可对该方法进行优化，使得缺陷分类识别能力显著提高。下面重点介绍基于频域范围优选和 PCA/ICA 的特征量提取方法。

图 3-41 所示为基于频域优化和 PCA/ICA 的缺陷分类识别方法。首先，通过方向性脉冲涡流传感器获得缺陷时域响应和参考时域响应；通过快速傅里叶变换获得相应的缺陷频域响应 $D(f)$ 和参考频域响应 $R(f)$；然后，分别进行归一化处理，获得归一化缺陷频域响应

$D^{\text{norm}}(f)$ 和归一化参考频域响应 $R^{\text{norm}}(f)$；对两者进行差分处理获得差分归一化频域响应 $B^{\text{norm}}(f)$，即

$$B^{\text{norm}}(f) = D^{\text{norm}}(f) - R^{\text{norm}}(f) \tag{3-19}$$

对差分归一化频域响应 $B^{\text{norm}}(f)$ 进行频域范围优选，即选择合适的频域范围，首先需要选择合适的频率。这一步是本方法最关键的步骤之一，直接关系到分类识别性能。根据目标缺陷的类型，按照趋肤效应推算出合适的频率范围，形成新的数据矩阵。Y. He 选择趋肤深度作为标准，用于分类缺陷的频率可由式（3-20）来估算，即

$$f = \frac{1}{\pi\mu\sigma\delta^2} \tag{3-20}$$

此外，对于良导体而言，有效的检测频率大体符合博斯蒂克反演深度 $\delta/\sqrt{2}$，因此最佳频率用式（3-21）进行推断也是一种思路。

$$f = \frac{1}{\pi\mu\sigma\left(\dfrac{\delta}{\sqrt{2}}\right)^2} = \frac{2}{\pi\mu\sigma\delta^2} \tag{3-21}$$

通过上面两式计算得到的是一个数值。选择包含这个频率在内的一段频率，即进行频域范围选择，然后再进行主成分分析或独立成分分析，获得主成分和独立成分。最后，选择合适的主成分和独立成分进行缺陷分类识别。

采用新方法对表 3-3 第 2 组试件中出现分类混淆的缺陷进行分类识别。根据 TOT 和 BOT 缺陷，TOB 和 BOB 缺陷的位置对频域响应进行优化，选择合适的频率范围。试件所用材料的电导率为 $29 \sim 31.9\text{MS/m}$。TOT 和 BOT 缺陷的深度差 δ 为 0.6mm，按照式（3-20）求得对应的频率范围为 22.1~24.3kHz，见表 3-4。TOB和 BOB 缺陷的深度发生在 1.4mm（0.8mm +

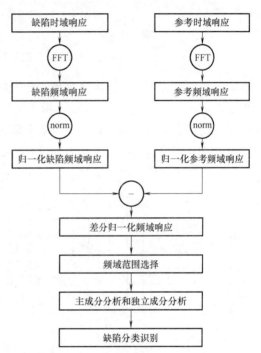

图 3-41 基于频域优化和 PCA/ICA 的缺陷分类识别方法

0.6mm＝1.4mm），所对应的频率范围为 4.1~4.5kHz，见表 3-4。

表 3-4 用于缺陷分类的频率范围选择

缺 陷 类 型	TOT 和 BOT	TOB 和 BOB
缺陷深度差/m	0.0006	0.0014
计算获得的频率范围/kHz	22.1~24.3	4.1~4.5
试验获得的频率范围/kHz	12.0~25.0	3.7~5.4

图 3-42a 所示为试验获得的 T 缺陷（TOT 和 BOT 缺陷）的频域响应，图 3-42b 所示为试验获得的 B 缺陷（TOB 和 BOB 缺陷）的频域响应。可见，适合分类的频率范围分别为 12~25kHz 和 3.7~5.4kHz，与理论计算结果基本吻合。

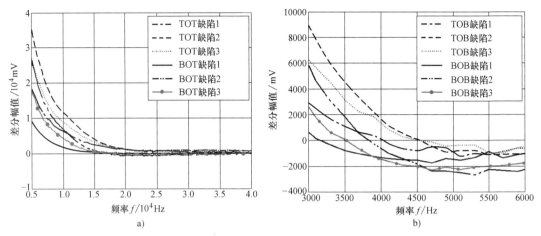

图 3-42 T 缺陷和 B 缺陷的频域响应

采用主成分分析法对频率范围优选后的频域响应进行处理，然后采用第一和第二主成分对 T 缺陷进行分类识别。图 3-43a 显示了 T 缺陷的分类识别结果。可见，全部的 TOT 和 BOT 缺陷可以使用第一主成分（PC1）的某个值进行分类，该值在 -7 左右。该分类结果要优于图 3-39 的分类结果。实际上，TOT 和 BOT 缺陷都是第一层缺陷，两者的分类并没有受到第一层和第二层之间层间隙的影响。

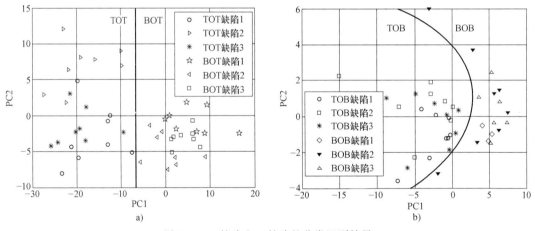

图 3-43 T 缺陷和 B 缺陷的分类识别结果

采用主成分分析法对频率范围优选后的频域响应进行处理，然后采用第一、第二主成分对 B 缺陷进行分类识别。图 3-43b 显示了 B 缺陷的分类识别结果。分类识别结果明显优于图 3-39 的分类结果。可以使用一条曲线对全部 TOB 和 BOB 缺陷进行分类识别。但是，这会给操作者带来一定的困难。3.3 节将采用支持向量机来实现这些缺陷的自动分类识别。

3.3 基于支持向量机的缺陷分类识别

支持向量机是 AT&T 贝尔实验室的 Vapnik 教授提出的针对分类和回归问题的统计学习理论方法。它具有完备的统计学习理论基础和出色的学习性能，已成为机器学习界的研究热点。支持向量机已被引入到脉冲涡流缺陷分类识别领域，实现了多层结构中缺陷的自动分类识别。

3.3.1　缺陷自动分类识别方法

支持向量机的算法详见其他专著和论文。3.3.1 节将介绍基于 PCA/ICA 和支持向量机的缺陷自动分类识别方法。该方法可实现多层结构中缺陷的自动分类识别。图 3-44 所示为基于 PCA/ICA 和支持向量机的缺陷自动分类识别方法的流程图。在基于支持向量机的自动分类识别方法中，第一个重要的步骤是特征量的选择或提取。该方法采用主成分分析和独立成分分析提取特征量。

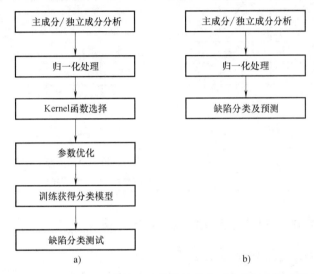

图 3-44　基于 PCA/ICA 和支持向量机的缺陷自动分类识别方法的流程图

1）分类模型建立步骤如图 3-44a 所示。

步骤一：通过主成分分析与独立成分分析算法，获得新的特征量，如主成分与独立成分。

步骤二：对主成分或独立成分进行归一化处理。为了避免在训练时计算内积的时候引起数值计算的困难，通常将数据缩放到［-1，1］或［0，1］之间。

步骤三：选择合适的核函数（Kernel Function）。研究表明，径向基函数（Radial Basis Function，RBF）通常是第一选择。该函数具有较少的参数，可以简化模型。

步骤四：对参数（惩罚因子 C 和 RBF 核函数参数 γ）进行优化。这一步骤是本方法的关键步骤之一，可有效提高分类识别结果。

步骤五：执行训练算法，采用训练数据获得 SVM 分类模型。

步骤六：对训练数据进行测试。

2）实际应用步骤如图 3-44b 所示。

步骤一：通过主成分分析与独立成分分析算法，获得新的特征量，如主成分与独立成分。

步骤二：对主成分或独立成分进行归一化处理。为了避免在训练时计算内积的时候引起数值计算的困难，通常将数据缩放到 [-1, 1] 或 [0, 1] 之间。

步骤三：采用 SVM 分类模型对未知缺陷进行预测。

RBF 函数作为核函数，有两个参数：惩罚因子 C 和 RBF 核函数参数 γ。在执行分类问题前，并不知道 C 和 γ 的最佳值是多少。有很多算法可以用来寻找最优的 C 和 γ。本文使用最常见的几种算法——网格搜索（Grid-search，GS）、粒子群优化（Particle Swarm Optimization，PSO）和遗传算法（Genetic Algorithm，GA）对 C 和 γ 进行优化。表 3-5 列出了缺陷自动分类识别方法的简称。在实现算法的过程中，使用了 libsvm 工具箱和 libsvm-mat-2.89-3 工具箱。

表 3-5　缺陷自动分类识别方法的简称

简　　称	方　　法
PCA-SVM	主成分分析-支持向量机
PCA-GS-SVM	主成分分析-网格搜索-支持向量机
PCA-GA-SVM	主成分分析-遗传算法-支持向量机
PCA-PSO-SVM	主成分分析-粒子群优化-支持向量机
ICA-SVM	独立成分分析-支持向量机
ICA-GS-SVM	独立成分分析-网格搜索-支持向量机
ICA-GA-SVM	独立成分分析-遗传算法-支持向量机
ICA-PSO-SVM	独立成分分析-粒子群优化-支持向量机

3.3.2　分类模型的建立和缺陷自动分类识别结果

1. 时域信号作为输入数据的缺陷分类识别结果

首先采用时域瞬态响应作为原始数据，依次使用表 3-5 中的方法进行缺陷自动分类识别。测试表 3-3 中第 2 组试件不同层间隙下的四种缺陷。进行主成分分析后，提取前两个主成分作为特征量，用作支持向量机的输入。结果见表 3-6。T 和 B 缺陷的分类识别准确率可以从 PCA-SVM 法的 82.0% 提升到 PCA-GS-SVM 法的 98.9%。而 TOT/BOT 缺陷、TOB/BOB 缺陷可以 100% 准确分类。图 3-45a 所示为采用主成分分析-遗传算法-支持向量机（PCA-GA-SVM）方法的 T/B 缺陷的分类识别结果。图 3-45b 所示为采用 PCA-GA-SVM 的 T 缺陷的分类识别结果。图 3-45c 所示为采用 PCA-GA-SVM 的 B 缺陷的分类识别结果。进行独立成分分析后，所有的独立成分作为特征量，用作支持向量机的输入。分类结果见表 3-6。可知，试件中所有的缺陷都可以被 100% 分类识别。图 3-45d 所示为采用 ICA-GA-SVM 方法中第 6 和第 7 独立成分对 T/B 缺陷的分类识别结果。由结果可知，使用 ICA 的分类识别结果要优于使用 PCA 的分类识别结果。

表 3-6　时域瞬态响应的分类识别结果

分类识别方法	T/B	TOT/BOT	TOB/BOB
PCA-SVM	82.0%	100%	100%
PCA-GS-SVM	98.9%	100%	100%
PCA-GA-SVM	98.9%	100%	100%
PCA-PSO-SVM	98.9%	100%	100%

（续）

分类识别方法	T/B	TOT/BOT	TOB/BOB
ICA-SVM	100%	100%	100%
ICA-GS-SVM	100%	100%	100%
ICA-GA-SVM	100%	100%	100%
ICA-PSO-SVM	100%	100%	100%

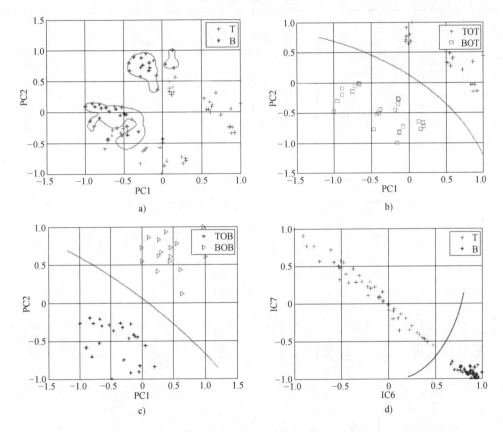

图 3-45　采用时域信号的分类识别结果

a）采用 PCA-GA-SVM 方法的 T/B 缺陷的分类识别结果　b）采用 PCA-GA-SVM 的 T 缺陷的分类识别结果
c）采用 PCA-GA-SVM 的 B 缺陷的分类识别结果　d）采用 ICA-GA-SVM 方法中第 6 和第 7 独
立成分对 T/B 缺陷的分类识别结果

2. 频域信号作为输入数据的缺陷分类结果

采用频域响应作为输入数据，依次使用表 3-5 的方法对缺陷进行分类识别。试验对象是表 3-3 第 2 组试件中不同层间隙下的四种缺陷。结果见表 3-7。进行主成分分析后，取前两个主成分作为特征量，用作支持向量机的输入。T 和 B 缺陷的分类识别准确率可以从 PCA-SVM 方法的 95.5% 提升到 PCA-GS-SVM 方法的 100%；TOT/BOT 缺陷的分类识别率达到 100%；TOB/BOB 缺陷的分类识别率可以从 PCA-SVM 方法的 80.5% 提升到 PCA-GS-SVM 方法的 85.4%。图 3-46a 所示为采用 PCA-GA-SVM 方法的 T/B 缺陷的分类识别结果。图 3-46b 所示为采用 PCA-GA-SVM 的 T 缺陷的分类识别结果。图 3-46c 所示为采用 PCA-GA-SVM 的 B

缺陷的分类识别结果。进行独立成分分析，取所有的独立成分作为特征值，用作支持向量机的输入。T/B 缺陷都可以被 100%地准确分类识别；TOT/BOT 缺陷的分类识别准确率达到 100%，TOB/BOB 缺陷的分类识别准确率达到 87.8%。图 3-46d 所示为采用 ICA-GA-SVM 方法的 T/B 缺陷的分类识别结果。由图中结果可以发现，独立成分分析的缺陷分布要比主成分分析的缺陷分布显得紧密。对比表 3-7 的数据可知，使用独立成分分析方法要优于主成分分析方法。

表 3-7　频域瞬态响应的分类识别结果

分类识别方法	T/B	TOT/BOT	TOB/BOB
PCA-SVM	95.5%	100%	80.5%
PCA-GS-SVM	100%	100%	85.4%
PCA-GA-SVM	100%	100%	85.4%
PCA-PSO-SVM	100%	100%	85.4%
ICA-SVM	100%	100%	82.9%
ICA-GS-SVM	100%	100%	87.8%
ICA-GA-SVM	100%	100%	87.8%
ICA-PSO-SVM	100%	100%	87.8%

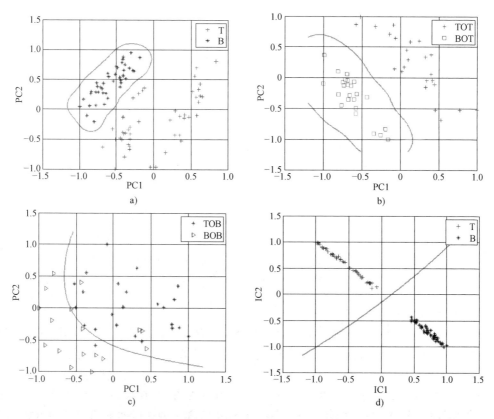

图 3-46　采用频域响应的分类识别结果

a）采用 PCA-GA-SVM 方法的 T/B 缺陷的分类识别结果　b）采用 PCA-GA-SVM 方法的 T 缺陷的分类识别结果
c）采用 PCA-GA-SVM 方法的 B 缺陷的分类识别结果　d）采用 ICA-GA-SVM 方法的 T/B 缺陷的分类识别结果

3. 缺陷分类识别的预测结果

在第 2 组试件中随机设置不同的提离和层间隙，分别采用时域响应和频域响应获得的分类模型进行预测，预测结果见表 3-8。分析表 3-8 中的数据，可以得知：

1）对于 T/B 缺陷，独立成分的预测结果要好于主成分的预测结果。

2）对于 TOB/BOB 缺陷，主成分的预测结果要好于独立成分的预测结果。

3）大多数情况下，经网格搜索、粒子群优化和遗传算法优化过后的预测结果可以得到提高。

表 3-8 时域和频域响应用作输入数据的分类预测结果

试 件	时域预测结果准确率			频域预测结果准确率		
缺陷类型	T/B	TOT/BOT	TOB/BOB	T/B	TOT/BOT	TOB/BOB
PCA-SVM	83.8%	95.8%	100%	100%	100%	79.2%
PCA-GS-SVM	89.6%	95.8%	100%	100%	100%	79.2%
PCA-GA-SVM	89.6%	95.8%	100%	100%	100%	87.5%
PCA-PSO-SVM	89.6%	95.8%	100%	100%	100%	91.7%
ICA-SVM	100%	95.8%	95.8%	100%	100%	79.2%
ICA-GS-SVM	100%	95.8%	83.3%	100%	100%	83.3%
ICA-GA-SVM	100%	100%	58.5%	100%	95%	83.3%
ICA-PSO-SVM	100%	95.8%	91.7%	100%	100%	87.5%

3.4 脉冲涡流检测传感与成像技术的应用

采用脉冲涡流检测技术可表征材料属性的特征量，从而对航空铝合金中的应力变化、海洋钢结构中的腐蚀、碳纤维复合材料中的撞击和蜂窝结构中的插入缺陷进行检测和评估。

3.4.1 航空铝合金中应力变化的测量

1. 铝合金应力测量的试验设计

以航空铝合金 2024A 和 5083 为研究对象，这两种材料都是典型的航空铝合金。2024A 试件厚 3.25mm，宽 30mm，长 190mm；5083 试件厚 1.6mm，宽 30mm，长 190mm。图 3-47 所示为铝合金应力测量系统。它采用 Instron 3369 通用型拉伸仪给试件施加不同的动态拉伸应力。施加应力过程中，使用应变测量仪测量试件的应变，使用圆柱形脉冲涡流传感器来获取不同应力时的脉冲涡流响应信号。传感器的激励线圈的直径为 11mm，使用霍尔传感器作为检测单元，测量垂直于试件的磁感应强度分量。试验中，使用矩形波作为激励信号，测量 2024A 和 5083 的激励频率分别为 250Hz 和

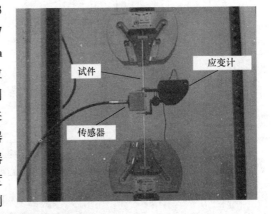

图 3-47 铝合金应力测量系统

500Hz，采集频率为 500kHz。

2. 试验结果和讨论

以零应力时的脉冲涡流响应信号作为参考信号 B_{REF}。对有应力时的脉冲涡流响应信号 B 进行归一化和差分处理，得到差分归一化时域响应 ΔB^{norm} 和相应的特征量 $\text{PV}(\Delta B^{\text{norm}})$。由 3.2 节的结论可知，该特征量 $\text{PV}(\Delta B^{\text{norm}})$ 可用于表征电导率。图 3-48 所示为 2024A 在不同应力时的差分归一化时域响应 ΔB^{norm}。由图 3-48 可见，随着应力增加，可表征电导率的特征值 $\text{PV}(\Delta B^{\text{norm}})$ 的数值逐渐增大，表明电导率在拉伸过程中随应力的增加而逐渐减小。

2024A 和 5083 的 $\text{PV}(\Delta B^{\text{norm}})$ 与应力 τ 的关系曲线如图 3-49 所示，实线为测量值。当应力小于 50MPa 时，两种合金的曲线均展现出强烈的非线性，斜率逐渐减小。在 50MPa 之后，曲线基本呈直线分布，这就提供了一种对 50MPa 以后应力的测量方法。采用线性函数对 50MPa 之后的应力 τ 与 $\text{PV}(\Delta B^{\text{norm}})$ 进行拟合，并定义两者的比值系数 λ 为

$$\lambda = \frac{\text{PV}(\Delta B^{\text{norm}})}{\tau} \qquad (3\text{-}22)$$

拟合结果如图 3-49 中的虚线所示。拟合之后获得的比值系数 λ_{2024} 和 λ_{5083} 分别为 3.5E-6 和 3.0E-06。可知，2024A 具有较大的比值系数。

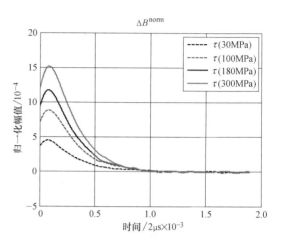

图 3-48　2024A 在不同应力时的差分归一化时域响应 ΔB^{norm}

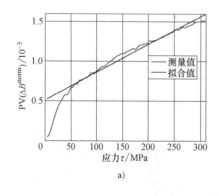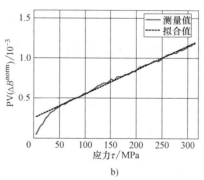

图 3-49　2024A 和 5083 脉冲涡流响应的特征量 PV（ΔB^{norm}）与应力的关系

a）2024A　b）5083

对差分归一化时域响应 ΔB^{norm} 进行 FFT 变换，获得幅值谱 $N_{\text{amp}}(f)$ 和归一化幅值谱 $N_{\text{amp}}^{\text{norm}}(f)$。图 3-50 和图 3-51 所示分别为 2024A 和 5083 试件在不同应力时的脉冲涡流幅值谱 $N_{\text{amp}}(f)$ 和归一化幅值谱 $N_{\text{amp}}^{\text{norm}}(f)$。不同应力时的幅值谱与 3.2.1 节中不同电导率的幅值谱基本类似。这个结果印证了应力导致电导率变化的结论。

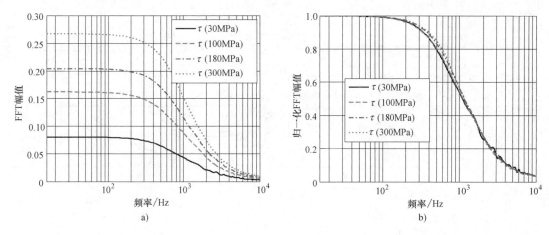

图 3-50　2024A 在不同应力时的脉冲涡流幅值谱 $N_{amp}(f)$ 和归一化幅值谱 $N_{amp}^{norm}(f)$

a）幅值谱　b）归一化幅值谱

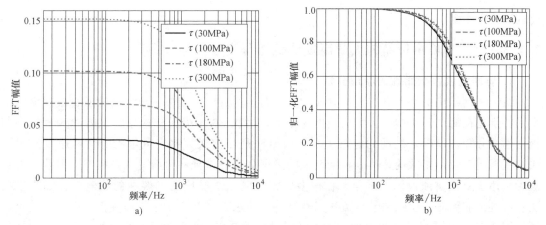

图 3-51　5083 在不同应力时的脉冲涡流幅值谱 $N_{amp}(f)$ 和归一化幅值谱 $N_{amp}^{norm}(f)$

a）幅值谱　b）归一化幅值谱

　　提取幅值谱 $N_{amp}(f)$ 的峰值 $\max(N_{amp}(f))$ 作为特征量。2024A 和 5083 试件在不同应力时的特征量与应力的关系如图 3-52 所示。在早期阶段，同样有拐点效应（Knee Effect）的出现。在过了 50MPa 之后，测量值基本呈直线分布。定义 $\max(N_{amp}(f))$ 与应力的比值系数 γ 为

$$\gamma = \frac{\max(N_{amp}(f))}{\tau} \tag{3-23}$$

　　分别使用线性函数对拐点效应之后的测量值进行拟合，获得的比值系数 γ_{2024} 和 γ_{5083} 分别为 6.19E-4 和 3.95E-4。与时域结果相同，2024A 具有较大的比值系数。

　　上述试验研究表明：

　　1）铝合金中应力的大小与脉冲涡流时域特征量 $PV(\Delta B^{norm})$ 和频域特征量 $\max(N_{amp}(f))$ 在拐点效应之后的关系均为线性。该结论有助于航空铝合金中应力的检测和监测。

　　2）不同的铝合金材料具有不同的比值系数。在评估应力前，被检材料的比值系数必须

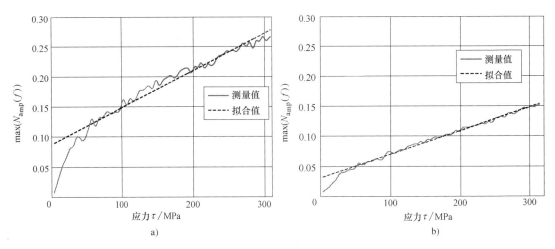

图 3-52　幅值谱峰值与应力大小的对应关系

a) 2024A　b) 5083

通过试验来标定。

3.4.2　海洋环境中钢结构大气腐蚀的检测与定量

1. 脉冲涡流检测腐蚀的原理分析

腐蚀是钢结构中最严重的破坏方式。大气腐蚀所造成的损失占全部腐蚀所造成损失的一半，特别是在海洋环境中，大气腐蚀更为严重。过去 30 年里，科学家尝试得到大气腐蚀与钢化学成分和环境因素之间的定量关系。质量法是目前最直接、最可靠的腐蚀速度测量方法，主要用于长期腐蚀的评估。长期腐蚀的发展规律已被证明符合幂函数模型。但是，质量法无法用于原位腐蚀检测。近年来，很多无损检测技术被应用到腐蚀的检测中，如声发射法、红外热成像法、射线法、涡流法以及脉冲涡流法。在涡流法中，腐蚀模型是一个关键问题。图 3-53 所示为涡流法检测腐蚀的不同模型。图 3-53a 所示为没有腐蚀的情况，一般用作参考。图 3-53b 所示为腐蚀开始发生的情况，腐蚀区域的厚度变大，高出试件表面的高度为 d_1，低于试件表面的深度为 d_2。图 3-53c 所示为长期腐蚀时的情况，随着腐蚀的脱落，在腐蚀部位造成金属损耗缺陷，深度为 d_5。为了简化模型，在很多的研究中采用空气来代替腐蚀区域，如图 3-53d 所示。这种简化只考虑了提离或厚度造成的变化，而忽略了钢结构局部电导率和磁导率的变化。为了更好地检测和研究早期轻微腐蚀，本文的研究对象为图 3-53b 所示的轻微腐蚀（即早期腐蚀），既考虑了腐蚀带来的厚度变化，又考虑了腐蚀导致电导率和磁导率的变化。

2. 腐蚀试件的设计

选择海洋环境中常用的低碳钢（Q275）作为研究对象，各化学成分的质量分数为 w（C）<0.22%，w（Si）= 0.05%~0.15%，w（Mn）<0.65%，w（Ni）<0.3%，w（S）<0.05%，w（P）<0.04%，w（Cr）<0.3%，w（N）<0.012% 和 w（Cu）<0.3%。首先，把厚度为 3mm 的 Q275 钢板切割成为 300mm×150mm（长×宽）的小块板。其次，使用熟料带覆盖钢板至只剩中间 30mm×30mm 的区域。然后把试件暴露在海洋大气环境中不同的时间（t=1 个月，3 个月，6 个月和 10 个月），以便在试件的中间区域产生大气腐蚀。所有的腐蚀形式都符合图

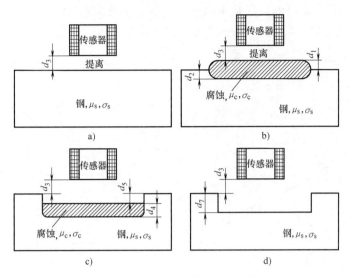

图 3-53 涡流法检测腐蚀的不同模型

3-53b 所示的模型。当试件上的腐蚀形成后，回收试件至实验室环境。图 3-54a 为 1 个月时的裸露腐蚀试件。使用非导体涂料覆盖部分腐蚀试件，厚度大约为 $100\mu m$，形成带有涂层的腐蚀试件，如图 3-54b 所示。

3. 试验结果与讨论

采用脉冲涡流检测技术对腐蚀区域进行检测，获得传感器在不同腐蚀区域的时域响应和相应的特征量。对每个腐蚀试件测量 16 次，然后求出特征量的平均值。图 3-55a 所示为特征量 $\max(\Delta B)$ 与腐蚀时间的关系。随着腐蚀时间的增加，$\max(\Delta B)$ 的值单调减小，说明在腐蚀区域的磁导率降低了。图 3-55b 所示为 $PV(\Delta B^{norm})$ 与腐蚀时间的关系。随着腐蚀时间的增加，$PV(\Delta B^{norm})$ 的

图 3-54 腐蚀一个月时的裸露腐蚀
照片和涂层下腐蚀照片

值单调增大，说明腐蚀区域的电导率降低了。由此可知，腐蚀区域的磁导率和电导率都在降低，这与其他学者的研究结果相一致。大量研究表明，长期腐蚀的发展规律符合幂函数模型。图 3-55 中的曲线为使用式（3-24）的幂函数拟合所得，拟合的数值见表 3-9。

$$C = At^n \tag{3-24}$$

式中，t 是腐蚀暴露时间（个月）；C 是暴露时间 t 后测得的 PEC 特征量；A 是第一个月的 PEC 特征量；n 为常数。

由拟合结果可知，与长期腐蚀一样，一年内腐蚀的发展规律也遵循幂函数规律。假如变换 t 的单位为年，则式（3-24）可转化为

$$C = A(12t_y)^n = 12^n At_y^n = Bt_y^n \tag{3-25}$$

式中，t_y 为腐蚀时间（年）；B 为第一年时的 PEC 特征量，$B = 12^n A$。

式（3-25）可用于预测一年及以后的腐蚀发展情况。由式（3-25）可知，腐蚀产生 12

个月之后，无涂层和有涂层的特征量 $PV(\Delta B^{norm})$ 分别为 0.0621 和 0.0615。反之，假如测得 PEC 特征量 $PV(\Delta B^{norm})$，则可通过逆运算估计腐蚀时间。

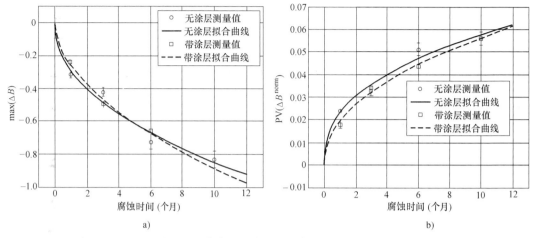

a)

b)

图 3-55 脉冲涡流特征量与腐蚀时间的关系

表 3-9 幂函数的系数拟合值

腐蚀类型	特征量	A	n	B
无涂层	$\max(\Delta B)$	−0.2879	0.4695	−0.9209
	$PV(\Delta B^{norm})$	0.0230	0.3989	0.0621
有涂层	$\max(\Delta B)$	−0.2588	0.5338	−0.9751
	$PV(\Delta B^{norm})$	0.0192	0.4679	0.0615

对式（3-25）进行求导，可得腐蚀的发展速率为

$$v = nBt_y^{n-1} \tag{3-26}$$

注意，由表 3-9 中的结果可知，n 值小于 1，这表示腐蚀速率逐渐降低。图 3-56 所示为采用激光轮廓法（Laser Profilometry）测得的腐蚀高度 d_1 与腐蚀时间的关系。可见，随着腐蚀时间的增大，腐蚀的高度会增加，且可以使用幂函数式（3-24）来拟合。而且，图 3-55 和图 3-56 的结果也显示，腐蚀发展曲线的斜率是逐渐减小的。这是由于随着时间的增大，已经生成的腐蚀会阻碍氧气和水分的供应，从而减小腐蚀的速率。

结果表明：

1) 腐蚀可以引起腐蚀区域磁导率和电导率的降低，可以使用表征电导率变化的特征量和表征磁导率变化的特征量进行检测和评估。

2) 与长期腐蚀规律一致，一年内腐蚀发展规律可以使用幂函数来评估和预测。

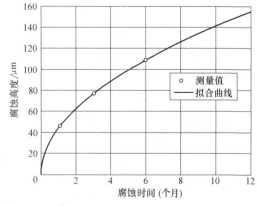

图 3-56 激光轮廓法测量的腐蚀高度与腐蚀时间的关系

3.4.3　碳纤维复合材料撞击损伤检测

利用可表征磁场强度的特征量 max（B）对碳纤维复合材料（CFRP）中的撞击缺陷进行检测评估。结合扫描成像技术可对碳纤维复合材料中的撞击缺陷进行可视化检测。图 3-57a 所示为碳纤维复合材料层压板低能量撞击试件。试件的增强材料为 12 层 5HS 碳纤维编织物，基体材料为聚亚苯基硫醚（Polyphenylene Sulphide，PPS）。试件具有准各向同性分布的性能，体积比为 0.5±0.03，密度为 1460kg/m³。每块试件的尺寸为 100mm×150mm，平均厚度为（3.78±0.05）mm。在 CFRP 试件上制作了不同能量（2J、4J、6J、8J、10J 和 12J）的撞击。图 3-57b 显示了 12J 撞击部位的正面在显微镜下的图像。撞击首先会在撞击点造成一个凹坑，12J 撞击留下的凹坑在最深处的深度大约为 0.23mm；其次，撞击会破坏碳纤维结构，会在撞击点边缘及外侧产生凸出结构。

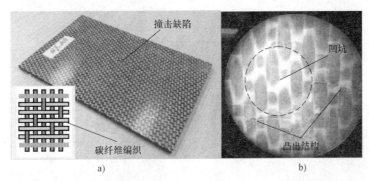

图 3-57　CFRP 撞击试件和 12J 撞击部位在显微镜下的图像

对 CFRP 试件的撞击部位正面进行扫描成像检测。试验系统见 3.2.1 节的介绍。试验中，激励频率为 200Hz，采集频率为 500kHz，扫描间距为 1mm，扫描范围为 40mm×40mm，扫描时间大约为 35min。图 3-58 所示为 12J 撞击区域的 max(B) 和 PV(ΔB^{norm}) 成像结果。对比两个结果可知，max(B) 图像上的撞击区域清晰可见，而 PV(ΔB^{norm}) 图像上基本无法观测到撞击缺陷。这是由于撞击所造成的凹坑主要导致提离变化，因而撞击缺陷主要体现在 max（B）图像上。由于 CFRP 材料本身具有比较低的电导率和网状碳纤维结构，缺陷导致

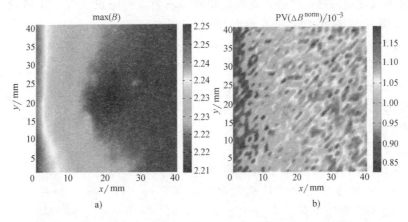

图 3-58　12J 撞击区域的 max(B) 和 PV(ΔB^{norm}) 成像结果

的电导率的变化很容易被背景噪声干扰，难以在 PV（ΔB^{norm}）图像上体现出来。

图 3-59 所示为 10J 和 8J 撞击缺陷正面检测的 max（B）成像结果。图 3-60 所示为 6J 和 4J 撞击缺陷正面检测的 max（B）成像结果。试验表明，2J 撞击损伤无法被检测。

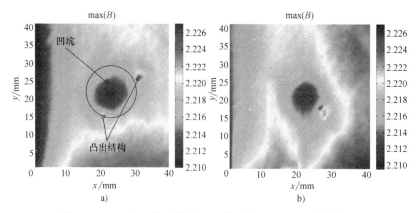

图 3-59　10J 和 8J 撞击缺陷正面检测的 max（B）成像结果
a）10J　b）8J

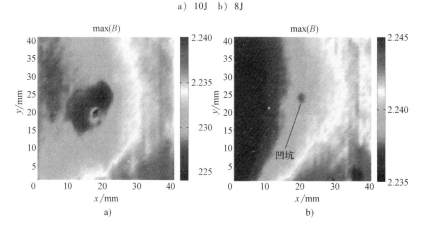

图 3-60　6J 和 4J 撞击缺陷正面检测的 max（B）成像结果
a）6J　b）4J

为了表征不同能量的撞击缺陷，提取出缺陷区域的撞击面积。图 3-61 所示为根据 C 扫描获得的撞击面积与撞击能量的关系曲线。在 4~10J 范围内，撞击面积可以采用指数函数进行拟合。12J 撞击缺陷的面积虽略有增加，但是低于拟合曲线的估计值。这些结果充分表明，在 12J 时，撞击所造成的损伤更多地集中于材料内部。

试验研究表明：

1）由于碳纤维较低的电导率和复杂的碳纤维结构，可表征电导率变化的特征量 PV（ΔB^{norm}）不利于评估撞击缺陷。

2）可表征磁场强度的特征量 max（B）结

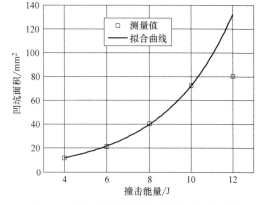

图 3-61　撞击面积与撞击能量的关系曲线

合扫描技术可有效评估撞击带来的凹坑深度和面积。

3）在 4~10J 范围内，撞击凹坑的深度与撞击能量的关系为线性，撞击面积与撞击能量的关系为指数函数。

4）12J 撞击会带来更大的内部损伤。这表明随着撞击能量的增大，撞击所带来的内部损伤会更大。

3.4.4　蜂窝夹层结构复合材料缺陷检测

蜂窝夹层结构复合材料中脱粘缺陷可采用脉冲涡流扫描成像技术进行可视化检测。

1. 蜂窝夹层结构复合材料试件

为了研究蜂窝夹层结构内部脱粘缺陷的可检测性，制备了含有插入缺陷的两个蜂窝复合结构试件。如图 3-62 所示，试件 1 尺寸为 300mm×300mm，由内部金属蜂窝结构和铝合金蒙皮组成。在试件 1 的 B 区域含有两层铝合金蒙皮搭接结构。分别在 B 区域和 C 区域的蒙皮和蜂窝内芯之间插入两个非导电薄片，以模拟脱粘缺陷。

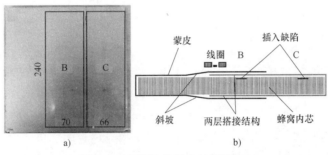

图 3-62　蜂窝结构复合材料试件 1

如图 3-63 所示，试件 2 尺寸为 300mm×200mm，由内部金属蜂窝结构和铝合金蒙皮组成。在试件内部插入另一个呈方形的蜂窝结构。然后在蒙皮和插入的蜂窝结构之间插入两个非导电薄片，以模拟脱粘缺陷。

2. 试验结果和讨论

使用扫描式脉冲涡流检测系统对两个蜂窝结构复合材料试件进行检测。激励频率为 200Hz，采集频率为 500 kHz，扫描间距为 2mm。分别扫描检测试件 1 的 B 区域（240mm×70mm）和 C 区域（扫描范围 240mm×66mm）。检测试件大约为 3h。检测结果如图 3-64 和图 3-65 所示。由于区域 B 含有两层蒙皮，很明显，区域 B 的检测结果没有区域 C 好。比较图 3-64 的检测结果，可以发现 $PV(\Delta B^{norm})$ 成像的结果要好于 $\max(B)$ 成像的结果。这

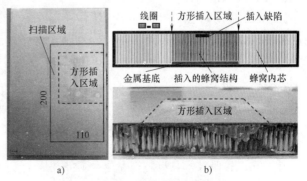

图 3-63　蜂窝结构复合材料试件 2

是由于插入的非导电缺陷降低了局部的电导率，因此在 $PV(\Delta B^{norm})$ 的图像上表现得更为明显。图 3-65 的结果也可以得出同样的结论。缺陷区域的 $PV(\Delta B^{norm})$ 比周边区域的大，说

明缺陷区域的电导率有所降低，这是因为插入的材料是非导电薄片。结果表明：可表征电导率的特征量可以用于检测使电导率降低的缺陷，如脱粘等。

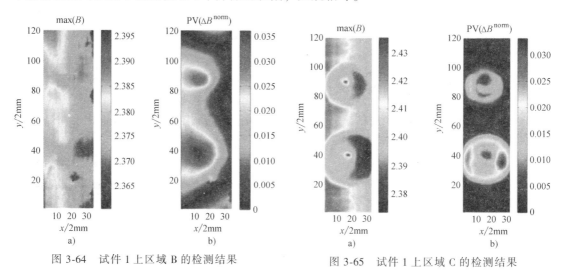

图 3-64 试件 1 上区域 B 的检测结果   图 3-65 试件 1 上区域 C 的检测结果

检测试件 2 中矩形区域（110mm×200mm），结果如图 3-66 所示。很明显，图 3-66a 没有图 3-66b 中的检测结果好，再一次证明了 $PV(\Delta B^{norm})$ 更适合于检测识别插入缺陷。图 3-66b 中，插入的方形蜂窝结构显示为幅值减小，两个缺陷显示为幅值增大。因为插入的蜂窝结构增大了电导率，而插入的模拟缺陷减小了电导率。这个结果说明，表征电导率的特征量不仅可以用于检测使电导率降低的缺陷（脱粘），还可以检测使电导率增大的缺陷。也就是说，可以用来表征缺陷的物理属性。

试验结果表明：

1）内部脱胶缺陷可以导致局部电导率变化，而不会改变提离，表征电导率变化的特征量 $PV(\Delta B^{norm})$ 可用于蜂窝结构复合材料中脱胶缺陷的检测评估。

2）特征量 $PV(\Delta B^{norm})$ 可以对缺陷的物理属性进行表征，如 $PV(\Delta B^{norm})$ 变大，表明内部有非导体缺陷，如脱胶等；如 $PV(\Delta B^{norm})$ 变小，表明内部有使电导率增大的缺陷，如蜂窝内芯混入等。

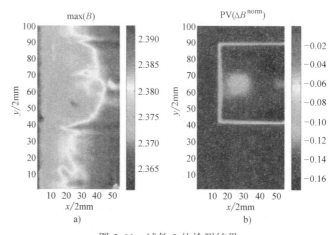

图 3-66 试件 2 的检测结果

脉冲涡流检测技术具有特征量多、频谱宽、检测速度快、检测深度大、灵敏度高、易定量等优势，在航空航天、海洋工程、石油化工、特种设备、电力能源、土木建筑、交通运输等领域将发挥越来越重要的作用。

第4章 磁性无损检测

磁性无损检测（Magnetic Nondestructive Testing，MNDT）是以被测材料磁特性和磁效应为基础的无损检测技术统称，适用于铁磁材料。1918 年，美国人 Hoke 切削钢件时，发现从硬钢块上磨削下来的金属粉末，会在钢块表面形成与表面裂纹相一致的形状，从而提出磁粉检测法。由于当时磁化技术的限制以及试验材料的缺乏，该检测方法没有得到实际应用。1930 年 Deforest 和 Doane 将磁粉检测技术成功地应用于焊缝及各种钢铁工件的无损检测。后来，人们使用磁强计来测量缺陷附近的漏磁场，这就是现代漏磁检测技术的雏形。随着磁性材料、磁效应（现象）、多物理场耦合分析、磁敏检测元件、检测信号处理技术以及计算机技术的应用，人们采用更多方式来测量磁场特性，磁性无损检测技术使用的传感器种类也越来越多，有超导量子干涉仪、光泵磁强计、核子旋进磁力仪、各向异性磁阻传感器、磁通门、磁敏二极管、磁敏晶体管、磁光传感器、巨磁阻元件、霍尔元件、检测线圈等。由于具有非接触、成本低、易实现在线实时检测等优势，磁性无损检测技术的应用越来越广泛。为了提高检测效率、扩大检测面积、实现可视化，人们又发明了磁性无损检测成像技术，即利用磁性能或磁性能引起的声、光、热等物理场的变化，实现成像检测，可用于材料缺陷检测和性能评价，如磁光成像技术。本章主要介绍漏磁检测技术、巴克豪森检测技术、磁声发射检测技术、剩余磁场检测技术和集成式磁性无损检测技术。第 5 章将介绍磁光成像检测技术。

4.1 磁性无损检测概述

磁性无损检测技术主要分为两大类：一类是以材料磁特性或磁路特性的测量为基础进行的检测评估，如磁粉检测技术、漏磁检测技术、剩磁检测技术；另一类是以磁与光、声、热、力的耦合效应（磁光效应、磁声效应、磁热效应、磁力效应等）为基础进行的检测，如磁光成像技术、磁声发射检测技术、磁励热成像技术和基于洛伦兹力与磁致伸缩的电磁超声检测技术等。由于外加磁场的作用，铁磁材料的内部磁微观结构和材料磁特性会发生复杂变化，这种变化是磁性无损检测技术的物理基础。

1. 磁畴

铁磁物质和顺磁物质一样，原子或离子具有固有磁矩，但两者的磁化存在根本区别。对于铁磁物质，较弱的外磁场即可使其达到磁饱和。铁磁材料的原子磁矩主要来自电子的自旋磁矩，在没有外部磁场的情况下，铁磁材料中电子的自旋磁矩可以在小范围内"自发地"形成一个个小的"自发磁化区"，这种"自发磁化区"称为"磁畴"。

根据量子力学理论，电子自旋磁矩会自发形成磁化区的原因是：铁磁物质内部相邻原子的电子之间存在静电交换作用，正是这种静电交换作用迫使各原子的磁矩平行或反平行排列，这种作用的效果如同有一很强的磁场作用在各个原子磁矩上。某个小区域内各个原子的磁矩若按同一方向排列，则形成了磁畴，相邻两磁畴的分隔便是磁畴壁。

静电交换作用产生磁畴，其总的自发磁化强度矢量为 M_S，它是温度的函数，即

$$M_S = M_{S0}(1 - \alpha T^{\frac{3}{2}}) \tag{4-1}$$

式中，M_{S0} 为 $T = 0K$ 时的自发磁化强度值；α 为常数；T 为温度。

无外磁场作用时，各个磁畴的自发磁化取向是不相同的，自发磁化相互抵消，因而整体对外不显磁性。当铁磁物质处于外磁场中时，各个磁畴的磁矩转向外磁场方向，由于在每个磁畴中原子的磁矩已完全排列，所以在一个较弱的外磁场作用下，就可以产生一个很强的磁化强度，这就是铁磁物质的磁化比顺磁物质强得多的原因。铁磁物质的磁化强度矢量定义为

$$M = \frac{\sum m_{畴}}{\Delta V} \tag{4-2}$$

式中，$m_{畴} = n m_{原}$ 是磁畴的磁矩，它是磁畴内 n 个原子磁矩 $m_{原}$ 的矢量和；ΔV 是磁畴内单位体积。

磁畴的结构由磁畴和磁畴壁两部分组成，磁畴壁是相邻两磁畴之间磁矩按一定规律逐渐改变方向的过渡层，按磁畴壁两侧磁矩方向的夹角可分为 90°磁畴壁和 180°磁畴壁。对于理想的铁磁体，磁畴结构不但排列整齐，而且均匀地分布在各个易磁化轴的方向上。理想铁磁体磁畴结构包括开放型磁畴、闭流型磁畴和表面树枝状磁畴等，如图 4-1 所示。

磁畴壁可以隔离方向不同的磁畴，根据磁畴壁中磁矩的过渡方式不同，可将磁畴壁分为布洛赫（Bloch）壁和奈尔（Neel）壁两种。

（1）布洛赫壁 在布洛赫壁中，磁矩的过渡方式始终平行于磁畴壁平面，因而在磁畴壁面上无自由磁极出现，这样就保证了磁畴壁不会产生退磁场，也能保持磁畴壁能为极小值，但是在晶体

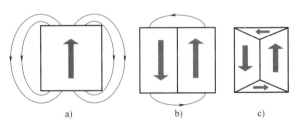

图 4-1 各种磁畴结构

a）开放型磁畴 b）闭流型磁畴 c）表面树枝状磁畴

上下表面会出现磁极，如图 4-2a 所示。在铁磁材料中，大块晶体材料内磁畴壁属于布洛赫壁。由于大块晶体尺寸很大，表面上的磁极所产生的退磁场能比较小，对晶体内部产生的影响可以忽略不计。

（2）奈尔壁 在薄膜材料中，一定条件下（厚度为 1~100nm）将会出现奈尔壁。在奈尔壁中，磁矩是平行于薄膜表面逐步过渡的，如图 4-2b 所示。这样，在奈尔壁两侧表面上将会出现磁极而产生退磁场。只有当奈尔壁的厚度比薄膜的厚度大很多时，退磁场能才比较小。因此，奈尔壁的稳定程度与薄膜的厚度有关。

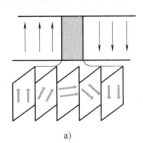
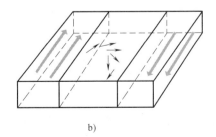

图 4-2 布洛赫壁和奈尔壁结构

a）布洛赫壁 b）奈尔壁

2. 磁化

将铁磁材料置于外磁场中，铁磁体的磁化强度随外磁场的强度逐渐增大的过程称为磁化过程。当磁场呈准静态变化时，称为静态磁化过程；当磁场呈动态变化时，称为动态磁化过程。静态磁化包括技术磁化和内禀磁化。所谓技术磁化，是指施加准静态磁场于强磁体（含铁磁与亚铁磁体），使其自发磁化的方向通过磁矢量的转动或磁畴壁移动而指向外加磁场方向的过程。

图 4-3 所示为铁磁材料磁化曲线。在弱磁场的作用下，对于磁矩方向与磁场成锐角的磁畴有利，磁畴产生扩张；而磁矩方向与磁场成钝角的磁畴缩小，这种现象称为磁畴壁迁移，宏观上表现出微弱的磁化，如图 4-3 中的 a 点所示。通常，磁畴壁的这种微小移动是可逆的。磁场增强时，磁畴壁发生不可逆位移，在位移过程中克服位错、夹杂等微观缺陷时产生"跃动"，从而发出电磁噪声，称为巴克豪森噪声（Magnetic Barkhausen Noise，MBN），如图 4-3 中曲线上的 b 点所示。磁场进一步增强时，所有的自旋磁矩在外磁场的作用下同时转向磁场方向是很困难的，因此随着磁场的增强，磁化进行得很微弱，如图 4-3 中曲线上的 $c \sim e$ 段，这个阶段通常称为旋转过程。当磁场强度达到 H_s 时，磁畴的磁化向量基本上和磁场方向完全一致，即达到磁饱和状态，这时的磁化强度等于 M_s。

当铁磁体处于原始中性状态时，由于铁磁体内各个磁畴的磁化矢量取向不同，所以在宏观上对外不显示磁性。若有外磁场作用，铁磁体被磁化而处于磁化状态，宏观上显示出磁性。外磁场对磁畴作用，会引起铁磁体内部磁畴结构的变化。沿外磁场 H 方向上的磁化强度 M_H 可以表示为

$$M_H = \sum_i \boldsymbol{M}_s V_i \cos\varphi_i \tag{4-3}$$

式中，V_i 为铁磁体内第 i 个磁畴的体积；φ_i 为第 i 个磁畴的磁化矢量 $\boldsymbol{M}_s$ 与外磁场 H 方向间的夹角。

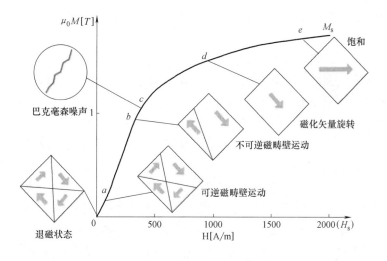

图 4-3　铁磁材料磁化曲线

当外磁场 H 改变 ΔH 时，对应的磁化强度改变为 ΔM_H。其中磁化只可能来源于三个方面：

1）磁畴体积 V_i 发生变化 ΔV_i，对 ΔM_H 做出贡献。

2）磁畴磁化矢量 $\boldsymbol{M}_s$ 与磁场方向夹角 φ_i 发生变化，引起 ΔM_H 变化。

3）磁畴内磁化矢量 $\boldsymbol{M}_s$ 本身的大小改变引起 ΔM_H 变化。

因此，磁化过程引起磁化强度的改变为

$$\Delta M_H = \sum_i \left[M_s\cos\varphi_i \Delta V_i + M V_i \Delta(\cos\varphi_i) + V_i\cos\varphi_i \Delta M_s \right] \tag{4-4}$$

式中右边第一项表示各个磁畴内 $\boldsymbol{M}_s$ 的大小和取向均不变，仅有磁畴体积的改变而导致的磁化。接近于外磁场 H 方向的磁畴体积增大，而与外磁场 H 反向或远离 H 方向的磁畴体积缩小。磁畴体积发生变化，相当于磁畴间的磁畴壁发生位移，所以被称为磁畴壁位移磁化过程。第二项表示各个磁畴内 $\boldsymbol{M}_s$ 的大小和磁畴体积 V_i 不变，而磁畴中 $\boldsymbol{M}_s$ 与磁场 H 间的夹角 φ_i 发生变化，即磁畴的 $\boldsymbol{M}_s$ 相对于外磁场 H 的取向发生了改变，从而对磁化做了贡献，称为磁畴的转动磁化过程，又称磁化矢量的旋转磁化过程。第三项表示 V_i 和 φ_i 都不变化，仅仅只有磁畴内本身的饱和磁化强度 M_s 的大小发生变化，从而引起 ΔM_H 变化。这种情况即为顺磁磁化过程，又叫本征磁化强度的增长过程。顺磁磁化过程对磁化的贡献很小，只能在外磁场很强时才会显示出来，一般情况下，技术磁化不会发生顺磁磁化过程。

按照以上分析，铁磁体的磁化机制有三种：磁畴壁位移磁化过程、磁畴转动磁化过程和顺磁磁化过程。技术磁化过程的实质是外磁场作用下铁磁体内部磁畴结构变化的过程。

大多数铁磁体的磁化曲线表明，从原始磁中性状态磁化到饱和状态，整个磁化过程要经历磁畴壁位移过程和磁畴转动过程。在低磁场下，一般是以位移磁化为主，而在高磁场下则以磁畴转动为主。根据磁化曲线的变化规律，技术磁化过程通常可以分为三个阶段：弱磁场范围是可逆磁畴壁位移；中等磁场范围中是不可逆磁畴壁位移，即有巴克豪森跳跃的发生；较强的磁场范围是可逆的磁畴转动过程，随着磁场增加逐渐趋于饱和状态。

3. 磁滞特性曲线

研究铁磁物质的磁化规律，就是找出 M 和 H 以及 B 和 H 之间的依赖关系，即 M-H 曲线和 B-H 曲线，这种曲线是通过试验方法来测定的。

如图 4-4 所示，将铁磁材料沿磁化曲线磁化达到饱和磁感应强度 B_s，此时如果将外磁场 H 减小，B 值将不再按照原来的初始磁化曲线 OB 减小，而是沿着 BC 曲线减小，这是因为发生转动的磁畴保留了外磁场的方向。即使 $H=0$ 时，$B\neq0$，即尚有剩余的磁感应强度 B_r 存在。这种磁化曲线与退磁曲线的不重合特性称为不可逆性。磁感应强度 B 的改变滞后于磁场强度 H 的现象称为磁滞现象。要想 B 减小，需施加一个与原磁场方向相反的磁场，当这个反向磁场的强度增加到 H_c（此时 $H=-H_c$）时，才能使磁介质 $B=0$。这并不意味着磁介质恢复了杂乱无章的状态，而是一部分磁畴仍保留原磁化磁场方向，而另一部分在反向磁场作用下改变为外磁场方向，两部分相等时，合成磁感应强度为零。如果再继续增加反向磁场 H 强度，铁磁物质中反转的磁畴增多，反向磁感应强度增加，随着反向 $-H$ 值的增加，反向的 B 也增加。当反向磁场增加到 $-H_s$ 时，则 $B=-B_s$ 达到反向饱和状态。如果使 $-H=0$，则 $B=-B_r$；如果要使 $B=0$，必须加正向磁场。如磁场强度 H 再增大到 H_s，磁感应强度 B 达到饱和磁感应强度的最大值 B_s，磁介质又达到正向饱和。这样，磁场强度由 $H_s\rightarrow0\rightarrow-H_c\rightarrow-H_s\rightarrow0\rightarrow H_c\rightarrow H_s$ 的变化过程中，相应地，磁感应强度由 $B_s\rightarrow B_r\rightarrow0\rightarrow-B_s\rightarrow-B_r\rightarrow0\rightarrow B_s$，形成了一个对原点 O 对称的回线，如图 4-4 所示，称为饱和磁滞回线。磁滞回线是铁磁材料的重要特征。

在饱和磁滞回线上可确定的特征参数有：

（1）饱和磁感应强度 B_s　在常温下，用强度足够大的外磁场磁化磁性物质，当磁感应强度不再随外磁场的增大而增大时，此时的磁感应强度为 B_s，称为饱和磁感应强度。

（2）剩余磁感应强度 B_r　当铁磁物质磁化达到饱和后，将磁场强度减小到零，此时铁磁物质中残留的磁感应强度为 B_r，称为剩余磁感应强度，简称剩磁。

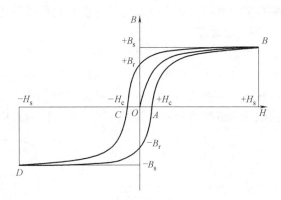

图 4-4　铁磁材料的磁滞回线

（3）矫顽力 H_c　铁磁物质磁化到饱和后，由于磁滞现象，要使磁介质中 B 为零，需有一定的反向磁场强度 $-H$，此磁场强度称为矫顽力 H_c。

（4）磁滞损耗 W　磁性材料磁化过程中，由于磁滞现象而产生的功率损耗称为磁滞损耗。如果在磁化过程中只存在磁滞损耗，那么每磁化 1 周的磁滞损耗在数值上就等于磁滞回线包围区域的面积，即

$$W = \oint H\mathrm{d}B \tag{4-5}$$

降低磁滞损耗的最好方法是减小铁磁材料的矫顽力 H_c。矫顽力 H_c 降低可使磁滞回线变窄，磁滞回线所包围的面积减小，磁滞损耗相应降低。

（5）磁能积　磁滞回线在第二象限的部分称为退磁曲线。由于退磁场的作用，在无外磁场的作用下，永磁材料将工作在第二象限，因此退磁曲线是考察永磁材料性能的重要依据。定义退磁曲线上每一点的 B 和 H 的乘积（BH）为磁能积，磁能积是表征永磁材料中能量大小的物理量。磁能积（BH）的最大值称为最大磁能积，用（BH）$_{\max}$ 表示。

（6）微分磁导率　最常见的磁导率概念是磁感应强度与磁场强度之比。微分磁导率是用 $B\text{-}H$ 曲线上某点的切线斜率来定义的，反映了磁性材料微观结构动态磁化过程，是一个很重要的磁特性参数。微分磁导率用 μ_d 来表示，以便与磁导率 μ 进行区分，其定义为

$$\mu_d = \frac{1}{\mu_0}\frac{\mathrm{d}B}{\mathrm{d}H} \tag{4-6}$$

式中，μ_0 为真空磁导率，其值为 $4\pi\times10^{-7}\mathrm{H/m}$。

综上所述，磁化曲线和磁滞回线是铁磁材料的重要特征，反映了铁磁材料的许多磁学特性，包括微分磁导率 μ_d、饱和磁化强度 M_s、剩磁 B_r、矫顽力 H_c、最大磁能积（BH）$_{\max}$ 等。磁化理论常用 $M\text{-}H$ 关系讨论问题，工程技术中多采用 $B\text{-}H$ 关系研究问题。实际工作中，由于材料的尺寸受到限制，不可避免地受到退磁能的影响。因而，测定的磁化特性曲线并不是材料固有的磁化特性曲线，必须对其进行校正。

铁磁材料是否适合于某种应用，基本上取决于其磁滞回线所表现出的特征。例如，用于变压器的材料因需要有效地转换电能而要求具有高磁导率和低磁滞损耗；用于电磁铁的材料需要有低剩磁和低矫顽力，以便于在必要时可以很容易地将磁化强度减小到零；永磁材料需

要高剩磁和高矫顽力，以便尽可能多地保持磁化强度。

4. 磁效应

大量的理论和试验研究表明，物质磁性和磁场会影响物质的其他性质，如力、声、光、电、热属性等，称为磁效应。同样，物质的其他性质也会影响到磁性，称为磁的逆效应。有的磁效应为物质所共有，有的磁效应则只存在于强磁性或序磁性（磁有序）物质，或者在强磁物质或序磁物质中特别显著。常见的磁效应如图4-5所示。

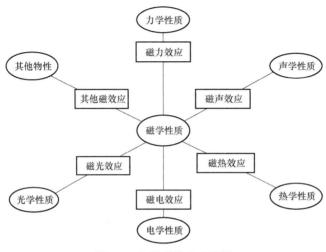

图 4-5　各类磁效应示意图

图 4-5 中每一类磁效应对应不同的物理性质，其中，其他磁效应是指磁力、磁声、磁光、磁热、磁电 5 类磁效应以外的其他物理磁效应和其他边缘（交叉）学科中的磁效应，如原子核的磁效应、地球磁学中的火山磁效应和地震磁效应等。本节着重讨论的是铁磁材料的几种磁效应。

（1）磁力效应　磁力效应是指强磁材料与自发磁化和技术磁化相关的磁性与力学性质之间相互转换和相互影响的效应。磁力效应除常见的和用途最广的磁致伸缩效应外，还有磁致体积效应、磁致扭转效应、磁致弯曲效应、磁致旋转效应、磁致弹（性）变效应、磁致刚（性）变效应。电磁超声（Electromagnetic Acoustic，EMA）就是基于洛伦兹力效应和磁致伸缩效应产生的。处于交变磁场中的金属导体，其内部产生涡流，涡流在磁场中受到的洛伦兹力（交变应力）将使金属介质产生应力波，频率在超声波范围内的应力波即为超声波；同样，线圈中强大的高频交变激励电流也会向外辐射一个交变磁场，此交变磁场和外加磁场的复合作用会产生磁致伸缩效应，磁致伸缩力的作用也会产生不同波形的超声波。与此相反，由于此效应呈现可逆性，返回声压引起质点振动，在磁场作用下导致涡流线圈两端的电压发生变化，因此可以通过接收装置接收并放大显示。用这种方法激发和接收的超声波称为电磁超声。至于是洛伦兹力还是磁致伸缩力起着主要作用，主要由外加磁场的大小和激励电流的频率决定。

（2）磁声效应　磁声效应指强磁材料受到外加直流和（或）交变磁场作用时会产生振动和发声的效应，主要包括：磁电声效应，又称佩奇（Page）效应；纵磁声效应，又称马里安（Marrian）效应；磁致音叉效应，又称莫雷恩-柯尔斯坦（Maurain-Kirstein）效应；磁化发声效应，又称巴克豪森（Barkhausen）效应；声（振动）致磁变效应，又称瓦尔堡（Warburg）效应；高频磁声效应等。磁声发射（Magnetic Acoustic Emission，MAE）是指铁磁材料在外加磁场的作用下，磁畴壁在移动的同时发出应力应变波的现象。由于磁声发射对材料的成分、组织、应力状态及变形都很敏感，故可应用此现象对材料的物理状态（包括应力状态）进行测定。

（3）磁热效应　绝热条件下，铁磁或顺磁性材料的温度随磁场强度改变的现象称为磁热效应。磁热效应主要有下面几种：磁场热流致纵热阻效应，又称纵向里纪-勒迪克（Righi-Leduc）效应；磁场热流致横温差效应，又称横向里纪-勒迪克效应；磁场热流致纵电势效应，又称纵向能斯特-埃廷豪森（Nernst-Ettingshausen）效应；磁场热流致横电势效应，又称横向能斯特-埃廷豪森横效应。此外，磁化温变效应、自发磁化温变效应、磁导率峰效应（又称 μ 峰效应）、绝热退磁制冷效应和磁致损耗等都属于磁热效应。

（4）磁电效应　在物理学中，磁性与电性和光性的关系最为密切，因此，磁电效应和磁光效应的发现、研究和应用都相当早，且内容丰富。在磁电效应方面，就有磁场电流引起的若干与磁场热流引起的效应很相似的效应，如：磁场电流致纵电阻效应，又称汤姆森效应；磁场电流致横电势效应，常称霍尔效应；磁场电流致纵温差效应，又称能斯特效应；磁场电流致横温差效应，又称埃廷豪森效应；磁（致）电阻（电抗）效应；磁（致）电阻极值效应，又称近藤（Kondo）效应。狭义的磁电效应（又称磁场感应电矩效应或电场感应磁矩效应），是指在一些固体中，受到外磁场作用时会同时存在磁矩和电（偶极）矩，而在受到外电场作用也会同时存在电矩和磁矩的效应。如磁（场）致电偶效应和磁致电池效应等。

（5）磁光效应　在磁场和磁性对光的影响以及光对磁性影响的广义磁光效应方面，主要有下面几种：纵向磁致透射光（偏振面）旋转效应，常称法拉第（Faraday）旋转效应或法拉第磁光效应；横向磁致透射光双折射效应，常称卡腾穆顿（Cotton-Mouton）效应或沃伊特（Voigt）效应；磁致反射光（偏振面）旋转效应，常称克尔（Kerr）磁光效应；磁致光分裂效应，常称塞曼（Zeemann）效应；磁致散射光退偏振效应，又称汉利（Hanle）效应；光（致）磁效应，又称光（致）磁变效应。

各种磁光效应在当前应用广泛，例如：在光电子学和光子学方面已研制成磁调红外激光器、红外和可见光非互易磁隔离器、磁光调制器、闭锁式磁光开关、磁光和磁声光的光偏转器；在计算机和信息处理方面，已研制成或提出磁光逐点存储器、磁光全息存储器、光磁存储器。

4.2　漏磁检测技术

漏磁（Magnetic Flux Leakage，MFL）检测技术，是指铁磁材料被外部磁化后，如果试件表面或近表面存在缺陷，材料中的磁力线（或称磁场线、磁通密度线）将被缺陷阻隔而泄漏到空气中形成漏磁场，此时利用磁敏传感器拾取漏磁场并转化为电信号，最后通过分析电信号的异常来对缺陷进行评价的无损检测技术。近几年，漏磁检测技术在石油、天然气管道检测方面最受关注。本套丛书中《钢管漏磁自动无损检测》《现代漏磁无损检测》详细讲述了漏磁检测的原理、方法、实现、目前现状及应用范围等。本节侧重介绍漏磁检测的磁化方式、传感技术和脉冲漏磁检测技术。

4.2.1　漏磁检测的磁化和传感技术

从漏磁检测原理可以看出，对工件进行有效磁化是前提。因此，针对不同的检测要求，采用合适的磁化方式来产生满足要求的外磁场是漏磁检测的第一步。选择合适的传感器把漏磁场转化成易于检测的电信号，这是漏磁检测的传感技术。

1. 磁化方式

在漏磁检测中，磁化决定着被测量对象（如裂纹）能否产生出足够的可被测量和分辨的磁场信号。被测材料或构件的磁化由磁化器实现，其主要包括磁场源和磁回路，因此，针对被测构件的结构特点和测量目的，选择合适的磁场源和设计磁回路是磁化器优化设计的关键。

漏磁检测中，根据试件的磁化范围，磁化方式分为局部磁化和整体磁化。整体磁化的优点在于磁化较为均匀，缺点是磁化设备庞大和能量消耗大，从而使检测成本提高；局部磁化虽然较难获得均匀磁化，但大大简化了磁化设备、节省了能源、检测成本低。

从磁化电流上分，有交流磁化、直流磁化（用永久磁铁磁化可看作直流磁化）以及脉冲磁化。

（1）交流磁化　交流磁场磁化的深度随电流频率的增大而减小。因此，这种方法只能检测表面和近表面缺陷，但交流磁化的强度容易控制，大功率 50Hz 交流电流源易于获得、磁化器结构简单、成本低廉。对于检测表面缺陷而言，交流磁化比直流磁化灵敏度高。交流磁化的优点有：①可以用来检测表面较为粗糙的试件；②信号幅度与缺陷的深度之间比直流磁化有更好的对应关系；③可实现对试件进行局部磁化，可用于检测较大工件。其缺点有：①不适用于检测表层下的缺陷；②对于管材来说，在管外壁磁化不能同时检测管壁内侧缺陷。

（2）直流磁化　直流磁化分直流脉动电流磁化和直流恒定电流磁化，后者在电气实现上比前者简单。但直流恒定电流磁化法对电流源具有一定的要求，激励电流一般为几安培，甚至上百安培。磁化强度可通过控制电流的大小来调节。在传统漏磁无损检测中，较多采用的是直流磁化。直流磁化的优点有：①可以检测出深达十几毫米表层下的缺陷；②缺陷信号幅度与缺陷在表面下的埋藏深度呈比例关系；③在管材检测中，用直流磁化可直接检测管子的内外壁缺陷。其缺点有：①要达到较大的磁化强度相对较难；②退磁较困难。

（3）永磁磁化　永磁磁化是一种不需要电源的磁化方式，与直流恒定电流磁化方式具有相同的特性，但在磁化强度的调整方面，不及直流磁化方式方便。永磁材料有永磁铁氧体、镍、钴永磁及稀土永磁等。稀土永磁具有磁能高、体积小、重量轻等特点，在漏磁检测中得到很好的应用。

（4）脉冲磁化　脉冲磁化是以脉冲为激励的磁化方式。脉冲傅里叶变换后包含丰富的频谱信息，不同频率对应不同层次的缺陷信息，丰富的频率成分则可反映更多层次的信息。脉冲激励按电平状态可分为低电平、脉冲上升沿与高电平三个阶段，对应的以脉冲为激励的漏磁检测法是一种新的融合了剩磁检测（金属磁记忆检测）、瞬态激励产生电涡流响应的漏磁检测和直流源激励的漏磁检测方法，它们分别对应于无激励源（低电平）的剩磁检测、多频率交流磁化的漏磁检测（上升沿）和直流磁化的漏磁检测（高电平）三种方法。在脉冲信号的上升沿初始阶段，脉冲信号中主要包含了高频信号分量，随着时间的延续，高频信号分量将逐渐减弱，而低频信号逐渐增强，当频率分量衰减到一个较低频带范围时，便可激发出巴克豪森跳跃。金属磁记忆信号是一种低频的随机信号，在低电平阶段，即无激励源环境下，拾取的是材料表面的固有漏磁场（SMFL）。

2. 漏磁传感器

在漏磁检测中，传感器的作用是将漏磁信号转换为电信号。漏磁检测采用的传感器种类有检测线圈、霍尔器件、巨磁阻传感器、磁敏二极管、磁敏电阻、磁通门等。目前比较常用的传感器元件为线圈、霍尔器件和磁阻传感器。因为线圈缠绕的匝数、几何形状和尺寸较为灵活，根据测量目的的不同，线圈可以做成多种形式。线圈的匝数、相对运动速度和截面面积决定测量的灵敏度。而霍尔元件的优点是响应频带较宽、制造工艺成熟、温度特性和稳定性较好等。因具有体积小、灵敏度高、线性度好等众多优点，巨磁阻传感器也在漏磁检测中广泛应用。

（1）检测线圈　根据电磁感应定律，当穿过检测线圈的漏磁通发生变化或检测线圈切割漏磁通时，在线圈上就会产生感应电动势。检测线圈的感应电动势不仅与线圈本身的面积、匝数以及相对于被检工件的运动速度有关，而且与缺陷处漏磁场的梯度在运动方向上的分量大小有关。基于此原理进行漏磁无损检测的方法称为检测线圈法或电磁感应法。

（2）霍尔元件　霍尔元件基于霍尔效应对磁场进行测量，霍尔元件能直接测量磁场，将漏磁场的磁感应强度转变为相应的电压值。霍尔元件用作漏磁传感器的优点是：①可以做得很小，如 $25\mu m \times 25\mu m$ 以下；②适合测量非均匀磁场；③有较宽的响应频带，可以测量 ms~μs 级的脉冲磁场；④与磁敏二极管相比有较好的温度适应性；⑤测量范围大，从 10^{-6}T 到几十特斯拉。其缺点是：①器件较脆，易损，需要封装；②灵敏度不够高，不带有磁集束器的霍尔特斯拉计的最大分辨力为 0.001mT。

（3）巨磁阻传感器　巨磁阻（GMR）传感器是利用具有巨磁阻效应的磁性纳米金属多层薄膜材料，通过半导体集成工艺制作而成的，具有体积小、灵敏度高、线性度好、线性范围宽、响应频率高、工作温度特性好、可靠性高、成本低等特点。巨磁阻效应是指磁性材料的电阻率在有外磁场作用时较之无外磁场作用时存在巨大变化的现象。巨磁阻效应是一种量子力学效应，它产生于层状的磁性薄膜结构。这种结构由铁磁材料和非铁磁材料薄层交替叠合而成。上下两层为铁磁材料，中间夹层是非铁磁材料。当铁磁层的磁矩相互平行时，载流子与自旋有关的散射最小，材料有最小的电阻。当铁磁层的磁矩为反平行时，与自旋有关的散射最强，材料的电阻最大。铁磁材料磁矩的方向是由加到材料的外磁场控制的，因而较小的磁场变化也可以使材料具有较大的电阻变化。

除了以上介绍的可以把磁信号直接转换为电信号的传感器以外，还有一些通过把磁信号转换成其他中间物理量，最终转化成电信号的方法，如磁光效应传感器和核磁共振传感器。总之，漏磁场传感器是漏磁检测设备的关键部分。要完整、不失真地反映缺陷引起的漏磁场，漏磁检测传感器必须适合漏磁场的以下特点：①随缺陷大小、磁化强度、检测条件不同，漏磁场强度的变化范围较大；②缺陷在工件中的分布是三维的，因而其漏磁场也是一个三维分布的非均匀场。通常认为漏磁场的范围在垂直于缺陷方向上均为缺陷宽度的 2~5 倍。以裂纹宽度 0.01mm 为例，漏磁场的宽度只有 0.02~0.05mm。

4.2.2　直流漏磁检测与交流漏磁检测

根据激励电流分类，漏磁检测技术可以分为直流漏磁检测、交流漏磁检测以及脉冲漏磁检测三类。其中，直流漏磁与交流漏磁检测研究起步较早，相关技术较为成熟，目前广泛应用于铁磁构件的快速质量无损检测，下面分别简要介绍直流漏磁检测和交流漏磁检测方法，后面介绍脉冲漏磁检测方法。

三种漏磁检测方法中，直流漏磁检测方法出现最早。1923 年，美国 Sperry 博士首次提出采用 U 形电磁铁作为磁化器对铁磁材料进行磁化，然后采用感应线圈拾取裂纹漏磁场，并于 1932 年获得了专利。之后出现了针对直流漏磁检测的原理、方法、技术和应用的大量研究，并发明了相应检测装备。由于直流漏磁检测不存在趋肤效应，因而对埋藏更深的次表面缺陷具有较高的灵敏度，并且不受试件表面非铁磁性附着物的影响，也不需要耦合剂，因此，直流漏磁检测应用越来越广泛，尤其适用于埋地油气管道的质量无损检测与评估。

埋地油气管道直流漏磁检测原理如图 4-6 所示。为简化激励系统以及考虑安全问题，油气管道漏磁检测激励源一般采用永久磁铁来产生恒定磁场。根据垂直磁化理论，当外激励磁场与缺陷走向垂直时，将产生最大强度的漏磁场。一般情况下，轴向磁化时，检测周向缺陷，周向磁化时检测轴向缺陷，分别如图 4-6a、b 所示。为提高磁化效果，磁化系统一般利用高磁导率的衬铁，与永久磁铁和管壁组成磁化回路，并形成局部可检测区域。为实现全覆盖检测，需要在管道内部 360°周向布置检测传感器阵列单元来拾取管道的缺陷信息，并储存于检测装置中。检测装置一次性检测数百千米，待检测完成后再对检测数据进行分析，以便定位缺陷位置。

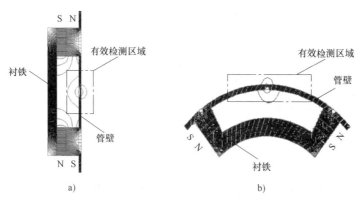

图 4-6　管道漏磁检测示意图

交流漏磁（AC-MFL）检测法是由美国爱荷华州立大学的 G. Katragadda 和 W. Lord 等于 1996 年首先提出的，解决了当时管道检测只能依赖多传感器来增加灵敏度的问题，之后交流漏磁检测被应用于铁磁材料的表面裂纹检测。随后许多业内人士也逐步开始关注该项技术：一方面对该技术的工作原理进行相应的数值仿真，分析不同频率对不同尺寸缺陷检测之间的关系；另一方面分析了交变漏磁检测技术对单条缺陷以及相邻多条缺陷检测时外围空间泄漏磁场的分布情况，并对提离效应、空气间隙、缺陷宽度和长度、磁化曲线、传感器结构等对检测信号造成的影响进行了全面的仿真分析和试验研究，为该技术的应用奠定了扎实的基础。

当用交流磁化器对构件磁化时，交变的电流产生交变的磁化场。当工件没有缺陷存在时，磁力线大部分束缚在工件的趋肤层内，使其饱和；当存在缺陷时，形成交流漏磁场，频率与交流激励频率相同。检测探头如图 4-7a 所示，检测线圈或霍尔传感器位于两脚之间，可检测其垂直分量和水平分量来表征缺陷，结果如图 4-7b 所示。

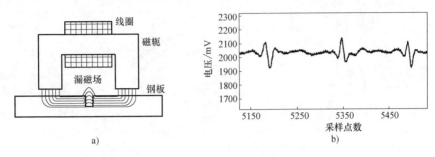

图 4-7　AC-MFL 探头和检测结果

交流漏磁检测由于趋肤效应只能检测表面和近表面缺陷。但是，交流漏磁检测兼具直流漏磁检测和涡流检测的优点，对于表层缺陷的无损检测灵敏度高，且结构简单、成本低廉、可对多种复杂构件进行检测、容易实现检测自动化。因此交流漏磁检测法可以得到广泛的应用，如对钢棒表面的质量检测主要是采用交流漏磁法。

4.2.3　脉冲漏磁检测

直流漏磁检测施加的是恒定外激励磁场，而交变漏磁检测的激励信号通常为单频正弦信号。两者的频率成分均较少，不利于检测信号充分反映缺陷信息。针对这种不足，Ali Sophian 和 Gui Yun Tian 等将脉冲激励与漏磁检测技术相结合，形成脉冲漏磁检测技术。由于脉冲信号是一个周期性的方波，信号中含有丰富的频率分量，具有两方面的优势：

（1）脉冲激励的检测效果相当于非等幅多频激励的检测效果，使磁化结构激发出尽可能大的能量，以便穿透试件。

（2）脉冲信号的频率成分比较丰富，使激励磁场渗透到被测试件的不同深度，因而其感应信号更有利于反映缺陷信息。

图 4-8 所示为脉冲漏磁检测基本结构图，在 U 形磁轭上缠绕线圈，并与试件形成磁化回路，磁敏传感器布置于试件表面上。图 4-9 所示为不同激励方法下缺陷漏磁场强度的仿真结果。外表面缺陷深度为 3mm，在线圈中分别施加恒定电流，频率分别为 50Hz 和 10kHz 的交变电流和脉冲电流，计算获得如图 4-9 所示的缺陷漏磁场法向分量曲线。从图 4-9 中可以看出，恒定电流激励产生的漏磁场法向分量强度最低，随着交变电流频率的增大，信号幅值增加，而脉冲电流产生的漏磁场强度最大。

图 4-10 所示为表面缺陷和次表面缺陷的脉冲漏磁检测缺陷信号，包括深度为 3mm 的表面缺陷信号以及埋藏深度为 1mm 的次表面缺陷信号，缺陷宽度均为 1mm。施加脉冲宽度为 40ms 的脉冲电流，通过不断移动传感器来获得各点的最大磁感应强度法向分量幅值。从图 4-10 中可以看出，次表面缺陷的峰峰值宽度大于外部缺陷峰峰值宽度，这是由于次表面缺陷漏磁场传递至传感器处时，拾取点的提离值不同而造成的。

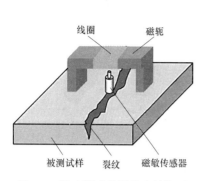

图 4-8　脉冲漏磁检测基本结构图

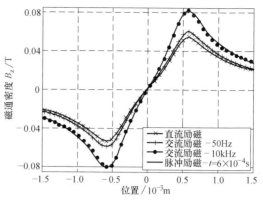

图 4-9　不同激励下缺陷漏磁场
强度的仿真结果

进一步分析不同深度表面缺陷和不同埋藏深度次表面缺陷的信号特征，包括深度分别为 3mm 和 5mm 的两个表面缺陷，以及埋藏深度分别为 0.5mm 和 1.0mm 的两个次表面缺陷。以缺陷漏磁场法向分量出现峰值的位置为提取点，试验获得漏磁场法向分量幅值随时间的变化曲线，如图 4-11 所示。从图 4-11 中可以看出，表面缺陷的信号转折点发生时间基本相同，而次表面缺陷的转折点却不同，深度越深，转折点越延后，因此通过分析时域信号的转折点就能够获得缺陷的埋藏深度信息，证明了脉冲漏磁检测方法在定位缺陷埋藏深度的有效性。

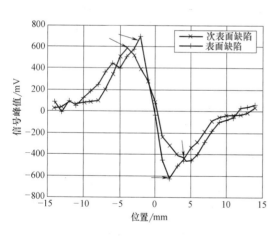

图 4-10　表面缺陷和次表面缺
陷的脉冲漏磁检测缺陷信号

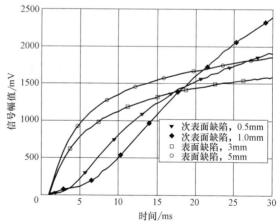

图 4-11　不同类型缺陷漏磁场法向最大峰
值随时间的变化规律

与直流和交流漏磁检测方法相比，脉冲漏磁检测得到更加丰富的频率信息，将图 4-11 所示漏磁场法向分量信号进行频谱分析，如图 4-12 所示。从图 4-12a 中可以看出在频率低于 50Hz 时，不仅能够区分出表面缺陷与次表面缺陷，同样可以区分出具有不同埋藏深度的次表面缺陷。另外，从图 4-12b 中可以看出，在频率为 200Hz 左右时，不同的缺陷具有明显不同的相位特征，同样也可以用于区分缺陷的深度以及埋藏深度。

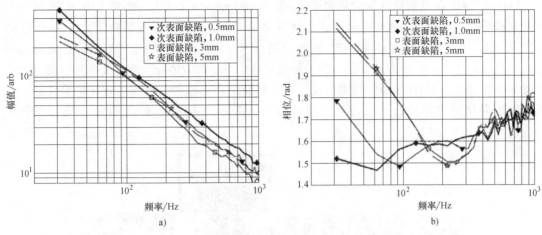

图 4-12　表面缺陷与次表面缺陷漏磁场信号频谱

a) 幅值　b) 相位

4.3　巴克豪森和磁声发射检测技术

除了漏磁场外，磁化过程中还会发生其他现象。1919 年，德国的 Barkhausen 教授发现铁磁材料在交变磁场中会发出频率在 1kHz~2MHz 之间的电磁噪声，这一现象被称为巴克豪森效应（Magnetic Barkhausen Effect）。在变化的磁场中，磁畴壁将发生可逆位移和不可逆的跳跃式位移，这一过程不仅会发出一系列电磁脉冲，即巴克豪森噪声，而且磁畴壁位移和磁矢量转动还会引起晶格的尺寸和体积变化，从而改变材料内应力状态，并以应力应变波的形式传播出去，称为磁声发射（Magnetic Acoustic Emission，MAE）。

基于上述效应，人们提出了 MBN 检测技术和 MAE 检测技术。研究表明，MBN 检测技术不仅可以用于铁磁材料残余应力、表面及亚表面微观结构与含量检测，还可以用于疲劳状态与剩余寿命评估。英国纽卡斯尔大学的学者把 MBN 检测技术应用于 En36 钢的加载应力及表面硬度检测，对 MBN 信号波形特征和特征提取进行了深入的研究，并对比研究 MBN 检测技术、MAE 检测技术和剩磁检测技术在应力检测中的区别。芬兰 Stresstech 科技公司和德国弗劳恩霍夫研究所更分别推出针对材料表面状态和应力状态分析的商用仪器。如图 4-13 所示分别是 Rollscan300 表面质量检测仪和 3MA 微观结构与应力分析仪。

图 4-13　Rollscan300 表面质量检测仪和 3MA 微观结构与应力分析仪

Lord 于 1975 年发现磁声发射现象。其后，Kusanagi、Ono 等人又先后发现 MAE 信号不仅与材料所受应力状态紧密相关，而且受材料化学成分、显微组织的影响明显；20 世纪 80 年代末，Buttle 等人综合 MAE 和 MBN 两种检测技术的优点，提出用于材料表面热处理和应力状态检测的技术。由于磁声发射本质上是在材料中传播的应力应变波，故而其检测范围和检测深度都要远大于 MBN 检测技术，且具有结构简单和可对整个结构进行评价等特点，在无损检测和结构健康监测领域得到广泛的应用。图 4-14 所示为 MAE 检测传感器和检测系统。

图 4-14　MAE 检测传感器和检测系统

4.3.1　巴克豪森检测技术

巴克豪森效应是铁磁材料中的磁畴在外部磁场作用下发生翻转过程中，发出一系列电磁脉冲的现象。该过程如图 4-15 所示，在外部磁场逐渐开始增强的过程中，与外磁场方向一致或相近的磁畴体积增加，而与外磁场方向相对的磁畴体积减小（当然，这样的体积变化是由于磁畴壁的移动导致的结果），移动的主要为 180°磁畴壁，并伴随着材料磁化强度 M 的快速上升（$a\sim b$ 段）；随着外磁场进一步加强，一些自发磁化方向与外磁场方向相反的磁畴逐渐"消失"，材料内磁畴结构发生显著改变（$b\sim c$ 段），部分 90°磁畴壁也在强磁场作用下产生移动，随着磁畴结构趋于稳定，磁化强度的变化开始趋缓；图中 $c\sim e$ 段，外磁场的持续增强并未改变磁畴结构，而只是迫使少量的 90°磁畴壁的移动，以及磁畴的磁矢量进一步

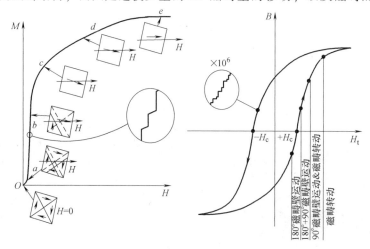

图 4-15　巴克豪森噪声产生原理

与外磁场相同（称为磁矢量重定向），因而磁化强度已无太大变化。需要强调的是，理论和试验均已证实，这样的变化过程是非连续的"跳跃"进行的，其根本原因在于磁畴壁的位置并非随着外磁场变化而连续改变；因为磁畴壁在相邻位置间移动的速度极快（纳秒级），所以磁畴壁的这种非连续快速运动将在空间产生一系列电磁脉冲。

1. 巴克豪森检测技术的影响因素

由前述分析可知，MBN 效应是在磁畴壁的移动过程中产生的，并且磁畴壁的移动实际上是在不同位置间的"跳跃"。因此，分析影响 MBN 检测技术的因素，本质上是研究影响磁畴壁运动的因素。

（1）材料微观结构　180°磁畴壁的运动是 MBN 效应的主要来源，磁畴壁的运动过程如图 4-16 所示，磁畴壁在外磁场作用下向右侧移动（见图 4-16a）；在其移动路径上的微观结构（如晶界、夹杂、气孔、非磁性析出相等各种因素）将阻碍其附近区域的磁畴壁位移，导致磁畴壁在此处产生局部弯曲，形成不均匀壁移，磁化矢量方向也因此而发生微小改变（见图 4-16b）；随着磁畴壁进一步位移，磁畴壁克服该微小颗粒的钉扎，恢复原来的平面形状（磁畴壁面积最小），磁化矢量将再次发生微小偏转（见图 4-16c）。显然，这些钉扎作用的存在，使得壁移过程变得更加复杂；相应地，电磁噪声也更加强烈且频谱丰富。需要强调的是，材料中微观缺陷、夹杂、位错等钉扎密度的不同，对磁畴壁运动的影响也很显著。

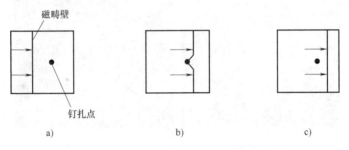

图 4-16　180°磁畴壁位移克服钉扎过程

（2）残余应力　残余应力是指在没有载荷和温度变化等外界因素作用下，存在于金属材料或机械构件内部并保持平衡的力。残余应力是外部作用移除后保留在材料内部的应力。在工程构件的制造、运输、安装和使用过程中，构件内部都会产生残余应力。残余应力可以通过多种机制产生，如塑性形变、温度梯度或者结构变化（相变）。产生原因主要有两种：一是物体受到不均匀的外力作用时，如弯曲、拉拔等，物体中会产生不均匀的作用应力；二是物体自身内各部分组织的浓度或晶体的位向不同，各部分显示的屈服行为就会不同。另外，物体在冷热加工过程中，物体内各部分弹性模量、热导率、线胀系数的不同，也容易使物体产生残余应力。

（3）加载应力　加载应力是指在材料外部施加作用力 [拉力（Tensile Stress）或者压力（Compressive Stress）]，将通过使材料产生形变而产生的内部应力分布，这一应力将引起材料内原有应力的重新分布。外部施加应力导致的内应力集中会引起微观的位错密度与形态变化，进而引起磁畴结构重新分布；在宏观上表现为残余形变的增加。如图 4-17 所示，以拉应力为例，磁化方向与应力方向相同的磁畴体积增大，而磁化方向与施加应力方向垂直的磁畴体积减小。相反地，在压缩应力作用下，磁化方向与应力方向垂直的磁畴体积增大，而磁化方向与应力方向平行的磁畴体积减小。究其原因，磁畴的体积变化是由磁畴壁位移导致的，本质上，内应力改变磁畴壁的能量平衡状态和系统总自由能，相应地也改变磁畴壁的位置。

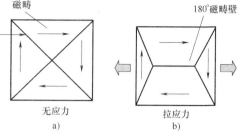

图 4-17　拉应力对磁畴的影响

外加应力导致磁畴体积变化，宏观上称为磁致伸缩逆效应。外加应力与磁化强度之间的联系为

$$\frac{\mathrm{d}M}{\mathrm{d}\sigma}=\frac{1}{\varepsilon^2}\sigma(1-c)(M_{\mathrm{an}}-M_{\mathrm{irr}})+\frac{\mathrm{d}M_{\mathrm{an}}}{\mathrm{d}\sigma} \quad (4-7)$$

式中，c 为磁畴壁挠性系数；ε 为具有应力尺度的系数，其值与材料的弹性模量有关；σ 为外加应力；M 为总磁化强度；M_{an} 为无磁滞磁化强度；M_{irr} 为不可逆磁化强度。

（4）外加磁场　理论与试验均证实，在外加磁场作用下，磁畴的结构也将发生改变，如图 4-18 所示。由图 4-18 可见，外加磁场的强度改变，在材料的相同观测位置，磁畴壁的位置和磁畴大小均发生显著改变。

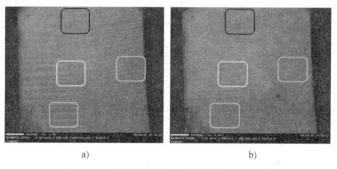

图 4-18　磁光仪视野中硅钢片的磁畴结构

a）10A/m 磁场中的磁畴结构　b）100A/m 磁场中的磁畴结构

当材料内部的磁矩受外磁场作用时，磁矩将围绕外磁场方向运动，考虑到阻尼作用的存在，这一过程可以用 Landau-Lifschitz-Gilbert（LLG）方程描述：

$$\frac{\partial M}{\partial t}=-\gamma M H_{\mathrm{eff}}+\frac{\beta}{M_{\mathrm{v}}}M\frac{\partial M}{\partial t} \quad (4-8)$$

式中，γ 是旋磁比；β 是无量纲的阻尼系数，M_{v} 是磁化强度 M 的大小；H_{eff} 是磁矩所受的总有效磁场强度。

为便于 LLG 方程的应用，D. C. Jiles 引入了织构，从而将物理上相互影响的多磁畴无磁滞运动，在数学模型上分解为各向异性和各向同性两个部分。

$$M_{\mathrm{an}}=f_{\mathrm{text}}M_{\mathrm{aniso}}+(1-f_{\mathrm{text}})M_{\mathrm{iso}} \quad (4-9)$$

式中，M_{an} 为无磁滞磁化强度；f_{text} 为织构；M_{aniso} 为各向异性无磁滞磁化强度分量；M_{iso} 为各向同性无磁滞磁化强度分量。

（5）阻尼　由 LLG 方程和磁畴壁能量表达式可以分别给出磁畴壁在低场［式（4-10）］

和高场［式（4-11）］下的运动速度表达式：

$$v = \frac{\alpha\gamma}{2(1+\alpha^2)} \int_{\text{III}} (\boldsymbol{m}H_{\text{eff}})^2 \mathrm{d}^3 x + \frac{1}{2HMA} \frac{\mathrm{d}E_{\text{III}}}{\mathrm{d}t} \tag{4-10}$$

$$\bar{v} = \frac{a(H-H_0)^2}{H} + \frac{b}{H} \tag{4-11}$$

式中，α 是无量纲的阻尼系数；$\boldsymbol{m}$ 是单位磁化矢量，A 是磁畴壁的横截面面积；H 为外加磁场；E_{III} 是磁畴壁的总磁能，积分区间为磁畴壁所在区域；a 正比于磁畴壁平均宽度；H_0 和 b 分别依赖于磁畴壁结构和磁各向异性。

由式（4-10）可知，低场下的磁畴壁运动速度主要取决于磁畴壁结构；式（4-11）显示材料中磁畴壁运动的平均速度不仅与外磁场强度有关，还与磁畴壁及磁畴结构有关。显然，由于材料不同，其中的磁畴结构与磁畴壁宽度等参数均会有显著区别，因而磁畴壁的移动速度也将不同。

通过对单个磁畴壁运动模型的简化，通常将磁畴壁位移的阻尼分为涡流阻尼和弛豫阻尼。涡流阻尼产生原理如图 4-19 所示，在图示磁畴结构中，外加磁场 H_a 使磁畴壁由位置 1 移动至位置 2，磁畴壁位移扫过一定宽度的区域，导致磁畴壁两侧磁通发生改变，结果是产生方向如图 4-19 所示环绕的涡流，并产生感应磁场 H_{ec}，方向与外加磁场 H_a 相反。由于这一感应磁场的存在，当给材料施加强度为 H_a 的磁场时，实际作用于磁畴壁的磁场强度将略小于 H_a，相应地，磁畴壁位移的速度也将略小于理论值。这一对磁畴壁运动的阻碍作用称为涡流阻尼。而弛豫阻尼则是由于磁畴壁在位移过程中，自旋电子由非平衡态向平衡态恢复过程中的阻尼作用。

2. MBN 检测系统

MBN 检测主要依靠磁化过程中磁畴的不可逆运动在探测线圈中产生的电磁感应。因此，MBN 检测传感器主要部分由激励线圈、磁轭和检测线圈组成。图 4-20 所示为 MBN 检测系统框图。激励线圈通以低频交流信号使检测样品反复磁化；激励电源由波形发生器和功率放大器构成，其功能是为传感器的激励线圈提供一定频率和强度的电流，以便在检测材料中产生适宜的变化磁场。激励信号频率一般为几赫兹，有时可低至 0.01Hz。波形有正弦信

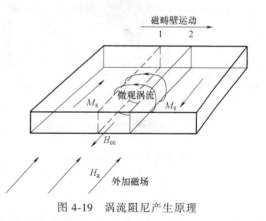

图 4-19　涡流阻尼产生原理

号和三角信号。电流信号强弱要考虑到使被测材料获得足够的磁化。此时，MBN 跳跃所产生的磁通变化将在检测线圈内感应一系列电脉冲信号。检测线圈匝数越多，磁轭的磁导率越大，检测到的弱信号越大。考虑到信噪比，可检测的最弱信号为 $10\mu V$。MBN 检测系统的频率范围为 $1 \sim 250 kHz$，为使检测信号不失真，检测线圈的共振频率要设计得远大于最高检测频率，一般应在 10 倍以上，即为 2.5MHz。为减小弱信号的衰减，前置放大器与传感器连成一体。前置放大器为宽频带放大器，放大倍数一般为 100 倍。

图 4-21 和图 4-22 分别给出了 Q235 中 MBN 的时域与频域信号，从图中可以看出 MBN 信号的频带范围很宽，一般认为 MBN 信号的频带为 $1kHz \sim 2MHz$。通常，材料在 $1 \sim 500kHz$

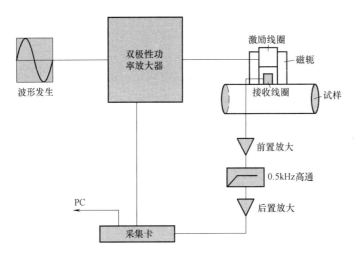

图 4-20　MBN 检测系统框图

频段较丰富，低碳钢中的 MBN 信号则在 1~60kHz 范围内，且明显依赖于显微组织、应力状态。

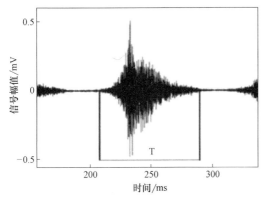

图 4-21　Q235 中 MBN 的时域信号

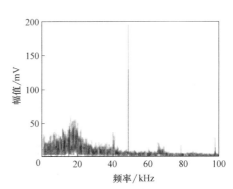

图 4-22　Q235 中 MBN 的频域信号

3. 巴克豪森信号特征提取方法

由于 MBN 信号是一系列电磁脉冲，因而如何从复杂的电磁噪声中获取被测信号特征是首先需要解决的问题。目前在国内外有关巴克豪森技术研究领域，常用以下几个特征值：均方根、振铃，以及信号包络线的峰值和延迟时间。其中，均方根体现的是一个 MBN 信号周期中，电磁脉冲的平均能量；振铃反映的是超过一定阈值的电磁脉冲的个数；而包络线的峰值表征了磁畴翻转过程中磁畴壁运动最剧烈时的电磁脉冲强度；包络线的延迟时间（又称峰值时间）则是指包络线峰值与激励信号过零点之间的时间差，体现了磁畴壁运动最剧烈时刻相对于激励信号反向的延迟。常用特征值的特点见表 4-1。

可见，常用的特征值普遍具有较大的不确定度、非线性现象比较明显，以及受激励频率影响显著的缺点。究其原因，巴克豪森噪声源自磁畴壁的运动，而影响这一运动的因素往往不是单一作用，故而其特征值也难以呈现简单规律。在此基础上，有学者从磁畴壁动力学角度出发，提出将包络线偏度作为特征值。

表 4-1　MBN 信号常用特征值的特点

特征值	优　势	不　足
均方根	应用最为广泛,可用于材料表面硬度、应力状态,以及微观结构的检测与评估。不确定度小,检测线性度好	计算平均能量需取多个周期的 MBN 信号,故而需时较长;检测灵敏度不高;受激励频率影响显著
振铃	对材料微观结构敏感,检测速度快	检测结果与所选阈值关系紧密,不确定度大;检测结果非线性明显;受激励频率影响显著
峰值	应用广泛,对材料表面硬度、应力状态,以及微观结构敏感,灵敏度高	需计算多个周期的 MBN 信号的包络线并取均值,故需时较长;不确定度较大,线性度较低;受激励频率影响显著
延迟时间	对材料表面硬度、应力状态敏感	需计算多个周期的 MBN 信号的包络线并取均值,故需时较长;检测线性度较低;受激励频率影响显著

偏度是统计随机数据分布非对称性（非正态）程度的三阶统计参数，在随机信号处理中常用于表征概率分布密度曲线相对于平均值不对称的程度。其数学定义如式（4-12）所示，称为样本的三阶标准化矩。

$$\mathrm{Skewness}(X) = E\left[\left(\frac{X-\mu}{\sigma}\right)^3\right] \tag{4-12}$$

式中，μ 表示数据均值；σ 表示数据的方差。

正态分布的偏度 S_k 为 0，即数据对称分布，曲线两侧尾部长度相等，在图 4-23 中表示为 $S_k = 0$ 的对应曲线；若 $S_k < 0$，则表示数据分布具有负偏度（或左偏度），此时数据位于均值左侧的比位于右侧的少，直观表现为曲线左侧的尾部比右侧的尾部长；若 $S_k > 0$，则表示数据分布具有正偏度（或右偏度），此时数据位于均值左侧的比位于右侧的多，直观表现为曲线右侧的尾部比左侧的尾部要长。MBN 信号的偏度反映了大量磁畴壁位移过程所产生的电磁脉冲的分布情况，不仅包含幅值信息，同时包含时序信息，因此具有广泛的应用价值。

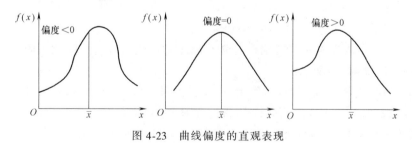

图 4-23　曲线偏度的直观表现

4. MBN 信号包络线偏度用于 En36 结构钢加载应力的检测

理论分析已知，加载应力通过改变内应力分布，从而影响磁畴壁自由能的分布，宏观上改变了 MBN 信号的峰值能量，以及外加磁场变向之后 MBN 信号峰值出现的时间，因而从原理上说，MBN 信号包络线的峰值和延迟时间并非两个独立的特征值。

另一方面，从传统的惯性理论出发，物体在外力作用下将改变运动状态，而且其状态改变应该是"先慢后快"，即若物体原本处于相对静止状态，则在恒定外力作用下，其相对运动的速度应该是由零开始缓慢增加，再逐步过渡到快速增加，直至趋于稳定，因而整个速度变化曲线应具有负偏度。试验表明，单个磁畴壁的位移所发出的 MBN 脉冲包络线并不满足这一规律，Zapperi 和 Castellano 等学者据此提出磁畴壁因速度效应带来磁畴壁能增加，以及阻尼效应的存在而具有等效质量，不过等效质量是"负"的观点，并以此来解释单个磁畴壁位移发出的 MBN 脉冲包络线具有正偏度现象。显而易见，由大量的磁畴构成的块状铁磁材料的磁畴壁运动将更为复杂，大量磁畴壁之间的涡流阻尼到目前仍然无法精确地描述和计算。

考虑到加载应力对单个磁畴壁的影响不仅改变磁畴壁自由能，而且钉扎密度的改变将改变磁畴壁运动的平均速度，从而影响磁畴壁的运动阻尼。所以，针对含有大量磁畴的块状铁磁材料，MBN 信号包络线的偏度可以反映出大量磁畴壁的 MBN 跃动所发出的电磁脉冲的分布情况，可以用于材料加载应力的检测与评估。

En36 碳素结构钢是英国的牌号，常用于船舶制造、齿轮和轴承用钢，对应国内牌号是 12CrNi3，试验所用试样为 10mm×12mm×120mm（厚×宽×长）的钢条。所有试样加热至 935℃进行渗碳处理（表面碳元素质量分数为 0.72%），然后缓慢降温；接着将试样再加热至 820℃，保持 2h 后浸油淬火，在 175℃回火 2h 完成热处理过程，最终采用磨削方式去除材料表面的晶间氧化物。经上述热处理后，使用 Buehler 显微硬度检测仪测定试样的硬化层深度，所得试样的硬化层深度曲线如图 4-24 所示。

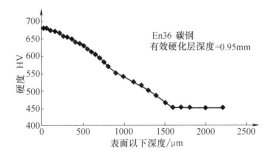

图 4-24　En36 试样表面和亚表面
硬化层深度曲线

对试样采用 4 点弯曲方式加载，在 En36 钢条的表面产生拉/压应力。为避免产生宏观塑性形变，所加载的应力经过计算控制在 −452（压）~452MPa（拉）范围内。

激励电源提供频率为 0.2Hz 的锯齿波，磁轭为纯铁心，两极间距为 25mm。同时，高灵敏度拾取线圈被放置在试样表面，以采集材料表面及亚表面的 MBN 信号，经 72dB 放大和 1kHz 高通滤波后，再经 A-D 转换器转换后采样分析。计算 MBN 信号的均方根作为激励电压的函数，绘制不同拉压应力作用下的包络线如图 4-25a 和图 4-25b 所示。

从图 4-25 中可以看出，在拉应力作用下，随着加载应力从 0 增加到 452MPa，MBN 信号包络线峰值从 1250mV 单调增加到 2880mV；而在压应力作用下，加载应力从 0 增加到 452MPa 的过程中，MBN 信号包络线峰值从 1250mV 单调减小至 670mV。同时，加载应力的方向不同，对尖峰 2 出现的位置影响也不相同，具体来说，拉应力增加使得包络线峰值出现的位置左移，即在更低的激励电压下即可出现；而压应力增加使得包络线峰值出现位置右移，即需要更高的激励电压才能出现。以尖峰 2 为例，拉应力加载过程使得峰值位置左移 0.5V，相对于激励电压的峰值（15V）偏移了 3.3%；压应力加载过程使得峰值位置右移 2V，其相对于激励电压而言偏移了 13.3%。

图 4-25a 和 b 最显著的特点是包络线具有双峰特征，出现该现象首先是因为采用了较低的激励频率。根据试验设置，外部磁场是垂直作用在试样表面的，由于趋肤效应的存在，对材料施加低频外加磁场有利于增加磁化深度，即磁场可以作用到材料表面以下更深的位置。

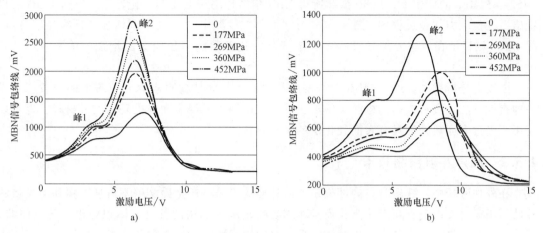

图 4-25　En36 在不同应力作用下所得 MBN 信号包络线

a）加载拉应力　b）加载压应力

其次，因为本次试验的 En36 试样均经过表面硬化处理，硬化层深度约为 0.95mm，因而在磁场作用范围内存在硬度较高的硬化层和硬度较低的"内核"，即未硬化部分。在较低的激励电压下（经过磁轭所产生的磁场强度正比于这一电压），En36 试样中未硬化部分（表面以下大于 $300\mu m$ 的部分）首先到达强烈磁化区，发生大量的磁畴壁运动而产生足够强度的MBN 信号，被采集线圈接收形成包络线的尖峰 1；当激励电压进一步增加到可以产生足够强度的磁场，使得 En36 试样表面和近表面的硬化部分发生强烈的磁化时，产生可测的 MBN 信号，形成包络线的尖峰 2。虽然尖峰 1 发生于材料中易磁化的部分，但是由于其发生位置距离表面较远，磁场强度较低，且距离采集线圈更远，MBN 信号在传递过程中衰减严重，因而图 4-25a 和图 4-25b 中尖峰 2 的幅值要显著大于尖峰 1 的幅值。

在定性研究加载应力对硬化材料的 MBN 信号的影响基础上，应用偏度参数提供量化的指标，表征不同加载应力对 MBN 信号的影响程度。图 4-26a 和图 4-26b 所示为在加载应力

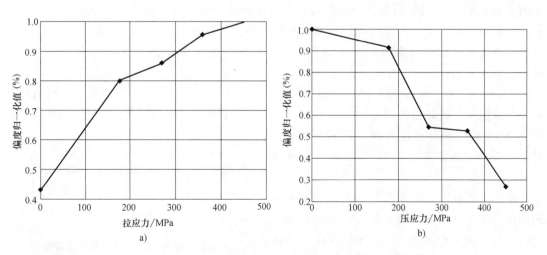

图 4-26　En36 试样所得 MBN 信号包络线偏度归一化参数

a）加载拉应力　b）加载压应力

−452~452MPa 的作用下，En36 试样所得 MBN 信号包络线偏度归一化参数。由图 4-26a 可以看出，在拉应力加载过程中，随着拉应力增加，偏度归一化参数单调增加，且线性度良好；图 4-26b 则显示在压应力加载过程中，偏度归一化参数随着压应力的增加，单调减小且超过 70%。

由以上分析发现，通过 MBN 信号偏度参数检测与评估材料表面和亚表面的加载应力是一种有效方法，具有较高的检测灵敏度，其不仅适用于未经表面热处理的均质材料，也可以应用于经过表面热处理具有表面硬化层的铁磁材料。

4.3.2 磁声发射检测技术

在外加磁场中，铁磁材料内部磁矩方向各异的磁畴将产生磁畴壁不可逆位移和磁矢量的转动，不仅会发出巴克豪森噪声，而且相邻磁畴范围内晶格的长度、体积变化（磁致伸缩）不一致，从而将应力、应变以机械波的形式向四周发散，这一现象称为磁声发射。由于磁声发射对材料的成分、组织、应力状态及变形都很敏感，故可应用此种技术对材料的物理状态（包括应力状态）进行测定。

MAE 与 MBN 是密切联系的两种检测技术。与 MBN 技术相比，MAN 技术的发展历史较短。1975 年，Lord 首先观察到镍在磁化期间会产生超声波，此超声波信号的强弱与外加磁场的变化有密切关系；1979 年，日本 Kusanagi 等人首先发现磁声发射与材料所受应力有密切关系；此后，Ono 和 Shibata 等人对镍铁合金和几种钢的磁声发射进行了详细的研究，并认为磁声发射技术有可能成为无损检测构件残余应力和材料性质的新方法。目前，MAE 技术已被广泛应用于材料微观结构、应力分布、表面硬度以及硬化深度等多种参数的检测与监控。

1. 磁声发射现象

一般认为，180°磁畴壁运动主要产生 MBN，而非 180°磁畴壁运动及磁矢量转动则主要产生磁声发射。因为 MAE 信号在材料内是作为弹性波传播的，信号不受涡流趋肤效应的制约，衰减很小，它的检测深度取决于外加磁场的穿透深度，因此检测深度比 MBN 信号深。如图 4-27a 所示，以 90°磁畴壁分割的畴，未磁化前各畴磁化方向皆为易磁化轴方向，该方向磁致伸缩系数为 λ_s。磁化时做巴克豪森跳跃的畴，其磁化方向从易磁化轴转了 90°，体积压缩，因此伴随巴克豪森跳跃产生体积应变，将以弹性波的形式释放出形变能，这就是 MAE，如图 4-27b 所示。另外，磁畴转动磁化时，也带来体积应变，相应地激发 MAE，如图 4-27c 所示。以 180°磁畴壁隔离的相邻磁畴，磁致伸缩是大小相等方向相反的，因而巴克豪森跳跃前后，磁畴的体积无应变，$\Delta\varepsilon = 0$，故无 MAE 信号产生。由此看来，MAE 信号来源于 90°磁畴壁的不可逆跳跃和磁畴的不可逆转动，而 180°磁畴壁的不可逆跳跃不产生 MAE 信号。

徐约黄教授等人对多晶和单晶硅钢材料中的磁声发射机制进行了详细研究，其试验结果表明，对于无取向的多晶体，90°磁畴壁密度大，并首次提出 180°磁畴壁的运动也可以产生很大的磁声发射信号，而且提出的 180°磁畴壁

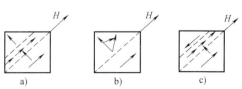

图 4-27 MAE 的产生和磁致伸缩应变
a) 90°磁畴壁不可逆运动 $\Delta\varepsilon \neq 0$ b) 磁畴转动 $\Delta\varepsilon \neq 0$
c) 磁畴壁不可逆运动 $\Delta\varepsilon = 0$

运动会产生弹性波的模型被认为是磁声发射机制的完善和补充。

2. 磁声发射检测技术

设磁化时某磁畴参与不可逆跳跃的体积为 ΔV，体积的应变为 $\Delta \varepsilon^*$，跳跃持续时间为 τ，该跳跃产生的 MAE 脉冲能量为 ΔE，可表示为

$$\Delta E = C \Delta \varepsilon^* \Delta V / \tau \tag{4-13}$$

式中，C 为与材料特征相关的系数。

材料的磁致伸缩系数 λ_s 越大，$\Delta \varepsilon^*$ 越大，随之 MAE 越强。若设单位变化磁场间隔内巴克豪森跳跃数的密度为 $n(H)$，每次跳跃释放的平均能量为 $\Delta \overline{E}$，则在 1 个周期 T_0 内 MAE 能量的平均值为

$$V = \frac{C}{T} \int H \Delta \overline{E} n(H) \mathrm{d}H \tag{4-14}$$

将压电晶体传感器（PZT）置于交变的磁化材料表面，MAE 弹性波将在传感器内激励一系列电压脉冲信号，经放大、滤波等即可接收到 MAE 信号，如图 4-28 所示。同时将霍尔片或线圈放置于试件表面，用于采集 MBN 信号。

在与系统相连的示波器上可观察到 MBN 信号和 MAE 信号，如图 4-29 所示。可以发现，在正弦激励下，MBN 信号更早出现峰值，而 MAE 信号在激励接近最大值时才出现峰值，这也说明了在磁化过程

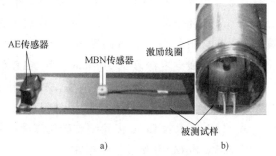

图 4-28　MAE 和 MBN 试验系统
a）MAE 和 MBN 探头放置在被测材料表面
b）被测试样与激励线圈

中，首先发生 180°磁畴壁运动，当磁场进一步增强时，以 90°磁畴壁运动和磁矢量转动为主，所以 MAE 信号达到峰值。

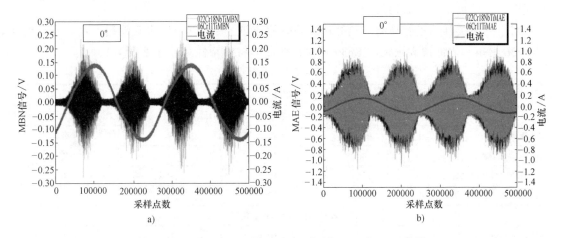

图 4-29　022Cr18NbTi 和 06Cr11Ti 钢的 MBN 和 MAE 信号
a）MBN　b）MAE

1 个磁化周期内相应地有两条脉冲包络线，图 4-30 即是与磁化曲线相对应的 MAE 和

MBN 包络线。

与 MBN 检测系统相比，除了传感器结构与放置位置，两种检测系统大体一致。MAE 传感器由铁心、磁化线圈和压电传感器（PZT）组成，两者可以是分离式，也可以是整体式。在 4.3.3 节中将详细介绍基于 MBN 和 MAE 技术的材料渗碳层深度检测技术。

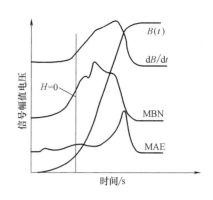

图 4-30　磁化中 MAE 和 MBN 的脉冲包络
$B(t)$—磁化曲线　dB/dt—磁感应强度
变化率曲线　MBN—磁噪声包络线
MAE—磁声发射包络线

4.3.3 基于 MBN 和 MAE 技术的硬化层深度测量

MAE 和 MBN 技术目前主要应用于残余应力和材料显微组织结构的检测。MBN 信号的大小受激励频率、采样频率范围和材料属性的影响，同时受涡流信号在材料传播中衰减的影响，导致 MBN 测量深度小，最大测量深度约为 1mm。而 MAE 信号本质上是机械波，因而可以穿透整个试块，传播距离远，所以在实际应用中，MBN 技术主要用于材料表面和亚表面应力及微观结构特征的检测，而 MAE 技术可用于材料内部应力及微观结构特征的检测。下面介绍基于 MBN 和 MAE 技术的 En36 齿轮钢渗碳层深度测量。

1. MBN 和 MAE 集成检测系统

由于 MBN 和 MAE 检测系统仅存在传感器的不同，因此基于相同的磁化系统可以建立 MBN 和 MAE 集成检测系统，如图 4-31 所示。激励线圈、硅铁心与试样组成磁化回路。拾取线圈和压电传感器放置于试样表面来分别拾取 MBN 和 MAE 信号，之后分别经不同的信号放大器进行放大处理，并进入数据采集器。进一步经过不同的滤波器、整流器，最后获得 MBN 和 MAE 信号的包络图。函数发生器产生 0.2 ~ 10Hz 的三角波，经功率放大器后进入激励线圈，产生周期性的激励磁场。

对下列三类样品进行检测：热处理后的碳的质量分数为 0.1% 的低碳钢，表面渗碳硬化的 En36 钢条和表面渗碳硬化的 En36 钢块，样品的材料特性和尺寸见表 4-2。

表 4-2　样品概况

描　　述	宽度/mm	高度/mm	长度/mm
经过不同热处理的碳的质量分数为 0.1% 的低碳钢试样			
A1 参照试样	12	4	112
A2 水淬火处理	12	4	94
A3 在 650℃下回火处理 0.5h	12	4	105
A4 在 650℃下回火处理 100h	10	4	110
表面硬化的 En36 条状试样			
B1 参照试样	10	10	119
B2 硬化层深度为 0.65mm	12	10	119
B3 硬化层深度为 1.00mm	12	10	119
B4 硬化层深度为 1.35mm	12	10	119

（续）

描　　述	宽度/mm	高度/mm	长度/mm
表面硬化的 En36 块状试样			
C1 硬化层深度为 1.00mm	30	30	110
C2 硬化层深度为 2.00mm	30	30	110

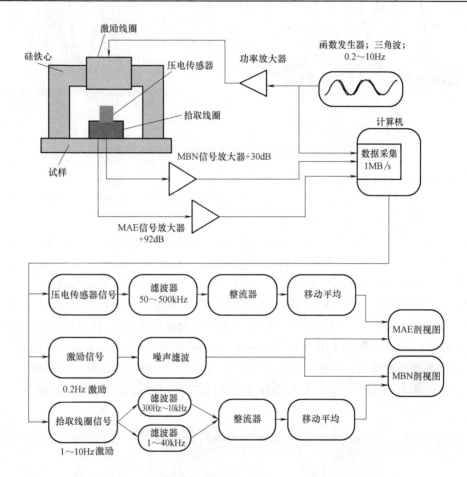

图 4-31　MBN 和 MAE 集成检测系统和后续信号处理框图

2. 0.1%（碳的质量分数，下同）低碳钢热处理后的 MAE 和 MBN 检测

首先，使用 2Hz 三角波激励，对 0.1% 低碳钢样品（表 4-2 中的 A1 ~ A4）进行 MBN 和 MAE 检测，得到如图 4-32 所示的图形。从图 4-32 中可以得出：首先，淬火处理后的样品的 MBN 信号幅值比其他三种样品小，信号波形和峰值位置与热处理 0.5h 后的样品非常相似。淬火处理后的样品的 MAE 信号幅值明显比其他三种样品小。这表明淬火处理后的 0.1% 低碳钢样品组织以马氏体为主，并且马氏体只有一个易磁化轴，因此不产生 MAE 信号。然后，随着回火处理使马氏体组织复苏，MAE 和 MBN 信号增加，其中，0.5h 回火试样的 MAE 信号波形幅值最大，100h 回火试样的 MBN 信号波形幅值最大，并出现一个明显的旁瓣。

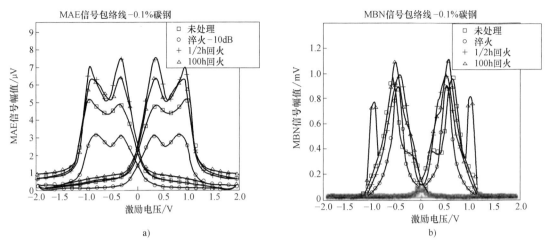

图 4-32　经热处理的 0.1% 碳钢的 MAE 和 MBN 信号包络

3. En36 齿轮钢硬化层深度测量

进一步，利用 MAE 和 MBN 检测技术对 En36 齿轮钢硬化层深度进行测量，同时考虑样本形状和激励信号频率对测试结果的影响。

（1）硬化层深度对 MAE 和 MBN 信号的影响　采用不同激励频率对不同硬化层深度的 En36 条状样本（B1~B4）进行了 MBN 和 MAE 测量，获得如图 4-33 所示的 MBN 和 MAE 信号图。其中，图 4-33a 为 0.2Hz 激励时的 MBN 信号，图 4-33b 为 1.0Hz 激励时的 MAE 信号，图 4-33c 为 1.0Hz 激励时的 MBN 信号。从图 4-33 可以看出，未经硬化处理的 En36 样本具有更高幅值水平的 MBN 和 MAE 信号（图中，未经硬化处理的 MBN 和 MAE 信号分别降低了 25dB 和 20dB）。随着渗碳硬化层深度的不断增加，MBN 和 MAE 信号幅值均不断减小。这是由于碳化物浓度增加及晶格细化阻碍了磁畴壁的运动，所以整体振幅降低。另外，对比分析图 4-33a 和图 4-33c 可以看出，与 0.2Hz 激励相比，1.0Hz 激励条件下的 MBN 信号幅度较小。

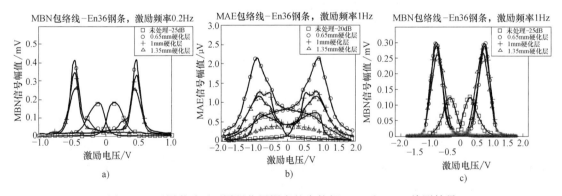

图 4-33　不同激励下不同硬化层深度的齿轮钢 MBN 和 MAE 检测结果

图 4-34 和图 4-35 展示了典型的 MAE 和 MBN 信号和峰值位置图。在 MBN 信号图中有两个可识别的峰，而 MAE 信号图中有三个可识别的峰。在弱磁场中，内部软磁芯比硬化层的磁畴运动更加剧烈，MBN 峰 1 代表未硬化的材料中的磁畴壁运动，MBN 峰 2 代表硬化层内

磁畴的活动情况。从图 4-33a 可以看到样条的 MBN 振幅峰值随渗碳层深度的增加而减小。由于 MBN 测量深度小于硬化层深度，因此峰 1 没有出现。相似地，MAE 峰 2 应该与内部软磁芯的磁畴活动相对应，因此随着硬化层深度增加，峰 2 的幅值减小；MAE 峰 3 对应着硬化层的磁畴活动，MAE 峰 1 对应着在磁滞回线的退磁阶段的低幅值巴克豪森活动，在某种程度上也能从 MBN 图中观察到低幅值巴克豪森活动。

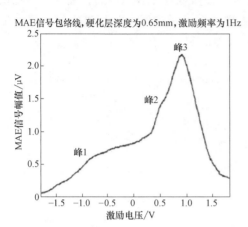 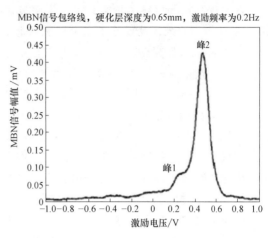

图 4-34　典型 En36 齿轮钢的 MAE 信号和峰值位置　　图 4-35　典型 En36 齿轮钢的 MBN 信号和峰值位置

（2）激励频率对 MAE 和 MBN 信号的影响　激励频率的增加会导致样品的磁通量相位和分布变化。激励频率越高，样品表面的磁通密度越强，在整个样品中产生更大的相位变化。在激励的半周期内，MBN 和 MAE 信号峰值随激励频率增加如图 4-36a 所示。可以看到，MAE 信号和 MBN 信号之间的差异随激励频率的增加而增加，MAE 信号显示了最大的相位变化。因此，磁通的相位变化和分布对 MAE 信号产生的影响比 MBN 信号更大。采用样品 B3，并施加 1Hz、5Hz 和 10Hz 三种激励频率，获得 MAE 信号和 MBN 信号，如图 4-36b 和 c 所示。可以看出，MBN 信号峰值相对较窄。这就是被普遍认为的由于在整个样品上随着激励频率增加而增加的相位。由于 MBN 效应作用在小体积材料上，变化的相位对 MBN 信号影响没有那么明显，如图 4-36c 所示。随着激励频率增加，由于相位变化，也使得 MAE 轮廓展示出模糊特征，尽管两个信号在 10Hz 处仍然具有明显的峰值。

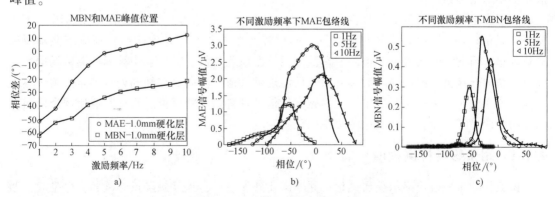

图 4-36　不同激励频率下齿轮钢 En36 的 MBN 和 MAE 检测结果

试验结果表明：MBN 效应在低碳钢中的表现比在热处理硬化后的齿轮钢中表现活跃，因此 MBN 技术适合低碳钢检测，而不适合齿轮钢。

4.4　剩余磁场检测技术

在国内高校的材料力学实验室，实验员在做拉伸直至拉断铁磁棒试件时，发现过磁化现象。1970 年，仲维畅发现处于完全退磁状态的铁磁材料在机械加工和使用过程中被强烈磁化。1980 年，俄罗斯学者发现在锅炉管子破损处有强烈的磁化现象，并被俄罗斯学者 Doubov 称为 "磁记忆"。是什么原因产生了这么强的磁化呢？研究表明，当铁磁工件在外部弱磁场（一般指地球磁场）与周期性负载的作用下，根据磁机械效应和磁弹性效应，在对工件每次加载-卸载循环周期后会出现残余磁感应强度和自发磁化强度的增长现象。图 4-37 所示为磁弹性效应原理图。由于磁化-退磁过程的非对称性，因此每次循环过后都会存在小部分的剩余磁场，而当循环次数十分巨大时，"剩余磁感应强度会不断地累积、逐渐趋近并达到最大剩余磁感应强度"，并以微弱的漏磁形式在工件表面出现，表现为金属的磁 "记忆性"。

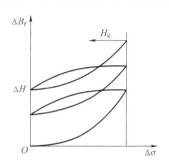

图 4-37　磁弹性效应原理图
ΔB_r—剩余磁感应强度
$\Delta\sigma$—周期性载荷增量（单位：MPa）
H_e—外加磁场

因此，Doubov 理论认为：剩余磁场是磁弹性和磁机械效应引起的，并认为在此过程中地磁场的作用不可或缺。处于地磁场环境中的铁磁性构件，在应力集中区域会产生具有磁致伸缩性质的磁畴组织定向和不可逆的重新取向，从而在试件表面形成剩余磁场。

然而值得注意的是，发生重新取向的磁畴自由能一般较低，处于不稳定状态而极易发生变化，因此剩余磁场信号的重复性较差，这是目前将剩磁检测法应用于生产实际的最大障碍，而且剩余磁场分布与应力方向之间的关系还不明确。因此，剩磁检测方法难以获得材料内部应力的准确值。

缺陷和应力之间的作用过程复杂，应力集中的部位具有形成缺陷的潜在可能，当应力集中部位形成缺陷之后，应力会释放。因此，利用试件表面剩磁信号来检测和评价缺陷将存在诸多的不确定因素。

金属磁记忆信号与漏磁信号就本质而言，都属于漏磁信号。只是前者是在弱磁（不需要外加磁化）环境下被动反映材料特性，而后者是在强磁场（人为磁化）环境下主动反映缺陷信息。因此，金属磁记忆检测原理同漏磁检测原理类似，应力集中处固有漏磁场的切向分量，切向分量关于缺陷中心对称且缺陷处出现极大值，法向量在缺陷处过零点且关于零点对称。研究表明，表征应力集中的金属磁记忆信号具有六大特征值，目前普遍使用金属磁记忆法向量的过零点位置来判别应力集中的位置。

4.4.1　剩余磁场检测机理

磁记忆的累积效应显示金属磁记忆并不需要外加磁场，地球磁场虽然微弱，但是起了激励源的作用，根据铁磁材料的技术磁化曲线，地磁处于弱磁化阶段，这个阶段主要通过磁致伸缩和磁畴壁的位移来完成，它是可逆的。根据铁磁学与金属力学相关理论，铁磁试件在载荷作用下或应力集中区域会发生形变，根据能量最小原则，为了使能量趋于最小而使物体保持稳定，就必须释放内能，此时只能通过改变铁磁体的磁弹性能量使总能量保持最小。弹性能量以漏磁场的形式出现在铁制体的表面上。可以证明，其漏磁场的计算公式为

$$H_p = \frac{\lambda_{\mathrm{H}}}{\mu_0} \Delta\sigma \tag{4-15}$$

式中，λ_{H} 为磁弹性效应的不可逆分量，$\lambda_{\mathrm{H}} = \frac{\partial B_{\mathrm{H}}}{\partial\sigma}\big|H_e$；$\mu_0$ 为真空磁导率，值为 $4\pi\times10^{-7}\mathrm{H/m}$；$H_e$ 为外磁场。

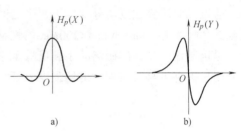

图 4-38　剩磁检测原理

a) 水平分量　b) 垂直分量

这样，铁磁性工件表面的剩磁（漏磁）信息记录着应力集中状况和微观组织缺陷，该剩磁场在水平方向分量 $H_{p(X)}$ 具有最大值，垂直方向分量 $H_{p(Y)}$ 出现过零点，如图 4-38 所示为剩磁检测原理。

在应力集中程度较大的区域，漏磁场强度法向分量幅值 $H_{p(Y)}$ 变化较剧烈。据此，可以用磁场梯度值 K_{σ_x} 或 K_{σ_z} 来评定该区域的应力状况。K_{σ_x} 在数值上等于被评价区域长度上磁场强度极大值 $H_{p(Y)\max}$ 和极小值 $H_{p(Y)\min}$ 的绝对值之和除以该长度 Δlx，如式（4-16）所示；K_{σ_z} 在数值上等于两次测量结果之间的读数最大差值 $|\Delta H_{p(Y)\max}|$ 和两次测量结果之间的距离 Lz 之比，如式（4-17）所示。一般来讲，在其他条件相同的情况下，梯度值 K 越大的区域，存在的缺陷或应力就越大。

$$K_{\sigma_x} = \frac{\sum\limits_i |H_{p(Y)\max i}| + \sum\limits_j |H_{p(Y)\min j}|}{\Delta lx} \tag{4-16}$$

$$K_{\sigma_z} = \frac{|\Delta H_{p(Y)\max}|}{Lz} \tag{4-17}$$

另外，在应力集中区域的漏磁场切向分量 $H_{p(X)}$ 具有最大值，而法向分量 $H_{p(Y)}$ 改变符号，并具有零值点，如图 4-39 所示。因此，利用测磁仪器通过测定铁制工件表面 $H_{p(Y)}$ 的变化，便可推断铁制件内部残余应力的大小和区域。同时，试验研究表明，铁磁性金属部件表面上的磁场分布与内部应力有一定的关系，从而通过漏磁场法向分量 $H_{p(Y)}$ 的测定，便可准确地推断出工件的应力集中部位。

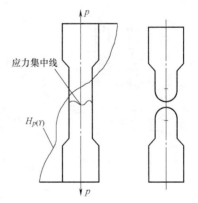

图 4-39　应力集中与 $H_{p(Y)}$ 的关系

但是，随着研究的深入，发现单纯依靠剩磁（漏磁）最大值和过零点两个剩磁信号特征量以及法向分量梯度 $K = \mathrm{d}H_{p(Y)}/\mathrm{d}x$ 来评价或表征材料状况，往往会出现误判或漏检。经过多年研究，国内外学者提出了一些比较有说服力的分析和评判方法，如磁场法向极大极小差值法、傅里叶相位突变位置法、李萨如图法、

小波分析能量极大值位置法、利普希茨指数法。这些方法都有一定的说服力，但也存在局限性，因此，还需要继续探索和提出更有效的剩磁检测信号特征量。

4.4.2　不同应力状态下的剩余磁场检测

下面讨论在不同应力状态下，试件表面剩余磁场的变化规律。

1. 拉伸应力下剩余磁场

通过试验研究磁场与外加应力水平之间的关系（试验装置见图 4-40），从同一块钢板中截取 3 个尺寸为 2mm×30mm×200mm 的钢材作为试验样品。每次试验之前，通过手持式退磁设备尽可能地使试件的磁场减小到最低水平。利用各向异性磁阻式传感器 HMC1023 靠近试件，测量垂直于材料表面的磁场强度 B_z 和平行于材料表面和外加应力的磁场强度 B_x。

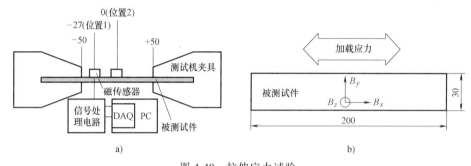

图 4-40　拉伸应力试验

a）试验装置主视图　b）样品尺寸及磁场坐标轴

利用 Hounsfield 材料试验机对试件施加 0~200MPa 的外部拉伸应力，且施加在材料上的最大应力必须在材料的弹性极限内。将传感器分别放置在试验机的两处狭窄入口位置，通过传感器来记录磁场变化。

由图 4-41 可知，在某一应力作用下，两个位置处的传感器测得的磁场强度绝对值完全不一样，但是两者随着应力的增大，磁场强度的变化速率都是相对稳定的，尤其是与外加应力具有最好相关性的 B_x。由于在试验过程中，沿着试件长度方向产生磁场，因而 B_x 在主动

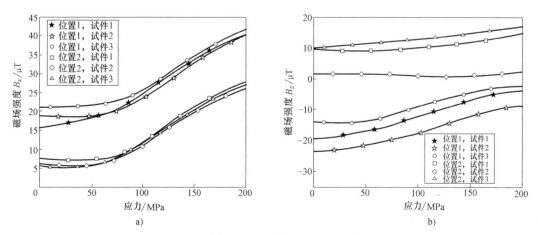

图 4-41　不同应力下不同方向的磁场强度变化

a）位置 1 和位置 2 处磁场强度 B_x 变化　b）位置 1 和位置 2 处磁场强度 B_z 变化

应力测量中是有其测量优势的。

从图 4-41 可以看出，一开始场强几乎没有增加，随着施加在材料上的应力增大，位置 2 处的 B_x 甚至会有小幅度减小。这可以用 Jiles 提出的磁力效应解释：在恒定磁场作用下，随着外加应力变化，磁化强度是朝向无磁滞效应产生的磁化强度变化。由此可以得出结论：当对试件施加外部应力时，磁化强度并不是简单地随着外加应力的增加而增大，而是趋近于无磁滞效应的磁化曲线变化。因此，当材料中的实际磁化强度比预计的无磁滞效应时的磁化强度大时，材料的磁化强度会随着外加应力而减小。由于采取的消磁处理不理想，所有的试件都会存在一定大小的剩余磁化强度，因而曲线汇聚需要一定的时间。

图 4-42 所示为 200MPa 拉伸应力施加前和释放后试件应力区域的磁场分布。不论测量应力区域的位置如何变化，B_x 都会增大，而 B_z 可能会增加、减小或保持不变。由图 4-41 可知，当传感器放置在不同的位置时，磁场强度 B_x 变化相对均匀，而 B_z 应力中心区域的场强变化与外加应力关系不大，尤其是当传感器放置在位置 2 时。由此可以认为，应力区域的场强分布对应工件应力集中区域产生的磁力线分布，越过应力区域时，B_x 达到最大值，在应力区域中心处 B_z 的极性改变。

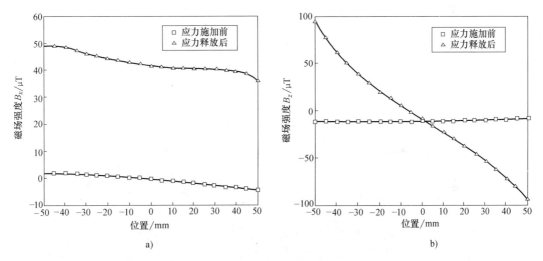

图 4-42　200MPa 拉伸应力施加前和释放后试件应力区域的磁场分布

a) 磁场强度 B_x 变化　b) 磁场强度 B_z 变化

2. 加工应力的剩余磁场分布

图 4-43 中的装置用于研究加工应力对试件磁场分布的影响。加工应力通过一个夹具对试件施加垂直于表面的短暂压应力来表示，试件会产生抗压应力，且材料表面会产生损伤。在对钢试件施加应力之前和施加应力之后，测量距离试件表面 5mm 范围内的 B_x 和 B_z 值。

图 4-44 所示为加工应力施加前后，试件长度方向上的剩余磁场分布以及样品表面的磁场分布。由图 4-44a 和 b 可知，应力集中区域的 B_x 和 B_z 相对于其初始值都有较大的偏差。B_x 在大部分被夹区域表现出上升趋势，而 B_z 则是在应力集中区域表现为磁场梯度增加，两者在无应力区域则保持不变。试验结果表明，材料与夹具的接触造成材料表面的凹陷在 10~30mm，也对应着最大的磁场强度变化。图 4-44c 和 d 反映了 B_x 的峰值以及 B_z 的极性变化，图中展示了应力集中区域的场强分布，通过提取特征参数可以对应力区域进行识别。

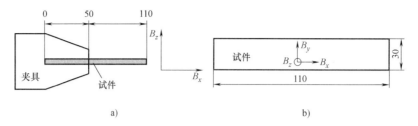

图 4-43　应力装置及试件尺寸

a）应力装置　b）试件尺寸

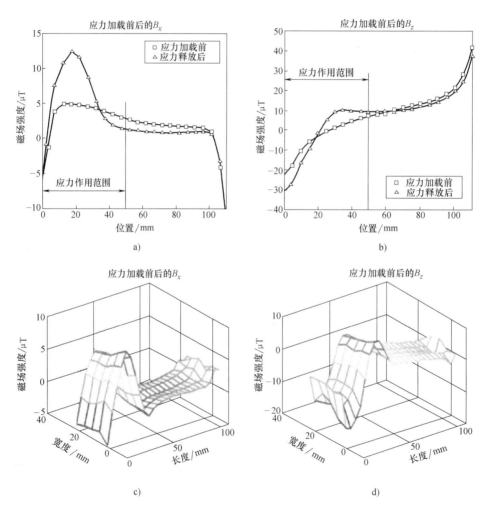

图 4-44　应力施加前后，试件长度方向上的剩余磁场分布以及样品表面的磁场分布

a）B_x 方向　b）B_z 方向　c）B_x 峰值场强　d）B_z 的极性变化

3. 焊接钢试件中裂纹附近剩余磁场分布

图 4-45 中的焊接钢裂纹试件是由两块尺寸为 300mm×180mm×12mm 的钢板沿着最长的边焊接在一起的。为提供一个光滑的检测表面，对试件的焊接相对面进行打磨处理。在试件

的焊接区域有一些比较大的裂纹，选取其中宽度为 0.5mm 的裂纹进行研究。利用 HMC1023 磁场传感器，在横跨裂纹的 30mm 路径长度上对试件进行扫描，增量为 1mm，测量 B_x 和 B_z。

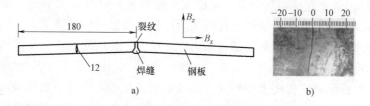

a)

b)

图 4-45　试件尺寸及裂纹

a）焊接测试样品尺寸　b）焊缝裂纹照片

图 4-46 所示为焊接件裂纹处 B_x 和 B_z 磁场分布。B_x 呈倒立峰形式，在裂纹中心处达到最大；而 B_z 在裂纹中心处极性发生变化，此处磁场强度最小，图中微小的误差为传感器封装中传感元件安装位置偏移带来的影响。裂纹区域的磁场分布形式与利用主动磁化的漏磁测量系统中缺陷附近磁场分布的形式相同，且与被动磁场测量时应力集中区域的磁场分布形式相似。

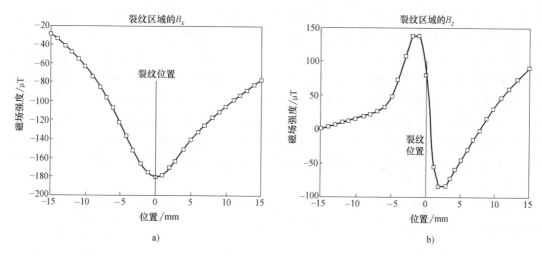

a)

b)

图 4-46　焊接件裂纹处 B_x 和 B_z 磁场分布

a）B_x 磁场分布　b）B_z 磁场分布

由图 4-46 可以看出，当传感器的扫描路径上存在裂纹时，B_x 和 B_z 均会产生可识别的信号特征。这种独特的磁场特征可以用于识别铁磁材料中的焊接裂纹。利用小波分析等特征提取技术可对缺陷进行识别和定量分析。

4.5　集成式磁性无损检测方法

各类磁性无损检测方法各具优势，同时也存在一定的局限性。在分析各种磁性无损检测方法原理的基础上，集成多种磁性无损检测方法，结合各自的优点，互相补充和对比，对于检测与评估具有重要的理论价值和实际应用意义。

传统的无损检测方法仅能检出已发展成形的缺陷,而对于在线在役的金属设备及构件的早期损伤,特别是尚未成形的、隐性不连续性的变化难以实施有效的评价。试件中这些隐性的不连续的缺陷一般是金属微损积聚、金属相变与金属晶格位错的高密集区（即缺陷形成的早期微观形态),该处应变剧烈且应力集中现象较明显。应力的大小在一定程度上可以反映应力集中状态,但并不能完全表达出与可能形成缺陷位置间的具体关系。其中应力集中是指材料由于形状或尺寸改变而引起局部范围内应力增大。如何建立应力集中与具体应力大小的对应关系尚不可知。

剩磁检测法恰恰弥补了传统无损检测方法的不足,该技术通过拾取被检测铁磁试件表面的剩余磁场,磁场法向分量的过零点处即为应力集中的位置。虽然剩磁检测物理现象比较明显,但其物理机制尚不明确,它只能定性地检测出应力集中的位置,尚缺乏量化手段,剩磁检测信号与应力分布、剩磁检测信号与应力大小之间的关系也难以确定,但该方法在应力早期检测中得到一定的应用。磁测应力法中,巴克豪森噪声检测是目前较为成熟的一种方法,它与剩磁检测就产生机理而言都与磁畴的翻转及磁畴壁的位移有关,巴克豪森噪声与应力大小之间具有明确的对应关系,可用于应力检测。当应力集中区的应力继续累积时,会加剧晶格组织间的位错、滑移等现象,当应力累积达到或超过铁磁材料的临界应力时,根据"能量最小原则",为了使内应力得到释放,应力能减小即可能产生裂纹。此时,如果对试件施加强外激励磁场,裂纹表面将会产生漏磁场,利用该原理的脉冲漏磁检测法具有较高的灵敏度,且能够检测缺陷的深度和埋藏深度,具有广泛的应用价值。

综上所述,缺陷的形成往往是由最初形态的应力集中,到应力逐步累积,从而加剧位错、滑移等,直至内应力超越临界应力值,为了降低内能而造成应力释放,从而发展形成缺陷。在缺陷形成的早期往往首先存在应力集中现象,找出试件的应力集中区并检出应力的整体分布状态,即可实现试件的应力检测和寿命评估。针对铁磁试件的早期损伤检测与应力评估,使用剩磁检测与巴克豪森噪声检测,将两者结合可以发挥两种方法的性能和优缺点对比优势,互补地反映应力集中状态与应力大小的对应关系,互相印证,互相补充,可更全面地反映试件的应力状态,提高寿命评估的可靠性和准确性。

将剩磁检测、MBN检测和脉冲漏磁检测等方法结合,可以互补反映缺陷与应力的状态,从而实现对铁磁材料的无损检测和全面评估。

4.5.1　3MA 集成方法

德国弗劳恩霍夫研究所（IZFP）提出的微磁性多参数微结构及应力分析仪（Micro-magnetic Multi-parameter Microstructure and Stress Analyzer, 3MA）方法集成了 MBN 检测、切向磁场谐波分析、脉冲涡流阻抗分析和增量磁导率分析这4种不同工作原理的无损检测技术,对采集信号的22个参数进行融合,从而有效评估被测工程参量,目前已发展到第四代。

3MA 传感器结构如图 4-47 所示。其中发射线圈（Transmitter Coil）绕在 U 形磁轭的一侧极靴上,外接参数可控的电压源或电流源,以产生强度和频率可调的磁场;另一侧极靴上设置了接收线圈（Receiver Coil）,通过线圈阻抗表征磁路磁阻的变化。被测材料表面放置有霍尔传感器,用于采集切向磁场信号并进行谐波分析;此外,一个无源线圈（Passive Coil）用于采集 MBN 信号,另一个有源线圈（Active Coil）则通过产生远小于矫顽力的磁场测量材料的增量磁导率。传感器采集到的信号经过必要的调理,如前置放大（≈60dB）、带通滤波、低通滤波等，再提取信号的幅值、相位、谐波分量等 22 个特征，用于检测与评估材料特性或残余应力。

采用 3MA 方法检测时，首先需要进行设备标定，其过程如图 4-48 所示。对被测试样采用 3MA 方法获取表征材料特性或残余应力的电磁检测参数（X_i，共计 22 个），而通过其他方法或设备（硬度检测仪、X 射线应力检测仪等）测得材料特性或残余应力作为校准参数（Y_j，设有 N 个）。用 X_i 分别拟合 Y_1、Y_2、Y_3 等用来确定系数矩阵 $A_{N \times 22}$，此系数矩阵描述了材料特性与 3MA 方法检测所得电磁参数之间的关系，对标定多个标准试样，

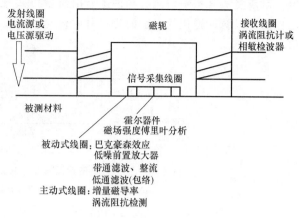

图 4-47　3MA 传感器的结构

有助于获得更为准确的系数矩阵。完成标定后的 3MA 设备通过检测被测材料的 22 个电磁参数，并代入系数矩阵 $A_{N \times 22}$ 计算可得材料表面硬度、硬化层深度等特性以及残余应力。

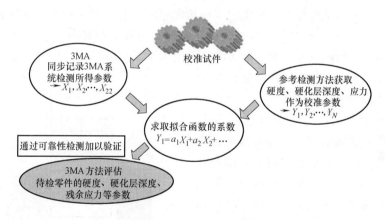

图 4-48　3MA 方法标定原理

综上所述，对于结构相似的无损检测系统，合理设计系统结构，应用多种技术集成检测被测参量，不仅可以提高检测的灵敏度，而且可以通过数据融合技术，更加全面地描述检测参数与被测对象之间的联系，是当代无损检测技术的一个重要发展方向。

如果采用脉冲磁化对试件进行磁化，则在不同的磁化阶段，可分别实现上述 3 种方法的磁场条件。从铁磁材料的技术磁化 B-H 曲线来分析，各信号获取的阶段不同，即剩磁检测、脉冲漏磁检测与 MBN 检测 3 种方法对外磁场磁化强度的要求不同。对于剩磁检测，可以对应脉冲激励的低电平无激励源阶段，它不需要外加磁场，但适当地施加外磁场可以提高检测灵敏度；而 MBN 检测的磁化强度需达到技术磁化曲线的快速变化阶段；对于脉冲漏磁检测，磁化到饱和状态，信号的稳定性较好，如未磁化到饱和状态，检出的磁场比较小且易受干扰，但信号仍可被拾取。因此根据脉冲激励不同的电平特性，只要脉冲阶段及高电平阶段产生的磁场满足产生 MBN 信号的条件，就可同时获取剩磁、脉冲漏磁与 MBN 三种信号，实现

铁磁材料的脉冲磁化集成磁性检测与评估。

如图 4-49 所示，脉冲激励的电平状态可分为低电平、脉冲上升沿与高电平 3 个阶段。低电平阶段可实现剩磁检测，脉冲上升沿阶段可实现 MBN 检测，整个磁化过程应用于脉冲漏磁检测。以脉冲磁化为激励的磁信号中包含了比较丰富的信息，可以同时实现多种信号的提取。

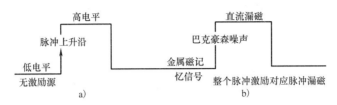

图 4-49 脉冲激励波形及各个阶段对应的电磁检测方法

a) 脉冲激励 b) 各个阶段对应的电磁检测方法

4.5.2 基于脉冲磁化的磁性无损检测集成方法

脉冲漏磁检测和 MBN 检测都普遍使用 U 形磁轭激励结构，检测平台可以通用。图 4-50 和图 4-51 所示分别为脉冲磁化集成系统的检测平台和框架流程。脉冲磁化集成检测要实现一个激励结构，一种激励信号，同时实现剩磁检测信号、脉冲漏磁信号、脉冲磁阻（PMR）信号与 MBN 信号的提取。而各信号所需的磁场环境、出现的频带范围、与之对应的技术磁化阶段等均不相同，因此只有协调好这些因素之间的关系，4 种信号才有可能同时获取。

脉冲磁化集成检测系统的框架流程如图 4-51 所示，脉冲激励电流经功率放大器放大后加载到激励线圈中产生一个交变的激励磁场。利用磁传感器拾取磁场信号，并经调理电路进行放大滤波处理，数据采集卡实现 A-D 转换和采集，并将数据输入 PC，进行后期的信号分析处理。集成系统可以看成是"一种激励+四种检测"的结构模式，而 4 种信号由于在时域电平或频带分布上的不同，需要不同的传感器来分别获取。目前适合拾取磁信号的传感器有巨磁阻（GMR）传感器、霍尔传感器、线圈、超导量子干涉器（SQUIDS）等。其中，巨磁阻传感器基于惠更斯电桥将磁场信号转变为差动电信号，它直接反映被测磁场的大小，具有

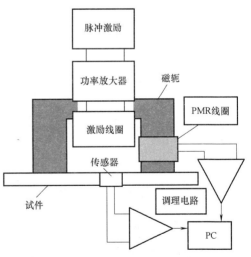

图 4-50 脉冲磁化集成系统的检测平台和框架流程

良好的高频特性，响应频带可达 5MHz。基于脉冲磁化的集成磁性检测系统中，磁场信号的频带跨度较大：剩磁信号是一种低频、微弱的被动磁场，频带范围为 $0 \sim 30$Hz；脉冲漏磁是低频信号，频带范围为 $0 \sim 100$Hz；MBN 信号是一种电磁噪声，频带范围为 0.1kHz ~ 2MHz。因此可选择巨磁阻传感器为检测传感器。为了将漏磁场强度控制在巨磁阻传感器的线性范围内，使用霍尔元件来测量激励线圈产生磁场的大小。基于脉冲磁化的集成磁性检测方法，以

脉冲磁场为激励，以试件表面磁场信号为载体，按各信号在时域电平差异或频带分布上的差别来分离而获取。

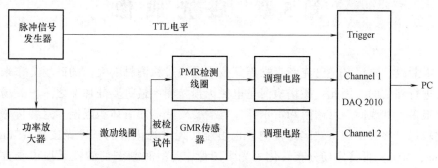

图 4-51 脉冲磁化集成检测系统的框架流程

第5章 磁光成像

涡流、漏磁、磁记忆、巴克豪森噪声等技术是通过检测材料表面的磁场分布来对缺陷和内部状态进行评估的。因此，磁场检测是电磁无损检测中最重要的环节之一。磁场检测传感器的种类很多，如线圈、巨磁阻和霍尔器件等。受传感器固有体积限制，这些传感器的空间分辨率比较低，很难实现微缺陷的检测，也很难实现可视化检测。磁光成像（Magneto-optical Imaging，MOI）可将磁场分布转化为光学图像，是一种新型的磁性无损检测方法，具有快速、大面积、可视化和微观评价等优点，逐渐成为材料无损评估的重要手段。多数磁性无损检测（如漏磁、磁记忆、巴克豪森噪声、磁滞回线）的本质是测量磁畴微观结构在外加磁场作用下动态行为的宏观表现。因此，通过磁光成像研究磁畴微观结构行为特征能够深入探讨磁性无损检测原理。

本章首先对磁光成像分类、特点和发展历程及现状进行了概述；其次介绍了磁光克尔成像和磁光法拉第成像的基本原理及其在磁畴观测中的应用；然后介绍了磁光涡流检测与磁光漏磁检测原理及在缺陷可视化检测中的应用；最后着重阐述了磁光成像无损检测技术在电工钢微观磁畴观测和应力评估中的应用。

5.1 磁光成像概述

磁光成像的基础是磁光效应（Magneto-optic Effect）。磁光效应是指处于磁化状态的物质与光之间发生相互作用而引起的各种光学现象，主要包括法拉第磁致旋光效应（磁光法拉第效应）、科顿-穆顿效应、磁光克尔效应和赛曼效应等。1845 年，迈克尔·法拉第（Michael Faraday）首先发现了磁致旋光效应。他发现当外加磁场加在玻璃样品上时，透射光的偏振面将发生旋转。随后在金属表面加磁场做光反射试验，但由于金属表面平整度不够，试验结果难以令人信服。1877 年，约翰·克尔（John Kerr）在观察从抛光过的电磁铁反射出来的偏振光时，发现了磁光克尔效应（Magneto-optic Kerr Effect，MOKE），即一束线偏振光在磁化介质表面反射时，反射光将是椭圆偏振的，这种磁光效应称为磁光克尔效应。从此，以磁光效应为基础的磁光成像研究拉开了序幕。

1. 磁光成像的分类

磁光成像指利用磁光效应进行材料表征和无损检测的一类成像检测技术。其中，应用最为广泛的是磁光克尔成像和磁光法拉第成像。

（1）磁光克尔成像　磁光克尔成像是指利用磁光克尔效应对材料表面的磁场、磁畴微观结构及动态磁化行为进行观测的一类技术。表面磁光克尔效应（Surface Magneto-optic Kerr Effect，SMOKE）作为表面磁学的重要试验手段，已被广泛应用于磁有序、磁各向异性、多层膜中的层间耦合以及磁性超薄膜间的相变行为等问题的研究。自 1985 年以来相继出现了多种表面磁光克尔效应试验方案。由于表面磁光克尔效应要求能够达到单原子层磁性检测的灵敏度，因此对于光源和检测手段提出了很高的要求。目前国际上比较常见的做法是采用输出功率稳定的偏振激光器。如 Bader 等采用的高稳定度偏振激光器，其稳定度小于0.1。也有人用 Wollaston 棱镜分光的方法，降低对激光功率稳定度的要求。Chappert 等人的方案是将从样品射出的光经过 Wollaston 棱镜分为 S 和 P 偏振光，再经过测量它们的比值来消除光强不稳定造成的影响。但这种方法的背景信号非常大，对探测器以及后级放大器的要求很高。也有人采用普通的氦氖激光器在起偏器后加分光镜，将信号分为信号光束和参考光束，通过测量两者的比值来消除由于激光器光强和偏振面不稳定造成的影响。目前，一种（表面）磁光克尔效应新型测量系统采用半导体激光器作为光源，用常见硅光电池进行克尔信号的采集，可以得到磁滞回线，且整个系统对材料磁性能检测有较高的检测灵敏度。

（2）磁光法拉第成像　磁光法拉第成像是指利用磁光法拉第效应进行材料表征和检测的一类技术。磁光法拉第效应是指一束线偏振光沿外加磁场方向或磁化强度方向通过介质时偏振面发生旋转的现象。法拉第旋转又称为磁光旋转，是表征法拉第效应大小的物理量。磁光法拉第成像限于测量透明或者极薄磁性材料检测，很难实际应用在无损检测工业中。实际应用中，学者一般采用磁光薄膜对被检材料进行成像，因此又称为磁光薄膜成像（Magneto-optical Indicator Film，MOIF）。

2. 磁光成像的特点

磁光克尔成像和磁光薄膜成像都属于磁场检测方法。磁场检测方法还包括磁粉法、电子显微镜、磁力显微镜、线圈阵列成像、霍尔阵列磁成像等。不同磁场成像方法各具优缺点，见表 5-1。

表 5-1　一些常用磁场成像方法对比

观测方法	灵敏度	磁场方向评估	空间分辨率	样品要求	是否无损
磁粉法	很好	不直接	较高	较低	否
磁光克尔成像	中等	直接	较高	高	否
全息透射电子显微镜	较好	定量	非常高	很高	否
背散射扫描电子显微镜	较差	相当直接	非常高	较低	否
磁力显微镜	较好	不直接	非常高	较低	是
磁光薄膜成像	中等	不直接	较高	较低	是
线圈阵列成像	较差	不直接	较低	较低	是
霍尔阵列磁成像	中等	不直接	中等	较低	是

注：不直接：只有通过建立模型才能求出磁场矢量分布；直接：直接可以观测到表面磁场矢量；定量：可以定量分析出表面磁场矢量的分量。

如表 5-1 所示，磁粉法需要在试件表面喷洒磁粉，检测效率低下，检测速度慢；电子显微镜和磁力显微镜设备昂贵，操作复杂；透射电子显微镜只能检测极薄样品，而且设备非常昂贵；线圈阵列和霍尔阵列磁成像的检测分辨率都比较低，很难实现高精度和高分辨率检测，特别是其较难实现磁微观结构成像；磁光成像中的磁光克尔成像可以很好地对材料表面磁场矢量进行成像，分辨率也比较高，可以实现材料磁微结构观察；磁光薄膜成像分辨率高，对试件处理要求较低，可实现磁无损检测的宏观可视化。

3. 磁光成像的发展与现状

（1）磁光克尔成像　磁光克尔成像技术建立在磁光克尔效应基础上，利用光线与介质表面磁化状态的相互作用而对被观测材料表面的磁畴结构、磁化方向及强度、动态磁化过程及磁畴微观结构的动态行为等进行观测。磁光克尔效应主要分为三种情况：①纵向克尔效应，即磁化强度既平行于介质表面又平行于光线的入射面时的克尔效应；②极向克尔效应，即磁化强度与介质表面垂直时发生的克尔效应；③横向克尔效应，即磁化强度与介质表面平行且与光线入射面垂直时的克尔效应。

磁光克尔效应是材料表面磁性研究的一种重要手段。近年来，该技术已在磁性超薄膜材料的磁有序、磁各向异性、层间耦合及相变行为、磁光信息存储及磁性逻辑器件领域得到广泛关注和研究，同时该技术也逐步应用于材料应力评估、材料生产过程中的质量检测。越来越多的国内外学者致力于研究应力、疲劳、缺陷下材料的微观结构变化。特别是随着 MOKE 等技术的兴起，国内外很多学者正在致力于研究应力状况下磁畴动态行为。Batista 等探讨了微观结构（渗碳体）和磁畴、磁滞回线及巴克豪森之间的相互作用关系；Amiri 研究了高强度钢在应力情况和塑性变形情况下的磁特性变化，观测到不同应力下的磁畴结构，结果表明磁晶各向异性和材料应力各向异性决定了材料的易磁化方向，通过磁畴结构观测证明了应力各向异性和磁晶各向异性决定了材料磁滞伸缩和磁化行为。传统磁光成像观测技术均需要对样品进行打磨才能观测到材料磁微观结构，而若要对材料进行实时磁微观结构检测，实时磁畴动态行为观测就变得尤为重要。Betz 等研究了镀层电工钢磁畴三维结构，并探究磁化频率对磁畴动态行为的影响，同时观测到了电工钢镀层和没有镀层情况下磁畴结构的差异；Richert 等研究了镀层取向电工钢材料磁畴微观结构及磁畴壁动态行为；Qiu 和 Gao 等基于磁光成像技术，实时观测到了电工钢在不同拉应力下磁畴结构和动态行为，并利用光流算法计算磁畴运动速度，试验结果表明随着应力增加，磁畴运动减小，可以很好地利用实时磁畴动态行为和材料磁微观结构动态行为对材料受力状态进行评估。南昌航空航天大学任吉林研究团队用磁粉法观测了 20 钢、Q235、无取向硅钢在弹性应力及应力集中区磁畴模式的变化，同时又在外加磁场的状态下，发现应力和应力集中对磁畴翻转和磁畴壁移动的影响。北京工业大学徐学东教授课题组用磁粉及 MFM 显微镜观测了 16MnR 钢、ASTM 4130 在不同疲劳周期、单轴应力情况下磁畴动态行为及磁化方向的变化。J. W. Shilling 和 L. J. Dijkstra 很早就开始研究了应力对取向硅钢磁畴的影响，并从磁畴能量角度解释了磁畴发生变化的原因。卡迪夫大学 Anthony Moses 教授团队研究了镀膜、拉应力、试件厚度、夹杂物及晶粒大小对低取向硅钢和高取向硅钢磁畴动态行为的影响，并定性研究了磁滞回线、巴克豪森与微观结构之间的关系。德国莱布尼茨固体研究所 Rudolf 研究团队研究了拉应力、压应力对低取向硅钢的影响，并通过退磁场解释了应力吻合点出现的原因。其他很多学者研究了钉扎、微缺陷、杂质对磁畴转动微观结构的影响，同时也阐明了其对剩磁、矫顽力和磁导率等宏观参数的影响。

（2）磁光薄膜成像　磁光薄膜成像是指基于磁光法拉第效应，采用磁光成像传感器（磁光薄膜）对被检材料进行成像的一类磁光成像技术，主要包含磁光涡流成像和磁光漏磁成像。

1988 年，美国 Physical Research Inc 的 G. L. Fitzpatrick 申请了专利，拉开了磁光薄膜成像技术研究的序幕。S. Simms、G. L. Fitzpatrick 和 Gerald L 等讨论了磁光薄膜成像检测技术在飞机构件缺陷检测中的初步应用，发现该技术将检测时间缩短到了原涡流检测方法的 1/8，并得到可视的图像检测结果，但图像不很清晰。后来，G. L. Fitzpatrick 对检测中的涡流激励方式进行了调节，将原来的单方向正弦激励改为旋转或多向涡流激励，激励信号在相位上相差 90°，这一措施很好地改善了缺陷的磁光图像效果。同时，为提高识别铆钉孔周边缺陷的能力，该法通过采用形态学和神经网络相结合的图像处理手段，大大地改善了检测铆钉孔周边缺陷的能力。

进入 21 世纪，磁光薄膜成像的研究逐渐增多。2001 年，德国的 U. Radtke 等利用磁光实时成像对金属材料进行了高分辨率的无损检测。U. Radtke 等分析了不同的磁光传感器，得出 YIG 晶体灵敏度比普通磁光玻璃高出 400 倍，达到 0.45A/m，同时对比了磁光涡流检测技术与传统涡流检测技术，发现磁光涡流检测技术结果更容易解释不同深度的缺陷。2002—2004 年，捷克化工技术研究所的 Pavel Novotny 也设计出了一套试验装置来检测亚表面的缺陷，通过给激励装置通以交变信号，在被测金属件中就会感应出涡流。如果试件中有缺陷，就会产生相应磁偏场，通过磁光传感器反映磁偏场，再用 CCD 接收就可以实现可视化成像，最后通过大量的仿真和试验验证了检测系统的可行性。

沙特阿拉伯国王大学的 Ibrahim Elshafiey 和密歇根州立大学的 Lalita Udpa 将磁光涡流检测技术应用到管道检测中，通过大量试验验证了该技术在管道检测中也具有较好的效果。2007 年，为了减小由于不同的检测人员导致的检测结果易变性，密歇根州立大学的 Fan 和 Deng 等设计了一个用于飞机铆钉缺陷检测的磁光成像系统。该系统在 2006 年所搭建的 TMS320C6000 DSP 平台上实现。该系统还有全自动图像分析的能力，如分段、增强（噪声去除）、量化和分类。2007 年，Deng 等通过引进偏斜函数（Skewness Functions）为磁光图像处理和缺陷识别的定量分析打下基础。同时，为了理解磁光成像中所涉及的物理内容，Zeng 等提出了一个使用 3D 有限元模型（Finite Element Model，FEM）的数值仿真方法，该仿真能够得到与感应涡流和结构缺陷相互作用有关的定量的磁场大小，对 Deng 等设计的仪器系统是个很好的补充。

2005 年，PRI 公司的技术被美国 Qi2（Quest Integrated Inc.）公司收购。由于 PRI 公司的设计有些过时，Qi2 公司重新设计了磁光成像系统。Qi2 的专利产品 MOI 308 在检测飞机表面和铆钉周围的裂纹、腐蚀等缺陷很有效，利用涡流激励，MOI 308 的快速扫描和数据处理速度使得飞机检测操作人员能够看到更多的缺陷细节。除了飞机铆钉的检测，Qi2 公司的产品还能对复合材料、定子、软管等进行检测。2012 年，Qi2 公司的 Qingying Hu 和 Richard Dougherty 等对磁光成像中的光学系统设计进行了理论分析，包括选择波长、提高图像对比度和提高可视化水平。

2006 年，法国航空航天研究院的 P. Y. Joubert 等提出了一种线性磁光成像方法及系统。这个系统由一个线性、无磁滞磁化曲线的磁光传感器，高灵敏度的涡流感应器和基于频闪观测法的图像获取部分组成。用铆钉将两块铝板连接起来作为试件，试验结果表明：利用该成像平台可以得到飞机铆钉的图像。2009 年他们又对激励源做出改进，采用了多频脉冲激励的涡流磁光成像对飞行器亚表面铆钉进行检测。

除了应用于工业无损检测外，磁光成像还被用于研究材料特性。2010 年，日本的 Murakami 和 Hironaru 设计制作了一个高灵敏度的扫描式磁光成像系统，该系统成功地对 YBCO 材料的旋转对称磁场进行了成像。试验结果表明，在不经过任何信号处理的情况下，该磁光成像装置的灵敏度能达到 5μT，好于常规的 1mT。这说明漏磁可以通过磁光效应检测出来，因为漏磁场的强度一般为 $10^{-2} \sim 10^3$ mT 数量级。

中国在 MOI 技术方面的研究起步较晚。1999 年，武汉汽车工业大学戴蓉等简要介绍了磁光/涡流成像技术的工作原理、成像装置、主要特点和应用场合。2000 年，任吉林等人采用有限元模型对飞机构件缺陷进行了仿真模拟，结果表明磁光薄膜成像可以用来探测隐藏在紧固件下面的缺陷。2001 年，四川大学周肇飞等人完成了基于涡流效应和磁光效应的磁光成像试验样机设计，并对人工制造的铝块缺陷实现了缺陷检测。2011 年，南京航空航天大学的徐贵力等人提出通过将偏振光分束，测量磁光成像系统的偏转角度，其结果不易受光源的影响。2012 年，电子科技大学的程玉华等人设计出一种基于半导体激光的改进磁光成像系统。

5.2 磁光效应与磁光成像原理

5.2.1 磁光效应

从宏观上，磁光效应基于介质介电性能，类似于质子的机械振动，麦克斯韦认为线偏振光可以看成是左旋与右旋两种圆偏振光的叠加，同时麦克斯韦认为磁光效应是由两种圆偏振光在介质中的传播速度不同引起的。光在磁性介质中传播存在两种效应：首先，由于不同偏振光的传播速度不一样，导致不同偏振光在传播过程中存在相位延迟，最终引起了偏振面发生一个小角度旋转；其次，介质对两种偏振光的吸收率不同，导致椭偏率会发生变化。这两种效应均存在于被磁化的介质中。

一个 3×3 介电张量 ε_{ij}（i，j=1，2，3）可以由对称和反对称两部分组成，即 $\varepsilon_{ij}=(\varepsilon_{ij}+\varepsilon_{ji})/2+(\varepsilon_{ij}-\varepsilon_{ji})/2$。由于 ε_{ij} 对称部分并不会引起磁光效应，假设各向同性介质的介电常数为 ε_0，考虑介电张量非对称部分：

$$\tilde{\varepsilon}=\varepsilon\begin{pmatrix}1 & iQ_z & -iQ_y\\ -iQ_z & 1 & iQ_x\\ iQ_y & -iQ_x & 1\end{pmatrix} \tag{5-1}$$

左旋偏振光的折射系数为 $n_L=n(1-0.5\boldsymbol{Q}\cdot\hat{\boldsymbol{k}})$，右旋偏振光的折射系数为 $n_R=n(1+0.5\boldsymbol{Q}\cdot\hat{\boldsymbol{k}})$，其中，$n=\sqrt{\varepsilon}$是平均反射系数，$\boldsymbol{Q}=(Q_x,\ Q_y,\ Q_z)$ 称为瓦格特（Voigt）张量，i 是虚部，$\hat{\boldsymbol{k}}$ 是沿光传播方向的单位向量。因此，若一束偏振光在介质中传播的距离为 L，则偏振面的法拉第偏转角度为

$$\theta=\frac{\pi L}{\lambda}(n_L-n_R)=-\frac{\pi Ln}{\lambda}\boldsymbol{Q}\cdot\hat{\boldsymbol{k}} \tag{5-2}$$

式（5-2）实部为法拉第偏转角，虚部为椭偏率。在时间反演对称的条件下，位移矩阵 $\boldsymbol{D}$ 和电场 $\boldsymbol{E}$ 向量是不变的，而磁场 H 仅仅改变符号，大小不变，因此有 $\varepsilon_{ij}(E,\ H)=\varepsilon_{ij}(E,\ -H)$，$\varepsilon_{ij}$ 的非对称分量是由磁场引起的。而磁场仅仅是时间反演对称性破坏的一种特例。从原理上讲，时间对称的破坏都会造成介电张量非对称元素，即法拉第旋转。

由于大部分磁性材料都是极易吸收光的金属，可以通过测量反射光来测量磁光效应。因此磁光效应宏观形式为磁光克尔效应，并且这种形式很容易扩展到法拉第效应。

对于磁性多层材料，每一层的折射张量可以用一个 3×3 矩阵来表示，这是为了计算沿不同偏振方向的最终反射率。大体方法如下：首先对材料每一层应用麦克斯韦方程，并且使之满足边界条件。这个理论的本质是获取每一层与电场相关的两个矩阵：第一个矩阵 $\boldsymbol{A}$ 是

4×4 边界矩阵，它把电磁场中的正切分量和电场中的 s 和 p 分量相结合；第二个矩阵 D 是一个 4×4 的传播矩阵，它与薄膜表面电场分量有关。在 A 和 D 为矩阵的情况下，通过以下步骤来计算在任何条件下的磁光效应。

为了获取矩阵 A 和 D，考虑电磁波 $e^{ikx-iwt}$ 在介质中传播，介质的介电常数可用式 (5-1) 来表示。由于介质中磁响应归因于介电张量中的瓦格特向量 Q，假设介质相对磁导率为 1，则 D 和 E 的关系可用式 (5-3) 表示，B 和 H 分别表示磁感应强度和外加磁场强度，可用式 (5-4) 表示。

$$D = \varepsilon E + i\varepsilon E \times Q \tag{5-3}$$

$$B = H \tag{5-4}$$

麦克斯韦方程表示如下：

$$\begin{cases} \mathbf{k} \cdot \mathbf{E} + i\mathbf{k} \cdot (\mathbf{E} \times \mathbf{Q}) = 0 \\ \mathbf{k} \times \mathbf{E} = \dfrac{\omega}{c}\mathbf{H} \\ \mathbf{k} \cdot \mathbf{H} = 0 \\ \mathbf{k} \times \mathbf{H} = -\dfrac{\omega\varepsilon}{c}(\mathbf{E} + i\mathbf{E} \times \mathbf{Q}) \end{cases} \tag{5-5}$$

式中，k 为电磁波自由空间波数；i 为虚数单位；ω 是电磁波的频率；c 是真空中的波速且 $c = 1/\sqrt{\varepsilon_0\mu_0}$。

D、B（或者 H）、k 两两相互垂直。然而，向量 E 平行于向量 k 分量。基于 s 和 p 偏振模式，电场可以表示为

$$E = E_s e_s + E_p e_p + i(-Q \cdot e_p E_s + Q \cdot e_s E_p)e_k \tag{5-6}$$

e_s、e_p 和 e_k 分别是沿 s、p 和 k 方向的单位向量。电场 s 和 p 的分量 E_s 和 E_p 的移动方程如下：

$$\begin{cases} \left(\dfrac{\omega^2\varepsilon}{c^2} - k^2\right)E_s + \dfrac{i\omega^2\varepsilon Q \cdot e_k}{c^2}E_p = 0 \\ -\dfrac{i\omega^2\varepsilon Q \cdot e_k}{c^2}E_s + \left(\dfrac{\omega^2\varepsilon}{c^2} - k^2\right)E_p = 0 \end{cases} \tag{5-7}$$

5.2.2 磁光克尔成像

1. 磁光克尔显微镜法

磁光克尔显微镜法是利用一束线偏振光入射到不透明样品表面，如果样品是各向异性的，反射光将变成椭圆偏振光且偏振方向会发生偏转；如果此时样品为铁磁状态，还会导致反射光偏振面相对于入射光的偏振面额外再转过一个小的角度，这个小角度称为克尔旋转角 θ_k，即椭圆长轴和参考轴间的夹角，且铁磁材料磁感应强度 B 越大，反射光的克尔旋转角越大，铁磁材料磁感应强度 B 与反射光的克尔旋转角 θ_k 成正比。同时，一般而言，由于样品对 p 偏振光（电场矢量 E_p 平行于入射面）和 s 偏振光（电场矢量 E_p 垂直于入射面）的吸收率不一样，即使样品处于非磁化状态，反射光的椭偏率（即椭圆长短轴之比）也会发生变化，而铁磁性会导致椭偏率产生一个附加变化，这个变化称为克尔椭偏率 ε_k。假设入射光为 p 偏振光，其电场矢量 E_p 平行于入射面，当光线从磁化了的样品表面反射时，由于克

尔效应，反射光中含有很小的垂直于 E_p 的电场分量 E_s，通常 $E_s \ll E_p$，在一阶近似下有

$$\frac{E_s}{E_p} = \theta_k + i\varepsilon_k \tag{5-8}$$

通过检偏棱镜的光强（克尔强度）为

$$I = \left| E_p \sin\delta + E_s \cos\delta \right|^2 \tag{5-9}$$

式中，δ 是检偏棱镜的偏振方向与起偏棱镜成偏离消光位置的角度。将式（5-8）代入式（5-9）得到

$$I = \left| E_p \right|^2 \left| \sin\delta + (\theta_k + i\varepsilon_k)\cos\delta \right|^2 \tag{5-10}$$

通常 δ 较小，可取 $\sin\delta \approx \delta$，$\cos\delta \approx 1$，得到

$$I = \left| E_p \right|^2 \left| \delta + (\theta_k + i\varepsilon_k) \right|^2 \tag{5-11}$$

一般情况下，δ 虽然很小，但 $\delta \gg \theta_k$，而 θ_k 和 ε_k 在同一数量级上，略去二阶项后，式（5-11）变为

$$I = \left| E_p \right|^2 (\delta^2 + 2\delta\theta_k) \tag{5-12}$$

所以有

$$I = I_0 \left(1 + \frac{2\theta_k}{\delta} \right) \tag{5-13}$$

式中，$I_0 = \left| E_p \right|^2 \delta^2$，为克尔旋转角为零时的光强，由式（5-13）得在样品达到磁饱和状态下，θ_k 为

$$\theta_k = \frac{\delta}{2} \frac{I - I_0}{I_0} \tag{5-14}$$

实际测量时最好测量磁滞回线中正向饱和时的克尔旋转角 θ_k^+ 和反向饱和时的克尔旋转角 θ_k^-，则

$$\theta_k = \frac{1}{2}(\theta_k^+ - \theta_k^-) = \frac{\delta}{4} \frac{I(+B_s) - I(-B_s)}{I_0} = \frac{\delta}{4} \frac{\Delta I}{I_0} \tag{5-15}$$

式中，$I(+B_s)$ 和 $I(-B_s)$ 分别是正负磁饱和状态下的光强。

从式（5-15）可以看出，光强的变化 ΔI 只与 θ_k 有关，而与 ε_k 无关。光路中探测到的克尔信号只是克尔旋转角，当测量克尔椭偏率 ε_k 时，在检偏器前另加 1/4 波片，它可以产生 $\pi/2$ 相位差，此时从检偏器观察到 $i(\theta_k + i\varepsilon_k) = -\varepsilon_k + i\theta_k$，因此测量到的信号为克尔椭偏率。经过推导可得在磁饱和状态下，ε_k 为

$$\varepsilon_k = \frac{1}{2}(\varepsilon_k^+ - \varepsilon_k^-) = \frac{\delta}{4} \frac{I(-B_s) - I(+B_s)}{I_0} = -\frac{\delta}{4} \frac{\Delta I}{I_0} \tag{5-16}$$

式中，ε_k^+ 表示正向磁饱和时测得的椭偏率；ε_k^- 表示反向磁饱和时测得的椭偏率。最终克尔强度可以表示为

$$I = I_0 \left(1 + \frac{2\varepsilon_k}{\delta} \right) \tag{5-17}$$

磁光克尔显微镜由光源、起偏器、补偿器、检偏器、目镜、摄像机（CCD）和计算机（图 5-1 所示为电子科技大学引进的磁光克尔显微镜系统）组成。

磁光克尔显微镜有低倍显微镜和高倍显微镜。低倍磁光克尔显微镜观测（见图 5-2a）的磁畴区域面积比较大，一般用来观测磁畴宽度 0.1mm 以上的磁性材料，如取向硅钢。高

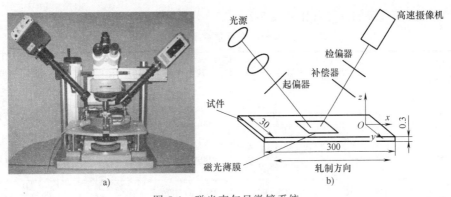

图 5-1 磁光克尔显微镜系统

a) 磁光克尔显微镜系统照片 b) 磁光克尔显微镜系统框图

倍磁光克尔显微镜（见图 5-2b）主要用来观察磁畴宽度比较小（0.1mm 以下）的磁畴。

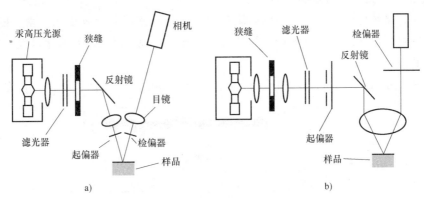

图 5-2 高倍和低倍磁光克尔显微镜

a) 低倍磁光克尔显微镜 b) 高倍磁光克尔显微镜

目前，以日本 Neoark 株式协会斋藤顺教授、英国剑桥大学卡文迪许实验室 Dr. Russell Cowburn 院士和德国莱布尼茨固体研究所 Alex Hubert 教授及 Rudolf Schäfer 教授合作设计的磁光克尔系统代表了世界先进水平，它们都具有较好的综合性能，不仅能够测量克尔旋转角、克尔椭偏率、直流和交流下磁光磁滞回线，还能够观测到软磁材料、薄膜材料、永磁体材料等磁畴结构和磁畴动态磁化过程。图 5-3 所示为这三种磁光克尔显微镜。

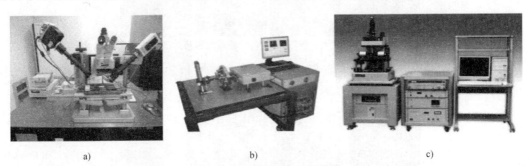

图 5-3 三种磁光克尔显微镜

a) 德国莱布尼茨固体研究所（Evico MOKE） b) 英国剑桥大学（Nano MOKE3）

c) 日本 Neoark 株式协会（BH-786iP2 MOKE）

三个磁光克尔系统的性能对比见表 5-2。

表 5-2　三个磁光克尔系统的性能对比

磁光克尔 系统型号	空间分辨力	施加最大磁场	观测面积	温度范围	分辨率
Evico MOKE	0.3μm	1T	15mm×20mm 100μm×80μm	4～873K	37 万像素
Nano MOKE3	0.3μm	四极磁体：0.25T 双极磁体：0.5T	100μm×80μm	4.2～500K	80 万像素
BH-786iP2 MOKE	面内：0.9μm 极向：1μm	面内：1T 极向：1.5T	250μm×200μm 100μm×80μm	4～500K	80 万像素

注：设备性能不断更新，该数据截止时间是 2015 年。

2. 磁光克尔显微镜对磁畴的观测

磁光克尔显微镜已经广泛应用到巨磁阻材料、磁性纳米材料、自旋电子学、磁性薄膜、磁记录、硅钢材料、非晶磁性材料设计等领域中。利用它观察磁畴以及磁化过程，以便进一步研究材料的磁性能。

图 5-4 所示为 CoFe（20nm）/IrMn（10nm）双层薄膜磁光磁滞回线及在磁光磁滞回线上

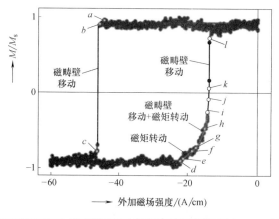

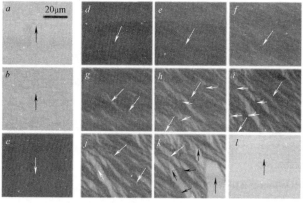

图 5-4　磁光磁滞回线（归一化）及在磁光磁滞回线上
不同点对应的磁畴图像（图中箭头代表磁矩的方向）

不同点对应的磁畴图像，其中 CoFe 为铁磁材料，IrMn 薄膜为反铁磁材料。CoFe 中磁畴和IrMn 磁畴发生交换偏执效应，使得磁滞回线发生偏移。交换偏置效应的根源在于铁磁、反铁磁界面处交换各向异性的存在，该效应导致磁滞回线偏置，已应用于信息存储技术及永磁体磁性增强。磁滞回线下降沿比较陡峭是由磁畴壁的移动（a~c 所示）引起的，d~k 中磁矩不均匀转动使得磁滞回线上升沿缓慢上升。

（1）磁光克尔显微镜观测静态磁畴图像　图 5-5 所示为利用磁光克尔显微镜观测到的不同材料的静态磁畴图像。图 a 和图 b 为电工钢的磁畴图像；图 a 为高取向电工钢磁畴；图 b 为低取向电工钢磁畴；图 c 为 $Ni_{81}Fe_{19}$ 磁畴；图 d 为具有高度各向异性非晶带材 FeCoSiB 的磁畴；图 e 为低各向异性非晶带材 FeCoSiB 的磁畴；图 f 为正向磁滞伸缩系数 $Ni_{45}Fe_{55}$ 薄膜的磁畴，封闭磁畴得到抑制；图 g 和图 h 为 FeCoSiB 粒子辐射后的磁畴图像；图 i 为交换偏执（Exchange Bias）样品磁畴图像；图 j 为低各向异性 CoFe 薄膜的复杂磁畴图像。

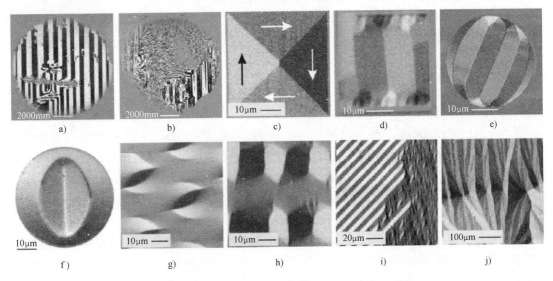

图 5-5　不同材料的静态磁畴图像（图中箭头代表不同方向的磁矩）

a）高取向电工钢　b）低取向电工钢　c）$Ni_{81}Fe_{19}$　d）高度各向异性非晶带材 FeCoSiB

e）低各向异性非晶带材 FeCoSiB　f）$Ni_{45}Fe_{55}$ 薄膜　g）、h）FeCoSiB 粒子辐射后的磁畴图像

i）交换偏执样品磁畴图像　j）CoFe 薄膜的复杂磁畴图像

（2）磁光克尔显微镜观测动态磁畴图像　磁畴壁的移动以及磁矩的转动决定了宏观磁化过程、磁滞回线形状及宏观磁性能的优劣。测试样品的磁畴运动在磁光克尔显微镜中表现为灰度变化，测量样品局部图像平均灰度与磁场强度的关系称为磁光磁滞回线。缓慢的磁畴运动可以通过高速 CCD 采集下来，通过磁畴差分技术可以实时提高图像成像质量。图 5-6 所示为非晶带材 $Fe_{78}Si_9B_{13}$（厚度为 20μm）在 25Hz 正弦磁场激励下用磁光克尔显微镜观测到的磁畴壁运动图像，图 5-6a~c 为从饱和状态下逐渐减小磁场获得的磁畴图像，图 a~c 中暗磁畴面积在逐渐扩张。图 5-6d~f 所示为逐渐加大磁场获得的磁畴图像，可以看到随着磁场幅度的增大，亮磁畴的面积逐渐增大，而暗磁畴的面积逐渐减小。图 5-6g 和 h 所示为图 5-6c 施加交流磁场激励的磁畴图像减去饱和磁场下的磁畴图像的差分图像，其显示了磁畴运动的位移。图 5-6i 所示为将交流激励撤去后的磁畴图像，显示了不可逆磁畴壁运动的伪

轨迹。

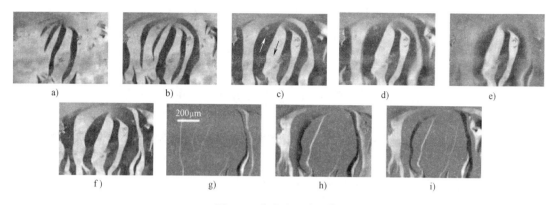

图 5-6　磁畴壁运动图像

a）~c）静态磁畴图像　d）~f）施加交流磁场的动态磁畴图像

g）、h）差分后的磁畴运动图像　i）将交流磁畴撤去后，不可逆磁畴壁

5.2.3　磁光法拉第成像

1. 磁光薄膜成像原理

图 5-7 所示为磁光薄膜结构及检测原理。测试件被磁化时，没有缺陷的区域只产生沿表面方向的磁场，而表面缺陷则会使得在试件表面空间产生法向的漏磁场；由于法拉第磁光效应，放置在靠近被测试件表面的磁光传感器（如磁光玻璃或磁光薄膜）将有无缺陷处的磁场差异转化为偏转角度不同的线偏振光，再通过检偏器和图像传感器成像，就会形成有"明"和"暗"的图像对比，实现表面缺陷的检测。

引入磁场强度 H，调节磁场强度 H 和磁光薄膜的厚度 L，可以得到如下规律：保持磁光物质材料不变，偏振光振动面旋转角度的大小与光在磁光物质中走过的长度 L 以及物质所处的磁场强度 H 成正比，旋转角可用下式表达为

$$\theta = VHL \tag{5-18}$$

式中，V 为菲尔德常数。

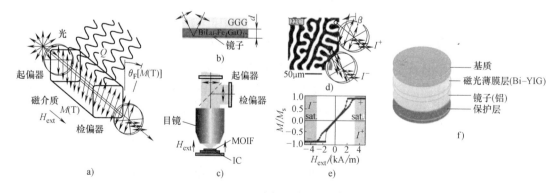

图 5-7　磁光薄膜结构及检测原理

a）偏振光通过磁介质偏振面发生旋转　b）偏振光入射到磁光薄膜发生反射示意图　c）磁光成像装置简图

d）磁光薄膜磁畴　e）磁光薄膜磁化曲线　f）磁光薄膜结构

由于旋转角 θ 与漏磁场的强度 H 和分布（即缺陷的形状和大小）密切相关，因此可以通过磁光成像法获取缺陷的信息。

2. 磁光薄膜成像在磁畴观测中的应用

磁光薄膜成像观测磁畴是基于磁光法拉第效应，磁性材料内部的磁畴会在表面产生漏磁场。磁光薄膜观测铁磁材料原理如图 5-8 所示。漏磁场作用在磁光薄膜磁畴上面，产生附加的法拉第转角信号，法拉第转角信号通过检偏器再在计算机上显示为明暗不同的图像。MOIF 由多层材料构成：铝层为反射镜，对透射光起反射作用；

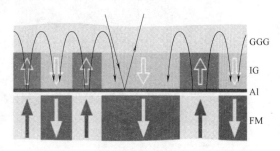

图 5-8　磁光薄膜观测铁磁材料原理

磁性石榴石层产生法拉第转角；透明基底和保护层。MOIF 有两种类型：垂直各向异性和平面各向异性。垂直各向异性磁光薄膜主要用来测量垂直磁场，平面各向异性用于测量水平磁场。针对不同的材料需要选用不同类型的 MOIF。观测磁畴图像质量的好坏取决于很多因素，如 MOIF 磁场检测灵敏度、MOIF 与观测试样之间的提离、MOIF 自身磁畴大小、样品制作质量好坏等。

（1）静态磁畴观测　图 5-9a 所示为通过平面各向异性磁光薄膜观测到软盘存储器的磁畴图像，能较清晰地看到磁畴图像。图 5-9b 所示为借助垂直各向异性观测到软盘存储器的磁畴图像，由于垂直各向异性磁光薄膜的磁畴壁钉扎效应产生的磁滞以及形核作用，影响了软盘的磁畴成像质量。

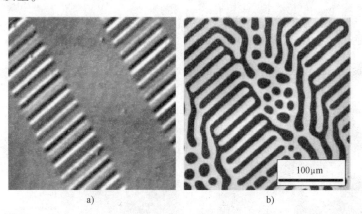

a)　　　　　　　　　　　　b)

图 5-9　通过磁光薄膜观测到软盘存储器的磁畴图像
a）平面各向异性　b）垂直各向异性

图 5-10 所示为借助垂直各向异性磁光薄膜和磁光克尔显微镜组合观测到的高取向电工钢和低取向电工钢在镀层下退磁状态的磁畴图像。通过磁光成像，不仅可以清楚地观察到磁畴大小、分布和取向，而且和高取向电工钢进行对比，可以发现低取向晶粒尺寸和磁畴宽度、磁畴取向杂乱无章，表明高取向电工钢具有高磁导率、低磁损的优越性能。通过对磁畴结构的观测，可以观测电工钢磁畴的差异，从而判断出电工钢宏观性能的好坏。

磁光薄膜和测试样品之间的提离对样品成像质量具有很大影响。图 5-11 所示为借助垂

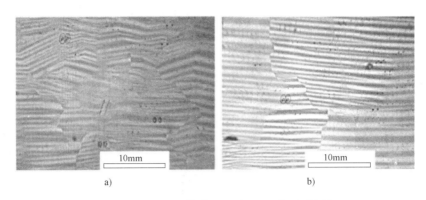

图 5-10　通过磁光薄膜观测到的电工钢磁畴图像

a) 低取向电工钢　　b) 高取向电工钢

直各向异性磁光薄膜观测到的提离对 SmCo$_5$ 单晶磁畴成像的影响。随着提离的增大，磁畴成像质量逐渐降低，附加磁畴信息逐渐淹没。随着提离增大，漏磁场信号扩散，致使成像质量下降。

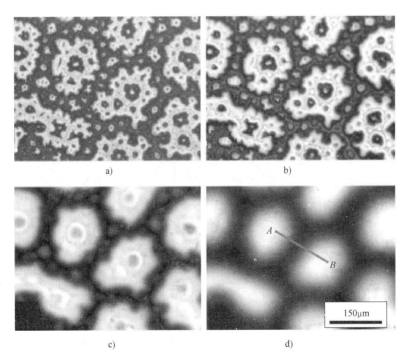

图 5-11　借助垂直各向异性磁光薄膜观测到的不同提离对 SmCo$_5$ 单晶磁畴成像的影响

a) 10μm　b) 40μm　c) 60μm　d) 100μm

（2）动态磁畴观测　5.2.2 节讲到，磁光克尔显微镜不仅可以观测到磁畴壁的移动，还可以观测到磁矩的转动，图像质量取决于样品表面处理。然而，磁光克尔显微镜结合磁光薄膜无需处理样品表面就能够观测到磁畴壁的移动。如图 5-12a～c 所示为取向电工钢不同磁场下的磁畴图像。图 a 为退磁状态 $B=0$ 时的磁畴图像，此时不同方向磁畴数目和有效面积相等，磁通量为 0。施加一定磁场后，磁畴壁发生移动，不同方向磁畴有效面积发生变化，使得磁通不为 0。图 b 为 $B = 0.1T$ 情况下的磁畴图像。继续增大磁场，磁畴壁继续发生移动，磁通量增加。图 c 为 $B = 0.6T$ 的磁畴图像。

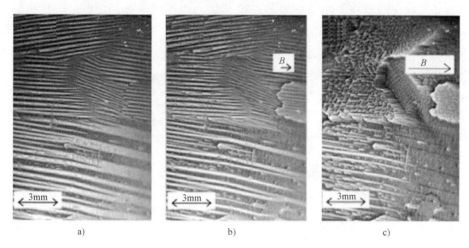

图 5-12　取向电工钢不同磁场下的磁畴图像
a）退磁状态（$B = 0$）的磁畴图像　b）$B = 0.1T$ 的磁畴图像　c）$B = 0.6T$ 的磁畴图像

5.3　基于磁光成像的可视化检测

作为一种新型的磁场成像方法，磁光成像将磁场分布转化为光学图像，具有快速、实时、大面积、可视化的优点，逐渐成为材料无损评估的重要手段。其中磁光薄膜成像分辨率高，对试件处理要求较低，与常规磁无损检测方法结合，可形成宏观可视化的检测方法，如磁光涡流检测和磁光漏磁检测等。磁光涡流技术结合了磁光成像技术及涡流技术，可以对金属材料或者金属构件复合材料表面、亚表面、深层缺陷进行检测。磁光涡流成像的涡流激励在导体试件表面产生层流状的涡流，而单一的涡流检测装置产生的是圆环形涡流，所以要想使用基于涡流的磁光成像法检测铁磁材料，不能直接使用现有涡流检测装置的激励，而需要重新制作。磁光漏磁成像利用铁磁材料内部磁畴自发在材料表面产生漏磁场，在缺陷周围漏磁场异于非缺陷区域，通过检测缺陷区域漏磁场的大小来判断缺陷轮廓和缺陷深度。磁光漏磁技术不需要外加任何激励，具有方便、高效的优点，但是该技术仅仅适用于铁磁材料表面的缺陷检测。磁光漏磁成像法具有无须接触被测试件、实时、检测面积大、检测结果直观等优点，能有效地弥补磁粉法效率低下、漏磁法结果缺乏直观性的不足。

5.3.1　磁光成像可视化检测原理

磁光成像可视化是将磁光薄膜所在空间的磁场分布转化为光学图像。磁光成像可视化检测方法是建立在以磁场作为表征的无损检测方法的基础上，缺陷在试件表面产生漏磁场，引起磁光薄膜的磁化状态发生变化。当偏振光作用在磁光薄膜上时，偏振光的偏振面及法拉第转角发生变化。通过检偏器获取法拉第转角大小，再通过摄像机获取灰度图像，因此，磁性材料表面磁场分布就通过直观可视化的成像方式呈现出来。漏磁检测缺陷表征参数是试件表面的漏磁场空间分布，涡流检测过程中涡流扰动形成的二次磁场同样用于表征缺陷，因此，结合磁光薄膜成像技术，可以形成磁光漏磁检测和磁光涡流检测技术。图 5-13 所示为常见的两种磁光薄膜成像形式，第一种为反射式磁光薄膜，其在底部安装有镜面，光源经起偏器后形成偏振光，进入薄膜到达镜面后发生反射并第二次作用在磁光薄膜上，然后进入检偏器。另一种为透射式磁光薄膜，偏振光直接穿过磁光薄膜而进入检偏器进行分析。由于漏磁检测和涡流检测都具有明显的提离效应，将磁光薄膜紧贴试件能够有效提高磁场检测灵敏度，因此一般采用反射式磁光薄膜来实现磁场的可视化检测。

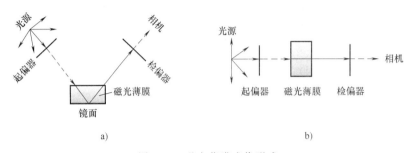

图 5-13　磁光薄膜成像形式
a）反射式磁光薄膜　b）透射式磁光薄膜

5.3.2　磁光涡流检测

磁光涡流成像检测技术能够实现对亚表面细小缺陷的可视化实时检测。具有如下优点：

1）可克服常规涡流检测法检测面积小、速度慢等缺点，能快速覆盖被检区域，检测速度是常规涡流方法的 5~10 倍，且准确度优于常规涡流检测。

2）检测前不需要对油漆等覆盖物进行清除，因为磁光涡流成像的质量基本不受其影响。

3）检测结果可视、直观易懂、易于保存。

4）磁光涡流成像仪使用方便简单，可对表层及亚表面缺陷进行实时成像检测。

磁光涡流成像检测系统是集磁光成像、电路、数据采集处理、图像显示等为一体的检测系统，图 5-14 所示为磁光涡流铆钉缺陷检测装置原理图。交变磁场激励被测试件，并在试件表面和内部产生涡流，涡流受缺陷扰动后分布不均匀而产生不均匀的磁场，磁场变化使磁光薄膜磁畴模式发生变化，使法拉第转角发生变化，法拉第转角信号可以通过检偏器检测出来，最终表现为明暗不同的图像。通过锁相成像方法，可以精确获得空间磁场的实部和虚部。该方法可实现高速和高信噪比成像，在此基础上可进一步实现 3D 涡流成像。

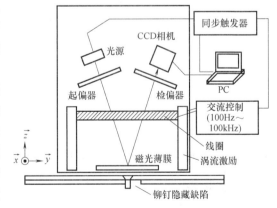

图 5-14　磁光涡流铆钉缺陷检测装置原理图

其中，试件是两块 1.5mm 厚铝板铆接在一起的，第一层铝板无缺陷，第二层铝板上两个凹槽缺陷尺寸大小为 10mm×1.5mm×0.4mm（长×宽×高），第一个缺陷靠近铆钉，第二个缺陷离铆钉比较远。磁光薄膜成像区域为直径 45mm 的圆形区域，图像在 X 方向和 Y 方向的空间分辨力均为 100μm。

　　第一组：两个 10mm×1.5mm×0.4mm（长×宽×高）的表面缺陷，一个沿着 X 方向，另一个沿着 Y 方向。缺陷位于铆钉的右边，用频率为 5kHz、大小为 4.5A 的电流激励。图 5-15a 和 b 是激励电流沿 Y 轴方向时磁场的实部和虚部分布图像，图 5-15c 是图像的模。图 5-15d 和 e 是当激励电流沿着 X 轴方向时，磁场图像的实部和虚部，图 5-15f 是图像的模。从图 5-15 中可以看出，对表面缺陷而言，涡流不管是沿着 X 方向还是 Y 方向，缺陷都是可见的。

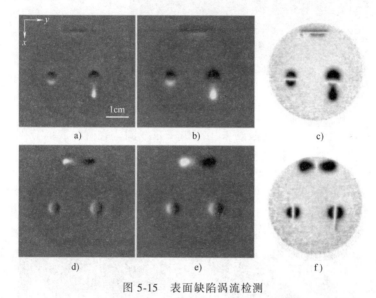

图 5-15　表面缺陷涡流检测

　　第二组：两个 10mm×1.5mm×0.4mm（长×宽×高）的隐藏缺陷，一个沿着 X 方向，另一个沿着 Y 方向，缺陷位于铆钉的右边，用频率为 500Hz、大小为 8A 的电流激励。图 5-16a 和 b 为激励电流方向沿 Y 轴时磁场图像的实部和虚部，图 5-16c 是相应的模。图 5-16d 和 e 是当激励电流方向沿着 X 轴流动时磁场图像的实部和虚部，图 5-16f 是相应的模。对于隐藏的缺陷，只有当缺陷垂直于涡流方向时才可见。

5.3.3　磁光漏磁检测

　　目前常用的漏磁可视化检测是通过阵列霍尔传感器逐点扫查实现的，但是霍尔传感器的体积限制了空间分辨率。随着磁光成像技术的出现，磁光漏磁可视化检测逐渐发展起来，将磁光薄膜放置在试件表面，利用磁光法拉第效应，将试件表面的磁场分布转化为光学图像，形成磁光漏磁可视化检测技术。

　　图 5-17 所示为管道磁光漏磁检测装置，45°均匀光源经起偏器作用后形成偏振光入射到磁光薄膜上，之后反射入空气中，经检偏器作用后，被同样布置在 45°方向的相机捕捉。起偏器与检偏器投射方向夹角为 45°。磁光薄膜为稀土铁石榴石材料，尺寸为 4mm×8mm×0.5mm（宽×长×厚）。相机为 AD7013MTL Dino-lite USB 显微镜相机，图像大小为 500 万像

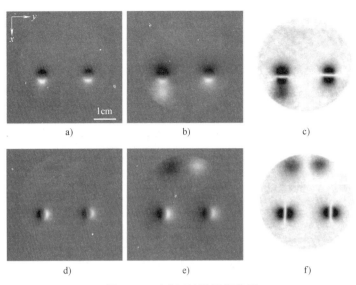

图 5-16　亚表面缺陷涡流检测

素，放大倍数为 100 倍。钢管漏磁激励采用亥姆霍兹线圈。在管道表面分别刻有标准的圆柱形缺陷、圆锥形缺陷以及矩形缺陷，缺陷尺寸如图 5-18 所示。

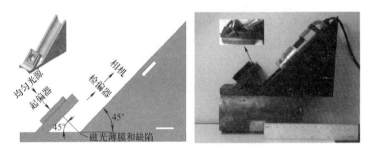

图 5-17　管道磁光漏磁检测装置

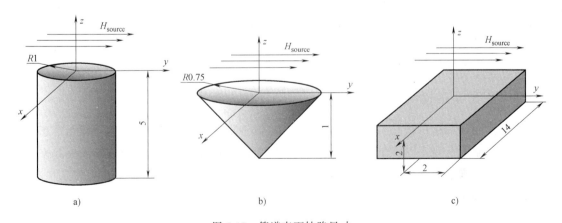

图 5-18　管道表面缺陷尺寸

a）圆柱形缺陷　b）圆锥形缺陷　c）矩形缺陷

利用亥姆霍兹线圈产生外轴向激励磁场，将钢管磁化到饱和状态。为区别不同成像方法，分别采用磁光漏磁检测方法（传感器为霍尔传感器）以及磁偶极子法对三个缺陷表面的漏磁场进行了成像处理，结果如图 5-19 所示。从图 5-19 中可以看出，对圆柱形缺陷、圆锥形缺陷以及矩形缺陷，三种方法成像结果具有良好的一致性。其中，圆锥形缺陷的磁光图像与其他两种方法稍微有所区别。究其原因，圆锥形缺陷尺寸太小，形成的漏磁场太弱，进而磁光成像信号也较弱，但是三种方法成像最大幅值相同，均出现在圆锥形缺陷的边缘处。

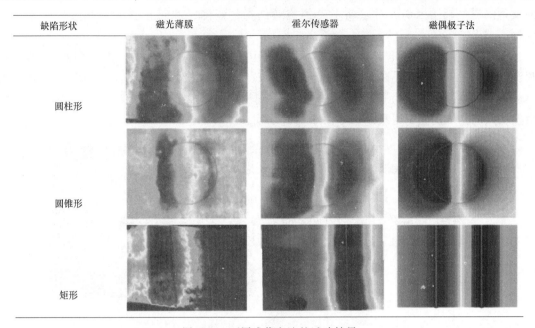

缺陷形状	磁光薄膜	霍尔传感器	磁偶极子法
圆柱形			
圆锥形			
矩形			

图 5-19　不同成像方法的试验结果

5.4　基于磁光成像的微观磁畴结构测量和应力表征

电工钢中硅的含量一般为 0.5%~4.5%，其主要成分是铁元素的硅铁合金，所以又称硅钢。因其铁损小，且在强磁场中具有高的磁感应强度，所以成为电力、电子及军工领域不可或缺的软磁性材料。电工钢在生产、运输和使用过程中，不可避免地会受到各种应力作用而产生磁畴结构改变，影响其磁性能，并最终导致设备的铁损增加。因此，实时监测材料磁应力状态及微观结构，对提高材料寿命及节约能源具有很重要的意义。目前应力评估技术有 X 射线、巴克豪森、涡流脉冲热成像、漏磁、磁记忆、超声等，而微观结构观测法主要有粉纹法、磁光薄膜成像法、磁光克尔成像法，以及电子全息法等。本节主要介绍磁光薄膜和磁光克尔成像技术在电工钢应力评估中的应用。

5.4.1　电工钢微观结构及应力的影响

取向电工钢主要用于制造电力系统中变压器、整流器的铁心以及电抗器，其碳的含量很低（要求在 0.08% 以下），晶粒尺寸可达十几毫米；冷轧后晶格组织具有一定的方向性，在轧制方向具有很高的磁导率，有利于对材料微观结构及磁畴结构和磁畴壁运动进行观测。借助磁光成像技术，应力对磁微观结构的影响可直观呈现。

1. 取向电工钢磁畴微观结构

取向电工钢作为变压器等电气设备的核心材料，其铁损大小直接决定了设备的整体损耗。研究表明，提高高斯晶粒取向度，以及减小电工钢板材厚度均可以显著降低磁滞损耗和涡流损耗，优化电工钢的铁损性能。直接决定电工钢磁性能的无疑是材料的磁畴结构，当前国内外的研究重点逐步转至以技术手段细化磁畴，通过减小磁畴转动阻力而降低电工钢材料的反常涡流损耗。因而，对磁畴电工钢磁畴结构的观测结果可以作为评估其铁损水平的依据。

图 5-20 所示为取向电工钢的微观结构，其中轧制方向为［001］。本节采用磁光克尔仪观测取向电工钢的磁畴结构，图 5-21a 展示了该试验系统的结构，包括应力加载、磁场激励以及信号采集系统等；为了改善观测效果，该观测系统增加了磁光薄膜，其与磁光克尔仪光学模块共同构成的光学系统结构如图 5-21b 所示。

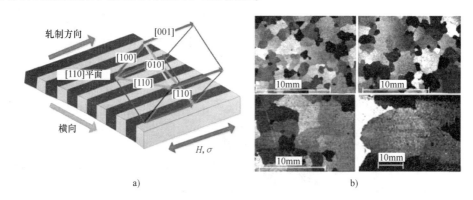

a)　　　　　　　　　　　　　　b)

图 5-20　取向电工钢的微观结构

a）取向硅钢晶体结构　b）不同晶粒大小取向硅钢微观结构

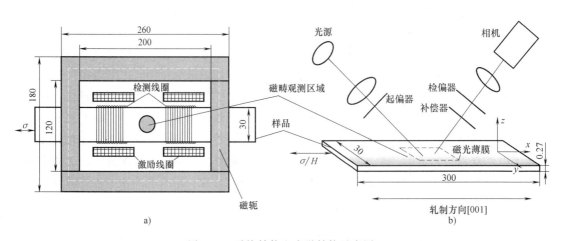

图 5-21　系统结构和光学结构示意图

a）应力加载及信号采集试验系统结构　b）磁光薄膜及磁光克尔仪光学系统结构

2. 应力对磁畴微观结构的影响

如图 5-21a 所示的试验系统，当拉应力施加到轧制方向时，［010］或［100］方向上横向 90°磁畴逐渐消失，［001］方向 180°磁畴细化。图 5-22 所示为退磁状态下不同拉应力作用时的磁畴图像。图 5-22a 为无应力下的磁畴图像，晶粒 A 大约为 12mm，晶粒内磁畴宽度较大。晶粒 B 大约为 8mm，晶粒 C 大约为 9mm，磁畴宽度较小。施加拉应力后，可以得出以下结论：

1）晶粒 A 中，磁畴宽度较大，磁畴以条形磁畴为主，施加应力后磁畴宽度变化不大，磁畴还是以条形磁畴为主。

2）晶粒 B 和 C 中磁畴分裂，磁畴宽度减小，条形磁畴逐渐消失，出现了迷宫畴、楔形磁畴和小刀型磁畴。从能量的角度来看，应力的存在将增加应力能、畴壁能和退磁能。对于正磁致伸缩材料，当施加拉应力时，将使磁化方向转向拉应力方向，即应力轴为易磁化轴，从而增强拉应力方向的磁化。假设原始状态铁磁试件由 4 个磁畴组成，当有很小的拉应力作用时，在垂直于拉应力方向的磁畴体积将减小；随着应力的增大，这部分磁畴最终将全部被消除，此时磁弹性能达到最小。

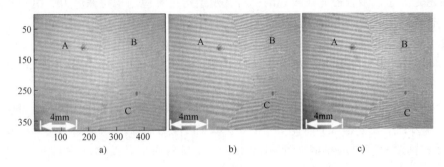

图 5-22　退磁状态下不同拉应力作用时的磁畴图像
a）0MPa　b）39MPa　c）118MPa

下面讨论取向电工钢在轧制方向施加了磁场及应力后的磁畴动态行为。图 5-23 所示为取向电工钢无加载应力时磁滞回线上升沿的磁畴图像。在较强的磁场下，磁畴在 -60A/m 达到基本饱和状态，增加磁场，磁畴壁发生移动，180°磁畴数量和体积逐渐增大。图 5-24 所示为与图 5-23 同样的观测区域，在 118MPa 拉应力作用下磁滞回线上升沿的磁畴图像。可以看到，当外加磁场增大到 -60A/m 时，180°磁畴的体积和数量并没有显著变化。

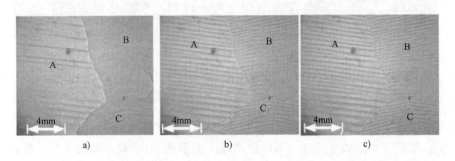

图 5-23　取向电工钢无加载应力时磁滞回线上升沿的磁畴图像
a）-60A/m　b）-10A/m　c）0A/m

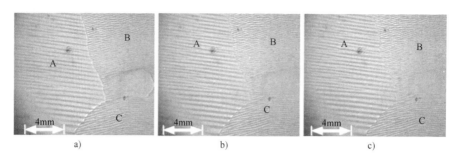

图 5-24　118MPa 拉应力作用下磁滞回线上升沿的磁畴图像

a) -60A/m　b) -10A/m　c) 0A/m

5.4.2　基于磁光成像静态特征提取的应力表征方法

使用磁光克尔仪结合磁光薄膜观测材料微观结构已被应用于拉伸应力作用下的高取向金属材料，磁场阈值（Threshold Magnetic Field，TMF）被作为表征应力的特征值。并且，不同晶粒条件下重复磁畴翻转试验，以验证 TMF 这一特征值的重复性。图 5-25 ~ 图 5-27 展示了试件在不同拉应力作用时，*B-H* 曲线下降沿不同场强下，材料表面晶粒 1 的磁畴图像。对比显示：

1）当磁场强度为 177A/m 时，零应力状态下材料表面所有的 180° 和 -180° 畴均按 180° 方向（与 *H* 方向一致）重定向，在加载 30.9MPa 拉应力状态下也是如此，如图 5-25a 和图 5-26a 所示；而当拉应力逐步增加到 61.9MPa 时，材料表面开始出现少量的 180° 畴，如图 5-27a 所示。

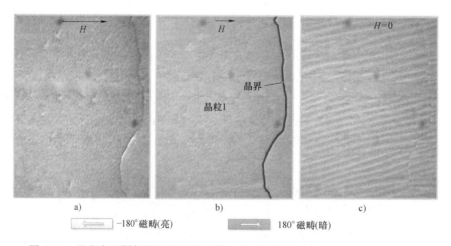

<table>
<tr><td>□□□ -180° 磁畴(亮)</td><td>□□□ 180° 磁畴(暗)</td></tr>
</table>

图 5-25　无应力不同场强下的磁畴图像（磁畴图像尺寸为 10.47mm×8.52mm）

a) 177A/m　b) 25A/m　c) 0A/m

2）当磁场强度降低到 25A/m 时，零应力状态下所有磁畴依然维持在 180° 方向，如图 5-25b 所示；相反，30.9MPa 拉应力下已经出现了大量的 -180° 畴，如图 5-26b 所示；随着拉应力进一步增大到 61.9MPa，-180° 畴显著扩大，如图 5-27b 所示。

3）当磁场强度降为零时，零应力状态下材料表面已出现 -180° 畴，如图 5-25c 所示；而分别施加 30.9MPa 和 61.9MPa 的拉应力时，可以清楚地看到 -180° 畴的扩张和 180° 畴的缩减，如图 5-26c 和图 5-27c 所示。退磁效应阻碍了 180° 畴壁的运动，因而需要更强的外加磁场，以完成磁畴壁的移动。

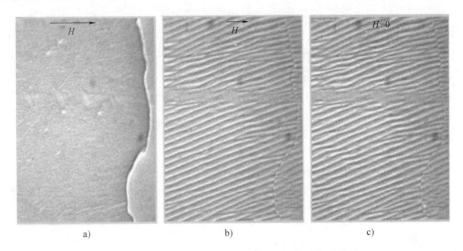

a)　　　　　　　　　b)　　　　　　　　　c)

图 5-26　30.9MPa 拉应力下不同场强下的磁畴图像（磁畴图像尺寸为 10.47mm×8.52mm）

a) 177A/m　b) 25A/m　c) 0A/m

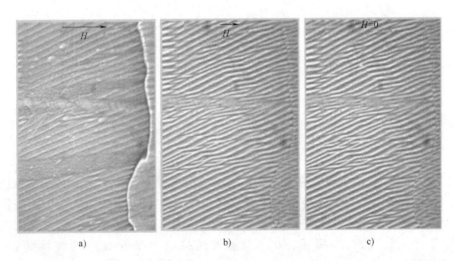

a)　　　　　　　　　b)　　　　　　　　　c)

图 5-27　61.9MPa 拉应力下不同场强下的磁畴图像（磁畴图像尺寸为 10.47mm×8.52mm）

a) 177A/m　b) 25A/m　c) 0A/m

为定量评估晶粒内应力，需要建立应力与磁畴壁动态行为特征之间的联系。根据以上分析，材料表面 180° 畴和 -180° 畴的面积变化可以用来评估磁畴壁运动的特征，用公式（5-19）表示：

$$S_{\text{Nom}} = \frac{S_{180°}^{\text{total}} - S_{-180°}^{\text{total}}}{S_{180°}^{\text{total}} + S_{-180°}^{\text{total}}} \tag{5-19}$$

式中，$S_{180°}^{\text{total}}$ 和 $S_{-180°}^{\text{total}}$ 分别表示所有 180° 畴和 -180° 畴的面积。退磁状态下 $S_{180°}^{\text{total}}$ 和 $S_{-180°}^{\text{total}}$ 相等，所以 S_{Nom} 值为 0；当存在一个外加磁场时，180° 磁畴壁发生突变的非连续的移动，所有磁畴

的状态改变在某一个特定的磁场强度（TMF）下全部完成。此时，所有的 180°畴和−180°畴均排列在 180°（或−180°）方向，相应地，S_{Nom} 值为 +1（或 −1）。随着磁场进一步增强并超过这个特定值（TMF），磁化过程将仅是磁矩的旋转。180°和−180°磁畴壁的运动过程不仅受外部因素（如加载应力、温度和变形等）影响，而且与内在因素（如晶格缺陷、钉扎位点和各向异性等）有关，因此，TMF 高度依赖于所观测的面积。该特征值通过局部磁特性进行应力评估，当 S_{Nom} 值为 +1 或 −1 时，可以确定 TMF 值。

拉应力时晶粒 1 的 S_{Nom}-H 关系曲线如图 5-28a 所示，图中 S_{Nom} 值已做归一化处理。在外加磁场的下降沿，当磁场强度 −78A/m < H < 25A/m 时，180°磁畴壁发生位移；而当场强大于 25A/m 或小于 −78A/m 时，所有的 180°磁畴壁都已完成位移，180°磁畴均沿 180°或 −180°方向排列。

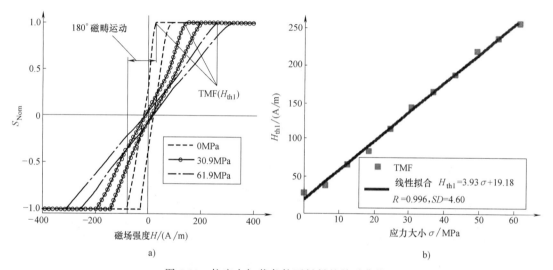

图 5-28　拉应力加载条件下材料的关系曲线

a）S_{Nom}-H 关系曲线　b）应力与 TMF（H_{th1}）的对应关系

在外加磁场的上升沿，随着应力增大，TMF 值随之增大，且 S_{Nom}-H 曲线变得陡直。从图 5-28a 中可以看到，在场强下降沿，零应力时晶粒 1 的 TMF 值为 23A/m，而当拉应力增大到 61.9MPa 时，TMF 增大到 258A/m。将不同拉应力与其对应的 H_{th1} 值绘制成图 5-28b，并做线性分析，由图 5-28b 可见，H_{th1} 与加载的拉应力呈现良好的线性关系：H_{th1} = 3.93σ+19.18。

综上所述，TMF 是与磁畴壁运动紧密联系的特征值。当给材料施加一方向与 180°磁畴平行的应力，90°闭合畴消弭，180°畴将会伸长；然而，若磁场方向垂直于应力，则磁导率仅来自于 90°磁畴壁，故而加载应力反而使磁导率减小。当加载应力方向与 180°磁畴壁方向垂直时，90°闭合畴将生长，从而导致 180°畴长度减小。这说明晶粒取向和磁畴结构，包括应力的方向，共同决定了磁化过程。

5.4.3　基于磁光成像动态特征提取的应力表征方法

国内外学者对磁畴壁运动和磁畴翻转的研究已经有近 60 年的历史，其中一个被广泛接受的磁畴壁运动模型如式（5-20）所示。

$$m \frac{d^2 x}{dt^2} + \beta \frac{dx}{dt} + \alpha x = 2M_s H_0 e^{j\omega t} \tag{5-20}$$

式中，m 是磁畴壁的等效质量；β 是磁畴壁运动阻尼，包括涡流阻尼和结构阻尼；α 是系统弹性常数；M_s 是饱和磁化强度；H_0 是外加磁场强度；ω 是磁场的角频率；x 是磁畴壁的运动距离。考虑到磁畴壁质量几乎为 0，而运动距离对时间的导数即为磁畴壁的运动速度，所以式（5-20）描述了磁畴壁运动速度与阻尼、外加场强及弹性系数之间的关系，在给定外加磁场条件下，磁畴壁运动速度主要取决于磁畴结构。

外加应力导致磁畴体积变化，宏观上称为磁致伸缩逆效应，式（5-21）给出了外加应力与磁化强度之间的联系：

$$\frac{dM}{d\sigma} = \frac{1}{\varepsilon^2} \sigma (1-c)(M_{an} - M_{irr}) + \frac{dM_{an}}{d\sigma} \tag{5-21}$$

式中，c、ε 为常数；σ 为外加应力；M 为总磁化强度；M_{an} 为无磁滞磁化强度；M_{irr} 为不可逆磁化强度。

因而从理论上说，加载应力会通过改变磁畴结构而影响磁畴壁的运动速度。

磁光成像技术已经直观地证明了应力对磁畴结构的改变。进入 21 世纪以来，计算机视觉得到了迅速的发展，基于小波、光流等对图像动态跟踪进行了很多定量的研究。同样，也可以通过图像处理方法对磁畴壁的移动和翻转进行定量的研究。

Horn 等人在相邻图像时间间隔很小且图像灰度变化也很小的前提下，导出了灰度图像光流计算的基本等式。假设时刻 t 时，图像上一点处的 $I(x, y)$ 灰度值为 $I(x, y, t)$。在时刻 $t + \Delta t$ 灰度值记为 $I(x + \Delta x, y + \Delta y, t + \Delta t)$，根据图像灰度的一致性假设，即图像中这一点运动后达到位置的灰度值与运动前所在位置的灰度值 $I(x, y, t)$ 相等，则有

$$I(x, y, t) = I(x - v_x t, y - v_y t, 0) \tag{5-22}$$

用泰勒公式展开并忽略二阶无穷小，令 $u = \dfrac{dx}{dt}$，$v = \dfrac{dy}{dt}$，得到

$$\frac{dI}{dt} = \frac{\delta I \delta x}{\delta x \delta t} + \frac{\delta I \delta y}{\delta y \delta t} + \frac{\delta I}{\delta t} = I_x v_x + I_y v_y + I_t = 0 \tag{5-23}$$

上述光流方程中，由于光流 $\boldsymbol{U} = (u, v)^T$ 有两个变量，而光流的基本等式只有一个方程，故对于构成该矢量的两个分量 u 和 v 的解是非唯一的，即只能求出光流梯度方向上的值，而不能同时求光流的两个速度分量 u 和 v。因此，从基本等式求解光流是一个病态问题，必须附加另外的约束条件才能求解。Horn-Schunck 算法引入的附加约束条件的基本思想是在求解光流时，要求光流尽可能地平滑，即引入对光流的整体性约束求解光流方程的病态问题。对 u 和 v 的附加条件如下：

$$E = \iint \left[(I_x v_x + I_y v_y + I_t)^2 + \alpha^2 (\parallel \nabla v_x \parallel^2 + \parallel \nabla v_y \parallel^2) \right] dx dy \tag{5-24}$$

可以得到相应的欧拉-拉格朗日方程，并利用高斯-赛德尔方法进行求解，可以得到图像上每个点的速度信息。为得到稳定的解，通常需要上百次的迭代。整个迭代过程既与图像尺寸有关，又与每次的传递能量（速度的改变量）有关。由迭代公式可以发现，在一些缺乏特征较为平坦（梯度为 0 或较小）的区域，求解速度由迭代公式的第 1 项决定。因此，通过求取两幅图像的光流，可以很准确地反映前后两幅图像灰度的变化。

　　计算-30A/m 和-20A/m 在不同应力状态下两帧图像的光流，如图 5-29 和图 5-30 所示。从图 a 和 b 中可以看出磁场增大，出现了一些条形磁畴。图 c 则计算出了这两幅图像的光流值，由于磁畴变化比较明显，其光流密度比较大。

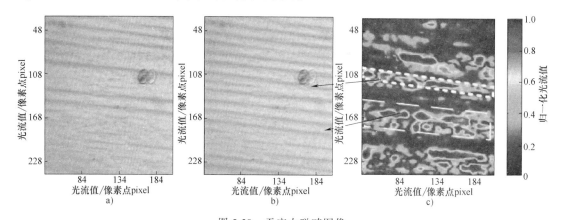

图 5-29　无应力磁畴图像

a）-30A/m　b）-20A/m　c）两帧图像间的光流场

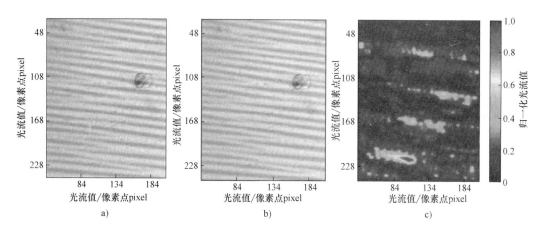

图 5-30　118MPa 应力下的磁畴图像

a）-30A/m　b）-20A/m　c）两帧图像间的光流场

　　磁光成像技术可以直观地呈现电工钢中的磁微观结构，通过对磁畴结构特征进行观测和磁畴图像序列的特征提取获得磁畴运动的特征，为研究微观磁结构与外部宏观参数（如外加磁场、加载应力等）之间的联系提供了有效的技术手段，为进一步研究磁畴的形成机理以及磁化过程成为可能。

第6章　微波无损检测传感与成像

前文主要介绍了低频电磁无损检测技术，且只适用于导体材料、铁磁材料或含有导体的材料。近年来，高频电磁无损检测传感与成像技术受到越来越多的关注，其主要代表是微波无损检测（Microwave Non-destructive Testing，MWNDT）技术。微波无损检测是指利用微波和被检材料的相互作用，对被检材料进行检测和评估的一类无损检测技术。微波与材料的相互作用差异很大，对于玻璃、塑料和瓷器等非极性电介质，微波几乎全穿透而不被吸收；对于水和食物等极性电介质，微波会被吸收而使这些材料产生热；而对金属等导电材料，微波会被反射。

微波无损检测技术种类繁多，本章将介绍具有代表性的微波无损检测技术：

1）微波波导（Microwave Waveguide，MWWG）检测技术，它是一种典型的微波近场检测技术，采用微波波导传感器可对非金属材料的缺陷和金属材料表面缺陷进行检测，如利用末端开口的波导（波导孔）作为传感器。

2）基于波导传输的微波检测技术，它是把被检对象（管道等）作为波导，通过内部传输的微波导波的特征变化对缺陷进行检测。

3）探地雷达（Ground Penetrating Radar，GPR）检测技术，它是一种典型的微波远场检测技术，主要用于土木建筑、交通、考古和地质等领域。

6.1　微波无损检测技术概述

6.1.1　微波在介质中的传播特性

1. 微波

微波是指频率为300MHz～300GHz的电磁波，波长范围为1m～1mm，是分米波（频率为300MHz～3GHz，波长为1m～1dm）、厘米波（频率为3～30GHz，波长为10～1cm）、毫米波（频率为30～300GHz，波长为10～1mm）的统称。微波也被划分为更细的波段，并用拉丁字母作为各波段的代号。

2. 微波的传播特性

在自由空间，微波以横波的形式传播，即微波的电场以及磁场矢量都是与传播方向相垂直的，不存在平行于传播方向的电场以及磁场分量，其传播速度 v 与光速 c 相同，为 2.998×10^8 m/s。

取电场强度在 x 方向，磁场强度在 y 方向，微波沿正 z 方向传播。在均匀的各向同性介质中，微波是均匀平面波，其波动方程可以表示为

$$\frac{\partial^2 E}{\partial z^2} - \mu\varepsilon\frac{\partial^2 E}{\partial t^2} - \mu\sigma\frac{\partial E}{\partial t} = 0$$

$$\frac{\partial^2 H}{\partial z^2} - \mu\varepsilon\frac{\partial^2 H}{\partial t^2} - \mu\sigma\frac{\partial H}{\partial t} = 0 \tag{6-1}$$

式中，σ、μ、ε 分别为介质的电导率、磁导率和介电常数。求解该微分方程组，可得到微波的复数形式：

$$E = E_0 e^{-\gamma z}$$
$$H = H_0 e^{-\gamma z} \tag{6-2}$$

式中，γ 为传播常数，可表示为

$$\gamma = \alpha + j\beta \tag{6-3}$$

式中，α 是衰减系数；β 是相位系数，两者可分别表示为

$$\alpha = \sqrt{\frac{\mu\varepsilon\omega^2}{2}\left[\sqrt{1+\left(\frac{\sigma}{\omega\varepsilon}\right)^2}-1\right]} \tag{6-4}$$

$$\beta = \sqrt{\frac{\mu\varepsilon\omega^2}{2}\left[\sqrt{1+\left(\frac{\sigma}{\omega\varepsilon}\right)^2}+1\right]} \tag{6-5}$$

微波在介质中的周期、波长和速度可分别表示为

$$T = \frac{1}{f} \tag{6-6}$$

$$\lambda = \frac{2\pi}{\beta} \tag{6-7}$$

$$v = f\lambda = \frac{\omega}{\beta} = \frac{1}{\sqrt{\frac{\mu\varepsilon}{2}\left[\sqrt{1+\left(\frac{\sigma}{\omega\varepsilon}\right)^2}+1\right]}} \tag{6-8}$$

由此可知，微波在介质中的波长和速度会受到材料电磁特性（磁导率 μ、介电常数 ε 和电导率 σ）的影响。可考虑两种情况：

（1）良绝缘体　若材料的电导率很小，微波的衰减系数和相位系数可近似表示为

$$\alpha \approx \frac{\sigma}{2}\sqrt{\frac{\mu}{\varepsilon}}, \beta \approx \omega\sqrt{\mu\varepsilon} \tag{6-9}$$

微波入射到良绝缘体内部，其传播速度 v 可表示为

$$v = \frac{c}{\sqrt{\mu_r\varepsilon_r}} \tag{6-10}$$

由式（6-9）和式（6-10）可知，微波在良绝缘体中的速度与频率无关，为常数。速度与磁导率和介电常数有关，介电常数越大，传播速度越小。微波用于混凝土检测就属于这种情况。

（2）良导体　若材料的电导率较大，微波的衰减系数和相位系数可近似为

$$\alpha = \beta \approx \sqrt{\frac{\omega\mu\sigma}{2}} \tag{6-11}$$

由于良导体的导电率很高，微波入射在良导体内部之后衰减非常严重，这种现象称为趋肤效应。当幅度减小到原幅度的 $1/e$（36.8%）时，它离入射基准的距离称为趋肤深度，可表示为

$$\delta = \frac{1}{\alpha} = \sqrt{\frac{2}{\omega\mu\sigma}} = \sqrt{\frac{1}{\pi f\mu\sigma}} \qquad (6\text{-}12)$$

微波在导电材料中的相速度是随着频率而变化的，可表示为

$$v = \sqrt{\frac{2\omega}{\mu\sigma}} \qquad (6\text{-}13)$$

可见，微波在导电材料中的相速度远比真空中的光速慢。相应地，微波在导电材料中的波长也比真空中波长要短。微波用于金属材料检测属于该情况。

此外，微波在介质界面还会发生反射、折射和散射的现象，在介质中也会发生吸收和色散现象。如果被检测非金属材料的厚度在几个波长内，界面的反射常会产生驻波状态。当非金属材料内部有缺陷时，驻波形状会发生改变，因此也能用于无损检测以及厚度的精确测量。

6.1.2　微波无损检测技术特点及分类

1. 微波无损检测技术的特点

与其他无损检测技术相比，微波无损检测主要有以下优点：

1) 非接触式检测，有利于实施快速、连续的检测，适用于曲面对象。

2) 微波对非金属的穿透能力强。

3) 无需耦合剂，不存在因耦合剂带来的材料污染问题。

4) 微波对非金属既有穿透性，也有反射或散射特性，并有独特的极化特性，对平面型和体积型缺陷同样敏感。

5) 与声发射、红外、激光散斑等无损检测比较，操作简单，无须对被测试件"加热"或"加载"。

6) 微波参数的可控性强［既能在正弦波载波状态下采用幅度法、相位法或频率法等多种调制方法，又能在非正弦波（无载波）状态下采用时域反射法］，可适当提高工作频率，以更高的灵敏度和空间分辨率实行精确检测。

当然，微波无损检测技术也存在以下一些缺点：

1) 因电磁波的"趋肤效应"，微波无损检测技术不能用于检测金属或其他弱导电材料的内部缺陷。

2) 在金属与非金属胶接结构中不能从金属一侧检测其胶接质量。

3) 检测灵敏度和空间分辨率与工作频率和微波传感器的形式密切相关（远场配置下，加大工作频率将提升检测性能；近场配置下，检测性能主要由传感器的形式决定）。

2. 微波无损检测技术的分类

按照微波与物质的相互作用方式，微波无损检测技术大致可以分为透射法、反射法、干涉法和散射法。此外，微波无损检测技术还包括微波涡流法、微波热成像法和微波层析法。这些检测技术的基本原理可查阅相关文献，此处不再赘述。本小节主要介绍微波近场和远场检测技术。

微波近场检测技术与微波远场检测技术的区分主要是微波天线的发射场范围。微波天线的发射场分布是随着距离而变化的。如图 6-1 所示，紧邻传感器的空间首先是一个以非辐射场为主的电磁场，也称为电抗近场区（Reactive Near-field Region），其长度约为一个波长，

在该范围内主要是准静态场。该场场强与距离的高次幂成反比，即随着离传感器距离的增加而迅速减小。接着为辐射场区，按离传感器的距离，又分为辐射近场区（Radiating Near-field Region，又称为菲涅耳区）和远场区（Radiating Far-field Region，又称为夫琅禾费区）。在辐射近场区，辐射场和电抗场同时存在。随着距离的增加，辐射场开始逐渐占主导，场的角分布与距离有关，其相位和幅度是离传感器距离的函数。在辐射远场区内，只存在近似平面波，辐射远场的角分布与距离无关。以上三个场区并没有严格或绝对的分界，通常用以下经验公式来区分。当采用口径型传感器时，辐射近场区与远场区的分界距离为

$$r = \frac{2D^2}{\lambda} \qquad\qquad (6\text{-}14)$$

式中，D 为口径型传感器的最大口径。

如采用尺寸小于波长的线性传感器，则没有辐射近场区，通常把电抗近场区的边界定义为

$$r = \frac{\lambda}{2\pi} \qquad\qquad (6\text{-}15)$$

超过这一距离，辐射远场占优势。在不特别说明的情况下，通常把 $r \geqslant 10\lambda$ 作为线性传感器辐射远场区的准则。

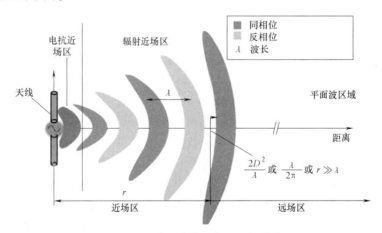

图 6-1　微波天线的近场和远场分布

微波近场检测技术指工作在电抗近场区或辐射近场区的微波检测技术。微波近场检测技术可采用天线、开口波导、开口同轴电缆、角锥喇叭等多种微波传感器。微波远场检测技术指操作在辐射远场区的检测技术，它采用辐射性天线，通常用于雷达、遥感等领域，也可用于材料属性表征等领域。

微波远场无损检测技术具有以下特点：

1）被检对象与传感器距离较远，处于远场区域。

2）传感器是有效的辐射器加接收器，设计相对复杂。

3）描述平面波和材料相互作用的解析公式的求解方法较为直接和简单。

4）用于优化检测过程的、可控的测量参数比较有限。

5）对厚度变化和复合材料中较薄的分层或脱粘的检测灵敏度较低。

6）空间分辨率取决于微波的波长和信号处理技术。

微波近场无损检测技术具有以下特点：

1）检测对象与传感器的距离较近，位于近场区域内。

2）传感器与被检对象可以接触或非接触，传感器可以接近几乎所有形状的结构。

3）近场传感器种类较多，如末端开口的波导、末端开口的同轴线、短单极天线、微带贴片和开放谐振腔等；每种传感器都有其独特的优势。

4）描述近场和材料介质相互作用的解析公式较为复杂。

5）影响检测的参数较多，如提离、频率等。

6）因为发射场更加聚集，对材料属性和尺寸的变化更加敏感。

7）空间分辨率取决于传感器尺寸和传感器的步进量，而不是微波频率。

8）相对位移变化更加容易测量。

9）近场检测系统更简单、紧凑和容易携带，且微波辐射功率较小。

10）相比较平面波处理方法，近场信号的数据处理方法更简单。

6.1.3　微波无损检测技术系统

微波无损检测技术种类繁多，其检测系统主要包括微波信号源、信号传输电路、微波传感器、信号处理模块、显示和成像模块、机械运动装置等，如图 6-2 所示。

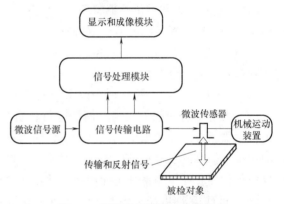

图 6-2　微波无损检测系统的组成

（1）微波信号源　微波信号源主要包括微波真空器件和固态器件两大类。微波真空器件有反射速调管、行波管和回波振荡管等，其主要特点是，覆盖的工作频率比较宽，在 5～270GHz。输出的功率也比较大，连续波功率高达 1～3kW，峰值功率可达 5MW（1GHz 时）。但由于它们的自身尺寸较大或供电系统笨重复杂，在很多无损检测场合的应用中受到了限制。固态器件中，冲击雪崩渡越时间二极管的输出功率已达几十瓦或更大；耿氏体效应二极管在 8mm 波段的连续波功率可达 100mW 以上，并具有较低的噪声电平。这类固态器件，其工作频率已扩展到 3mm 波段，输出功率也在几十毫瓦左右。在很多微波检测场合，它们基本上可满足需要。

（2）信号传输线　微波信号传输线用于微波能量的传送，有同轴线、波导管和微带线等几种形式。如图 6-3a 所示，同轴线由同心的内导体和外导体组成。矩形波导和圆形波导

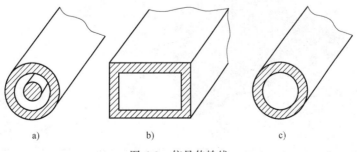

a)　　　　　　　　b)　　　　　　　　c)

图 6-3　信号传输线

如图 6-3b 和 c 所示，也是较常用的传输线。不同尺寸的波导只能传输频率高于此波导截止频率的电磁波。近年来，微带线有逐步取代波导管之势。因其体积小、重量轻，将在微波检测系统中获得广泛的应用。

（3）微波传感器　微波传感器承担两类任务：①向试件发送微波能量；②接收由试件透射、反射或散射回来的能量。若两者用一个天线，既发射又接收，则为单天线系统；若两者分别用两个天线承担发射与接收，则为双天线系统。微波传感器基本上分为两类：①辐射型天线：用于雷达、遥感等远场探测；②传输型天线：常用于微波近场检测。

常用的传输型天线有：

1）末端开口的同轴线或波导管，此类传感器多用在微波传感器贴近试件表面的情况下。在微波传感器远离试件表面时，从同轴线或波导管末端开口发射出来的微波波束将会发散，探测性能也要降低。

2）介质天线，此类传感器将两端为尖顶或楔形形状的介质棒装在波导管上，两端渐变的形状是为了在近场检测时有较好的指向性。

3）微带边缘场的谐振传感器，此类传感器应用谐振法，可对被测试件表面实行超高分辨力的检测，空间分辨力可达微米数量级。

4）合成孔径天线，采用两个或多个天线组合，可提高空间分辨力。

（4）信号处理模块　目前，网络分析仪自带微波信号源与信号处理模块，能在宽频带内进行扫描测量。如果是单端口测量，将激励信号加在端口上，通过测量反射回来信号的幅度和相位，就可以对材料进行检测。对于双端口测量，则可以测量材料的传输参数。网络分析仪使得微波波导检测系统更加简单，数据处理更加方便。

（5）机械运动装置　图 6-4 所示为微波检测成像系统示意图，微波成像目前多采用扫描成像方法，需借助于扫描机构。扫描机构用于控制传感器或被检对象进行移动，结合传感器的输出实现扫描成像。具体的扫描成像方法可参阅有关文献，此处不再赘述。

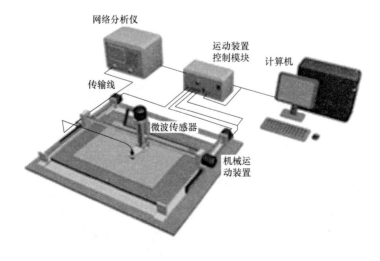

图 6-4　微波检测成像系统示意图

6.2　微波波导无损检测与成像

6.2.1　微波波导无损检测与传感技术

　　本节中，微波波导无损检测技术是指以微波波导为传感器的微波近场检测技术。20 世纪 50—60 年代，研究者开始研究微波近场检测技术。Tice 和 Richmond 研究了适用于微波近场检测技术的传感器。20 世纪 90 年代，微波波导无损检测技术得到了快速发展。美国密苏里科技大学应用微波无损检测实验室由 R. Zoughi 教授领导的研究团队对微波波导无损检测技术做了很多开创性的工作。进入 21 世纪，微波波导无损检测技术在世界范围内的研究更加丰富，已广泛应用于复合材料、金属材料、涂层系统、吸波材料、混凝土结构和乳腺癌等的检测与评估。

　　微波波导无损检测与传感系统主要由微波信号源、微波传输电路、波导传感器、信号处理模块、显示和成像模块、机械运动装置等组成。微波信号源和传输线已在 6.1.3 节介绍，本节主要介绍微波波导传感器。波导传感器是微波波导无损检测系统中重要的组成部分。目前使用的波导传感器有矩形波导、圆形波导及其他形状的波导。传感器可以配置为单波导形式，也可以为双波导形式。单波导可采用检测器获取信号，也可以采用同一个波导实现发射和接收功能。双波导可以配置为反射式，也可以配置为穿透式。N. Qaddoumi 等人利用锥形、矩形波导提高分辨率，从而实现对微小隐藏缺陷的检测。N. Qaddoumi 采用理论研究方式对圆形波导和矩形波导在碳复合材料检测方面进行了对比。M. T. Ghasr 等人进一步改进了扫描方式和微波信号收发装置，利用了新设计的 Q 波段（30~50GHz）天线结合旋转扫描方式，实现了高分辨率的毫米波成像应用。美国空军技术学院提出了双波导式的材料属性表征系统，对波导传感器内部的填充材料进行了研究。

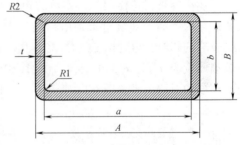

图 6-5　矩形波导截面

a—内截面长边尺寸　b—内截面短边尺寸
A—外截面长边尺寸　B—外截面短边尺寸

　　目前，末端开口的矩形波导最为常用，其截面如图 6-5 所示。表 6-1 给出了几种标准的微波波导型号与详细参数。

表 6-1　标准的微波波导型号与详细参数

标准型号		主模频率范围/GHz		尺寸/mm		λ_c/ mm	f_c/ GHz	额定承受功率/MW	
中国标准	EIA 国际标准	起始频率 $1.25f_c$	终止频率 $1.9f_c$	a	b			$1.25f_c$ 最小值	$1.9f_c$ 最大值
BJ100	WR-90	8.2	12.5	22.86	10.16	45.72	6.557	0.33	0.47
BJ120	WR-75	9.84	15	19.05	9.525	38.1	7.869	0.26	0.34
BJ140	WR-62	11.9	18	15.799	7.899	31.6	9.488	0.18	0.25
BJ180	WR-51	14.5	22	12.95	6.477	25.91	11.575	0.12	0.17
BJ220	WR-42	17.6	26.7	10.668	4.318	21.34	14.051	0.066	0.094
BJ260	WR-34	21.7	33	8.636	4.318	17.27	17.358	0.053	0.076

（续）

| 标准型号 | | 主模频率范围/GHz | | 尺寸/mm | | λ_c/ | f_c/ | 额定承受功率/MW | |
| | | 起始频率 | 终止频率 | | | mm | GHz | $1.25f_c$ | $1.9f_c$ |
中国标准	EIA国际标准	$1.25f_c$	$1.9f_c$	a	b			最小值	最大值
BJ320	WR-28	26.3	40	7.12	3.556	14.22	21.053	0.036	0.051
BJ400	WR-22	32.9	50.1	5.69	2.845	11.38	26.344	0.023	0.033

注：λ_c—TE_{10} 截止波长；f_c—TE_{10} 截止频率。

6.2.2　介电材料的微波波导检测与成像

1. 介电材料的属性表征与缺陷检测

（1）厚度测量　对介电材料（如油漆、热障涂层、橡胶涂层）的厚度进行测量或者对厚度的变化进行检测是无损检测领域的一个重要应用。这些介电材料通常都覆盖在良导体表面。图 6-6 所示为波导测量覆盖在良导体表面的单层介电材料厚度的示意图。

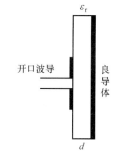

图 6-6　波导测量电介材料厚度的示意图

Z. Zoughi 为了研究厚度对归一化导纳的影响，计算得出了厚度对波导传感器的归一化电导 g_s 和归一化电纳 b_s 的影响。两种材料被选作研究对象，一种是有机玻璃（相对介电常数 $\varepsilon_r' = 2.59$，$\tan\delta = 0.007$），另一种是载碳橡胶（$\varepsilon_r' = 7.25$，$\tan\delta = 0.103$）。图 6-7 所示为归一化电导和电呐对厚度的依赖关系。

下述内容将讨论使用反射系数的幅值和相位来研究材料属性对微波信号的影响。被检对象是由树脂玻璃和导体组成的两层结构。树脂玻璃的相对介电常数 ε_r' 为 2.59，损耗角正切 $\tan\delta$ 为 0.007，树脂玻璃厚度为 d。图 6-8a 所示为 10GHz 时测量和计算的幅值衰减因子和厚度的对应关系；图 6-8b 所示为 10GHz 时测量和计算的相位和厚度的对应关系。

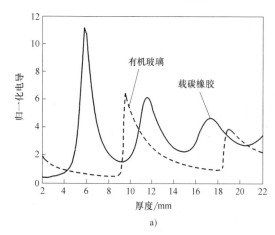

a)

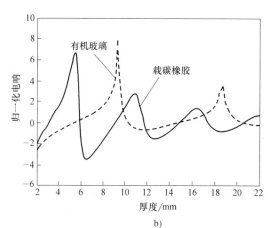

b)

图 6-7　归一化导呐对厚度的依赖关系

a) 归一化电导　b) 归一化电呐

另一个被检对象是由载碳橡胶和导体组成的两层结构。载碳橡胶的相对介电常数 ε_r' 为

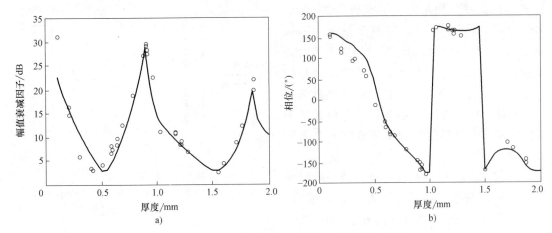

图 6-8　波导测量树脂玻璃和导体时与厚度的关系

a）衰减因子　b）相位

12.6，损耗角正切 $\tan\delta$ 为 0.19，厚度为 d。图 6-9a 所示为使用 10GHz 微波测量和计算得到的幅值衰减因子和树脂玻璃厚度的对应关系；图 6-9b 所示为使用 10GHz 微波测量和计算得到的相位和厚度的对应关系。

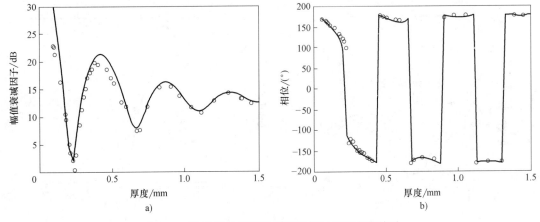

图 6-9　波导测量载碳橡胶和导体时与厚度的关系

a）衰减因子　b）相位

由以上测量和计算结果可以得出如下结论：

1）当厚度较小时，幅值衰减和相位都与厚度具有单调关系，都可以用来表征介电材料厚度的变化；且相位与厚度的单调范围更大。

2）当厚度持续增大时，幅值出现振荡，与厚度的单调关系被破坏，而相位变化的灵敏度会快速下降。

（2）提离影响　在实际检测中，提离对检测结果影响较大。为了研究提离的影响，设置了两类被检对象，其截面模型如图 6-10 所示。一类是覆盖在良导体上的介电材料，另一类是单层介电材料，厚度皆为 d。

首先考虑图 6-10a 所示的情况。被检对象为由介电材料和导体组成的两层结构。介电材料在 24GHz 时的相对复介电常数为 7−j0.5。图 6-11a 所示为介电材料的厚度分别为 1mm 和 1.1mm 时，计算得到的相位与提离的对应关系；图 6-11b 所示为两个厚度的差分相位与提离的对应关系。很明显，随着提离的变化，相位的变化是非常明显的，这导致了不同提离对厚度测量的影响（灵敏度）是不同的。由此可知：

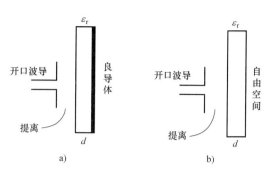

图 6-10　提离影响示意图
a）被检对象为介电材料和导体的两层结构
b）被检对象是单层介电材料

1）提离位于 1.5~3mm 时，两个厚度之间的相位差基本保持稳定，在这个范围内，提离的变化并不会影响厚度的测量灵敏度。

2）当提离等于 5.8mm 时，厚度的测量灵敏度最大。0.1mm 的厚度可以导致 60° 的相位差。但是，提离微弱的变化可能导致相位较大的变化，因此，测量时提离的稳定是十分必要的。

3）当提离等于 4.8mm、6.9mm 和 10.7mm 时，相位差为零，这意味着无法分辨厚度的变化，灵敏度是最低的。在实际测量时，可先选择两个不同的提离进行测量，用于结果标定。

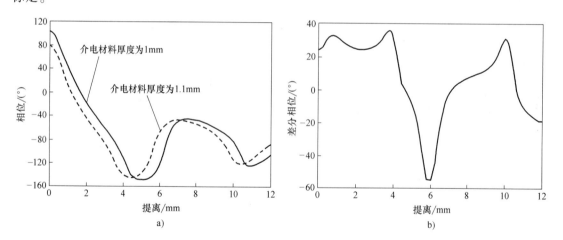

图 6-11　相位与提离的对应关系
a）相位　b）差分相位

其次，考虑图 6-10b 所示的单层介电材料时的情况。被检对象为载碳橡胶，10GHz 时的相对复介电常数为 8.4−j0.9，介电材料的厚度为 7.55mm。理论计算和测量得到的幅值衰减和相位与提离的对应关系分别如图 6-12 所示，实线为计算结果，圆圈为测量结果。从结果可以得到如下结论：幅值衰减和相位与提离的关系是复杂的，需借助模型进行描述。

（3）脱粘检测　脱粘是多层复合材料中最常见的一种缺陷。如图 6-13 所示，最普遍的脱粘是两层介电材料之间的脱粘和介电材料和金属之间的脱粘。以下将分别进行研究。

图 6-13a 所示为两层介电材料之间的脱粘，被检对象为由两层介电材料组成的多层结构。两层介电材料的厚度分别为 d_1 和 d_2，相对介电常数分别为 ε_{r1}，ε_{r2}。实测中，选择厚

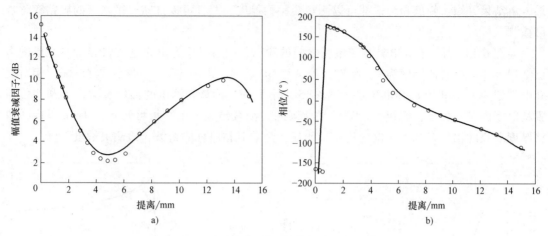

图 6-12　提离与相位、幅值衰减因子的关系

a）幅值衰减因子　b）相位

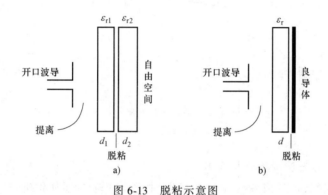

图 6-13　脱粘示意图

a）两层介电材料之间的脱粘　b）介电材料与金属之间的脱粘

度分别为 5.15mm 和 7.55mm 的介质；相对复介电常数都为 8.4-j0.9。如图 6-14 所示为理论计算和测量的幅值衰减因子和相位与脱粘厚度的对应关系。实线为计算结果，圆圈为测量结

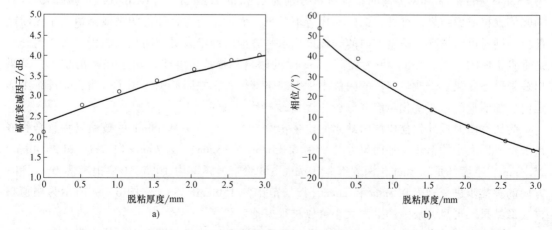

图 6-14　幅值衰减因子和相位与脱粘厚度的对应关系

a）幅值衰减因子　b）相位

果。由结果可知：幅值和相位都可以测量脱粘的厚度，并且可以推断，微米级的脱粘变化也可检测。

如图6-13b所示的介电材料与金属之间的脱粘，被检对象为由介电材料和金属组成的多层结构，介电材料的厚度为d，相对介电常数为ε_r。实测中，选择厚度为7.55mm，相对复介电常数为8.4-j0.9的介电材料。图6-15所示为理论计算和测量的幅值衰减因子和相位与脱粘厚度的对应关系，实线为计算结果，圆圈为测量结果。由结果可知：在1mm以内，脱粘厚度导致的幅值衰减和相位变化比较明显；随着脱粘厚度的增大，检测灵敏度下降。

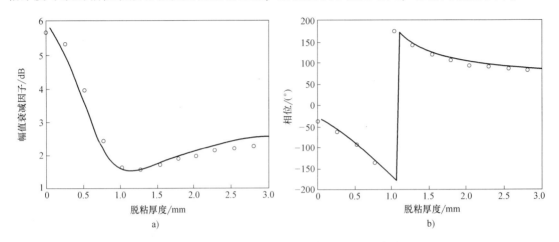

图6-15 幅值衰减因子和相位与脱粘厚度的对应关系

a) 幅值衰减因子 b) 相位

2. 复合材料的微波波导检测与成像

Z. Zoughi采用微波波导成像检测技术可以对复合材料中的内部缺陷（如内含物）和材料属性（如孔隙率和树脂率）等进行检测和表征。

（1）内含物检测 在玻璃纤维增强复合材料（厚25.4mm）中插入一块铝作为内含物。铝的尺寸为6.35mm×6.35mm×0.8mm，距离表面12.7mm。测量频率为10.5GHz，扫描范围为85mm×98mm，x和y方向的扫描步进分别为0.5mm和2mm。图6-16a所示为提离为0时的幅值扫描成像结果。可见，铝内含物清晰可见。而且，内含物部位的微波幅值大于无缺陷部位。同时可以发现，垂直方向的纤维束比水平方向的纤维束更加明显，因为最表层的纤维是垂直走向的。图6-16b所示为提离9mm时的幅值扫描成像结果。由于提离的增加，结果出现了以下变化：①缺陷部位的幅值小于无缺陷部位；②缺陷周围出现了旁瓣；③纤维束的走向更加明显。这些变化与前文分析的提离影响是一致的。

为研究微波波导扫描成像对缺陷的定量检测能力，在一块厚38mm的玻璃增强聚合物嵌入3个不同大小的铝块，平面尺寸分别为6.35mm×6.35mm、12.7mm×12.7mm和25.4mm×25.4mm，厚度都是0.8mm，深度都是19mm。试验中，频率为10.5GHz，提离为0，x和y方向的扫描步进分别为0.5mm和2mm，扫描范围为150mm×58mm。图6-16c所示为幅值扫描成像结果。可见，缺陷的平面大小可以被很好地定量。

（2）孔隙率 如图6-17a给出了含有不同孔隙率的试块示意图。在一块直径为76.5mm，厚度为8.2mm的环氧树脂上设置3个圆柱形区域，直径为6.35mm，高度为4.45mm。内含物由填充空气的微气泡构成，孔隙率分别为 44%、49% 和 56%。试验中，扫描区域为 56mm×18mm，微波频率为 35GHz，波导口径尺寸为 7.1mm×3.5mm。图 6-17b 给出了成像结果，3 个不同孔隙率的区域清晰可见。而且，随着孔隙率的增加，幅值单调增大。

（3）树脂率　图 6-18a 给出了含有不同树脂率的试件示意图。被检对象由一块玻璃纤维复合材料和一块导体构成。其中，玻璃纤维复合材料的树脂率为 18.6%。在玻璃纤维复合材料上设置 4 个方形区域，边长为 25.4mm，其相互之间的距离为 50.8mm。上面两个区域的孔隙率分别

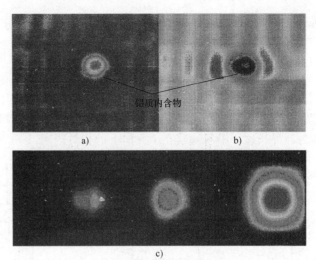

图 6-16　内含物的扫描成像结果

a) 提离为 0 时的幅值扫描成像结果　b) 提离为 9mm 时的幅值扫描成像结果　c) 三个铝块的幅值扫描成像结果

为 9.4% 和 13.8%。下面两个区域分别为未固化和没有黏结剂的树脂。试验中，微波频率为 24GHz，提离为 4mm。图 6-18b 给出了成像结果。可见，不同树脂率都可以被检测和成像。

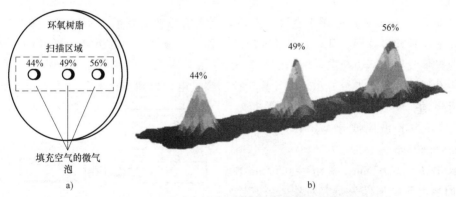

图 6-17　孔隙率试块示意图和扫描成像结果

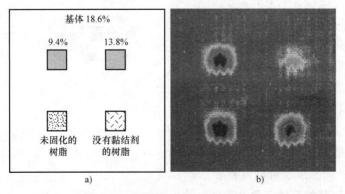

图 6-18　不同树脂率示意图和结果

a) 含有不同树脂率的试件　b) 成像结果

6.2.3　金属表面缺陷的微波波导检测与定量分析

由于受到强烈的趋肤效应影响，微波无法检测金属的内部缺陷，只能检测表面缺陷。

1. 表面缺陷的特征信号

图 6-19 所示为末端开口的矩形波导和表面缺陷的示意图。W 为缺陷宽度，D 为缺陷深度，L 为缺陷长度，a 为波导口径长边尺寸，b 为波导口径短边尺寸，缺陷与波导长边平行，δ 为波导长边外沿与缺陷在 y 方向上的相对距离。

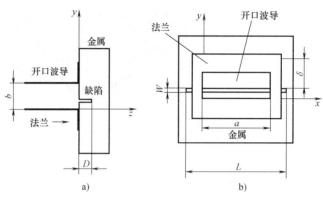

图 6-19　末端开口的矩形波导和表面缺陷的示意图

a）主视图　b）左视图

图 6-20 所示为 Z. Zoughi 用于金属表面缺陷检测的微波波导系统示意图。微波信号源产生微波并施加到开口波导。开口波导置于缺陷一侧，与金属表面的距离（提离）为 tl。二极管检波器置于波导内部，与波导法兰的距离为 l。由数字电压计测量二极管检波器的输出电压，并传输到计算机上进行显示。由计算机控制步进电动机和扫描平台，并进一步控制金属试块进行运动，实现扫描检测。检测频率为 24GHz。波导为 K 波段波导 WR-42，尺寸为 10.67mm×4.32mm。

将长度 $L > 10.67$mm，$W \times D = 0.55$mm × 2.5mm 的某表面缺陷作为研究对象。当波导扫描经过缺陷时，通过理论和试验获得的缺陷特征信号如图 6-21 所示。横轴代表波导长边外沿与缺陷在 y 方向上的相对距离 δ。该图展示了缺陷的特征信号，当缺陷位于波导外部时，归一化幅值是稳定的。当缺陷即将进入波导时，归一化幅值出现剧烈的变化（突变）。当缺陷完全进入波导时，归一化幅值进入稳定范围。通过该特征曲线看出，缺陷的宽度可以被定量，而深度也可以被表征。

2. 金属表面缺陷的尺寸定量

缺陷定量是无损检测重要的环节。本部

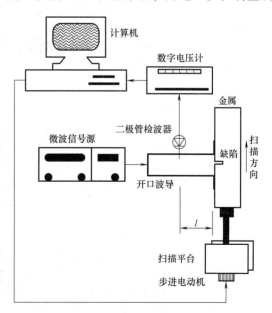

图 6-20　用于金属表面缺陷检测的微波波导系统示意图

分内容介绍使用缺陷特征信号对长缺陷的宽度进行定量预测。缺陷长度指缺陷 x 方向的尺寸，缺陷宽度指 y 方向的尺寸，缺陷深度指 z 反方向的尺寸。长缺陷指缺陷长度大于波导的长边尺寸 a。两个典型的长缺陷的特征信号如图 6-22 所示。横轴代表波导长边外沿与缺陷在 y 方向上的相对距离 δ。尽管缺陷的特征信号发生了变化，尤其是深缺陷，但是缺陷的宽度依然可以被定量。通过特征信号上两个尖峰之间的距离，可以获得相应的特征长度。特征长度 L_s 与缺陷宽度的关系可以表示为

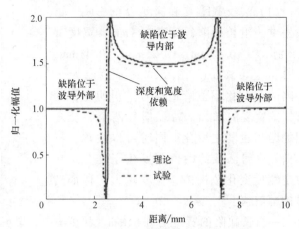

图 6-21　理论和试验获得的缺陷特征信号

$$\begin{cases} L_s = W + b \\ W = L_s - b \end{cases} \tag{6-16}$$

如图 6-22a 所示的浅缺陷，其长度为 38mm，宽度为 0.84mm，深度为 1.53mm。如图 6-22b 所示的深缺陷，其长度为 22.86mm，宽度为 0.94mm，深度为 10.08mm。通过式 (6-16) 获得的宽度约在 0.9~1mm 范围内，相对误差为 20% 以内。

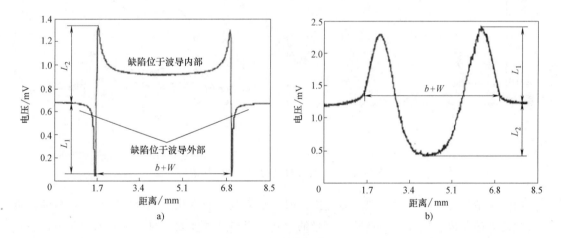

图 6-22　缺陷特征信号

a) 浅缺陷　b) 深缺陷

3. 特征信号的影响因素

在检测中，影响缺陷特征信号 S 的因素有很多，如缺陷的尺寸：裂纹宽度 W 和裂纹深度 D；如传感器的位置：探测器位置 l 和提离 tl；如激励信号的属性：频率 f 和入射功率 P。它们对检测信号 S 的影响可表示为

$$S = f(W, D, l, tl, f, P) \tag{6-17}$$

Z. Zoughi 通过试验分析各因素对检测信号 S 的影响。

（1）裂纹宽度 W 和深度 D 的影响　试块提供一组长缺陷，深度为 1mm，宽度 W 分别为 0.15mm、0.25mm、0.41mm、0.51mm、0.58mm。图 6-23 所示为这几个缺陷的归一化幅值特征信号。很明显，随着缺陷宽度的增加，特征信号两个突变之间的距离也随之变化。同时可以发现，特征信号中间区域的幅值也发生了变化。在一定宽度变化范围内，宽度越大，特征信号的幅值越小。

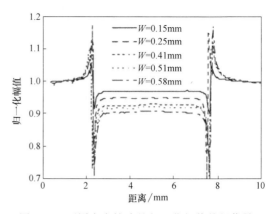

图 6-23　不同宽度缺陷的归一化幅值特征信号

一组长缺陷的宽度为 0.51mm，深度分别为 2.5mm、3mm、3.5mm、4mm、4.5mm、5mm、5.5mm、6mm 和 6.5mm。图 6-24 所示为这几个缺陷的归一化特征信号。很明显，随着缺陷深度的变化，特征信号中间区域的幅值和特征信号的形状发生了剧烈的变化。同时可以发现，特征信号两个突变之间的距离也随之变化。

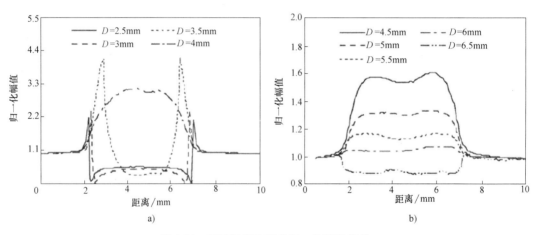

a)　　　　　　　　　　　　　　　　　　b)

图 6-24　不同深度缺陷的归一化特征信号

由试验结果可以看出，当缺陷深度固定时，缺陷宽度的变化虽然会影响特征信号的幅度和突变之间的距离，但并不影响特征信号的形状。当缺陷宽度固定时，深度的变化不仅会影响幅值大小，也会影响特征信号的形状。同时可以发现，若存在特定深度，特征信号中位于法兰外边和里边时的幅值可能相同，这种情况可能导致缺陷无法被准确检测，如图 6-24 中深度等于 6mm 的情况。实际中可以采用多个探测器等手段来避免这种情况。

（2）探测器位置和提离的影响　二极管探测器置于波导管内，二极管探测器与波导法兰的距离称为探测器位置 l，这个位置可以进行优化，以提高检测灵敏度。待测缺陷宽度和深度分别为 0.85mm 和 0.93mm，检测频率为 10.5GHz。图 6-25a 所示为探测器位置不同时的归一化特征信号。可以发现，探测器位于不同位置时，特征信号呈现出几乎相同的形状。但是，特征曲线中间的幅值是随着位置变化的。图 6-25b 所示为图 6-25a 中横坐标（距离）在 1~3mm 内的特征曲线。可以发现，部分缺陷的特征曲线在法兰外边和内部时的幅值可能相同，这意味着波导扫描距离比较大时，可能会导致部分缺陷无法检测。同时可以看出，探测器位置的变化可能导致突变现象出现反转。

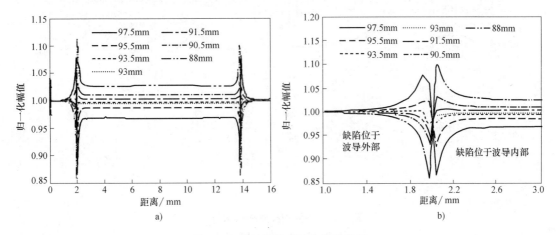

图 6-25　某缺陷的理论和试验结果

提离 tl 指法兰与金属表面的距离。在微波波导无损检测中，提离的影响至关重要。为研究提离的影响，一个宽 0.51mm、深 3mm 的长缺陷在不同提离下被检测。图 6-26 所示为不同提离下（0，1mm、1.5mm、2mm、2.5mm、3mm、4mm 和 5mm）的特征信号。从图 6-26a 可以观察得出：

1）随着提离的增加，两个突变最大值之间的距离逐渐加大。

2）随着提离的增加，特征信号的幅值和变化逐渐减小，意味着缺陷检测灵敏度下降。

同时，从图 6-26b 中可以发现，随着提离的增加，特征信号的幅值逐渐增大。这与图 6-26a 中的变化趋势是相反的。这是因为微波是相干的，而提离的改变同时改变了波导内微波的相干情况。

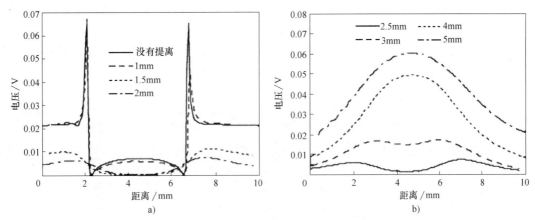

图 6-26　不同提离时缺陷的特征信号

综上所述，某个深度的缺陷存在不可检测性，因为特征信号的变化非常小。这时，可以通过调节提离来提高可检测性。图 6-27 所示为一个宽 0.51mm、深 6mm 的缺陷在不同提离下的特征信号和归一化特征信号。可见，没有提离时，缺陷检出率较低。而在提离距离为

1.5mm 时，检测效果最好。

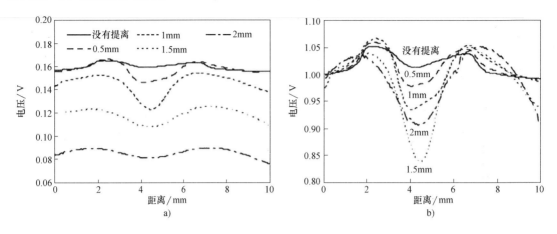

图 6-27　不同提离时缺陷的信号

a）特征信号　b）归一化特征信号

（3）激励信号频率和功率的影响　图 6-28 所示为不同频率时的缺陷（深度 2.5mm，宽度 0.2mm）的特征信号。可见，频率会影响缺陷的检测灵敏度。也就是说，激励信号的频率是一个重要的检测参数。

通常，提高信号频率可以提高检测信号的信噪比。一个宽 0.2mm、深 1.5mm 的长缺陷上分别覆盖 8 层和 4 层包装纸进行检测，检测频率为 17GHz。入射信号功率依次为 0dBm（1mW）、4dBm、8dBm 和

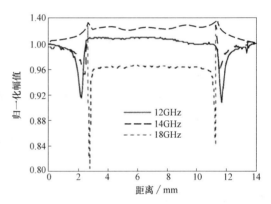

图 6-28　不同频率时的缺陷的特征信号

12dBm。图 6-29 所示为不同功率下覆盖着 8 层和 4 层包装纸缺陷的特征信号。可以看出，随着入射功率的增大，缺陷特征信号的变化越来越大。

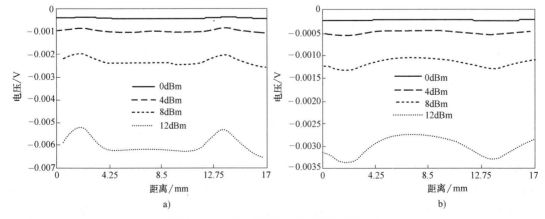

图 6-29　不同入射功率时缺陷的特征信号

6.3　扫频微波波导无损检测与成像

微波波导无损检测技术采用波导作为传感器，既可以采用单频激励信号，也可以采用多频或扫频激励信号。本节介绍基于扫频信号的微波波导无损检测与成像技术。

6.3.1　扫频微波波导检测与成像技术

1. 扫频微波波导检测与成像技术原理

扫频微波波导（Sweep Frequency Microwave Waveguide，SFMW）无损检测与成像技术是一种基于微波波导的无损检测技术，它具有"扫频"和"扫描成像"两个特征。首先，它的激励信号是一个扫频信号，即对一个空间位置使用扫频微波信号进行检测；其次，它需要扫描机构控制传感器，以获取多个空间位置（x，y）的检测信号。扫频微波波导无损检测和成像的检测系统构成，与常规的微波波导检测和成像系统类似，唯一不同的是，它使用的微波源具有扫描功能。

扫频微波波导成像技术属于扫描成像。微波波导在扫描系统的控制下对被检对象的扫描路径如图 6-30 所示。在 x 方向上，空间位置依次为 x_1，…，x_m；在 y 方向，空间位置依次为 y_1，…，y_n。在每个扫描位置，微波波导的激励信号是一个扫频信号，频率为 f_1，…，f_p。

由于激励信号为扫频信号，在每个空间位置获得的响应信号也是扫频信号，包含多个频率成分（$f=f_1$，…，f_p），因此，扫频微波波导成像技术获得的检测数据 **Y** 是一个三维张量模型，其大小为 $m×n×p$。如图 6-30 所示，第一维和第二维是 x 和 y 方向的空间坐标，第三维是频率成分。空间坐标（x，y）上扫频信号中某个频率成分的值 $Y(f，x，y)$ 包含实部和虚部（或幅值和相位）。从所有扫描位置上提取某个频率的幅值或相位，或从整个扫频响应信号中提取出合适的特征值，可以获得一个二维矩阵，该二

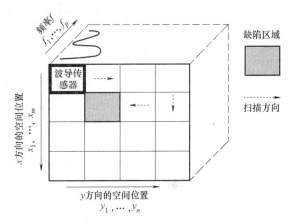

图 6-30　微波波导扫频成像系统的扫描路径

维矩阵可以用来 C 扫描成像。扫频微波波导成像技术可同时获得多个频率成分的图像序列，具有频率成分多、信息量大等优势。但是，如何从扫频信号中选择合适的特征值进行缺陷的检测和成像，是该技术的一个难点。

2. 矩阵转换与分解技术

扫频微波波导成像获得的数据是三维张量，可将该三维张量转化为适用的二维矩阵，并利用合适的矩阵分解技术，如主成分分析（Principal Component Analysis，PCA）、独立成分分析（Independent Component Analysis，ICA）和非负矩阵分解（Non-negative Matrix Factorization，NMF）等对整个扫频频率波段进行处理和分析。这些新的特征可用于提高缺陷检测效果，优化检测空间分辨率，并量化缺陷尺寸和深度信息。此外，扫频微波波导成像还具有

压缩数据量、消除提离影响、抑制噪声等优势。另外，矩阵分解技术还成功地解决了人为选择频率和特征值的问题。

三维矩阵到二维矩阵的转化方法如图 6-31 所示。如图 6-31a 所示，Y 为获得的三维张量，频率成分为 $f=f_1, f_2, \cdots, f_p$；提取所有空间坐标的某个频率成分，如 f_1，可以形成一个二维矩阵 $Y(f_1)$，其大小为 $m \times n$，如图 6-31b 所示。把这个二维矩阵向量化，可以得到一列向量，如图 6-31d 所示。依次把每个频率成分的二维矩阵向量化，就可以把三维矩阵转化为一个二维矩阵，如图 6-31c 所示。三维矩阵 Y 被扩展为

$$Y_{2D} = \left[\text{vec}(Y(f_1)), \text{vec}(Y(f_2)), \cdots, \text{vec}(Y(f_p)) \right]^{\mathbf{T}} \tag{6-18}$$

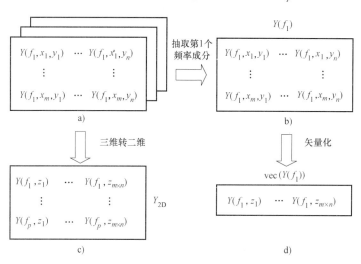

图 6-31 三维矩阵到二维矩阵的转化示意图

对变换之后的二维矩阵 Y_{2D} 进行 NMF、PCA 或 ICA 分解，可以得到缺陷信息，这里具体采用了 NMF 分解。矩阵是人们最常用的数学表达方式，如一幅图像就恰好与一个矩阵对应，矩阵中的每个位置存放着图像中一个像素的空间位置和色彩信息。非负矩阵分解的广泛应用，源于其对事物的局部特性有很好的解释。NMF 能被用于发现数据库中的图像特征，便于快速自动识别应用；能够发现文档的语义相关度，用于信息自动索引和提取等。图 6-32 举例说明了 NMF 分解的特点，给定观测矩阵，NMF 可将观测矩阵分解为突显局部特征的字典矩阵（Dictionary Matrix）和与之对应的响应矩阵（Activation Matrix）。如图 6-32 所示，观测矩阵由以三角形和圆形为代表的局部特色图形组成，并在空间中存在各自的响应分布。通过 NMF 分解，观测矩阵被分解为字典矩阵和与之对应的响应矩阵两类，其中字典矩阵 1 捕获了观测矩阵圆形图形，与之对应的响应矩阵 1 定位了该字典矩阵在空间中的对应位置；同理，字典矩阵 2 捕获了观测矩阵中的三角形图形，与之对应的响应矩阵 2 定位了该字典矩阵在空间中的对应位置。根据该思路，可将扫频微波波导成像的频谱-空间矩阵式（6-18）中的 $|Y_{2D}|$ 考虑为观测矩阵，并期望利用 NMF 分解获取非缺陷区字典矩阵和响应矩阵，以及缺陷区的字典矩阵和响应矩阵，从而获取缺陷检测的定量信息。该方法的应用能够有效地抑制提离和人为选频处理对检测鲁棒性的影响，后续小节中将对各方法进行具体的对比分析。

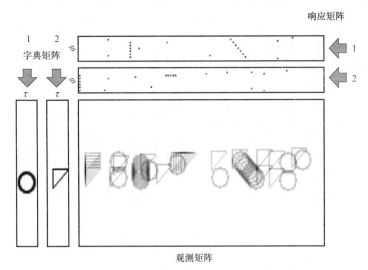

图 6-32 非负矩阵分解字典矩阵和响应矩阵解释

3. 扫频微波波导成像系统

扫频微波波导成像系统如图 6-33 所示。网络分析仪（Agilent PNA E8363B）用于提供扫频信号并获得反射信号的频率谱，波导通过同轴电缆与网络分析仪连接，计算机通过 IEEE-488 通用总线与网络分析仪连接，用于控制和获取检测数据。同时计算机通过并口控制扫描机构。控制程序的软件环境为 Matlab。波导传感器依据实际检测情况选用标准的 WR-42 波导或 WR-90 波导。

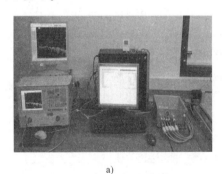
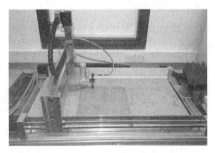

a)   b)

图 6-33 扫频微波波导成像系统

a）扫频微波波导检测系统 b）扫描成像系统

6.3.2 金属表面缺陷的扫频微波波导检测

1. 表面人工模拟缺陷

扫频微波波导检测技术可用来实现金属表面缺陷的非接触检测。以终端开口的矩形波导作为传感器，当微波遇到金属时会产生全反射。裂纹的存在将引起高次模的产生，影响已在波导中形成的驻波。反射回来的微波信号被采集到矢量网络分析仪并传输到计算机。结合扫描路径上的微波反射信号，可以精确地检测出裂纹位置及其尺寸。扫频微波波导检测技术检测表面缺陷的系统框图如图 6-34 所示。Agilent PNA E8363B 用来产生扫频激励信号并测量反射信号的频谱。计算机通过 GPIB 通用总线与网络分析仪连接，用于控制网络分析并获取检测数据，计算机通过并口控制扫描机构，控制程序的软件环境为 Matlab，波导传感器采用WR-90 波导，扫频信号的频率范围设置为 8.2~12.4GHz（X 波段），频率分辨力为 0.02GHz（211 个扫频点）。

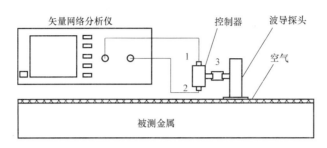

图 6-34 扫频微波波导检测技术检测表面缺陷的系统框图
1—反射模式电缆 2—传输模式电缆 3—转换器

含有表面缺陷的金属试块如图 6-35 所示，材料为铝，试块尺寸为 260mm×50mm×10mm。铝板上预制好 4 个不同深度的缺陷，从右至左，缺陷的长×宽×深分别为 50mm×4mm×2mm、50mm×4mm×4mm、50mm×4mm×6mm、50mm×4mm×8mm。缺陷间距大约为 50mm。由于铝试块上的缺陷只有深度信息变化，因此在实际试验中对铝试块进行沿试块长度方向的线扫描。波导传感器与铝块的位置如图 6-35 所示。波导传感器的尺寸如下：长边 a 为 22.86mm，短边 b 为 10.16mm。在检测试验中，波导的长边与缺陷长度方向平行。波导的线扫描方向为 x 方向，与缺陷宽度方向平行。进行了两次试验，波导与试块之间的距离（提离）分别设置为 1.5mm 和 11.5mm。波导线扫描长度为 260mm，覆盖 4 个缺陷区域。

在扫描过程中，系统可获得被测位置区域在扫频范围内的频谱信息。扫描线上多个位置的频谱曲线可以构成 B 扫描二维图像。图 6-36a 为提离 11.5mm 时获得的 B 扫描结果；图 6-36b 为提离 1.5mm 时获得的 B 扫描结果。图中，横坐标为波导传感器沿扫描线的位置，纵坐标为频率，图中的色阶表示信号的幅度。两幅图中都可以看出 4 个缺陷的存在，且越深的缺陷造成的波动越明显。仔细对比两幅图，可以发现，提离为 1.5mm 时的检测效果要优于 11.5mm 时的检测效果。试验结

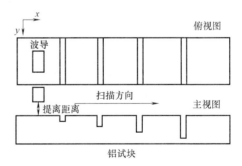

图 6-35 波导传感器与试块的位置

果表明，提离高度会影响微波成像的空间分辨率和缺陷检测效果。

通过非负矩阵分解（NMF）处理不同提离时的微波扫描的空间-频谱数据，缺陷的位置、宽度和深度信息可以直观地从图像中挖掘。通过扫描整个铝试样（包含缺陷区域和非缺陷区域）获得数据矩阵，利用 NMF 矩阵分解得到检测字典矩阵和响应矩阵，字典矩阵可用于缺陷区域和非缺陷区域的识别，响应矩阵可用于预估缺陷的位置、宽度和深度信息。提离 11.5mm 时 NMF 矩阵分解之后的结果如图 6-37 所示。图 6-37a 表示 NMF 分解的表征非缺陷

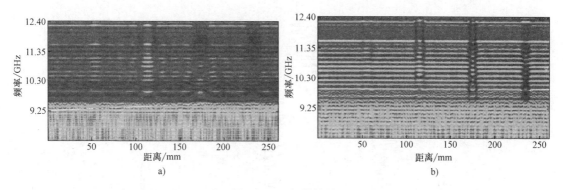

图 6-36　B 扫描结果

a）提离 11.5mm　b）提离 1.5mm

区频谱的字典矩阵；图 6-37b 表示 NMF 分解的表征缺陷区频谱的字典矩阵；图 6-37c 表示 NMF 分解的非缺陷区响应矩阵；图 6-37d 表示 NMF 分解的缺陷区响应矩阵。图 6-37d 缺陷区字典矩阵激活峰幅度增加，表示在该空间检测到缺陷信息。图 6-37c 非缺陷区字典矩阵对应的响应矩阵会在非缺陷区响应高幅度激活峰。同样的现象也出现在提离为 1.5mm 时的结果中，如图 6-38 所示。

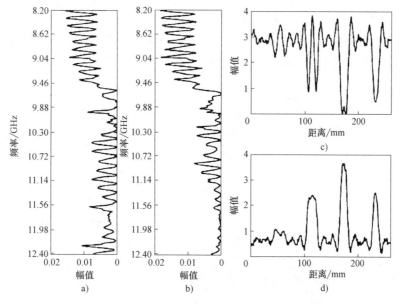

图 6-37　提离 11.5mm 时 NMF 矩阵分解之后的结果

在 NMF 分解结果中，可以通过计算峰值包络宽度和幅度来估计金属表面缺陷的宽度和深度信息。如图 6-39 所示，缺陷宽度信息（4mm）可以直观地得到，对于相同宽度的缺陷（在相同提离高度下），其宽度信息不受深度影响。对于不同深度的金属表面缺陷（2 ~ 8mm），提取出的特征幅值基本上随缺陷深度的增加而增加（8mm 深度缺陷的幅值估计超出了 X 波段对深度检测的范围，所以呈现出幅度低于 6mm 缺陷的情况）。对于同样的被测物体，不同提离高度对其宽度预估误差影响较大，但是通过非负矩阵分解，提离高度和预估宽

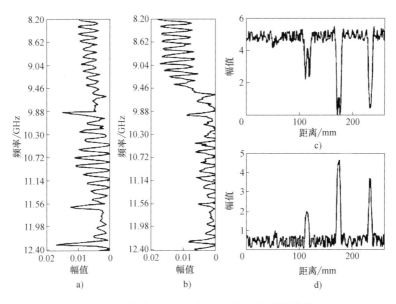

图 6-38　提离 1.5mm 时 NMF 分解之后的结果

度的互相关关系被提取出来（图 6-39）。通过测试不同提离高度 NMF 分解结果对定位缺陷和宽度量化的误差分析可得，提离从 0～11.5mm（步阶 1mm）的宽度量化误差可由 4 阶函数拟合，结果如图 6-40 所示。由此 4 阶模型可建立 NMF 分解缺陷宽度量化的误差补偿模型，从而为金属表面缺陷的量化提供方法。

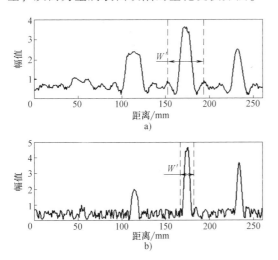

图 6-39　提离分别为 11.5mm 和 1.5mm 时的
缺陷宽度估计

a）提离 11.5mm 时估计的激活基信号　b）提离
1.5mm 时估计的激活基信号

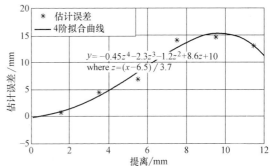

图 6-40　不同提离下缺陷宽度的估计误差

2. 遮盖物下缺陷的扫频微波波导成像

本小节采用微波波导扫频成像技术对石膏板下金属材料的缺陷进行检测和评估。利用

NMF 对检测获得的扫频数据（整个频率波段的幅值谱和相位谱）进行处理和分析，得到特征值进行缺陷检测，可解决人为选择频率和特征值的问题，提高微波波导检测的空间分辨率，并量化缺陷尺寸和深度信息。

传感器采用标准 WR-90 波导，口径尺寸（$a×b$）为 22.86mm×10.16mm，法兰尺寸为 42.2mm×42.2mm。激励信号为 X 波段微波，频率范围为 8.2～12.4GHz。扫频形式为线性扫频，频率分辨率为 0.02GHz，共有 211 个频率点。厚度为 5mm 钢板试块上含有一个平底孔（直径 $D = 19$mm，深度为 3mm）。在钢板上覆盖 15mm 的石膏板，对人工试块进行线扫描，扫描路径正好横跨孔缺陷，扫描步进量为 2mm，扫描长度为 100mm。图 6-41 所示为线扫描检测结果。可见，不同频率处的缺陷检测灵敏度是不同的。低于 9GHz 时，缺陷是不可检测的，如图中虚线框所示。在频率大于 11.4GHz 时，缺陷的检测灵敏度是最高的。也就是说，在实际检测中，微波检测频率是需要优化，即需要进行选择的。

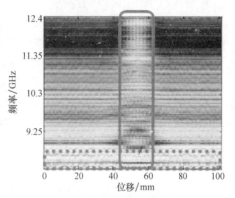

图 6-41　线扫描检测结果

图 6-42 所示为人为选频（10.9GHz）缺陷检测处理和采用 NMF 对扫频微波（8.2～12.4GHz）检测空间-频谱分解之后的检测结果。与前者比较，NMF 成功去除了噪声信号，增强了检测灵敏度，并可以准确预估到石膏板下缺陷的位置和形状。

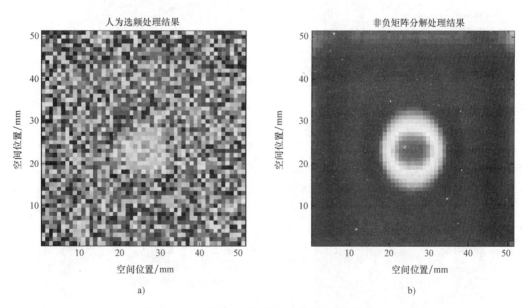

图 6-42　10.9GHz 时幅值成像处理前后的结果

a）幅值成像结果　b）NMF 处理后的成像结果

6.3.3　涂层下缺陷的扫频微波波导成像

（1）试块介绍　试块见 3.4.2 节介绍。低碳钢（Q275）被选作研究对象，其化学成分的质量分数为：$w(C) < 0.22\%$，$w(Si) = 0.05\% \sim 0.15\%$，$w(Mn) < 0.65\%$，$w(Ni) < 0.3\%$，$w(S) < 0.05\%$，$w(P) < 0.04\%$，$w(Cr) < 0.3\%$，$w(N) < 0.012\%$ 和 $w(Cu) < 0.3\%$。不同暴露时间的腐蚀试件的制作步骤为：首先，把厚度为 3mm 的 Q275 钢板切割成长×宽为 300mm×150mm 的长方体。其次，使用黑色熟料带覆盖钢板，直到只剩中间 30mm×30mm 的区域。然后，把试件放置在海洋大气环境中，暴露不同的时间（$t = 1$ 个月、6 个月和 10 个月），以便在试件的中间区域形成不同时间的大气腐蚀。当一定时间的腐蚀形成后，回收试件至实验室并覆盖约 100 μm 厚的涂层。

（2）试验结果　波导传感器采用标准 WR-42 波导，尺寸为 10.668mm×4.318mm。提离距离为 1.5mm。激励信号为 K 波段微波，频率范围为 18~26.5GHz。扫频形式为线性扫频，频率分辨率为 0.04GHz，共有 212 个频率点。对 3 块不同暴露时间（1 个月、6 个月和 10 个月）的涂层下腐蚀进行扫描成像，扫描步长为 1mm。扫描区域是长×宽为 100mm×100mm 的正方形区域。从每个检测位置的扫频幅值信号中提取出最大值进行成像。1 个月和 6 个月腐蚀的幅值成像结果分别如图 6-43a 和 b 所示，被腐蚀的区域可以很清晰地从图像中看出来，其大概是长×宽为 30mm×30mm 的正方形区域。10 个月腐蚀的幅值和相位成像结果分别如图 6-44a 和 b 所示。可见，在幅值成像结果中，腐蚀的轮廓更加清晰。

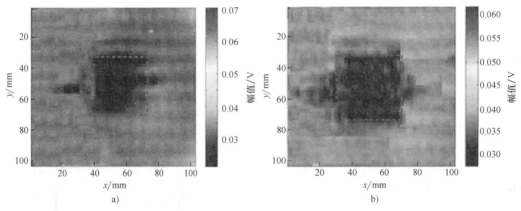

图 6-43　不同暴露时间腐蚀试件的微波成像结果

a）1 个月腐蚀　b）6 个月腐蚀

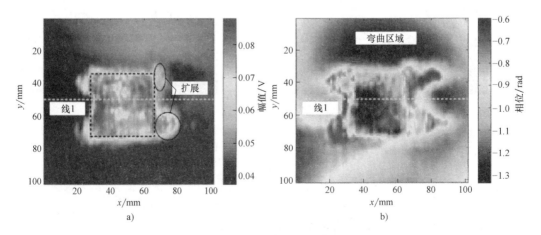

图 6-44　10 个月腐蚀的成像结果

a）幅值　b）相位

在图 6-44 中设置横跨腐蚀的线 1。把线 1 上每个测量点的幅值和相位进行显示，结果如图 6-45 所示。可见，相位曲线受钢板结构的影响更明显，而幅值曲线可以用来对腐蚀区域的宽度进行定量。

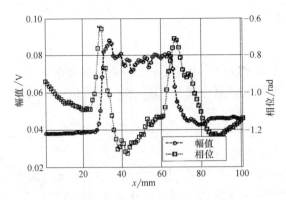

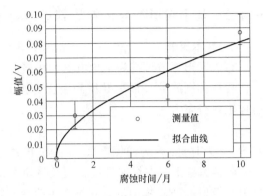

图 6-45　线 1 的幅值曲线和相位曲线　　　　　图 6-46　不同暴露时间腐蚀试件的微波幅值

为了更直观地呈现腐蚀与暴露时间的关系，将腐蚀区域内扫频信号的最大值平均强度作为表征值。可以看出，不同暴露时间腐蚀的表征测量值随时间的增加而增加，如图 6-46 所示。使用幂函数对表征测量值进行拟合。

$$M = at^b + c \tag{6-19}$$

式中，t 是腐蚀时间；M 是表征值。

拟合之后的 a、b 和 c 分别是 0.0206、0.5804 和 0.0023。该幂函数常用来预测一年以上腐蚀的发展情况。根据测量结果可知，该幂函数也适用于一年以内腐蚀的预测。这与前文脉冲涡流检测的结果也是一致的。

6.4　基于波导传输的微波检测

本节介绍把被检对象当作波导的微波检测技术——基于波导传输的微波检测技术。

6.4.1　基于波导传输的微波检测技术

基于波导传输的微波检测技术将金属管道视为引导微波传播的波导，根据微波传播特性的变化实现对管道缺陷的检测和监测。根据电磁波传播理论，微波在波导中的传播规律主要取决于三个方面：第一个方面为微波的特性参数，如频率、模式等；第二个方面为波导壁的特性参数，如波导横截面的形状与尺寸参数；第三个方面为波导中所填充材料的特性参数，如介质的导电率、介电常数等。当以上任一个方面的参数发生变化时，波导内微波的传播特性也将发生变化。当管道内表面存在裂纹、裂缝等缺陷时，也就相当于改变了波导的特性参数，这些缺陷会使管内电磁场的分布发生变化，引起微波的反射和散射，并导致管道中出现高次模的传播。根据管道内微波传输特性的改变，可以实现管道内表面的缺陷检测。

根据波导的种类（矩形波导、圆形波导和同轴波导等），这一技术可分为基于矩形波导的微波检测技术、基于圆形波导的微波检测技术和基于同轴波导的检测技术。现实中管道大多数为圆形，因此基于圆形波导的微波检测技术较为常见，适用于金属管道内壁缺陷的检测。6.4.2 节将介绍基于圆形波导传输的微波检测技术。基于同轴波导的检测技术适用于含有金属类防护层的金属管道，可对管道外缺陷、填充物变化、防护层破损等进行检测。6.4.3 节将介绍基于同轴波导传输的保温层内水量的检测。

6.4.2　基于圆形波导传输的管道内缺陷检测

1. 基本原理

金属圆形管道可视为引导电磁波传播的圆波导。设管道半径为 a，并将金属管视为理想导体构成的圆波导（即电导率趋于无穷大）。若在此管道中传播 TE_{01} 模，则管道内壁表面感应电流分布为

$$J_\varphi = H_m J_0(3.832) e^{j(\omega t - \beta z)} \tag{6-20}$$

式中，t 为时间；β 为相位系数；z 为沿长度方向的传播距离。

若内管壁上存在纵向裂纹，裂纹将使内管壁电流改变方向。其结果是：波将在此处发生反射和散射，TE_{01} 模的场分布将发生改变，管道中除传播 TE_{01} 模外，还有其他高次模存在，则通过检测 TE_{01} 模在管道中传播时模式的改变可以判断管道内是否存在纵向裂纹。

若在此管道中传播 TM_{01} 模，则管道表面电流分布可表示为

$$J = a_z \frac{j\omega\varepsilon a}{2.405} E_m J_1'(2.405) e^{j(\omega t - \beta z)} \tag{6-21}$$

显然，任何圆周方向的裂纹将使内管壁上感应电流改变方向。其结果是，波将在此处发生反射和散射，TM_{01} 模的场分布将发生改变，管道中除传播 TM_{01} 模外，还有其他高次模存在，则通过检测 TM_{01} 模在管道中传播时模式的改变可以判断管道内是否存在横向裂纹。

一般说来，管道内壁上裂纹的走向是任意的，可以将其分解为横向分量和纵向分量。在管道中分别传播 TE_{01} 模和 TM_{01} 模，通过检测各自模式变化来检测横向分量和纵向分量的存在，从而确定管道中裂纹的存在和走向。

如图 6-47 所示，若将微波脉冲分别以 TE_{01} 模和 TM_{01} 模从 A 端射入金属管道中。设 B 点存在缺陷，则微波脉冲在 B 点受到反射。对于 TE_{01} 模，其截止波长 $\lambda = 1.640a$，则波导中波的相速为

$$v = \frac{c}{\sqrt{1 - \left(\dfrac{\lambda}{1.64a}\right)^2}} \tag{6-22}$$

通过测量微波脉冲往返一周所需时间 Δt 可计算出纵向裂纹的位置，即

$$\Delta l = \frac{v\Delta t}{2} = \frac{c\Delta t}{2\sqrt{1 - \left(\dfrac{\lambda}{1.64a}\right)^2}} \tag{6-23}$$

对于 TM_{01} 模，其截止波长 $\lambda = 2.620a$，则波导中缺陷的位置可表示为

$$\Delta l = \frac{v\Delta t}{2} = \frac{c\Delta t}{2\sqrt{1 - \left(\dfrac{\lambda}{2.62a}\right)^2}} \tag{6-24}$$

传播波模式的变化不仅与裂纹的走向和长短有关，而且与裂纹的深度有关。简单而言，裂纹越深，对感应电流的影响越大，因此对传播模式的改变也就越大。

2. 管道内缺陷的定位与定量

金属圆管道可视为微波圆形波导，管道内表面的缺陷会导致波导横截面形状发生变化，进而改变管道内微波导波的传播特性。通过检测微波导波反射突变发生的时间，即可实现管道内表面缺陷的定位检测。一个典型的管道内表面缺陷的反射信号如图 6-48

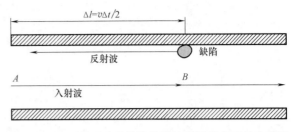

图 6-47　基于圆形波导传输的微波检测技术原理示意图

所示，图中横坐标为传播距离，纵坐标为反射系数。反射系数突变最大处即为管内缺陷的位置，反射系数的幅值可以大致反映缺陷的深度或宽度。

（1）缺陷在管道轴向的定位

缺陷定位可通过观察反射系数发生突变的位置得出。实际检测中，直接获得的并不是实际的距离，而是其他参数，如传播时间、电长度。例如，从矢量网络分析仪时域全景图中可以直接获得电长度，它是传输介质的本身属性，不受测试频率

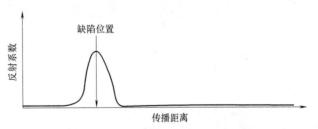

图 6-48　管道内表面缺陷的反射信号

的影响，可反映传输介质的机械长度。因此，需要获得缺陷实际距离与反射系数电长度（或传播时间）的对应关系。杨晨等把金属块置于管道内的不同位置以模拟缺陷，并通过矢量网络分析仪获得时域反射系数突变点对应的电长度。结合实际缺陷的位置得到图 6-49 中的对应关系。图中，横坐标为缺陷实际位置，总长为 200mm；纵坐标为实际测得的电长度值。将各个测量进行线性拟合后得出图 6-49 中所示的直线。根据电长度与缺陷实际位置的对应关系，能快速判定缺陷在管道中的位置，从而实现缺陷的定位检测。

在实现管道内表面缺陷的测定后，杨晨等人进一步对缺陷尺寸进行了评估。图 6-50 所示为管道内同一缺陷在不同位置时的反射系数。其中横坐标为缺陷实际位置，纵坐标为缺陷的反射系数。由该结果可知，同一缺陷在管道内表面不同位置处测出的反射系数并不是一个单调的线性关系。这是由于微波在管道内传输时每 1/4 波长所对应的幅值都不一样。最终导致同一缺陷处于微波的不同位置时，其反射系数也不相同。该结果表明对缺陷进行定量检测是比较复杂的。

（2）不同宽度缺陷的反射系数　图 6-51 所示为杨晨等人通过试验获得的管道内壁相同位置、不同深度（2mm、3mm）、不同宽度的环形缺陷的反射系数。图中横坐标表示环形缺陷的宽度，纵坐标表示缺陷的反射系数，两条曲线分别表示 2mm 深度与 3mm 深度缺陷的测量曲线。整体而言，3mm 深度缺陷的反射系数大于 2mm 深度缺陷的反射系数；3mm 深度缺陷在宽度 2~4mm 范围内反射系数的变化比较大，而在 4~7mm 宽度范围内变化比较小；2mm 深度的缺陷在宽度为 2~3mm 范围内反射系数逐渐增大，而在 3mm 之后逐渐下降并趋于稳定。当缺陷位置和宽度不变时，环形缺陷的深度越大，其反射系数也越大；当缺陷位置和深度不变时，反射系数随着宽度的增加而增大，而当宽度增大到一定范围时，反射系数会趋于稳定，这将增大缺陷宽度定量的困难。

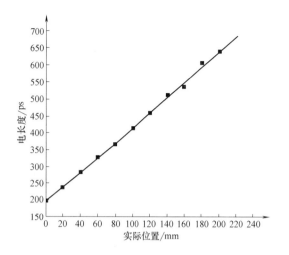

图 6-49   电长度与缺陷实际
位置的对应关系

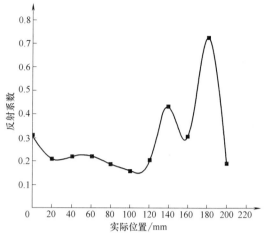

图 6-50   管道内同一缺陷在不同位
置时的反射系数

因此，可将被测管道视为微波圆形波导，通过反射系数发生的位置即可实现内表面缺陷的定位；并且，通过反射系数的大小可对缺陷的大小进行表征。

6.4.3   基于同轴波导传输的保温层内水量检测

基于同轴波导传输的微波检测技术是把含有金属外保护层和绝缘保温层的金属管道系统视作微波传输的同轴波导，可应用于石化、发电、粮食、市政与基础设施建设等领域。

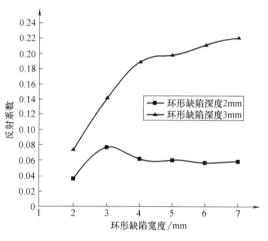

图 6-51   管道内不同环形缺陷的反射系数

1. 问题描述

在石油、天然气、化学等领域，管道外表面通常覆盖着保温层，如图 6-52 所示。主要原因有两个：第一，保持管道内的高温或低温；第二，出于安全考虑，避免操作人员被管道的高温烫伤。通常，保温层外面还包裹着一层金属层，用来保持保温层干燥。因为一旦潮湿，保温层的保温能力将下降。该金属层通常是镀锌钢、铝、镀铝钢或不锈钢，厚度一般在 0.5~1.25mm。通常使用胶粘剂和有机硅胶密封相邻金属防护层之间的连接部位，以防止水的浸入。但是，这些密封胶随着时间会降解，导致水浸入保温层。因此，保温层下会形成一个密闭的、潮湿的微环境。管道长期在这种环境下很容易产生腐蚀。而管道内的高温还会提高腐蚀扩展的速率。有资料表明，管道厚度每年会减薄 0.3~2.2mm。这种腐蚀被称为保温层下腐蚀（Corrosion under Insulation，CUI）。由于保温层下的情况是不可见的，这种腐蚀的检测已经成为难题。很多无损检测技术被研究用于 CUI 的检测，但是尚未达到令人满意的效果。水的浸入是 CUI 发生的先导因素，对水进行检测可以对 CUI 进行早期预警。基于同轴波导传输的微波检测技术可以对 CUI 的早期预警提供解决方案。

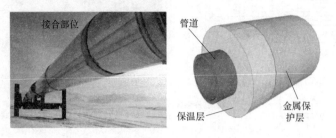

图 6-52　保温管道示意图

2. 基本原理及测量系统

图 6-53 所示为保温管缺陷检测原理示意图。其基本原理是把金属管道和金属层视为同轴波导，把保温层视为同轴波导中的电介质，可以进行微波的远距离传输。因为保温层和水的介电常数差异较大，一旦有水浸入保温层，微波的传播属性将会发生变化，如发生反射现象，利用反射波出现的时间和反射系数大小等特征，可以对水浸入的位置和多少进行定量。

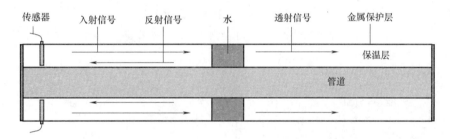

图 6-53　保温管缺陷检测原理示意图

英国 Simonetti 等人开发的检测系统的框图和照片如图 6-54a 和 b 所示。采用矢量网络分析仪 E8361C 产生微波信号并接收反射信号。该矢量网络分析仪的频率范围为 10MHz～67GHz。采用时域反射（Time Domain Reflection，TDR）模式来实时测量微波的时域反射信号。同轴管道如图 6-54c 所示，金属管道内直径为 160mm，厚为 0.5mm；金属防护层管道内直径为 315mm，厚为 0.6mm；绝缘层厚度为 76.2mm，管道长为 3m。对于该同轴管道，TM_{02} 模的截止频率是 1.923GHz。采用 8 天线阵列发射激励信号，激励信号为纯 TEM 波，频率范围为 10MHz～1.9GHz。一个 8 通道分束器把 1 端口输出的微波信号分给 8 个天线。分束器型号为 ETL COM08L1P-2508。分束器和天线的连接线采用 SMA 电缆。

图 6-55a 所示为单天线接收的反射信号，管道之间没有保温材料。管道末端的反射发生在大约 3m 的位置，该反射信号与相干噪声的比值（Signal-to-coherent-noise ratio，SCNR）大约为 1.95dB。图 6-55b 所示为 8 天线阵列发射之后接收的反射信号。管道末端的反射信号可以清晰地观察到，信噪比大约为 39.4dB。可见，8 天线阵列的信噪比可以得到很明显的改观。

为了研究保温层材料的影响，分别在无保温层和有石棉保温层的情况下进行了试验。试

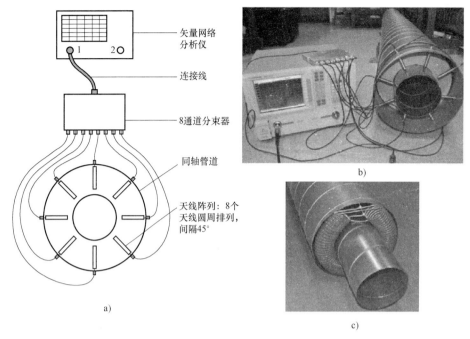

图 6-54 检测系统框图和照片

a）检测系统框图 b）检测系统照片 c）同轴管道示意图

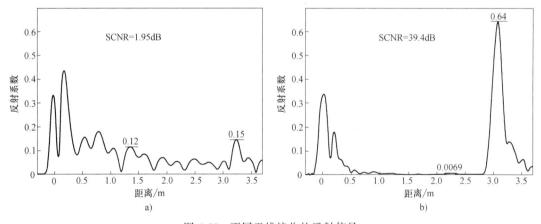

图 6-55 不同天线接收的反射信号

a）单天线接收的反射信号 b）8 天线阵列接收的反射信号

验采用 8 天线阵列。图 6-56 所示为无保温层和有石棉保温层时的反射信号。由于石棉的相对介电常数为 1.06，略大于空气，有石棉保温层时的反射信号出现了微小的衰减和延迟，衰减系数约为 0.1dB/m。

3. 水分水量检测

Simonetti 等用含有不同水量的管道来研究水量对反射信号的影响。如图 6-54b 所示，在同轴管道内加入一段塑料管（直径为 62mm），该管绕金属管近一圈，预留好开口位置，方便加入水量。塑料管绕金属管形成一个圆环，内径为 168mm，外径为 294mm。塑料管的位置位于同轴管道的中点。分别在管道注入 0mL、200mL、500mL 和 1000mL 的水量,并得到相应的反射信号,结果如图 6-57 所示。图 6-57a 中,尽管没有水量,塑料管也产生了一个微弱的反射信号。图 6-57b、c 和 d 中,随着水量的增加,反射信号系数也逐渐增大。200mL 水量大约占管道截面面积的 5%,它的反射信号非常明显。

在不同水量(水量占截面面积的百分数)下进行了试验,获得了相应的反射系数,并减去塑料管引起的反射系数,其结果如图 6-58 所示。该图同时显示了仿真结果。

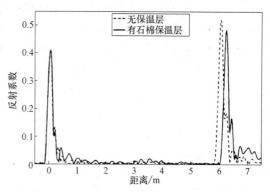

图 6-56　无保温层和有石棉保温层时的反射信号

很明显,在 0~60% 范围内,试验结果和仿真结果的一致性非常好。

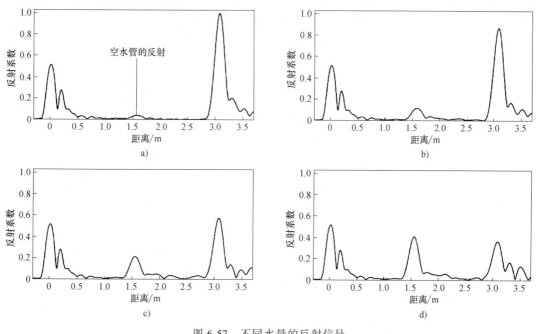

图 6-57　不同水量的反射信号

a) 0mL　b) 200mL　c) 500mL　d) 1000mL

4. 管道弯曲的影响

管道弯曲是管道常见的一种情况,必须研究管道弯曲对检测信号的影响。图 6-59 所示为弯曲的同轴管道示意图。由于同轴管道弯曲,内部传输的 TEM 模的幅值和纯度都会发生改变,并影响 SCNR。下面将采用数值仿真和试验的方法研究弯曲角度对反射系数和传输系数的影响。在数值模型中,同轴波导长度为 1000mm,同轴管道外半径 a 为 157.5mm,内部半径 b 为 80mm。弯曲发生在管道中部,弯曲角度为 θ,弯曲半径为 R。根据管道的实际情况,弯曲半径 R 设置为管道直径的 4 倍,为 1260mm。

图 6-60 所示为通过数值仿真获得的不同弯曲角度 θ 对传输信号的影响。管道弯曲产生

了不同的模。管道内微波的主要成分是 TEM
和 TE_{11}。在弯曲角度从 0°~180° 变化过程
中，TEM 的传输系数在 60%~100% 范围内
经历了两个周期。在 45° 和 135° 左右，模转
换最大，此时的 TE_{11} 最大。在 0° 和 90° 时，
模转换最小，此时的 TE_{11} 最小。在 45° 和
135° 时，占主要成分的是 TE_{11}，约占 50% 以
内，TE_{21} 占有的比例较小，在 10% 以内。

　　Jones 等人开发的管道弯曲试验系统框
图和照片如图 6-61 所示。在弯曲管道两侧
分别设置 8 天线阵列。试验参数与仿真中的
参数一致。

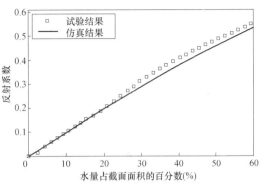

图 6-58　反射系数与水量占截面
面积百分数的对应关系

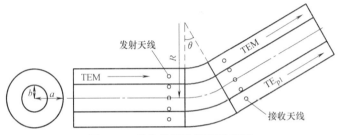

图 6-59　弯曲的同轴管道示意图

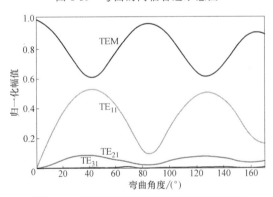

图 6-60　不同弯曲角度对传输信号的影响

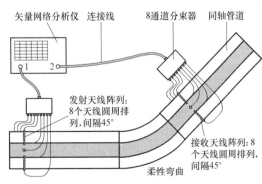
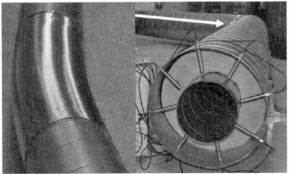

图 6-61　管道弯曲试验系统框图和照片

　　在管道不同弯曲角度下，获得的反射信号和传输信号如图 6-62 所示。其中图 6-62a、c

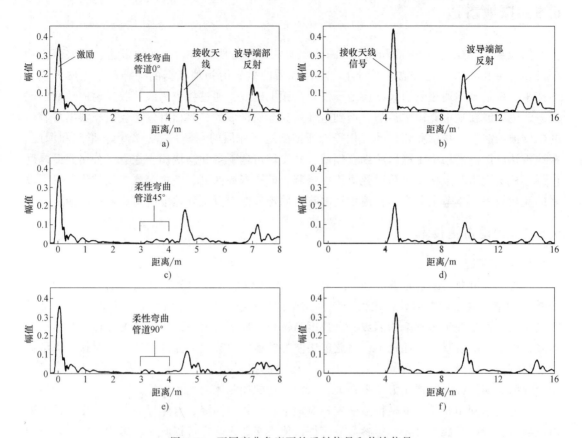

图 6-62　不同弯曲角度下的反射信号和传输信号

a）0°时获得的反射信号　b）0°时获得的传输信号　c）45°时获得的反射信号
d）45°时获得的传输信号　e）90°时获得的反射信号　f）90°时获得的传输信号

和 e 所示分别代表弯曲角度为 0°、45°和
90°时获得的反射信号，图 6-62b、d 和 f
所示分别代表弯曲角度为 0°、45°和 90°
时获得的传输信号。可见，管道弯曲对
反射信号和传输信号是有一定影响的。
管道弯曲越大，对反射信号和传输信号
的影响就越大。

　　图 6-63 所示为 TEM 传输系数与管道
弯曲角度的对应关系。在弯曲 45°时，
TEM 的传输系数最小，大约降低了 50%。
这是因为在 40°~60°时，TEM 的成分是
最小的，如图 6-60 所示。图 6-63 的结果
可以为实际检测中如何补偿弯曲的影响提供指导。

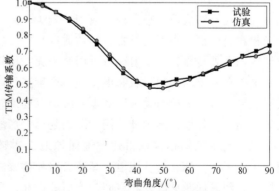

图 6-63　TEM 传输系数与管道弯曲
角度的对应关系

6.5　探地雷达

探地雷达（Ground Penetrating Radar，GPR）又称为地质雷达、透地雷达、亚表面雷达（Subsurface Radar），是以地下不同介质电磁性质的差异为物理依据的一种高频电磁无损检测技术。探地雷达通过发射天线向地下发射高频电磁波，通过接收天线接收反射回地面的电磁波，电磁波在地下介质中传播，遇到电性差异介质构成的分界面时发生反射，根据接收到的电磁波的波形、振幅和相位的变化等特征推断地下介质的空间位置、结构、形态和深度。探地雷达已广泛应用于工程地质勘查领域，并在城市地下空间隐伏病害探查、公路路面厚度检测、机场跑道脱空检测、桥梁隧道工程探测、矿产资源探测、考古等诸多领域都获得了较好的应用效果。本节主要介绍探地雷达的技术原理及在混凝土和地下管道定位中的应用。

6.5.1　探地雷达技术

1. 物理基础

根据 6.1 节介绍的电磁波波长 λ、相速度 v 和相位系数 β 的关系可知，电磁波在有损耗介质（相位系数大）中的波长比无损耗介质中的短；在有损耗介质中，电磁波的相速度不再是常数，而是关于角频率的函数，且速度与波长一样都会变小。当电磁波在良绝缘体中传播时，电磁波的衰减与损耗较小，因此电磁波的穿透能力较强。探地雷达主要对这一类型物质进行探测。电磁波在良导体中传播时，电磁波的损耗和衰减很大，且频率越高，衰减越快；此时高频天线的穿透能力几乎丧失，探地雷达的探测能力失去作用。

探地雷达利用介质的电磁特性来实现对地下目标体的探测。自然界介质的电磁特性主要由电导率、介电常数和磁导率等参数来表征。使用探地雷达进行探测时，影响电磁波波速的主要因素是电导率和介电常数。对于良导体，电导率越大，电磁波的相速度越小，波长也越短。对于良绝缘体，介电常数越大，电磁波的传播速度就越小。

2. 分类

（1）透射与反射探地雷达　探地雷达可划分为透射与反射两种。前者主要用于跨孔探测，发展还不够成熟，在国内外应用比较少。后者则是通过发射天线将高频率电磁波定向送入被检材料内部，当遇到异常目标体或存在电性差异的界面时发生反射与折射现象，折射部分继续向深处传播，而反射部分返回至表面并由接收天线所接收。高频率电磁波在传播过程中，会随着介质的几何形状和电特性，产生路径、频率、波形和能量的变化，因此可通过对反射波的采集、分析与处理以及电磁波的双程走时来确定介质的分界面、介质内部异常体的位置与结构。目前，国内外使用较多的是反射探地雷达技术，本节主要介绍这种技术。

（2）地面与钻孔探地雷达　地面探地雷达属于反射式，主要用于检测地下浅层目标，例如市政工程设施、机场跑道、高速公路和桥梁的铺设路面、铁路路基、隧道衬砌和地雷等的检测；随着探测灵敏度和空间分辨力的提高，探地雷达也逐渐用于墙壁、楼板等房屋建筑结构的检测，探测深度可达 30m 左右。钻孔探地雷达又可以分为单孔和双孔两种工作模式。单孔法属于反射模式，双孔法属于透射模式。钻孔探地雷达主要用于岩层裂隙探测、矿产勘探和地下水调查等，探测深度可达 100m 以上。本节主要介绍地面探地雷达。

（3）浅层、中层和深层探地雷达　根据探测深度的不同，可分为浅层、中层和深层探地雷达。浅层探地雷达的探测分辨力比较高，工作主频一般会超过 1GHz。浅层探地雷达主要应用于桥梁、隧道建设中钢筋的检测，高速公路、机场跑道路面厚度的检测，以及地下未爆炸物（如地雷等）的探测。中层探地雷达的频率一般为 100MHz~1GHz，主要应用于城市地下管道、电缆的探测，考古学中地下掩埋古墓、文物等的探测。为了保证有足够的探测深度，深层探地雷达工作主频一般在 100MHz 以下，且系统需要具有高的动态范围和灵敏度。深层探地雷达多用于冰川考察，油田及矿产的勘探，月球等星球的地质结构探测。本节主要介绍的是浅层探地雷达。

（4）正弦波、调频波和脉冲波探地雷达　　根据工作机制，探地雷达可分为正弦波探地雷达、调频波探地雷达和脉冲波探地雷达等。它们的激励信号是不同的，分别为正弦波信号、调频波信号和脉冲波信号。本节主要介绍脉冲探地雷达。

3. 研究现状

目前，国内外对探地雷达的研究热点主要体现在正演模拟、数据处理和反演解释。

（1）正演模拟　　目前，探地雷达的理论研究明显滞后于实际应用。对于精度和适应性要求较高的检测环境，必须事先了解介质的雷达反射剖面特征，建立异常目标的特征曲线，以指导实测资料的分析和解释。作为反演与解释基础的探地雷达正演模拟技术，已成了探地雷达理论研究的主要内容之一。探地雷达正演模拟主要包括数值模拟和模型试验两种。模型试验是检验数值模拟结果的最可靠方法。数值模拟更加方便灵活，成本低。数值模拟方法比较多，如矩量法、时域有限差分法、有限元法和边界元法等。其中，时域有限差分法具有可直接进行时域计算、广泛的适用性、计算程序的通用性、节约存储空间和计算时间及简单直观等特点，现已成为最为重要的电磁场数值模拟方法之一。时域有限差分法的代表软件是由 A. Giannopoulos 开发的 gprMax。一些研究机构也致力于开发数值模拟软件。戴前伟、冯德山等人用 C 语言及 VC++软件开发出了基于时域有限差分法的探地雷达二维正演程序，并用这些程序进行了二、三维正演模拟。

（2）数据处理　　商用探地雷达出现以后，数据处理能力成为制约探地雷达发展水平、限制探地雷达应用范围的关键因素：一方面，探地雷达的检测数据量相当大，不经过处理几乎无法判读出有用信息；另一方面，具备相关专业知识的人员才能判读探地雷达数据。提高处理效率、减少对专家的依赖性，是探地雷达数据处理研究的两个目标。与研制探地雷达硬件系统相比，数据处理研究对物质条件的要求相对较少。数据处理可分为信号处理和图像处理两部分。

信号处理包括数据编辑整理、时变增益校正、时间和空间滤波，核心在于杂波抑制和滤波。由于探地雷达回波信号具有时变、非平稳和随机性等特点，且覆盖频谱宽，传统的傅里叶变换域滤波的降噪效果不佳。对相干噪声的处理比较复杂，其处理技术一直随着探地雷达的发展而进步。实际上，信号处理的任何新技术都值得关注。S 变换秉承了小波变换的时频局部化的思想，巧妙地采用了与频率相关的高斯窗函数，因而具有比小波变换更强的频率局部化能力，更高的时间清晰度，而且运算更方便，适用于探地雷达的信号处理。

图像处理法是对时域雷达图进行数学和图形处理，用处理过的图像提供目标的相关信息，适于目标识别类的应用领域。图像法具有处理速度快的优点，因此在地雷探测等对实时性要求极高的场合，得到了广泛应用。图像法最初借鉴了比较成熟的地震数据处理方法，如偏移、反褶积，随后 Hough 变换、合成孔径成像、全息成像、高分辨率三维图像处理、自适应图像法等也应用于探地雷达数据的实时处理或后处理。基于图像的目标自动识别属于更高级的处理过程。探地雷达图像处理技术的总体发展水平目前尚处于幼年期，与医学诊断等行业的图像处理水平有较大差距。

（3）反演解释　所谓反演，就是从探测结果及某些一般原理（或模型）出发确定表征模型或介质的电导率、磁导率、介电常数等物理参数分布，从而得到区域介质的空间结构分布，即把探地雷达中观测到的电场或磁场值映射到相应的地下介质模型的理论和方法。凡涉及观测与演绎的，均无法回避反演问题，反演解释才是探地雷达检测的最终目的。反演方法主要有三类。

第一类是基于电磁场方程的反演方法。如第 1 章所述，反问题可以分为两类：优化设计问题和参数识别问题。探地雷达反演问题属于参数识别问题。求解参数识别问题，通常是采用最小二乘原理将其转化为优化问题。根据不同的策略，可以将针对此反问题的计算方法分为确定性方法和随机性方法。传统的确定性方法，如牛顿型方法和共轭梯度法从本质上讲都是局部收敛算法，虽然收敛速度很快，但收敛性过于依赖初值的选取。当目标泛函由于问题本身的非线性而呈现出多个局部极值点时，这些经典迭代算法无法寻找到全局最优解。随机性方法是指在搜索方向和步长方面具有随机性，其典型代表是遗传算法和模拟退火法等。与确定性方法相比，它的优势在于全局收敛，适用范围广，线性及非线性问题都可应用。缺点是计算量大，收敛速度慢，很难满足工程计算的要求。

第二类是基于模式识别的方法，例如支持向量机、人工神经网络，这类算法的优点是可以规避电磁传播的复杂规律特性，使反演问题简单化，可以大大减小计算代价。但是，也有一些不足。首先，基于模式识别的方法反演地下目标的各类信息参数，鲁棒性不够好，不能有效地适应现实场景的复杂多变，不具备高效的实时性。实际工程探测中，探测环境与目标千变万化，大规模采集不同背景和目标条件下的电磁场数据很难且代价高。因此，很难实现适用性强的反演模型。其次，模式识别基本都是基于特征的反演算法。而地下电磁波波速、目标的大小和形状的特征区别很小，模式识别算法在反演电磁波波速、目标大小等信息时没有优势。

第三类是基于图像处理的方法，例如 Hough 变换、图像分割、对称度算法等，这类算法的优点是鲁棒性好，实时性好。这类算法的主要目的是分析目标的尺寸，很难确定目标的物理属性。

4. 目标深度探测原理

脉冲式探地雷达向地下发射脉冲形式的高频电磁波，当电磁波在传播过程中遇到电磁特性（介电常数、电导率和磁导率等）不同的目标体时，电磁波的路径、强度与波形会产生变化，通过分析和处理天线系统接收到的电磁回波信号，根据回波的时延、形状、双程走时及频谱特性等参数，就会对地下目标体的方位、介质结构及电磁特性有深入的了解，最终成功探测到地下目标体。图 6-64 所示为脉冲式探地雷达的探测原理。T 为发射天线，R 为接收天线。

依据电磁波在地下介质中的传播速度，其双程走时可由下式求得，即

$$t = \frac{\sqrt{4z^2 + x^2}}{v} \tag{6-25}$$

目标体的深度可由下式确定，即

$$z = \sqrt{\frac{v^2 t^2 - x^2}{4}} \qquad (6\text{-}26)$$

当发射天线 T 与接收天线 R 之间的距离 x 远小于目标体距地表的深度时，式（6-26）可以简化为

$$z = \frac{vt}{2} \qquad (6\text{-}27)$$

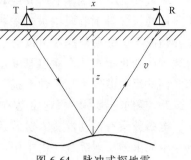

图 6-64　脉冲式探地雷达的探测原理

5. 主要测量方式

目前用于反射探地雷达测量的方式主要有两种：剖面法和多偏移法。

（1）剖面法　剖面法是指收发天线与固定间距沿被测物体表面同步移动的测量方式，它是探地雷达最传统也是最常用的一种测量方式，如图 6-65 所示。通常发射天线和接收天线的间距很小，也有可能是合二为一的单站形式。

（2）多偏移法　多偏移法也受到了广泛应用，尤其是用于波速的测量。如图 6-66 所示，多偏移法主要有两种配置方法：宽角法和共中心点（Common Mid Point，CMP）法。对于同质均匀的材料而言，两种测量方法所得结果没有本质上的差别。而对于像混凝土这样的非均匀材料，共中心点法可以平均天线在某些点上因为材料结构而产生的测量误差。

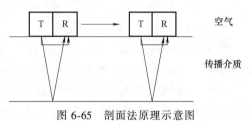

图 6-65　剖面法原理示意图

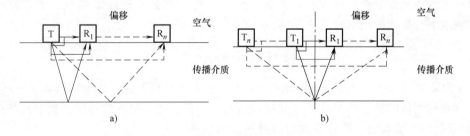

图 6-66　多偏移法原理
a）宽角法原理示意图　b）共中心点法原理示意图

6. 探地雷达的技术参数

（1）分辨率　探地雷达的分辨率指的是雷达所能够清晰分辨的两个或多个目标体之间的最小距离。探地雷达的应用范围很大程度上受到分辨率的影响，而分辨率又会受到介质的电磁特性、天线的频率及目标体与周边介质的差异程度等的影响。分辨率通常分为垂直分辨率和横向分辨率。

1）垂直分辨率。探地雷达在垂直方向能够区分两个反射界面的最小距离称为垂直分辨率。它主要用来揭示薄的介质层的存在，垂直分辨率越高，其能反映出的介质层厚度越薄。根据 Widess 模型，一般来说 λ/8 是作为垂直分辨率的极限，但考虑到干扰噪声等因素的影

响，一般把 $\lambda/4$ 作为垂直分辨率的下限。介质层厚度和垂直分辨率有如下规律：①当介质层厚度超过 $\lambda/4$ 时，反射波的第一个波谷与最后一个波谷的时间差正比于介质层厚度。在这种情况下，介质层厚度可以通过测量时间差确定出来；② 当介质层厚度小于 $\lambda/4$ 时，反射波形的变化很小，介质层厚度正比于反射振幅；③ 当介质层厚度等于 $\lambda/4$ 时，来自顶面和底面的反射波发生相长性干扰，其复合波形的振幅达到最大值。

2）横向分辨率。探地雷达在水平方向上能够分辨出最小目标体的尺寸称为横向分辨率。电磁波具有波动性，入射波遇到界面会有反射波形成，反射波以"反射点"为中心形成一个向上的反射综合。由于相位不同，各段波会相互干涉，造成能量累加或相减。菲涅尔带就是用来表征反射干涉中造成能量加强或减弱的现象，干涉由内而外依次为第一、第二菲涅尔带，且法线处的反射波与第一菲涅尔带外沿的反射波的光程差为 $\lambda/2$。干涉使反射回波能量增大时振幅就会增强；干涉使反射回波能量减弱时振幅就会减小。设反射界面的埋深为 z，收发天线间距远小于埋深时，第一菲涅尔带半径的计算公式为

$$\gamma_f \approx \sqrt{\frac{z\lambda}{2}} \tag{6-28}$$

一般将第一菲涅尔带半径近似为横向分辨率。由式（6-28）可见，横向分辨率与深度和频率有关。不同深度处的横向分辨率是不同的。

（2）探测深度　探测深度指的是探地雷达能够识别出目标物的最大深度，探地雷达系统的增益指数或动态范围和介质的电磁特性是影响其探测距离的主要因素。研究表明，如果接收天线采集的回波反射信号强度大于所选雷达接收天线系统的背景噪声，该回波信号就能被探地雷达识别。假定发射天线的发送功率为 W_t，其效率为 η_t，考虑电磁波以固定角度的圆锥形向下传播和地下介质吸收的系数为 $e^{-2\alpha r}$，另外还有其指向性系数 G_t，所以发射的电磁波探测地下目标体的功率密度 P_s 可表示为

$$P_s = W_t \eta_t G_t \frac{1}{4\pi r^2} e^{-2\alpha r} \tag{6-29}$$

式中，α 为微波在传播介质中的衰减系数；r 为发射天线与地下目标之间的距离。

地下目标物体的散射功率是 P_s 与截面面积 σ_s 之积，考虑目标物体向后散射的指向性系数 G_s 和反射的回波吸收，接收天线的散射回波功率密度 P_r 可表示为

$$P_r = \sigma_s P_s G_s \frac{1}{4\pi r^2} e^{-2\alpha r} \tag{6-30}$$

对于无方向性接收天线，其有效接收面积 A_r 可表示为

$$A_r = \frac{\lambda^2}{4\pi} \tag{6-31}$$

有效接收面积 A_r 和接收指向性系数 G_r 直接影响到天线的接收功率 W_r，可表示为

$$W_r = P_r A_r G_r \eta_r = \sigma_s W_t \eta_t \eta_r G_t G_r G_s \frac{\lambda^2}{64\pi^3 r^4} e^{-4\alpha r} \tag{6-32}$$

如果接收功率 W_r 大于背景噪声功率，该目标体就能被探地雷达探测到。由式（6-32）可知，探地雷达的探测深度受以上诸多因素的影响。

7. 检测参数

探地雷达检测时的参数设定合适与否关系到检测的效果。探地雷达主要的检测参数包括

天线中心频率、发射天线和接收天线的间距、时窗、采样频率、测点间距等。

（1）天线中心频率　天线中心频率 f（单位为 MHz）可以用下式来估计：

$$f = \frac{150}{o\sqrt{\varepsilon_r}} \tag{6-33}$$

式中，o 为空间分辨力（单位为 m）。根据中心频率可以估算探测深度，如果探测深度小于目标体的深度，则需降低频率以获得适宜的探测深度，这就会降低空间分辨力。也就是说，收发天线的频率越小，其探测深度越深，但对目标体的分辨力越低。

（2）采样时窗　探地雷达采样时窗是指雷达系统对电磁回波信号取样的最大时间范围，时窗直接决定了探测深度。时窗（单位：ns）可由下式估算：

$$w = 1.3 \times \frac{2h_{max}}{v} \tag{6-34}$$

式中，h_{max} 为雷达探测的最大深度（m）；v 为电磁波在介质中的波速（m/ns）；系数 1.3 是考虑在实际探测过程中，电磁波在介质层中波速变化和目标体深度变化而所做的余量，是一个保证系数，使雷达在数据采集过程中得到足够多的有效信息。

（3）采样间隔　时间采样间隔是记录反射波采样点之间的时间间隔，采样频率是采样间隔的倒数。若时窗保持不变，采样频率越高，采样间隔就越小，采集的数据也就越丰富。电磁波的采样频率适用尼奎斯特采样定律，即采样频率最小值是采集的反射波频率最高值的 2 倍。目前大多数应用的探地雷达系统，其频带大致与中心频率相等，也就是说发射的电磁波能量覆盖的频率范围大约是中心频率的 0.5~1.5 倍，即反射波的频率最高值大约是天线中心频率的 1.5 倍，采样频率最小值是天线频率的 3 倍。而实际探测经验表明，为使记录的电磁回波波形更完整，采样频率最好取天线中心频率的 6 倍。假定天线中心频率是 f，那么采样间隔 Δt 可以表示为

$$\Delta t = \frac{1}{6f} \tag{6-35}$$

（4）测点间距　天线中心频率和地下介质的电磁特性决定了测点间距。若要使地下介质的回波响应在空间上不出现重叠，测点间距必须符合尼奎斯特定律。测点间隔 n_x（单位为 m）必须是介质中雷达子波波长的 1/4，也就是

$$n_x = \frac{\lambda}{4} = \frac{75}{f\sqrt{\varepsilon_r}} \tag{6-36}$$

式中，f 表示天线中心频率（MHz）；ε_r 是介质相对介电常数。若探测的目标体表面平坦无明显横向变化，可以将测点间距适当加大，既能满足工作要求，也能提高工作效率。测点间距越小，采集的数据越丰富，目标体的信息越详细；反之，数据量越小，目标体的信息也越少。在实地探测过程中应根据实际情况选择合理的测点间距。

（5）天线间距　大多数探地雷达系统采用了单独的发送和接收天线，即双站操作。为保证有效信号的接收，天线间距的选择通常由下式计算，即

$$s = \frac{2h_{max}}{\sqrt{\varepsilon_r - 1}} \tag{6-37}$$

即被测目标的最大深度相对收发天线的张角为临界角的两倍。改变天线的间隔可以大大改善

系统对一些特定类型目标的检测。在进行多偏移数据采集时，测点和天线间距的计算为天线的位移提供了理论依据。

8. 探地雷达的信号描述形式

脉冲探地雷达的回波信号就是一个空气和地面的强反射脉冲信号和一个目标反射的脉冲信号，如图 6-67 所示。地面的反射回波最大，并且在时间轴上比较靠前，而目标的反射回波相较而言较小，并在时间轴上比较靠后。

通过移动探地雷达天线，在不同的方位接收到目标的反射回波，从而得到更多的目标信息。这种通过移动天线得到许多列回波信号就组成一个二维或者三维的图像。目前一般都是采用一维、二维或三维数据集作为探地雷达的数据记录。通常，将一维和二维数据集称为 A扫描和 B 扫描信号。A 扫描就是探地雷达在地

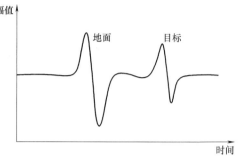

图 6-67　探地雷达的回波信号

面上某个特定的位置接收到的回波信号，图 6-67 就是一个典型的 A 扫描波形。A 扫描中时间轴上回波的先后顺序就是地下介质的深浅情况。B 扫描为同一方向上多个 A 扫描信号的集合，如图 6-68a 所示，x 轴上的点表示探测点，而竖直轴上的信号是目标深度的反映。B 扫描还可以表示为灰度图像，如图 6-68b 所示。多个 B 扫描的集合就是一个三维矩阵，可以描述地下空间内的介质分布情况。

6.5.2　探地雷达在混凝土结构无损检测中的应用

本小节通过数值模拟和试验结果来阐述探地雷达在混凝土结构无损检测中的应用。此处用到的测量方法是剖面法。

1. 时域有限差分正演

陈理庆、何放龙等人以混凝土为检测对象，采用时域有限差分法分析三种情况下的回波信号特征。

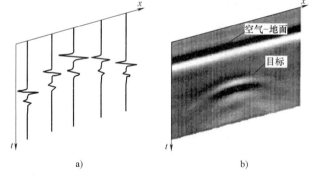

图 6-68　探地雷达的信号形式

a) 多个 A 扫描组成的 B 扫描　b) 通过灰度级描述的 B 扫描

（1）三种基本情况的信号特征　以混凝土为母介质，以钢筋、孔洞和混凝土厚度为被检对象。建立时域有限差分法模型，对这三种情况造成的特征进行分析。混凝土相对介电常数设置为 6，电阻率设置为 $6000\Omega\cdot m$。天线的中心频率设置为 1.2GHz，网格划分为 $2.5mm\times2.5mm$。上述参数下的混凝土中电磁波传播速度为 0.12239m/ns。图 6-69a 中，钢筋为良导体，电磁波无法穿透，而在表面会产生强烈的反射，在 B 扫描上产生弧形的反射面。图 6-69b 中，孔洞内部为空气，相对介电常数设置为 1，电导率为 0.0001S/m，孔洞为电介质，与混凝土的电磁属性有差异，电磁波会在上、下表面各产生反射，因此在 B 扫描上产生两个反射面。该反射面中间为直线，两边逐渐出现弧形特征。同时，反射面具有双曲线特征，这是由孔洞两侧的雷达波反射造成的。图 6-69c 中，三种电介质的电磁属性不同，电磁

波会在两个界面处产生反射，B 扫描上可以清楚地看到两个平行的反射面。根据反射面出现的时间，可以判断介质层的厚度。通过以上三个简单模型能够基本认清在混凝土结构检测中目标回波信号的特点。

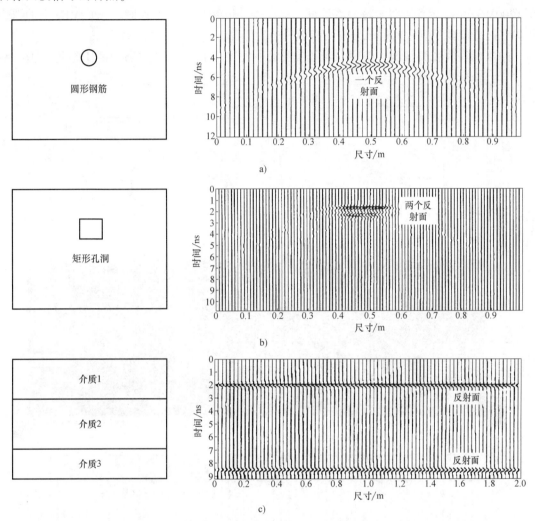

图 6-69　三种情况的模型和仿真结果

a）钢筋及 B 扫描结果　b）矩形孔洞及 B 扫描结果　c）多层介质及 B 扫描结果

（2）钢筋间距及分辨率问题　图 6-70a、b 和 c 分别为在 1200MHz 下直径 28mm 的两钢

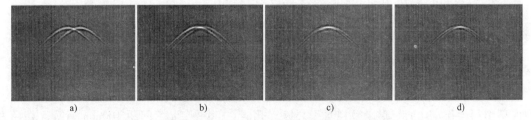

图 6-70　直径 28mm 的两根钢筋的仿真结果

a）间距 0.2m 的仿真结果　b）间距 0.1m 的仿真结果　c）间距 0.05 m 的仿真结果

d）1600MHz 时间距 0.05m 的仿真结果

筋在间距为 0.2m、0.1m 和 0.05m 时的仿真结果。图 6-70d 为 1600MHz 下间距为 0.05m 时的仿真结果。文中所说间距是指钢筋中心间距。由结果可知，1200MHz 下两根钢筋间距 0.2m 和间距 0.1m 时能够清楚地分辨出两根钢筋的位置。当两根钢筋间距减小至 0.05m 时在 1200MHz 中心频率下很难将两者区分，提高中心频率至 1600MHz 时比 1200MHz 下的图像分辨率提高很多，但是也很难分辨出两根钢筋的位置。

（3）钢筋和孔洞检测。图 6-71a 为存在水平裂缝（孔洞）的钢筋混凝土结构模型，结

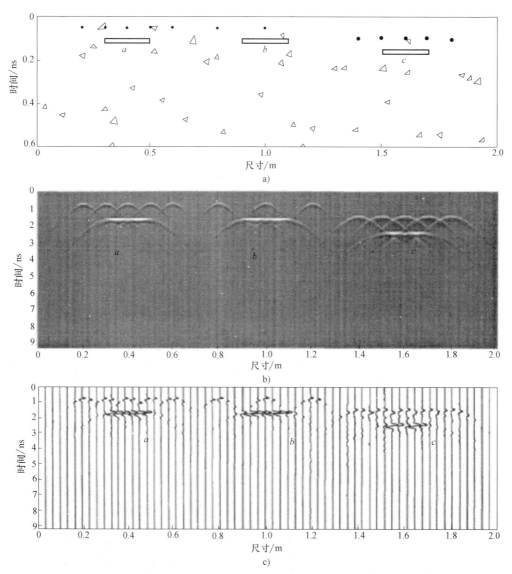

图 6-71 水平裂缝（孔洞）的钢筋混凝土结构模型和仿真结果
a）水平裂缝模拟 b）雷达合成图 c）雷达合成 wiggle 图

构模型中用大长宽比的矩形来模拟水平裂缝（孔洞）。其中，a 为间距 100mm 钢筋（直径为 10mm）下面的裂缝（孔洞），b 为间距 200mm 钢筋（直径为 10mm）下的裂缝（孔洞），c 为间距 100mm 钢筋（直径为 20mm）下面的裂缝（孔洞）。图 6-71b 和 c 为正演合成图像，

可以确定裂缝的具体位置，这与结构模型是一致的。裂缝（孔洞）a、b 的回波信号的比较强。由于衰减和钢筋信号的影响，裂缝（孔洞）c 的回波信号弱。

2. 试验

陈理庆、何放龙等人以混凝土为检测对象，采用试验研究了三种情况的回波信号特征。使用的雷达为发射天线和接收天线的中心频率为 1.2GHz 的高频雷达。数据采集过程中，雷达紧贴混凝土构件表面对构件进行扫描，扫描距离通过外接旋转式光电位移计加以测量。被测混凝土构件厚度范围为 0.35~0.40m。图 6-72a 为完好混凝土构件的雷达扫描截面，由结果可知：

1）被测面以及箍筋的波形清晰可见（箍筋在扫描截面图中呈抛物线形）。

2）被测面抛物线波形的中部存在一条亮线，为纵向钢筋，这是扫描路径靠近纵向钢筋所致；若扫描路径与纵向钢筋稍远，则没有此亮线。

3）根据该结果可以估算沿雷达传播方向混凝土的厚度。

在图 6-72b 中可以观察到一条斜裂缝和孔洞波形。需要指出的是：因雷达波在混凝土材料中传播的复杂性和大量干扰信号的存在，一般只能探测混凝土裂缝是否存在及其大致位置，而不能精确地测出其宽度。孔洞存在的反映波形为抛物线波形，与钢筋的反映波形类似，有时会出现两条反射界面，这是由于在孔洞两侧界面处发生强反射。根据波形的曲率可以估计孔洞的大小，曲率越大，混凝土中孔洞越小；反之则越大。

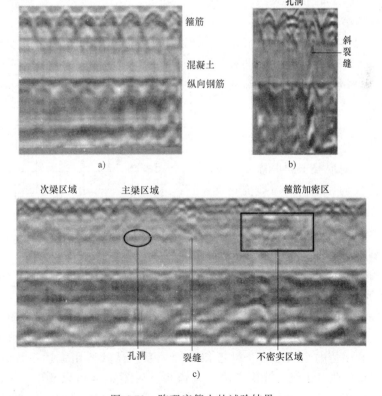

图 6-72　陈理庆等人的试验结果

a）含有箍筋和纵向钢筋的混凝土　b）含有斜裂缝和孔洞的混凝土　c）混凝土主梁

图 6-72c 为一根钢筋混凝土主梁的雷达扫描截面。主梁区域、次梁区域和加密区的钢筋都可以被分辨出来。除裂缝和孔洞外，还可以观察到不密实区域，不密实区域含有较多的空气，在扫描图中反射波形为多层，并且每层由多个抛物线波形不规则叠加而成，如图 6-72c 中矩形框所示。

6.5.3　探地雷达在混凝土含水量无损检测中的应用

由于混凝土的含水量对其结构性能有很大影响，并且水分的存在加速了混凝土结构的劣化，对混凝土含水量的检测成为近年来混凝土无损检测的热点。探地雷达因为其产生的电磁波对水分的敏感性，成为一种非常有效的检测手段。目前比较成熟的含水量检测方法基于混凝土中水分是均匀分布的，主要用到两个物理量的变化来表征混凝土不同的含水量：信号的幅值和传播速度。

1. 信号的幅值

水分对电磁波的衰减可以直接反映在信号的幅值上。Sbartaï 等人通过测量四种水灰比的混凝土试件表面的直射信号和底部的反射信号，发现信号的幅值衰减会随着混凝土含水量的增加而增加，且呈近似线性关系。试验所用雷达系统为 GSSI 的 SIR-2000 配合 1.5GHz 的收发天线。直达波和反射波的检测结果如图 6-73 所示。其中 C1、C2、C3 和 C4 分别代表水灰比为 0.5、0.6、0.7 和 0.78 的混凝土。两种信号的衰减是利用峰峰振幅（Peak-to-peak Amplitude）通过下式计算的：

$$A = -20\lg\left(\frac{A_c}{A_a}\right) \quad (6\text{-}38)$$

式中，A_c 是雷达波对混凝土的振幅；A_a 是雷达波对空气传播的振幅。同时研究还发现，两种波的衰减之间也呈很好的线性相关性。因此，无论是表面直达波的幅值变化还是底部反射波的幅值变化，都可用于混凝土含水量的定量检测和分析。

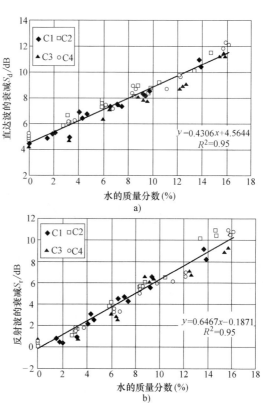

图 6-73　幅值的衰减和含水量（水的质量分数）的关系图

a) 直达波　b) 反射波

2. 传播速度

电磁波的传播速度也被用于混凝土含水量的表征。Klysz 和 Balayssac 通过对两种混凝土 C1 和 C2（水灰比分别为 0.66 和 0.48）进行检测发现，电磁波的传播速度随着含水量的增加而减小，并且和幅值的衰减一样，呈近似线性关系。试验所用雷达系统为 GSSI 的 SIR-2000 配合 1.5GHz 的收发天线，检测方法为宽角法。从图 6-74 可以看出，对于不同的混凝土试件 C1 和 C2，用两种方法（WARR—宽角法和 SARSW—表面波频谱分析）所得的传播速度和含水量都有非常相似的线性相关性。

此外，混凝土的介电常数也常常被用于表征其含水量。在低损耗非磁性的介质中（如混凝土），相对介电常数与传播速度有以下关系，即

$$v = \frac{c}{\sqrt{\varepsilon_r}} \qquad (6\text{-}39)$$

式中，c 为电磁波在真空中的波速（$c = 0.3\text{m/ns}$）。由式（6-39）可以看出，电磁波的传播速度随着介电常数的增加而减小，这也说明了含水量和介电常数是紧密相关的。

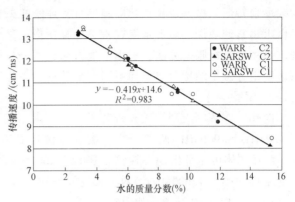

图 6-74 电磁波传播速度和含水量
（水的质量分数）的关系图

6.5.4 探地雷达在地下管道定位中的应用

1. 地下介质及目标的时域有限差分模拟

模拟的对象是湿泥沙层、淤泥层和黏土层，其中含有导体和水泡。蒋诚、王海东等人建立的二维模型如图 6-75a 所示，模型区域为 2500mm×450mm，模拟模型中激励源设置在空气层。第一层区域是湿泥沙层，相对介电常数是 22，电导率是 0.1S/m；第二层是淤泥层，相对介电常数是 10，电导率为 0.01S/m；第三层为黏土层，相对介电常数为 12，电导率为 1.0S/m。圆形目标物体是良导体，直径为 0.075m。矩形障碍物为水泡。模拟的网格边长为 2.5mm，时窗为 16ns。收发天线位于空气土壤界面上方处的水平测线上，发射天线初始位置为（0.3675，0.4525），接收天线的初始位置为（0.4075，0.4525），采用剖面法沿测线采集 100 通道的雷达反射信号，收发天线移动间距为 0.02m。天线中心频率设置为 900MHz，得到的正演模拟图像如图 6-75b 所示。首先，可以看出结果图像中最上面都有一层清晰的反射面。这是因为收发天线和地面间存在空隙层，有一部分电磁波经发射后直接被接收天线接收到，或经介质表层反射后被接收天线接收到。从反射图像中可以发现不同介质层之间存在明显的反射特征。值得注意的是介质内异常目标物的反射特征，圆形目标物体在图像上呈抛

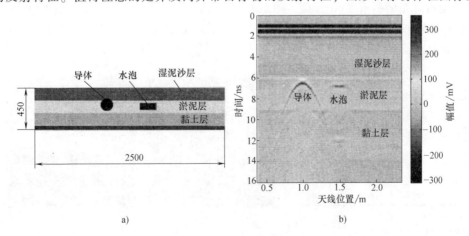

a)

b)

图 6-75 地下介质和不同目标

a）模型 b）仿真结果

物线反射特征。抛物线顶点处即圆形目标体所在的位置，由抛物线顶点处的时间与电磁波速可以求出它的埋深。矩形水泡在雷达仿真图像上呈水平特征，矩形顶部的位置为信号的水平处。采用时域有限差分法，利用探地雷达模拟分析软件对土壤中各种情况进行数值仿真，可以清晰地分辨出结构分界层和不同介质的反射图像特征。

2. 试验

向伟、熊辉等人利用试验研究了地下 PVC 管道在探地雷达检测下的图像及特征，采用了 400MHz 和 900MHz 两种天线。电磁波波速是 0.105mm/ns，土壤深 1.2m，时窗设置为 30ns，目标体可全部出现在探测范围内。400MHz 天线的采样频率为 8000MHz，900MHz 天线的采样频率为 18000MHz。两种天线的采样点数分别取为 512 和 1024。

（1）单根 PVC 管道　如图 6-76a 所示，直径为 315mm 的 PVC 管的埋深为 750mm。使用 400MHz 和 900MHz 天线分别探测得到的仿真结果如图 6-76b 和 c 所示。电磁波在土壤界面处的反射很明显。在两个频率的结果中都能发现管道的反射特征，这说明探地雷达用于探测物体深度的可行性。相同埋深下，高频率天线测得的图像平缓，反射强度弱。低频率天线比高频率更能适应深度变化，但分辨率低。这说明分辨率和探测深度矛盾，需要根据现场探查谨慎选择。

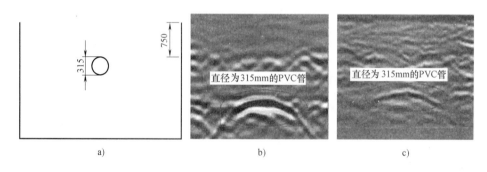

图 6-76　单根管道

a）示意图　b）400MHz 仿真结果　c）900MHz 仿真结果

（2）左右分布的两根 PVC 管道　如图 6-77a 所示，两根直径为 315mm 的 PVC 管的间距为 0，埋深为 150mm。使用 400MHz 和 900MHz 天线分别探测得到的仿真结果如图 6-77b 和 c 所示。900MHz 天线的图像有较好的分辨率，管道顶点间距能准确确定。

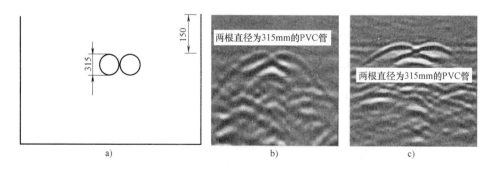

图 6-77　左右分布的两根管道

a）示意图　b）400MHz 仿真结果　c）900MHz 仿真结果

（3）上下分布的两根 PVC 管道　如图 6-78a 所示，直径为 315mm 的 PVC 管的埋深为 750mm，在埋深 150mm 处布置另一根直径为 315mm 的 PVC 管。使用 400MHz 和 900MHz 天线分别探测得到的仿真结果如图 6-78b 和 c 所示。900MHz 天线测得的图形上的特征清晰平缓，是典型管状图像，体现该天线在浅层具有很好的分辨率，下管只能看到少许拖曳痕迹，没能形成较完整的平滑弧形，这是因为上下管直径相同，两管间距只有一倍管径，影响了探测结果。

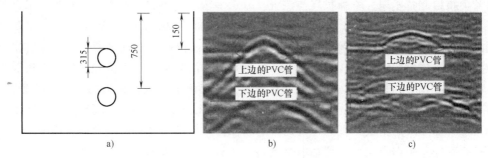

图 6-78　上下分布的两根管道

a）示意图　b）400MHz 仿真结果　c）900MHz 仿真结果

（4）与测线方向平行的 PVC 管道　如图 6-79a 所示，纵向布置的直径为 315mm 的 PVC 管的埋深为 300mm。使用 400MHz 和 900MHz 天线分别探测得到的仿真结果如图 6-79b 和 c 所示。从图上可以看出天线沿管道方向探测时，雷达图像是一个平台，两边各有一条弧形的影像，代表管道的终端。

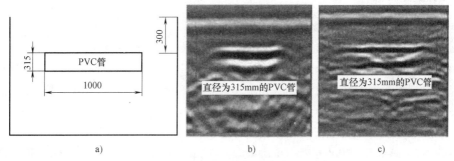

图 6-79　与测线方向平行的管道

a）示意图　b）400MHz 仿真结果　c）900MHz 仿真结果

随着商用探地雷达的增多，探地雷达设备正朝着模块化、多样化、便携式等方向迅速发展。除了关注设备的扫描深度、精度和速度，研究人员也开始注意到探地雷达系统的数据处理问题。探地雷达的检测数据通常需要经过相关专业训练的人员进行处理并提取出有用信息。

综上所述，凡能传播微波的材料或结构，均可能实施微波无损检测。因此，微波检测技术的应用前途将是非常广阔的。近年来，微波无损检测技术的应用范围也日益扩大。以往，复合材料、陶瓷、混凝土的无损检测一直被视为"非金属无损检测三大难题"。如今，随着微波无损检测技术的发展，这类难题正逐步获得有效的解决。目前，平面二维和立体三维成像技术的开发，更加有利于对检测对象中的"缺陷有害度"进行整体性评估，致使微波检测技术进一步提高，迈向更高的定量无损评价（QNDE）的技术水平。

第 7 章 涡流脉冲热成像

随着无损检测技术研究不断扩展与深入，基于多物理场集成的电磁无损检测技术得到了发展。涡流（Eddy Current）与红外热成像（Infrared Thermography）的融合，产生了一种新的无损检测技术——涡流热成像（Eddy Current Thermography），其基本原理是，载有交流电的感应线圈在导体材料表层感应出涡流并产生焦耳热，缺陷会影响涡流和热扩散，进而影响材料表面的温度场，通过红外热像仪记录材料表面的温度场，就可以对材料进行检测评估。涡流脉冲热成像（Eddy Current Pulsed Thermography，ECPT，早期也被翻译为 Pulsed Eddy Current Thermography）是最常用的一种涡流热成像检测技术，具有系统简单、速度快、灵敏度高、分辨率高、频谱丰富、可评估的参数多等优势。本章首先对涡流脉冲热成像技术进行概述，接着介绍几种典型的涡流脉冲热成像缺陷检测及定量方法，然后介绍涡流脉冲相位热成像检测技术，最后介绍涡流脉冲热成像在碳纤维复合材料检测评估中的应用。

7.1 涡流脉冲热成像概述

7.1.1 涡流热成像

1. 电磁热无损检测技术与涡流热成像检测技术

电磁热无损检测（Electromagnetic-thermal NDT）技术泛指利用材料的电磁热效应进行检测和评估的一类无损检测技术。电磁热成像（Electromagnetic Thermography）检测技术是众多电磁热无损检测技术的代表之一，它是电磁检测（Electromagnetic Testing）技术与红外热成像检测（Infrared Thermography Testing）技术相融合的产物。电磁热成像检测技术主要包含：

1）电磁感应热成像（Induction Thermography）检测技术，也称为涡流热成像检测技术。如图 7-1a 所示，它利用法拉第电磁感应原理在导电材料内部感应出涡流并产生焦耳热和热流场，缺陷会影响涡流或热流场，进而影响材料表面的温度场分布，通过红外热像仪记录材料表面变化的温度场，就可以对材料进行检测评估。

2）电流激励的热成像检测技术，也称为电磁传导热成像（Conduction Thermography）检测技术。如图 7-1b 所示，它采用交流电或直流电在导电材料内部产生焦耳热和热流场，采用红外热像仪记录材料表面受缺陷扰动的温度场，对材料进行检测评估。

3）微波热成像（Microwave Thermography）检测技术，它采用微波在被检材料内部产生热流场，采用热像仪记录被检材料表面受缺陷扰动的温度场，对被检材料进行检测评估。

此外，利用磁滞损耗效应在铁磁材料内部产生热量和热流场，并且用热像仪进行成像的检测技术也归为电磁热成像检测技术。

电磁传导热成像与涡流热成像都利用焦耳热效应对被检材料进行加热，适用于导电材料以及含有导电材料的结构或器件。电磁传导热成像检测技术需要接触式加热，而涡流热成像

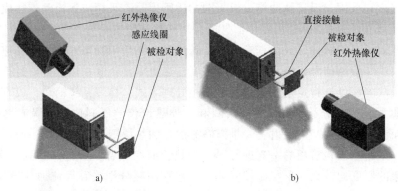

图 7-1　电磁感应热成像和电磁传导热成像

检测技术避免了接触式加热，近年来得到越来越多的关注和研究。

2. 涡流热成像检测技术的分类

（1）根据激励信号与数据处理方式分类　根据激励信号与数据处理方式，涡流热成像可分为涡流脉冲热成像、涡流阶跃热成像（Eddy Current Step Thermography，ECST）、涡流锁相热成像（Eddy Current Lock-in Thermography，ECLT）和涡流脉冲相位热成像（Eddy Current Pulsed Phase Thermography，ECPPT）。有时，也把使用较宽脉冲信号作为激励信号的涡流脉冲热成像称为涡流宽脉冲热成像（Eddy Current Square Pulsed Thermography，ECSPT）。涡流脉冲热成像、涡流阶跃热成像、涡流脉冲相位热成像都采用随时间变化的瞬态信号作为激励信号，可以称为瞬态涡流热成像（Transient Eddy Current Thermography）检测技术。

涡流脉冲热成像通常采用脉冲调制后的高频交变电流（频率通常为几千赫至几百千赫，脉冲时间一般为几十毫秒至几秒）作为线圈的激励信号。涡流脉冲热成像的温度响应信号通常是一个脉冲信号，包含两个阶段——加热阶段和冷却阶段。在加热阶段，被检物体表面的温度通常呈上升趋势。停止加热后，随着热量向四周传递，温度逐渐降低。可以采用不同时刻的热像图（温度幅值图）来进行缺陷的检测，也可以从温度响应信号中提取最大值、峰值时间等特征值来表征材料的属性和缺陷信息。

涡流阶跃热成像通常采用持续的高频交变电流作为线圈的激励信号，以对被检材料进行连续的激励/加热。它的温度响应信号通常是持续上升的。它采用不同时刻的热像图（温度幅值图）来进行缺陷的检测，采用跟时间相关的特征值来表征材料的属性和缺陷信息。有时，也称之为涡流时间分辨热成像（Eddy Current Time-resolved Thermography）检测技术。

涡流锁相热成像的激励信号通常是由频率较高的交变电流（载波信号）与频率较低的锁相信号（调制信号）经幅度调制而成的周期信号（已调信号）。相应地，涡流锁相热成像记录的温度响应信号是一个周期信号。涡流锁相热成像技术采用相敏检波或傅里叶变换技术提取温度响应信号的幅值和相位信息，采用幅值图和相位图进行缺陷的成像检测，使用相位特征值对材料属性和缺陷信息进行表征。涡流锁相热成像采用的调制频率比较低，通常为 $0.1 \sim 10 Hz$，且一次测量通常需要几个周期。因此，涡流锁相热成像技术的检测速度比涡流脉冲热成像检测技术慢。但是，涡流锁相热成像检测技术所使用的相位信息具有一些特殊的优势，可以抑制线圈加热不均匀、表面形状复杂和表面发射率变化等因素带来的负面影响。

涡流脉冲相位热成像检测技术是涡流脉冲热成像和涡流锁相热成像相融合的产物，集成了两者的优点。它采用与涡流脉冲热成像相同的激励信号，采用与涡流锁相热成像类似的信号处理方法（傅里叶变换），利用相位信息进行缺陷检测和定量分析。

经比较可知，涡流脉冲热成像具有以下特殊优势：①采用瞬态加热，检测速度比涡流锁相热成像要快；②检测信号频谱宽，包含的深度信息更丰富；③采用热传导过程来评估深层缺陷，可以对缺陷深度进行定量；④避免了锁相处理方式，检测系统简单，成本低。

（2）根据配置模式分类 根据感应线圈和红外热像仪的不同位置，涡流热成像可分为单面法与双面法。单面法又叫反射法，是指涡流加热和热探测在工件的同一面进行。双面法又叫穿透法，是指在被检对象的一侧进行涡流加热，而在其背面进行热探测。实际检测中，一些检测对象的厚度比较大，形状比较复杂，无法在两侧分别安置涡流加热模块与热像仪。因此，单面法（反射法）应用得更加广泛。

（3）根据加热方式分类 根据涡流的加热深度，涡流热成像可以分为表面加热涡流热成像（Eddy Current Surface Heating Thermography，ECSHT）、近表面加热涡流热成像（Eddy Current Near Surface Heating Thermography，ECNSHT）和体加热涡流热成像（Eddy Current Volume Heating Thermography，ECVHT）。表面加热、近表面加热和体加热涡流热成像都可以按照激励信号分为阶跃式、脉冲式、锁相式和脉冲相位式。

（4）根据相对移动方式分类 根据涡流加热模块、热像仪和被检对象的相对移动方式，涡流热成像可分为静止式和移动式。静止式是指涡流加热模块、热像仪和被检对象保持静止。移动式又可分为加热模块移动式和同步移动式。加热模块移动式指热像仪和被检对象保持固定，而加热模块在热像仪的视场（Field of View）范围内移动，如图 7-2a 所示。同步移动式指热像仪和加热模块同步移动，如图 7-2b 所示。同步移动式也可以配置为固定热像仪和加热模块，而只移动被检对象。同步移动式也叫联动扫描式；加热模块移动式也叫做视场内扫描式。

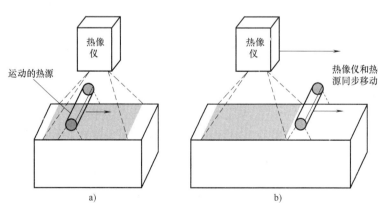

图 7-2 涡流热成像

a）加热模块移动式 b）同步移动式

3. 涡流热成像检测技术的特点

（1）涡流热成像检测技术是对涡流检测技术的改进 如第 2 章所述，在涡流检测中，为了实现快速检测和成像检测，必须采用机械扫描结构或制造涡流阵列传感器。但是，采用扫描结构会使系统复杂，且对被检对象表面情况具有较高的要求；其检测单元（线圈、磁传感器）的固有体积又限制了涡流阵列传感器分辨率的提高。涡流热成像技术创新性地使用红外热像仪记录被测材料表面由涡流产生的焦耳热引起的温度场分布及其变化，可以直接获得温度场分布的二维图像和三维图像序列，检测速度、分辨率与灵敏度均较高。相比传统的涡流检测技术，它具有以下优势：

1）红外热像仪具有高分辨率、高灵敏度的优点。目前主流热像仪的像素间距已达到 $15 \sim 20 \mu m$，热灵敏度（NETD）达到 20mK，辅之以锁相技术，热灵敏度可以达到 $10 \mu K$。

2）检测面积大、速度高。主流热像仪的像素为 320px×256px，甚至达到 640px×512px，全像素采集频率达到几百赫兹，可在几毫秒内测出被检材料表面的温度分布，在相对比较短的时间内检测相对比较大的范围。

3）利用图像判断缺陷，结果直观明了。

4）对导电率较小的材料（如碳纤维复合材料）检测效果好。

5）可以利用热传导原理对材料内部或深处的缺陷进行检测和定量分析。

6）可以评估材料的电磁属性和热属性。

（2）涡流热成像检测技术也是对传统热成像检测技术的改进与补充　传统热成像检测技术的热源通常为闪光灯、卤素灯、激光等，而涡流热成像检测技术采用电磁感应原理在材料内部产生热量和热流。与传统热成像检测技术相比，具有以下优势：

1）采用电磁感应方式在材料内部产生热量和热流，不受材料表面吸热属性等因素的影响，加热效率更高。

2）对于电导率小的材料，涡流趋肤深度较大，可直接加热整个被检物体，有利于检测内部缺陷。

3）表面缺陷可以直接影响涡流场的分布，导致缺陷部位的热量异常，对表面缺陷的检测效果好。

4）闪光灯加热时红外辐射严重，可能导致热像仪饱和。涡流热成像采用带特殊涂层的线圈可避免这种辐射。

5）对材料的电属性和热属性敏感，可评估的参数更多。

这些优点使涡流热成像检测技术在金属及其合金、碳纤维复合材料等导电类材料的检测评估中得到了日益增多的关注和研究。

7.1.2　涡流脉冲热成像

1. 基本原理

图 7-3 所示为涡流脉冲热成像检测技术的基本原理。采用载有脉冲调制交流信号的感应线圈在导电材料表面或内部感应出涡流，涡流转化为焦耳热，继而在材料内部产生热流场。采用红外热像仪记录材料表面变化的温度场，结合电磁学和热传导知识，可以对材料进行检测评估。涡流脉冲热成像检测技术主要涉及三个物理过程：感应涡流加热、热传导和红外辐射。

（1）感应涡流加热　在激励线圈中通以一定频率的交变电流，由于电磁感应现象，被检对象内部会感应出同频率的涡流。此涡流会聚集在被检对象的表面，其密度随着深度的增大而衰减，这一现象称为趋肤效应。趋肤深度代表涡流密度降为表面 1/e 时的深度，可表示为

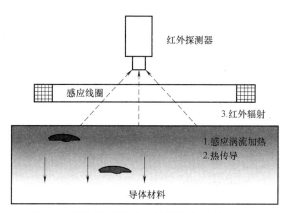

图 7-3 涡流脉冲热成像检测技术的基本原理

$$\delta = \frac{1}{\sqrt{\pi\mu\sigma f}} \tag{7-1}$$

式中，f 是交变电流的频率（Hz）；σ 是材料的电导率（S/m）；μ 是材料的磁导率（H/m）。

根据焦耳定律可知，涡流会在材料内部把电能转化为热能。产生的热量 Q 可表示为

$$Q = Pt = I_{\text{inductor}}^2 \sqrt{\frac{\mu f}{\sigma}} t \tag{7-2}$$

式中，I_{inductor} 指线圈中的激励电流。

可见，热量与激励电流的平方成正比，与频率的平方根成正比，与磁导率和电导率之比的平方根成正比。该加热的效率可表示为

$$\eta \approx \frac{1}{1 + \frac{2h}{r}\sqrt{\frac{\sigma\mu_{\text{I}}}{\sigma_{\text{I}}\mu}}} \tag{7-3}$$

式中，σ_{I} 为线圈的电导率；μ_{I} 为线圈的磁导率；r 为线圈半径；h 为提离。

由此可看出，提离 h 越小，加热效率越高；线圈半径 r 越大，加热效率越高。

（2）热传导 产生的焦耳热 Q 将会在材料内部向周围空间传导，形成三维热流场，并影响表面的温度 T，其传导公式可表示为

$$\frac{\partial T}{\partial t} = \frac{\kappa}{\rho c_p}\left(\frac{\partial^2 T}{\partial x^2} + \frac{\partial^2 T}{\partial y^2} + \frac{\partial^2 T}{\partial z^2}\right) + \frac{1}{\rho c_p}Q(x,y,z,t) \tag{7-4}$$

式中，ρ、c_p 和 κ 分别代表材料的密度（kg/m³）；比热容 [J/(kg·K)] 和热导率 [W/(m·K)]。

简单而言，热量将会以热波的形式在被检材料中传播一定距离。一定时间 t 内热波透入深度 δ_{th} 可以表示为

$$\delta_{\text{th}} \approx 2\sqrt{at} \tag{7-5}$$

式中，t 是时间；a 是热扩散率（m²/s），可以表示为材料密度 ρ、比热容 c_p 和热导率 κ 的函数，即

$$a = \kappa/(\rho c_p) \tag{7-6}$$

可见，热波透入深度 δ_{th} 与时间 t 和热扩散率 a 的平方根成正比，即时间越长，热波透

入深度越大。

（3）红外辐射　当采用红外探测器记录表面温度时，遵循红外辐射定律。斯蒂芬-玻耳兹曼法则陈述了物体表面单位时间内向外辐射的所有波长的能量正比于物体的热力学温度的四次方和发射率，关系为

$$j^* = k\varepsilon T^4 \tag{7-7}$$

式中，k 为斯蒂芬-玻耳兹曼常数；T 是热力学温度（K）；ε 为发射率。

实际上热像仪并不能探测所有波长的辐射，即具有一定的响应波段。普朗克定律（Planck's Law）表述为：一个绝对温度为 T 的黑体，单位表面积在波长 λ 附近发射的能量 $M_b(\lambda, T)$ 与波长 λ、温度 T 满足下列关系：

$$M_b(\lambda, T) = \frac{c_1}{\lambda^5}\left[\exp\left(\frac{c_2}{\lambda T}\right) - 1\right]^{-1} \tag{7-8}$$

式中，c_1 为第一辐射常数，$c_1 = 2\pi h c^2 = 3.7418 \times 10^{-16}\mathrm{W \cdot m^2}$；$c_2$ 为第二辐射常数，$c_2 = hc/k = 1.438769 \times 10^{-2}\mathrm{m \cdot K}$；$c$ 为光速；h 为普朗克常数，$h = 6.626 \times 10^{-34}\mathrm{J \cdot s}$；$k$ 为斯蒂芬—玻耳兹曼常数，$k = 1.3807 \times 10^{-23}\mathrm{J/K}$。

这就是热像仪测温的基本原理。由此可知，随着温度 T 的升高，黑体辐射的幅度按指数增长。

由以上分析可知，缺陷会同时影响感应涡流加热、热传导和红外辐射过程，并会在红外热像仪记录的温度场分布及其变化中体现出来。根据温度场及其变化，可以对被检材料中的缺陷进行检测与评估。

2. 材料属性差异对涡流脉冲热成像加热方式和缺陷检测方法的影响

（1）材料属性差异对加热方式的影响　涡流脉冲热成像的检测深度与涡流趋肤深度和热波透入深度有关。趋肤深度与材料的电导率和磁导率的平方根成反比。热波透入深度由材料的热扩散率 a 和加热之后的时间 t 决定。由于材料的电磁属性和热特性差异巨大，涡流热成像技术对不同材料中缺陷的检测能力有很大差异。表 7-1 所示为四组材料在 100kHz 激励电流下的趋肤深度和时间为 100ms 时的热波透入深度。第 1 组材料具有较大的磁导率，其涡流趋肤深度远小于热波透入深度。第 2 组材料是非常好的导体，其趋肤深度也较小，只有热波透入深度的十分之一至几十分之一。第 3 组材料具有比较低的电导率和热扩散系数，其趋肤深度和热透入深度处在同一量级。第 4 组的碳纤维复合材料和碳化硅陶瓷具有非常小的电导率，其趋肤深度远大于热透入深度。根据不同材料趋肤效应的差异，涡流脉冲热成像的加热方式可以归纳为：①表面加热（Surface Heating）方式：主要针对铁磁材料，趋肤深度非常小，经常可以忽略；②近表面加热（Near-surface Heating）方式：主要针对导体材料，趋肤深度比较小，但是对缺陷定量评估的影响难以忽略；③体加热（Volumetric Heating）方式：主要针对半导体材料，趋肤深度非常大，通常超出试件厚度，试件在很短时间内被整体加热。

表 7-1　典型材料在 100kHz 时的趋肤深度和 100ms 时的热波透入深度

组	材料	电导率/$(10^6 \mathrm{S/m})$	相对磁导率	热扩散率/$(10^{-6}\mathrm{m^2/s})$	100kHz 趋肤深度/mm	100ms 时热波透入深度/mm
1	铸铁	6.2	200	14.9	0.045	2.44
	镍	14.62	100	22.9	0.042	3.03

（续）

组	材料	电导率/ （10^6 S/m）	相对磁导率	热扩散率 /（10^{-6} m^2/s）	100kHz 趋肤深度 /mm	100ms 时热波 透入深度/mm
2	银	62.87	1	173	0.20	8.32
	锌	16.24	1	41.2	0.40	4.06
	铝 2014	22.53	1	73.0	0.34	5.40
	铜	60.09	1	112.0	0.20	6.71
3	铬镍铁合金	0.98	1	3.1	1.61	1.12
	不锈钢	1.33	1	7.1	1.38	1.68
	钛	0.58	1	6.6	2.09	1.62
4	碳纤维复合材料	0.001	1	3.6	50.00	1.21
	碳化硅陶瓷	0.00005~0.001	1	22.0	50.00~225.00	2.97

（2）材料属性差异对缺陷检测方法的影响　根据所处位置不同，缺陷可以分为表面缺陷、亚表面缺陷、内部缺陷和下表面缺陷。在不同的加热方式下，这些缺陷的评估方法是不同的。以金属为例，加热方式通常为表面加热方式或近表面加热方式，只有表面和近表面可以被涡流直接加热，如图 7-4 所示。此时，不同位置缺陷的检测法可以归纳为：

1）表面缺陷。主要依靠涡流场的扰动来检测，特别是与涡流流动方向相垂直的缺陷；同时，也可以依靠横向热传导来检测缺陷，特别是平行于涡流流动方向的缺陷。

2）亚表面缺陷。与表面缺陷类似，会影响涡流场和热传递过程。由于距离表面较近，对涡流场的影响比较明显，主要基于涡流场的扰动来检测。

3）内部缺陷。当超出趋肤深度时，只会影响热传导过程。

4）下表面缺陷。当超出趋肤深度时，只会影响热传导过程。

体加热方式下，材料被整体加热，表面缺陷、亚表面缺陷、内部缺陷和下表面缺陷都会影响涡流场和热流场。在缺陷评估过程中必须考虑缺陷对涡流场和热传导的共同作用。

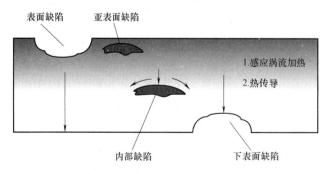

图 7-4　不同位置的缺陷及其对涡流场和热传导的影响

3. 表面加热型和体加热型涡流脉冲热成像

表面加热型涡流脉冲热成像和体加热型涡流脉冲热成像的缺陷检测方法有很大不同，主要区别见表 7-2。

表 7-2　表面加热型和体加热型涡流脉冲热成像的异同

加热类型	表面加热	体加热
适用材料	铁磁金属材料	CFRP 等具有较小电导率的材料
趋肤深度	非常小($<100\mu m$)	几十毫米
热传导	由表面到内部的热传导	由材料到外界的热传导
表面温度变化	下降快	下降慢
缺陷导致的异常热传导	由表面到缺陷,再反射至表面	由缺陷到表面
反射和穿透模式下的缺陷评估方法	完全不同	类似

1）适用材料。表面加热主要用于铁磁性金属材料,体加热主要用于电导率低的材料,如碳纤维增强复合材料。

2）趋肤深度。表面加热时,涡流趋肤深度非常小;而体加热时的涡流趋肤深度较大。

3）热传导。如图 7-5 所示,表面加热时,热量从被检材料表面向内部及背面传导;而体加热时,被检对象表面和内部同时被加热,内部的热传导现象较微弱。

4）表面温度变化。表面加热后,被检对象表面的温度下降很快;而体加热时,被检对象表面的温度下降很慢;但是,两者都遵循幂函数。

5）缺陷导致的异常热传导。如图 7-5 所示,表面加热后,热量先从表面传导到缺陷,由缺陷导致的异常热量再从缺陷传导到表面,通常认为是一个反射过程;而在体加热中,由缺陷导致的异常热波将从缺陷直接传导到表面。

6）反射模式和穿透模式下的缺陷评估方法。如图 7-5 所示,在表面加热方式中,反射和穿透模式下的缺陷评估方法是截然不同的;而在体加热方式中,反射模式和穿透模式下的缺陷评估方法是类似的。

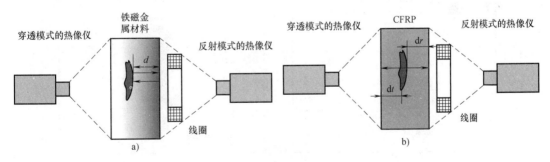

图 7-5　表面加热型和体加热型涡流脉冲热成像的区别

a）表面加热方式　b）体加热方式

7.2　涡流脉冲热成像缺陷检测和评估

本节主要介绍几种典型的涡流脉冲热成像缺陷检测及定量方法,主要包含基于涡流场扰动的缺陷检测评估方法,基于纵向热传导的缺陷定量方法和对数域的缺陷定量方法,基于横向热传导的缺陷检测方法以及基于物理场分离的分阶段检测方法。

7.2.1　基于涡流场扰动的缺陷检测评估

对处在涡流范围内的表面缺陷和亚表面缺陷，其检测评估方法的基础是缺陷对涡流场的扰动。下面以表面缺陷为例，简单阐述基于涡流场扰动的缺陷检测评估方法。假设导体材料表面有一个表面缺陷 [长度为 l，宽度为 w，高度（即缺陷顶部到底部的尺寸）为 d，缺陷的埋藏深度，及缺陷顶部与材料表面的距离为 0]。设置线圈方向与缺陷的长度方向垂直。图 7-6a 所示为该表面缺陷与导体材料的俯视图和主视图。线圈中施加交变电流后，导体材料中产生与线圈方向平行的涡流。流经缺陷的涡流将被阻碍、干扰，并绕道而行。图 7-6b 所示为该缺陷对涡流场的扰动示意图。图 7-6b 俯视图中，涡流受到缺陷的阻碍，部分涡流汇集到缺陷的端部，从而导致端部的涡流密度较大，两侧的涡流密度较小。接着，端部会产生较多的焦耳热，在热像图上显示为高温区域。而两侧区域产生相对较少的焦耳热，在热像图上显示为低温区域（该低温是相对温度的表述，并非指温度比初始温度下降）。图 7-6b 主视图中，受缺陷阻碍，部分涡流会从缺陷的底部绕过。这种情况下，缺陷底部会显示较高的温度，特别是底部的角落部位。随着热量的传导，在缺陷两侧与导体材料表面的夹角区域，会聚集一定的热量，显示为高温区域。如果涡流在导体材料中趋肤深度非常小，这种现象会更加明显。把导致缺陷周围某些区域出现高温的现象称为高温效应。在涡流热成像检测技术中，可以根据高温效应来检测评估表面缺陷及亚表面缺陷。更为详细的基于涡流场扰动的缺陷检测评估方法可见其他文献。基于涡流场扰动的缺陷检测方法具有以下缺点：①受趋肤效应的影响，对超出涡流深度的下表面缺陷的检测能力有限；②对平行于涡流方向的裂纹（平行缺陷）的检测能力有限。

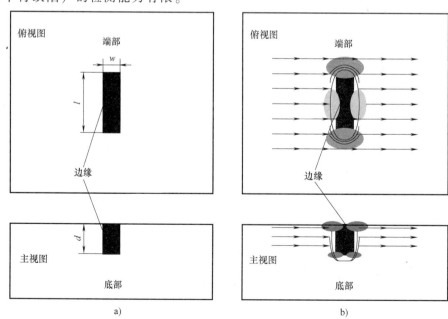

a)　　　　　　　　　　　　　　b)

图 7-6　基于涡流场的缺陷检测评估方法

a）表面缺陷示意图　b）表面缺陷对涡流场的扰动

7.2.2 基于纵向热传导的缺陷定量评估

对于超出趋肤深度的缺陷，其定量评估原理建立在纵向热传导之上。当把激励信号加载到靠近被检导体材料的激励线圈上时，导体表面感应出涡流。该涡流产生的焦耳热，将向材料内部和下表面传导，形成热流场。当热流遇到内部或下表面的缺陷时，其传导过程会被干扰，由此影响到被检材料表面的温度分布。采用热像仪记录并分析被检材料的表面温度变化情况，就可以判断是否存在缺陷，并对缺陷的深度、类型进行评估。

缺陷检测和定量分析的原理如图 7-7 所示。无缺陷区域的温度曲线 T_{ref} 在加热之后是一条下降曲线。当热量传导到缺陷区域时，热流会受到干扰。如果缺陷属于阻热型，热量会被反射，最后使得缺陷上方的温度上升，其温度曲线会偏离无缺陷时的温度曲线。以缺陷 1 （缺陷埋藏深度，即缺陷底部到检测面的距离为 d_1）为例，它的温度曲线 T_1 在 t_{s1} 时刻与 T_{ref} 发生偏离，向上偏转。因此，可以采用温度曲线对缺陷进行检测，如果存在偏离现象，那么该区域存在缺陷。同时可以推断，热像图上缺陷区域的温度将大于无缺陷区域的温度，显示为高温区域。把缺陷温度曲线与参考信号发生偏离的时间称为偏离时间。缺陷埋藏深度越大，其温度曲线偏离正常温度曲线的时刻越晚，它的偏离时间也就越大。对于埋藏深度更大的缺陷 2，它的偏离时间（t_{s2}）大于缺陷 1 的偏离时间（t_{s1}）。因此，偏离时间 t_s 可用来对缺陷的埋藏深度进行定量。实际检测中，受热像仪采集频率的限制，温度曲线的时间间隔会影响偏离时间的准确提取。通常对温度曲线进行拟合或插值后，再进行特征值的提取。

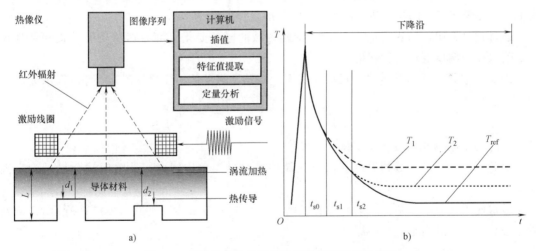

图 7-7 基于纵向热传导的缺陷检测和定量的原理

1. 理论分析

实际的热传导是一个三维过程，包括横向热传导和纵向热传导。利用纵向传递可以对内部缺陷的埋藏深度进行定量分析。但是，横向热传导会减小缺陷与无缺陷区域的温差，减弱高温效应，即带来模糊效应。图 7-8 所示的缺陷，缺陷宽度为 V，缺陷埋藏深度（即材料剩余厚度）为 L_r，缺陷高度为 L_t。定义缺陷宽度 V 与缺陷埋藏深度 L_r 的比值为缺陷的宽度深度比（简称宽深比）v，如下式：

$$v = V/L_r \tag{7-9}$$

图 7-8 中，A 为无缺陷正面区域，C 为无缺陷背面区域，B 为缺陷正面区域，D 为缺陷

背面区域。假设材料的热属性是各向均匀的，那么热量在横向和纵向的传导速度是一样的。如 B 点的热量，既向 D 点传导，也向两侧（如 A 点）传递。一般认为，当缺陷的宽深比 $v>2$ 时，缺陷导致的温度差才能被观察出来。本节的研究对象就是指符合 $v>2$ 的情况。通过忽略热量的横向传导，把复杂的三维热传导简化为一维纵向热传导。并且，采用铁磁材料作为研究对象，忽略趋肤深度的影响。感应线圈置于缺陷的背面，假设可以对材料施加均匀涡流场，因此认为材料表面的热量是均匀的。

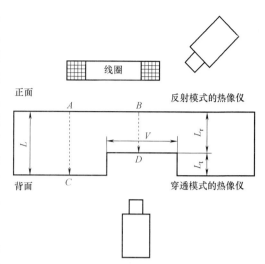

图 7-8 下表面缺陷的检测示意图

Parker 等人通过简化 Carslaw 和 Jaeger 提出的一维解析模型，得到反射模式和穿透模式下无缺陷区域的瞬时温度分别为

$$T^{\text{refl}}(t) = \frac{Q}{\rho c_p L}\left[1 + 2\sum_{n=1}^{\infty}\exp\left(-\frac{n^2\pi^2}{L^2}at\right)\right] \tag{7-10}$$

$$T^{\text{tran}}(t) = \frac{Q}{\rho c_p L}\left[1 + 2\sum_{n=1}^{\infty}(-1)^n\exp\left(-\frac{n^2\pi^2}{L^2}at\right)\right] \tag{7-11}$$

式中，Q 为表面产生的焦耳热；L 为试件的厚度。

通过式（7-10）和式（7-11），结合缺陷区域的厚度变化，可分别对反射模式和穿透模式缺陷区域的温度变化进行解析。

（1）反射模式下缺陷定量 反射模式下，缺陷区域的瞬时温度 $T_d^{\text{refl}}(t)$ 可以表示为

$$T_d^{\text{refl}}(t) = \frac{Q}{\rho c_p L_r}\left[1 + 2\sum_{n=1}^{\infty}\exp\left(-\frac{n^2\pi^2}{L_r^2}at\right)\right] \tag{7-12}$$

式中，L_r 为缺陷埋藏深度，小于试件的厚度 L。

由此可知，缺陷区域的温度会高于无缺陷区域的温度。因此，缺陷区域会显示为高温区域。

通常使用缺陷区域和无缺陷区域的温度差〔也叫差分温度，如式（7-13）所示〕，来判断是否有缺陷以及衡量缺陷的深度。

$$\Delta T_r = T_d^{\text{refl}} - T^{\text{refl}}$$
$$= \frac{Q}{\rho c_p L_r}\left[1 + 2\sum_{n=1}^{\infty}\exp(-n^2\omega_r)\right] - \frac{Q}{\rho c_p L}\left[1 + 2\sum_{n=1}^{\infty}\exp(-n^2\omega)\right] \tag{7-13}$$

式中，$\omega = \pi^2 at/L^2$，$\omega_r = \pi^2 at/L_r^2$。差分温度 ΔT_r 瞬态曲线中的某些特征值通常可以表征缺陷的深度，如峰值时间、峰值等参数。

定义缺陷厚度比 y 为缺陷埋藏深度 L_r 与试件厚度 L 的比值，如式（7-14）所示。

$$y = L_r/L \tag{7-14}$$

可以得到

$$\omega_r = \omega/y^2 \tag{7-15}$$

以 $\Delta T_r \rho c_p L/Q$ 进行归一化，得到归一化温度 ΔV_r 为

$$\Delta V_r = \frac{\rho c_p L}{Q}(T_d^{refl} - T^{refl})$$

$$= y^{-1}\Big(1 + 2\sum_{n=1}^{\infty} e^{-n^2\omega_r}\Big) - \Big(1 + 2\sum_{n=1}^{\infty} e^{-n^2\omega}\Big)$$

$$= y^{-1} - 1 + 2\sum_{n=1}^{\infty}(y^{-1}e^{-n^2\omega/y^2} - e^{-n^2\omega}) \tag{7-16}$$

可以发现，ΔV_r 将会在较迟的时间达到一个常数，这个常数是差分温度的最大值。当然，随着 $\omega = \pi^2 at/L^2$ 的持续增大，ΔV_r 终将会减小直到等于零。差分温度的幅值是应用最广泛的参数之一，经常用来评估热成像的检测灵敏度。但是，它易受加热不均匀、表面发射率、表面状态等的干扰，且无法确定缺陷的深度。

式 (7-16) 所示的差分温度的一阶导数可以表示为

$$\frac{d(\Delta V_r)}{d\omega} = 2\sum_{n=1}^{\infty} n^2(e^{-n^2\omega} - y^{-3}e^{-n^2\omega/y^2}) \tag{7-17}$$

从式 (7-17) 可以看出，一阶导数将在某一时刻达到最大值，这个时刻称为峰值时间 t_r。Ringermacher 推导得出了 t_r 和 L_r 之间的关系，在 $y = L_r/L < 0.5$ 的范围内，可以表示为

$$\begin{cases} t_r = \dfrac{3.64L_r^2}{\pi^2 a} \\ L_r = \sqrt{\dfrac{\pi^2\kappa t_r}{3.64\rho c_p}} \end{cases} \tag{7-18}$$

在反射模式下，式 (7-18) 可以用来对下表面缺陷的埋藏深度 L_r 进行定量。

(2) 穿透模式下缺陷定量 在穿透模式下，缺陷背面区域的瞬时温度 $T_d^{tran}(t)$ 可以表示为

$$T_d^{tran}(t) = \frac{Q}{\rho c_p L_r}\Big[1 + 2\sum_{n=1}^{\infty}(-1)^n\exp\Big(-\frac{n^2\pi^2}{L_r^2}at\Big)\Big] \tag{7-19}$$

由式 (7-19) 可以推测，$T_d^{tran}(t)$ 首先随着时间的变化而升高，出现一个峰值，最后随着热平衡过程而降低。因此，$T_d^{tran}(t)$ 的峰值时间可以表征缺陷埋藏深度 L_r。

另外，缺陷区域与无缺陷区域的温度差 ΔT 可以表示为

$$\Delta T_t = \frac{Q}{\rho c_p L_r}\Big[1 + 2\sum_{n=1}^{\infty}(-1)^n\exp(-n^2\omega_t)\Big] - \frac{Q}{\rho c_p L}\Big[1 + 2\sum_{n=1}^{\infty}(-1)^n\exp(-n^2\omega)\Big] \tag{7-20}$$

式 (7-20) 可以转化为

$$\Delta V_t = y^{-1} - 1 + 2\sum_{n=1}^{\infty}(-1)^n(y^{-1}e^{-n^2\omega/y^2} - e^{-n^2\omega}) \tag{7-21}$$

相应地，其一阶导数可以表示为

$$\frac{d(\Delta V_t)}{d\omega} = 2\sum_{n=1}^{\infty} n^2(-1)^n(e^{-n^2\omega} - y^{-3}e^{-n^2\omega/y^2}) \tag{7-22}$$

该一阶导数会在某一时刻达到最大值，并逐渐减小。达到最大值的时间称为峰值时间

t_t。t_t 和 L_r 的关系可以通过求解 $\mathrm{d}^2(\Delta V_t)/\mathrm{d}\omega^2=0$ 得到。Vageswar 推导出了两者的关系在 $y=L_r/L<0.5$ 的范围内可以表示为

$$\begin{cases} t_t=\dfrac{0.9L_r^2}{\pi^2 a} \\[3mm] L_r=\sqrt{\dfrac{\pi^2\kappa t_t}{0.9\rho c_p}} \end{cases} \tag{7-23}$$

在穿透模式下，式（7-23）可用于定量评估缺陷埋藏深度 L_r。

2. 有限元分析

图 7-9 所示为采用 COMSOL3.5 建立的含有下表面缺陷的二维有限元模型。模型由线圈、试件、下表面缺陷和空气组成。为了给试件表面施加均匀的涡流场，将 5 个平行的导线作为激励线圈。试件材料设置为钢，厚度 L 为 6mm。采用矩形块来代替下表面缺陷，材料设置为空气。材料参数见表 7-3。激励频率为 256kHz，电流为 380A，加热时间为 40ms，总的记录时间为 3s，冷却时间为 2.96s。

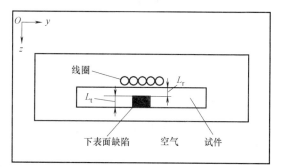

图 7-9　含有下表面缺陷的二维有限元模型

表 7-4 所示为下表面缺陷的尺寸和其他参数。V 为缺陷的宽度，L_t 为缺陷的高度（缺陷底部到试件下表面的距离），L_r 为缺陷的埋藏深度（缺陷区域的剩余厚度）。缺陷 1~6 具有相同的横向尺寸 V 和不同的埋藏深度 L_r。v_r 为反射模式下的宽深比，见式（7-9）。对模型进行分析可知，在穿透模式下，也应该采用 v_r 作为宽深比。y 为缺陷的厚度比，见式（7-14）。

表 7-3　仿真用到的材料参数

参数	空气	钢	铝	聚四氟乙烯
电导率/(S/m)	0	4.03E6	3.7736E7	0
相对磁导率	1	100	1	1
密度/(kg/m³)	1.205	7850	2700	2200
比热容/[J/(kg·K)]	1.005E3	475	897	1050
热导率/[W/(m·K)]	0.0257	44.5	237	0.25
热扩散率/(m²/s)	2.12E-5	1.1934E-5	9.7857E-5	0.11E-6

表 7-4　下表面缺陷的尺寸和其他参数

缺陷编号	V/mm	L_r/mm	L_t/mm	$y=L_r/L$	$v_r=V/L_r$
1	6	5	1	0.83	1.2
2	6	3	3	0.5	2
3	6	1	5	0.17	6
4	6	5.5	0.5	0.92	1.1
5	6	4	2	0.67	1.5
6	6	2	4	0.33	3

反射模式下，记录并分析试件表面（即缺陷背面）的瞬时温度。缺陷 1~5 的归一化瞬态温度响应如图 7-10 所示。可见，宽深比 $v_r \geqslant 2$ 的缺陷（2 和 3）可以被有效检测，而宽深比 $v_r < 2$ 的缺陷（1、4、5）很难被检测。在冷却阶段，缺陷区域的温度要比无缺陷处的温度更高，这与前文的理论分析结论一致。

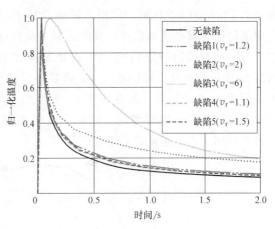

图 7-10　反射模式下不同缺陷的瞬态温度响应

穿透模式下，缺陷 1、2 和 3 在不同时刻的热像图如图 7-11 所示。在图 7-11a 所示的 40ms（即加热结束阶段）时的热像图中，只有缺陷 3 造成的高温区域可见。而且，缺陷 3 边缘区域的温度明显高于中部区域。这是由于缺陷阻碍了涡流的流动，导致缺陷边缘涡流密度增大，产生了较多的焦耳热。在图 7-11b 所示的 0.1s（冷却阶段）的热像图中，随着热量的传导，缺陷 3 高温区域的温度分布比图 7-11a 更加均匀。图 7-11c 所示为 0.2s 的热像图，随着热传导的进行，缺陷 2 造成的高温区域出现，且温度分布均匀。

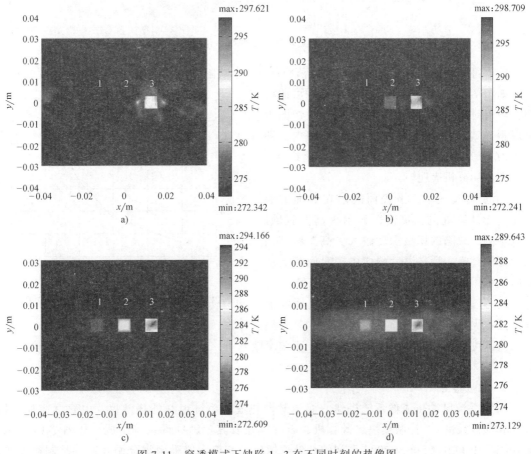

图 7-11　穿透模式下缺陷 1~3 在不同时刻的热像图

a）40ms　b）0.1s　c）0.2s　d）0.34s

图 7-11d 所示的 0.34s 的热像图，缺陷（1~3）都出现。可见，缺陷的埋藏深度和高温区域出现的时间有着必然的联系。高温区域出现得越迟，说明缺陷的埋藏深度 L_r 越大。

与时间有关的特征值可用来表征缺陷的深度。缺陷 1~6 的归一化瞬态温度响应如图 7-12 所示。可见，宽深比 $v_r \geqslant 2$ 的缺陷（编号分别为缺陷 2、3 和 6）可以被有效检测，而宽深比 $v_r < 2$ 的缺陷（编号缺陷 1、4 和 5）比较难检测。这与反射模式下的结论一致。观测瞬态温度响应，发现随着 y 的减小（埋藏深度/L_r 越小），峰值出现的时间越早。因此，该峰值时间可用来定量缺陷的埋藏深度。

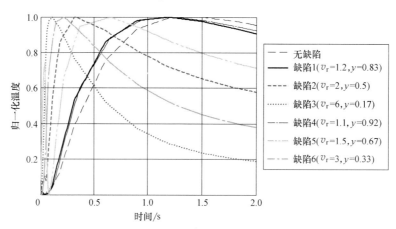

图 7-12　穿透模式下不同缺陷的归一化瞬态温度响应

提取每个缺陷的瞬态温度响应的峰值时间。6 个缺陷的峰值时间与缺陷埋藏深度的对应关系如图 7-13 所示。可见，随着埋藏深度的增加，峰值时间越大，缺陷高温区域在热像图中出现得越晚。在埋藏深度 $L_r < 3$ 的范围内，即 $y = L_r/L < 0.5$ 的范围内，两者关系基本呈线性。

有限元分析表明：

1) 反射模式下，下表面缺陷在表面的温度要比无缺陷处的温度高，显示为高温区域。可以预测，缺陷的埋藏深度越大，高温区域出现的时间越晚。瞬态温度响应中跟时间相关的特征值可用来对缺陷的埋藏深度进行定量。

2) 穿透模式下，下表面缺陷在表面的温度依然比无缺陷区域高，显示为亮点，且缺陷

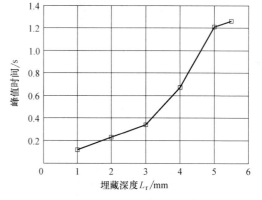

图 7-13　峰值时间与缺陷埋藏深度的对应关系

的埋藏深度可以使用峰值时间来定量。埋藏深度越小，峰值出现的时间越早；在厚度比 $y < 0.5$ 的范围内，两者的关系基本呈线性。

3. 试验验证

（1）涡流脉冲热成像系统搭建　涡流脉冲热成像系统由红外热像仪、电磁感应加热模块（含激励线圈）、控制模块、计算机、软件模块及其他辅助设备等组成，如图 7-14 所示。该系统采用 FLIR 公司 SC7000 系列的红外热像仪。该热像仪采用闭合循环斯特林制冷方式，其探测器为 3~5μm 的 InSb 阵列，像素为 320×256，温度灵敏度<20mK，全窗口最大采集率

示；9mm 缺陷的最大温度出现在 100ms 左右，如图 7-18g 所示。由此可见，缺陷埋藏...小，缺陷的亮点出现得越早。

图 7-19 所示为 4 个缺陷经过归一化处理的瞬态温度响应曲线。可见，缺陷区域的...深度越小，峰值时间出现得越早。图 7-20 所示为峰值时间和埋藏深度的测量值和对应关...实线是采用线性函数拟合的曲线。试验结果显示，在缺陷厚度比小于 2 的范围内，峰值时...与埋藏深度基本呈直线关系。该结果可用于对缺陷的埋藏深度进行定量分析。

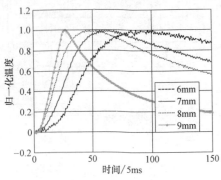

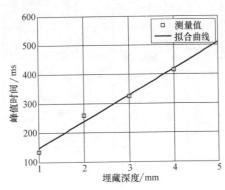

图 7-19　4 个缺陷的归一化瞬态温度响应　　图 7-20　峰值时间和缺陷埋藏深度的测量值和对应关系

7.2.3　对数域缺陷定量评估

1. 基本原理

对数域缺陷定量评估方法的物理原理本质上还是纵向热传导。在对数域进行信号处理有利于缺陷的检测和深度定量。Yang 提出了涡流脉冲热成像基于对数域的缺陷深度定量评估方法，并比较了表面加热和近表面加热对该方法的影响。图 7-21 所示为该方法的原理示意图。无限厚度的物体表面被加热后，其表面温度随时间的变化可以表示为

$$\Delta T = \frac{Q}{e\sqrt{\pi t}} \tag{7-24}$$

式中，ΔT 是某时刻温度与零时刻温度的差值，进一步表示为

$$\Delta T = T(t) - T(0) = \frac{Q}{e\sqrt{\pi t}} \tag{7-25}$$

中，e 是物体的热吸收系数，可以表示为

$$e = \sqrt{k\rho c_p} \tag{7-26}$$

对式 (7-25) 两边进行对数变换，可得到

$$\ln(\Delta T) = \ln\left(\frac{Q}{e}\right) - \frac{1}{2}\ln(\pi t) \tag{7-27}$$

观察式 (7-27) 可以发现，温度对时间 t 和 e 的依赖被分开了。无缺陷时，对数域温度...的斜率为 -1/2，如图 7-21 中的实线所示。当热量在某一时刻 t_s 传递到缺陷时，温度曲...斜率会发生变化，并逐渐偏离无缺陷温度曲线，如图 7-21 中的虚线所示。可以推断，...埋藏深度越大，其偏离时间越大。因此，偏离时间 t_s 可以用来表征缺陷的埋藏深度。

Sheperd 对式 (7-27) 进行二阶求导，求得的最大值时间就是偏离时间 t_s。Sun 等人研

为 383Hz，窗口减小到 64×4 像素，采集率可达到 28000Hz。电磁感应加热模块采用美国 Ameritherm 公司的 EASYHEAT 0224，其最大功率为 2.4kW，最大电流为 400A，激励频率范围为 150~400kHz。EASYHEAT 0224 自带有螺旋管加热线圈，适用于管状、棒状构件的检测。激励线圈为自行设计的平面矩形螺旋激励线圈。数字信号源控制电磁感应加热模块和红外热像仪同步工作，实现加热与图像采集的同步进行。热像仪配套的软件 Altair 测量的辐射单位是 Digital Level（DL）。经过校准的非线性函数可以把 DL 转化为真实的温度单位 K。但是，该函数需要知道物体表面发射率、背景温度等参数。为简化流程，选择 DL 作为热像图中幅值的单位。

图 7-14　涡流脉冲热成像系统

（2）试块　图 7-15 所示为钢试件和检测示意图，长×宽为 250mm×50mm，厚度 L 为 10mm。在试件上加工了具有相同长度（50mm）和宽度（V=6mm）、不同高度 L_t（6mm、7mm、8mm 和 9mm）的矩形凹槽，则缺陷的埋藏深度 L_r 分别为 4mm、3mm、2mm 和 1mm。把 4 个缺陷依次编号为 4、3、2 和 1。缺陷的宽深比 v_r、厚度比 y 等参数见表 7-5。试验中，把感应线圈置于无缺陷一侧，以模拟检测下表面缺陷。

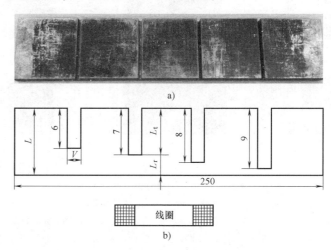

图 7-15　带有下表面缺陷的钢试件和检测示意图
a）照片　b）截面图

表 7-5　钢试件中下表面缺陷的尺寸参数

缺陷编号	V/mm	L_r/mm	L_t/mm	$y = L_t/L$	$v_r = V/L_r$
4	6	4	6	0.4	1.5
3	6	3	7	0.3	2
2	6	2	8	0.2	3
1	6	1	9	0.1	6

（3）结果及分析　反射模式试验中，热像仪和线圈都置于无缺陷一侧，线圈方向与缺陷长度方向垂直。加热时间为 200ms，总的记录时间为 500ms。图 7-16 分别显示了缺陷高度为 6mm、7mm、8mm 和 9mm 的缺陷在不同时刻的热像图。200ms 时，无法观测到 6mm 和 7mm 缺陷，8mm 缺陷隐约可见，9mm 缺陷清晰可见。由于 9mm 缺陷处埋藏深度比较小，在加热阶段结束时，缺陷顶面处的热量已传递到背面。300ms 时，8mm 缺陷开始清晰可见；500ms 时，7mm 缺陷开始出现。结论为：①下表面缺陷表现为亮点；②亮点出现的时间与缺陷的深度有关系，缺陷埋藏深度越小，亮点出现得越早；③宽深比 v_r 为 1.5 的 6mm 缺陷很难被检测，而其余 3 个宽深比 $v_r \geq 2$ 的缺陷可以被检测。

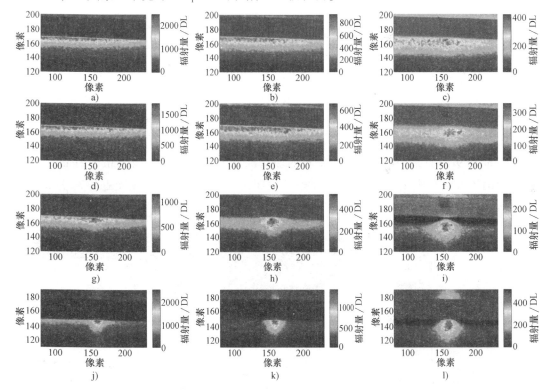

图 7-16　反射模式下 4 个缺陷在不同时刻的热像图

a）6mm 深缺陷，200ms　b）6mm 深缺陷，300ms　c）6mm 深缺陷，500ms　d）7mm 深缺陷，200ms　e）7mm 深缺陷，300ms　f）7mm 深缺陷，500ms　g）8mm 深缺陷，200ms　h）8mm 深缺陷，300ms i）8mm 深缺陷，500ms　j）9mm 深缺陷，200ms　k）9mm 深缺陷，300ms　l）9mm 深缺陷，500ms

提取试件表面位于缺陷中心点和无缺陷区域的瞬态温度响应，并做归一化处理。图 7-17a 所示为 4 个缺陷在冷却阶段的归一化温度响应曲线。可以发现，虽然缺陷和无缺陷

区域的温度都呈下降趋势，但是缺陷区域的温度要高于无缺陷区域的温度。对缺陷区域和无缺陷区域的瞬态温度响应做差分处理。图 7-17b 所示为 4 个缺陷在冷却阶段的差分归一化温度响应曲线。在 500ms 范围内，9mm 缺陷的峰值时间出现得最早。这符合前述结论，埋藏深度越小，峰值出现得越早。

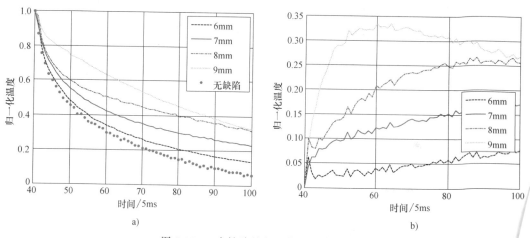

a)

图 7-17　4 个缺陷的归一化温度响应曲线

a）归一化温度响应曲线　b）差分归一化温度响应曲线

穿透模式试验中，线圈置于无缺陷一侧，方向与缺陷长度方向垂直。热像仪置于缺陷一侧。加热时间设置为 100 ms，总的记录时间为 2s。图 7-18 所示为高度为 6mm、7mm 和□的下表面缺陷在不同时刻（100ms、300ms 和 400ms）的热像图。6mm 缺陷的最大温□于 400ms 左右，如图 7-18c 所示；7mm 缺陷的最大温度出现在 300ms 左右，如图 7-□

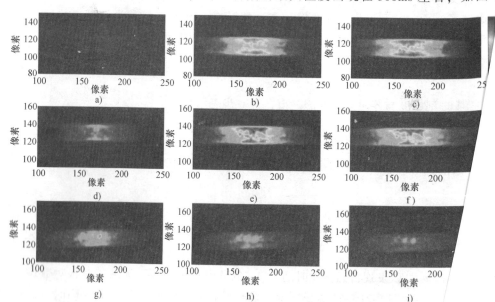

图 7-18　穿透模式下 3 个缺陷在不同时刻的热像图

a）6mm 缺陷，100ms　b）6mm 缺陷，300ms　c）6mm 缺陷，400ms　d）7mm 缺陷，100ms　e□ f）7mm 缺陷，400ms　g）9mm 缺陷，100ms　h）9mm 缺陷，300ms　i）9mm 缺陷□

究表明，这个时间可表示为

$$t_s = \frac{L_r^2}{\pi a} \qquad\qquad (7\text{-}28)$$

式中，L_r 为缺陷的埋藏深度，即图 7-21 中的 d_1 和 d_2。在涡流脉冲热成像中，由于趋肤效应的影响，偏离时间与厚度的关系需要重新计算或校正，才可以对缺陷的埋藏深度进行定量。

2. 有限元分析

通过三维有限元模型对下表面缺陷进行定量研究。模型由线圈、试件、下表面缺陷和空气组成，如图 7-22 所示。试件尺寸设置为长×宽为 150mm×60mm，厚度 L 为 10mm。采用矩形块来代替下表面缺陷，长度为 60mm，与试件宽度相同。截面尺寸可表示为 $V×d$，d 表示缺陷埋藏深度，V 表示缺陷宽度。为模拟相同宽度、不同埋藏深度的缺陷，宽度 V 保持为 6mm，埋藏深度 d 分别设置为 1mm、1.5mm、2mm、2.5mm、3mm 和 4mm。缺陷的材料设置为空气。材料参数见表 7-3。线圈与缺陷长度方向垂直。激励信号的频率为 256kHz，电流幅值为 380A。加热时间为 100ms，记录时间为 3s。

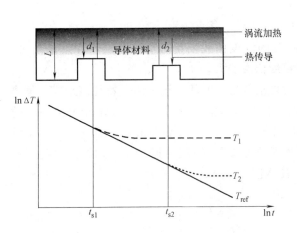

图 7-21　对数域缺陷定量评估的原理示意图

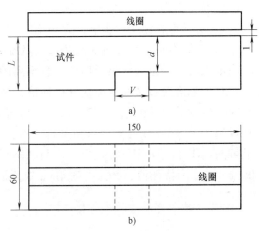

图 7-22　下表面缺陷的有限元模型
a) 主视图　b) 俯视图

（1）表面加热方式　把试件材料设置为钢，材料参数见表 7-3。图 7-23 所示为归一化对数域温度曲线。可见：

1）无缺陷时的对数域曲线近似为直线；有缺陷时，对数域曲线会发生偏离。

2）随着深度的增加，缺陷依次与无缺陷曲线出现偏离，且偏离的幅度依次变大。

对获得的对数域温度曲线进行插值，然后再求解偏离时间。本节选定两个特征值来代表偏离时间，分别是 $t_{s1\%}$ 和 $t_{s5\%}$。把无缺陷的温度曲线称为参考信号。$t_{s1\%}$ 的含义是，某缺陷在这一时刻与参考信号的偏差达到了参考信号最大值的 1%。$t_{s5\%}$ 的含义是，某缺陷在这一时刻与参考信号的偏差达到了参考信号最大值的 5%。图 7-24 中的圆圈和方块为仿真得到的 $t_{s1\%}$ 和 $t_{s5\%}$。对仿真值进行一次函数拟合，拟合结果如图 7-24 中的直线所示。可见：

① 两个特征值 $t_{s1\%}$ 和 $t_{s5\%}$ 与缺陷深度基本呈线性关系。

② 选取 $t_{s5\%}$ 为特征值，无法得到 4mm 缺陷的具体值。

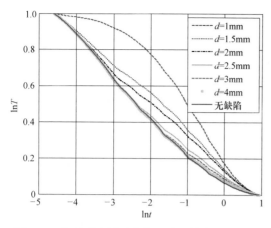

图 7-23　钢试件中缺陷的归一化对数域温度曲线　　图 7-24　偏离时间和钢试件中缺陷埋藏深度的对应关系

（2）近表面加热方式　把试件材料设置为铝，材料参数见表 7-3。图 7-25 所示为归一化对数域温度曲线。从图 7-25 可见：

1）由于趋肤深度的影响，无缺陷时的对数域曲线不是直线。

2）有缺陷时，对数域曲线仍会与无缺陷时的温度曲线发生偏离，且随着深度的增加，缺陷依次与无缺陷曲线出现偏离，且偏离的幅度依次变大。

对缺陷的对数域温度曲线进行插值，然后再求解偏离时间。选定两个特征值来代表偏离时间，分别是 $t_{s1\%}$ 和 $t_{s5\%}$。把无缺陷的温度曲线称为参考信号。图 7-26 中的圆圈和方块为仿真得到的 $t_{s1\%}$ 和 $t_{s5\%}$。对仿真值进行一次函数拟合，拟合结果如图 7-26 中的直线所示。由结果可知：① 两个特征值 $t_{s1\%}$ 和 $t_{s5\%}$ 与缺陷深度基本呈线性关系，可用来进行缺陷深度定量；② 选取 $t_{s5\%}$ 为特征值，无法得到 4mm 缺陷的具体值。

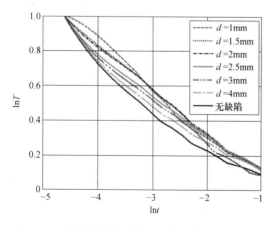

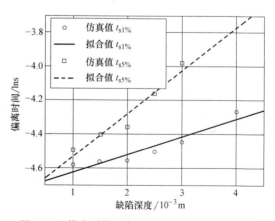

图 7-25　铝试件中缺陷的归一化对数域温度曲线　　图 7-26　偏离时间和铝试件中缺陷深度的关系

3. 试验研究

试验系统见 7.2.2 节。试验采用反射模式，加热时间设置为 100ms。对缺陷 1（埋藏深度 1mm）、缺陷 2（埋藏深度 2mm）、缺陷 3（埋藏深度 3mm）和无缺陷区域进行检测。图 7-27 所示为缺陷 1、缺陷 2 和无缺陷区域的对数域温度曲线。可以发现：

1）无缺陷的对数域温度曲线基本呈线性，而两个缺陷的对数域温度曲线与无缺陷的对区域的温度都呈下降趋势，但是缺陷区域的温度要高于无缺陷区域的温度。对缺陷区域和无缺陷区域的瞬态温度响应做差分处理。图 7-17b 所示为 4 个缺陷在冷却阶段的差分归一化温度响应曲线。在 500ms 范围内，9mm 缺陷的峰值时间出现得最早。这符合前述结论，埋藏深度越小，峰值出现得越早。

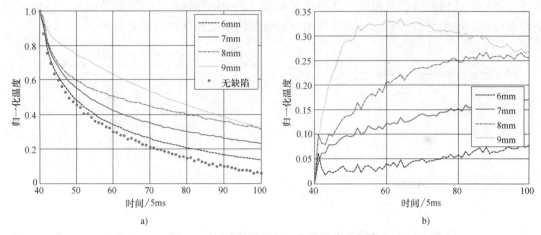

图 7-17　4 个缺陷的归一化温度响应曲线

a) 归一化温度响应曲线　　b) 差分归一化温度响应曲线

穿透模式试验中，线圈置于无缺陷一侧，方向与缺陷长度方向垂直。热像仪置于缺陷一侧。加热时间设置为 100ms，总的记录时间为 2s。图 7-18 所示为高度为 6mm、7mm 和 9mm 的下表面缺陷在不同时刻（100ms、300ms 和 400ms）的热像图。6mm 缺陷的最大温度出现于 400ms 左右，如图 7-18c 所示；7mm 缺陷的最大温度出现在 300ms 左右，如图 7-18e 所

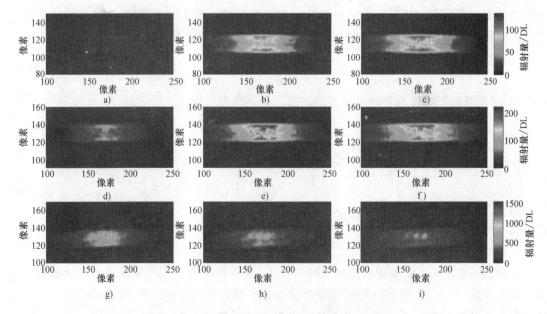

图 7-18　穿透模式下 3 个缺陷在不同时刻的热像图

a) 6mm 缺陷，100ms　b) 6mm 缺陷，300ms　c) 6mm 缺陷，400ms　d) 7mm 缺陷，100ms　e) 7mm 缺陷，300ms

f) 7mm 缺陷，400ms　g) 9mm 缺陷，100ms　h) 9mm 缺陷，300ms　i) 9mm 缺陷，400ms

示；9mm 缺陷的最大温度出现在 100ms 左右，如图 7-18g 所示。由此可见，缺陷埋藏深度越小，缺陷的亮点出现得越早。

图 7-19 所示为 4 个缺陷经过归一化处理的瞬态温度响应曲线。可见，缺陷区域的埋藏深度越小，峰值时间出现得越早。图 7-20 所示为峰值时间和埋藏深度的测量值和对应关系。实线是采用线性函数拟合的曲线。试验结果显示，在缺陷厚度比小于 2 的范围内，峰值时间与埋藏深度基本呈直线关系。该结果可用于对缺陷的埋藏深度进行定量分析。

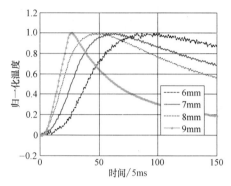

图 7-19 4 个缺陷的归一化瞬态温度响应

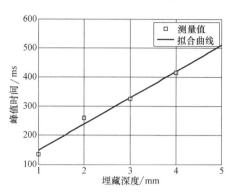

图 7-20 峰值时间和缺陷埋藏深度的测量值和对应关系

7.2.3 对数域缺陷定量评估

1. 基本原理

对数域缺陷定量评估方法的物理原理本质上还是纵向热传导。在对数域进行信号处理有利于缺陷的检测和深度定量。Yang 提出了涡流脉冲热成像基于对数域的缺陷深度定量评估方法，并比较了表面加热和近表面加热对该方法的影响。图 7-21 所示为该方法的原理示意图。无限厚度的物体表面被加热后，其表面温度随时间的变化可以表示为

$$\Delta T = \frac{Q}{e\sqrt{\pi t}} \tag{7-24}$$

式中，ΔT 是某时刻温度与零时刻温度的差值，进一步表示为

$$\Delta T = T(t) - T(0) = \frac{Q}{e\sqrt{\pi t}} \tag{7-25}$$

式中，e 是物体的热吸收系数，可以表示为

$$e = \sqrt{k\rho c_p} \tag{7-26}$$

对式（7-25）两边进行对数变换，可得到

$$\ln(\Delta T) = \ln\left(\frac{Q}{e}\right) - \frac{1}{2}\ln(\pi t) \tag{7-27}$$

观察式（7-27）可以发现，温度对时间 t 和 e 的依赖被分开了。无缺陷时，对数域温度曲线的斜率为 $-1/2$，如图 7-21 中的实线所示。当热量在某一时刻 t_s 传递到缺陷时，温度曲线的斜率会发生变化，并逐渐偏离无缺陷温度曲线，如图 7-21 中的虚线所示。可以推断，缺陷埋藏深度越大，其偏离时间越大。因此，偏离时间 t_s 可以用来表征缺陷的埋藏深度。

Sheperd 对式（7-27）进行二阶求导，求得的最大值时间就是偏离时间 t_s。Sun 等人研

表 7-5　钢试件中下表面缺陷的尺寸参数

缺陷编号	V/mm	L_r/mm	L_t/mm	$y = L_r/L$	$v_r = V/L_r$
4	6	4	6	0.4	1.5
3	6	3	7	0.3	2
2	6	2	8	0.2	3
1	6	1	9	0.1	6

（3）结果及分析　反射模式试验中，热像仪和线圈都置于无缺陷一侧，线圈方向与缺陷长度方向垂直。加热时间为 200ms，总的记录时间为 500ms。图 7-16 分别显示了缺陷高度为 6mm、7mm、8mm 和 9mm 的缺陷在不同时刻的热像图。200ms 时，无法观测到 6mm 和 7mm 缺陷，8mm 缺陷隐约可见，9mm 缺陷清晰可见。由于 9mm 缺陷处埋藏深度比较小，在加热阶段结束时，缺陷顶面处的热量已传递到背面。300ms 时，8mm 缺陷开始清晰可见；500ms 时，7mm 缺陷开始出现。结论为：①下表面缺陷表现为亮点；②亮点出现的时间与缺陷的深度有关，缺陷埋藏深度越小，亮点出现得越早；③宽深比 v_r 为 1.5 的 6mm 缺陷很难被检测，而其余 3 个宽深比 $v_r \geqslant 2$ 的缺陷可以被检测。

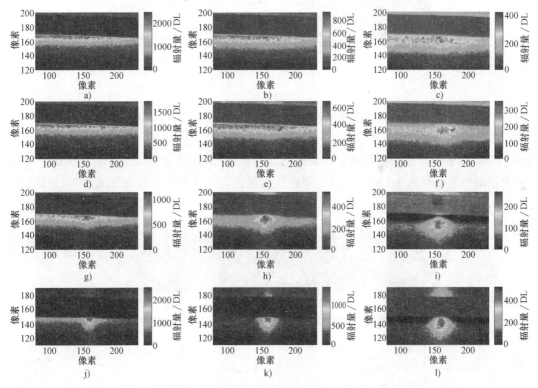

图 7-16　反射模式下 4 个缺陷在不同时刻的热像图

a）6mm 深缺陷，200ms　b）6mm 深缺陷，300ms　c）6mm 深缺陷，500ms　d）7mm 深缺陷，200ms　e）7mm
深缺陷，300ms　f）7mm 深缺陷，500ms　g）8mm 深缺陷，200ms　h）8mm 深缺陷，300ms
i）8mm 深缺陷，500ms　j）9mm 深缺陷，200ms　k）9mm 深缺陷，300ms　l）9mm 深缺陷，500ms

提取试件表面位于缺陷中心点和无缺陷区域的瞬态温度响应，并做归一化处理。图 7-17a 所示为 4 个缺陷在冷却阶段的归一化温度响应曲线。可以发现，虽然缺陷和无缺陷为 383Hz，窗口减小到 64×4 像素，采集率可达到 28000Hz。电磁感应加热模块采用美国 Ameritherm 公司的 EASYHEAT 0224，其最大功率为 2.4kW，最大电流为 400A，激励频率范围为 150~400kHz。EASYHEAT 0224 自带有螺旋管加热线圈，适用于管状、棒状构件的检测。激励线圈为自行设计的平面矩形螺旋激励线圈。数字信号源控制电磁感应加热模块和红外热像仪同步工作，实现加热与图像采集的同步进行。热像仪配套的软件 Altair 测量的辐射单位是 Digital Level（DL）。经过校准的非线性函数可以把 DL 转化为真实的温度单位 K。但是，该函数需要知道物体表面发射率、背景温度等参数。为简化流程，选择 DL 作为热像图中幅值的单位。

图 7-14　涡流脉冲热成像系统

（2）试块　图 7-15 所示为钢试件和检测示意图，长×宽为 250mm×50mm，厚度 L 为 10mm。在试件上加工了具有相同长度（50mm）和宽度（$V = 6mm$）、不同高度 L_t（6mm、7mm、8mm 和 9mm）的矩形凹槽，则缺陷的埋藏深度 L_r 分别为 4mm、3mm、2mm 和 1mm。把 4 个缺陷依次编号为 4、3、2 和 1。缺陷的宽深比 v_r、厚度比 y 等参数见表 7-5。试验中，把感应线圈置于无缺陷一侧，以模拟检测下表面缺陷。

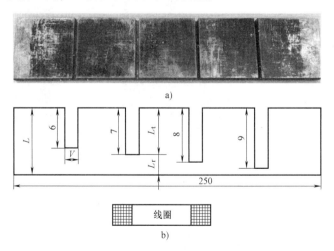

图 7-15　带有下表面缺陷的钢试件和检测示意图
a）照片　b）截面图

数域曲线出现了偏离。因此，对数域温度曲线可以用来对缺陷进行识别。判断原则是，如果对数域温度曲线偏离了直线，则表明存在缺陷。

2）随着缺陷埋藏深度 L_r 的增加，缺陷对数域温度曲线与无缺陷对数域温度曲线出现偏离的时间变大。如前文所述，这个偏离时间（t_s）可以用来对缺陷埋藏深度进行定量分析。

缺陷的识别灵敏度取决于缺陷与无缺陷区域的温度对比度。运用差分技术，可以获得缺陷与无缺陷区域的差分信号，以缺陷 1 为例，其对数域差分温度可表示为

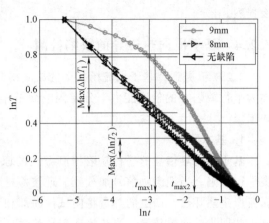

图 7-27 缺陷和无缺陷的对数域温度曲线

$$\Delta \ln T_1 = \ln T_1 - \ln T_{\text{ref}} \tag{7-29}$$

定义差分温度曲线出现最大值 Max（$\Delta \ln T$）的时间为最大值时间 t_{max}，该最大值时间代表了检测缺陷效果最好的时刻。缺陷 2 比缺陷 1 的埋藏深度大，因此，它的最大值时间 t_{max2} 也晚于缺陷 1 的最大值时间 t_{max1}。

选取适当时刻的热像图有助于缺陷的快速识别。图 7-28 所示为缺陷 1 和 2 在不同时刻的热像图。可以发现：

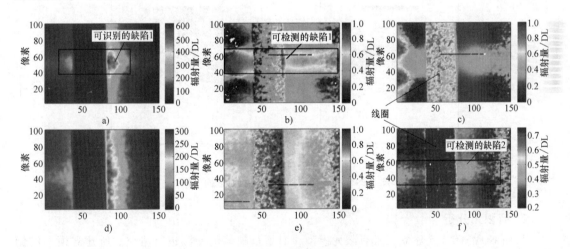

图 7-28 缺陷 1 和 2 在不同时刻的热像图

a）缺陷 1 在 0.2s 时的温谱图 b）缺陷 1 在 0.05s 时的对数域温谱图 c）缺陷 1 在 0.2s 时的对数域温谱图
d）缺陷 2 在 0.2s 时的温谱图 e）缺陷 2 在 0.05s 时的对数域温谱图 f）缺陷 2 在 0.2s 时的对数域温谱图

1）对于缺陷 1 和缺陷 2，对数域热像图的检测效果要明显优于传统的热像图。可检测的缺陷形状明显更接近于缺陷的真实形状（矩形区域）。

2）由于缺陷 1 埋藏深度较小，可检测出缺陷 1 的时间要早于缺陷 2。在 0.05s 时，缺陷 1 造成的高温区域已很明显，而缺陷 2 在 0.2s 时才造成了高温区域，且对比度没有缺陷 1 那

么强烈。

7.2.4 基于横向热传导的缺陷检测

7.2.1 节提到，基于涡流场扰动的缺陷检测评估方法对平行于涡流方向的表面缺陷（简称为平行缺陷）的检测能力十分有限，而基于横向热传导的缺陷检测方法适用于这类平行缺陷。

1. 基本原理

基于横向热传导的平行缺陷检测方法的原理俯视图如图 7-29 所示。图中的黑色粗线代表平行缺陷。当把激励信号加载到靠近被检材料的激励线圈上时，导体表面感应出涡流。该涡流产生焦耳热，产生的热量将向试件内部和下表面进行传导。同时，该热量也会向远处传导，此即为横向热传导。当热量遇到缺陷时，其传导过程会被干扰，由此影响到被检材料表面的温度变化。以 A、B、C 和 D 四点为例，当热量尚未传递到这几个点时，如图 7-29a 所示，A 的温度等于 C 的温度，B 的温度等于 D 的温度。当热量到达缺陷时，会被缺陷阻碍，如图 7-29b 所示，在 A 点处会聚集更多的热量，而在 B 点处会有较少的热量。因此，在缺陷靠近线圈的一侧会显示为热区，在缺陷远离线圈的一侧会显示为冷区。具体而言，A 的温度会大于 C 的温度，B 的温度会小于 D 的温度。采用热像仪记录并分析被检材料的表面温度变化，就可以通过该特征判断是否存在缺陷。

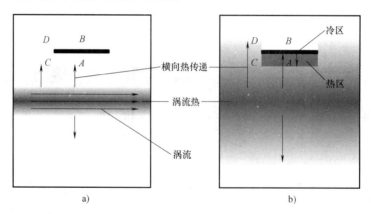

图 7-29　平行缺陷检测方法的原理俯视图

2. 有限元分析

采用 COMSOL3.5 建立三维有限元模型，对平行缺陷的检测进行研究。所建立模型的俯视图如图 7-30 所示。模型由线圈、试件、下表面缺陷和空气组成。激励线圈的材料为铜，试件材料为钢，表面缺陷的材料设置为空气，材料的参数见表 7-3。试件大小设置为 90mm×90mm×10mm。采用矩形块来代替表面缺陷，其长×宽×高（$l×w×d$）为 20mm×1mm×1mm，矩形块离试件表面的距离（即缺陷的埋藏深度）为 0。线圈导线的半径为 2mm，离试件的距离为 1mm。m 为缺陷离线圈的横向距离。在仿真过程中，激励频率设置为 256kHz，电流为 380A，加热时间为 0.2s。在缺陷的两侧选择两个位于试件表面的点 A（0，$m-1$，0）和点 B（0，$m+w+1$，0），分析它们的瞬态温度响应。

设置缺陷离线圈的距离 m 为 5mm，A 点和 B 点的温度响应如图 7-31a 所示。B 点离线圈

的距离大于 A 点离线圈的距离，而且缺陷阻碍了热传导过程。因此，在同一时刻，A 点的温度（T_A^1）大于 B 点的温度（T_B^1）。而且，A 点的温度在 0.2s 时达到了最大值，这显示了该区域的热量主要来自于涡流加热。设置无缺陷的试件作为参考试件，获得无缺陷时 A 点和 B 点的温度响应 T_A^{ref} 和 T_B^{ref} 作为参考信号，如图 7-31a 所示。与预期的一样，有缺陷时 A 点的温度（T_A^1）大于无缺陷时 A 点的温度，即参考信号（T_A^{ref}），而有缺陷时 B 点的温度（T_B^1）小于无缺陷

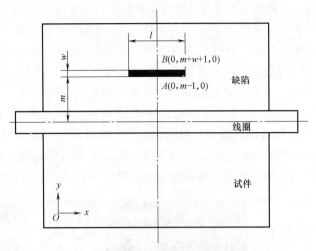

图 7-30　平行缺陷的三维有限元模型的俯视图

时 B 点的温度，即参考信号（T_B^{ref}）。设置缺陷离线圈的距离 m 为 10mm 和 20mm，获得有缺陷时 A 点的温度响应（T_A^2 和 T_A^3）和 B 点的温度响应（T_B^2 和 T_B^3）。同时获得 $m=10\mathrm{mm}$ 和 20mm 时的参考信号，如图 7-31b 和 c 所示。可以获得与 $m=5\mathrm{mm}$ 时相同的结论。并且，随着 m 的增大，A 点和 B 点的瞬态温度响应达到最大值的时间在往后推移。当 $m=20\mathrm{mm}$ 时，温度响应在 3s 之内并未达到最大值，这说明该区域的热量主要来自于横向热传导，而非涡流直接加热。

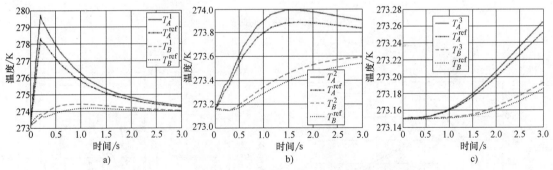

图 7-31　不同距离时缺陷两侧点 A 和点 B 的瞬态温度响应

a）$m=5\mathrm{mm}$　b）$m=10\mathrm{mm}$　c）$m=20\mathrm{mm}$

3. 试验验证

在一个钢试件上加工了一个表面缺陷（即埋藏深度为 0），尺寸为 25mm×0.5mm×1mm。试验采取反射模式，线圈和热像仪都放置在有缺陷的一侧。线圈与缺陷平行放置，距离 m 为 10mm。加热时间与有限元分析一致，为 0.2s。图 7-32 所示为该平行缺陷在不同时刻的热像图。很明显可以观察到横向热传递现象。在 0.1s 时，涡流产生热量，主要集中在线圈附件，缺陷无法被检测。在 0.2s 时，涡流热继续产生，同时热量开始向垂直于线圈的方向传导。但是，缺陷仍然无法识别。在 0.3s 时，部分热量达到缺陷。在 0.5s 时，大量的热量达到缺陷，并被反射，导致在缺陷靠近线圈的一侧产生较多热量，形成热区，而缺陷远离线圈的一侧产生相对较少的热量，形成冷区。

在缺陷周边选择 4 个点，4 个点的位置与图 7-29 一致。点 A 与点 C 与线圈的距离一致，点 B 与点 D 与线圈的距离一致；点 A 与点 B 在缺陷两侧，而点 C 和点 D 位于无缺陷区域，分别作为点 A 和点 B 的参考点。图 7-33 所示为点 A、B、C 和 D 的瞬态温度响应。很明显，A 点的温度（T_A）大于 C 点的温度（T_C）。相反，B 点的温度（T_B）小于 D 点的温度（T_D）。这个现象与前面理论分析的结果是一致的。

由以上结果可知，缺陷会在横向热传导方向造成较大的温度梯度。图 7-34 显示了图 7-32d 中横跨缺陷和线圈的直线在不同时刻的温度曲线。在所有时刻，线圈边缘造成的温度梯度都很明显。在 0.2s 时，该直线具有最大的温度。但是，缺陷造成的温度梯度并不明显。在 0.5s 时，缺陷造成的温度梯度最明显，几乎与线圈的温度梯度相同量级。

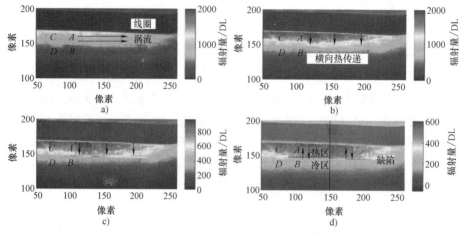

图 7-32　平行缺陷在不同时刻的热像图

a）$t = 0.1s$　b）$t = 0.2s$　c）$t = 0.3s$　d）$t = 0.5s$

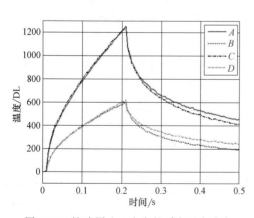

图 7-33　缺陷周边 4 个点的瞬态温度响应

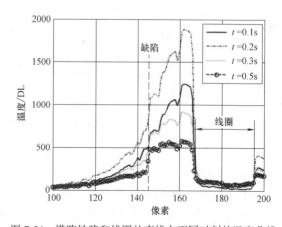

图 7-34　横跨缺陷和线圈的直线在不同时刻的温度曲线

根据缺陷在横向热传导方向上造成的温度梯度，对图 7-32 的热像图进行横向热传导方向上的空间导数处理。处理结果如图 7-35 所示。在所有时刻，线圈边缘都可以被很容易地识别。在 0.1s 和 0.2s 时，虽然可以观察到缺陷造成的温度变化，但是并不明显。在 0.5s，缺陷造成的温度差异非常明显。这个时候，缺陷的可检测性最好。因此，基于横向热传导，采用空间导数对热像图进行处理，可以有效地提高平行缺陷的检测能力。

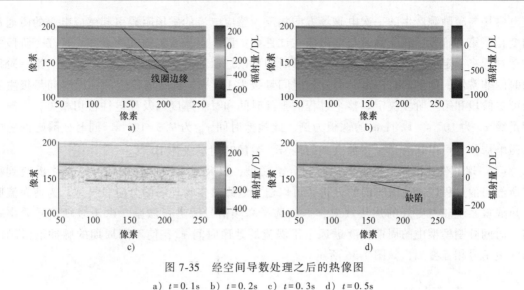

图 7-35　经空间导数处理之后的热像图

a)　$t = 0.1\mathrm{s}$　b)　$t = 0.2\mathrm{s}$　c)　$t = 0.3\mathrm{s}$　d)　$t = 0.5\mathrm{s}$

7.2.5　物理场分离与分阶段检测

本节结合电磁热多物理场机理，运用数学物理时间分割模型，将涡流脉冲热成像划分为 4 个不同的物理阶段，从电磁能量以及时间尺度方向讨论涡流脉冲热成像各物理阶段，研究各阶段的特征时间，并对各阶段进行解释。从热扩散方程出发，将电磁热多物理场进行参数分离。

1. 数学物理时间分割模型

电磁热多物理场数学物理时间分割模型假定条件为：① 各向同性的铁磁材料，且材料的属性不随温度的变化而变化；②理想的脉冲激励信号；③满足第一类边界条件。

涡流热成像检测过程可以分解为感应加热过程和自然冷却过程。在加热过程中，电磁感应产生的焦耳热和热扩散是同时存在的，而在冷却过程中，由于激励停止，只存在热扩散。根据电磁感应定律，脉冲信号的上升沿与下降沿在材料中产生的涡流信号只是方向相反，无其他差别。那么，在半个脉冲信号周期内试件从激励源所获得的能量是相同的。因此，可以将时间轴分割成长度等于半个脉冲周期的等长部分，如图 7-36 所示。加热阶段周期总数 (m) 可以表示为

$$m = \frac{T_{\mathrm{heat}}}{T_{\mathrm{pulse}}/2} = 2T_{\mathrm{heat}}f_{\mathrm{pulse}} \tag{7-30}$$

式中，T_{heat} 表示加热阶段的时间；T_{pulse} 和 f_{pulse} 表示脉冲周期以及频率。

假设 T 表示加热阶段循环周期的长度，t_n 表示第 n 个周期，那么

$$t_n \in \big[(n-1)T, nT\big], n = 1, \cdots, m \tag{7-31}$$

从电磁能量的角度出发，将时间轴分割为多个循环的周期，每个周期内试件从激励源获得的能量相等。当一个脉冲沿到来时，在试件中激励出的涡流信号经历了怎样的过程才达到平衡？而此过程的时间是多少？很多学者认为，电磁场的稳定应该是瞬态的，是光速。实际上，对于一个良导体，由于导体中的自由电子会在导体中来回穿梭，而不是瞬间稳定，所以弛豫时间是相对较长的。那么，涡流信号在试件中的稳定一般可以认为经历了三个阶段：第一阶段，自由电子被激发；第二阶段，电磁场被激发，根据楞次定律，在试件中激发出的二

次电磁场与激励源产生的一次电磁场方向相反，感应电流的磁场阻碍引起感应电流的磁通量的变化；第三阶段，感应涡流与电磁场在试件中扩散，由于欧姆损耗而衰减。这三个阶段的物理过程有一定的重合，但是整体的弛豫时间可以近似地认为是三个阶段的相加。第一阶段的时间非常短，如铜的自由电子激发的时间量级为 10^{-19}s。电磁场稳定的弛豫时间量级主要由第二阶段和第三阶段决定。整个过程的弛豫时间和材料厚度以及导电性密切相关，一般时间量级 τ_D 为 10^{-4}s。以 1mm 的铜板为例，此弛豫时间 τ_D 为 7.3×10^{-5}s。同时，瞬态的感应电磁响应信号可以认为是呈指数衰减的信号，弛豫时间量级为 10^{-4}s。

（1）理论公式推导　根据上述时间分割模型，以及对单次脉冲沿信号从产生涡流到稳定所经历的过程以及弛豫时间的分析，可以建立电磁热多物理场的分阶段模型。为使涡流脉冲热成像系统获得更好的加热效果，一般选择高频信号源进行激励。由于激励信号频率较高，时间分割模型中的周期长度远远小于涡流的弛豫时间 τ_D，使不同周期的脉冲沿激励出的涡流信号相互叠加，如图 7-36 所示。

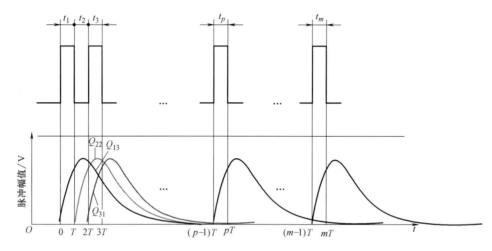

图 7-36　物理-数学时间分割模型示意图

假设第一个脉冲沿激励产生的涡流信号过零时间为 τ_f，由时间分割模型可知，此信号的过零点将落在第 $p=\tau_f/T$ 个周期中。因此，此信号可以认为是 p 个阶段各部分的和，即

$$U_1(t) = \sum_{i=1}^{p} u_{1i}(t) \tag{7-32}$$

$U_1(t)$ 和 $u_{1i}(t)$ 分别代表第一个涡流信号的整体电压信号和在第 i 个周期当中的电压信号。由于试件并不是纯电阻的，试件的阻抗 Z 可以表示为

$$Z = R + jX \tag{7-33}$$

式中，R 代表等效电阻；X 代表等效电抗。

根据欧姆损耗定律，感应涡流一部分能量转化为热量。Q_{ki} 定义为第 i 个周期中第 k 个涡流信号产生的热量，且

$$Q_{ki} = \int_{(i-1)T}^{iT} \frac{U_k^2(t)}{R}dt \tag{7-34}$$

式中，$U_k(t)$ 表示第 k 个涡流信号的电压信号。

由于激励信号在每个周期当中产生的能量都是相同的，则

$$\Delta Q_0 = Q_k = \sum_i Q_{ki} \tag{7-35}$$

式中, ΔQ_0 和 Q_k 分别代表每个涡流产生的焦耳热和第 k 个涡流信号产生的热量。

假设 E_n 代表时间分割模型第 n 个周期中不同涡流信号产生的焦耳热的总和, 感应加热过程各阶段模型及特征时间如下:

第一阶段: 当 $1 \leqslant n < p$ 时, 以 $n = 3$ 为例, 那么第三个周期的热量如图 7-36 所示, 可以表示为

$$E_3 = Q_{13} + Q_{22} + Q_{31} \tag{7-36}$$

因此

$$E_n = \sum_{i=1}^{n} Q_{i(n-i+1)} \tag{7-37}$$

从式 (7-37) 可以得出, E_n 是一个单调递增的函数。由于 $1 \leqslant n < p$, 第一阶段代表着电磁场稳定的过程, 其特征时间等于电磁场的弛豫时间 τ_D。

第二阶段: 当 $p \leqslant n \leqslant m$ 时, 以 $n = p$ 为例, 第 p 个周期的能量表达式为

$$E_p = Q_{p1} + Q_{(p-1)2} + \cdots + Q_{2(p-1)} + Q_{1p} \tag{7-38}$$

因此, E_n 可以表示为

$$E_n = Q_{n1} + Q_{(n-1)2} + \cdots + Q_{(n-p+2)(p-1)} + Q_{(n-p+1)p} \tag{7-39}$$

由于 $Q_{ki} = Q_{ri}$, k、$r \in [1, m]$, 则

$$E_n = Q_{n1} + Q_{n2} + \cdots + Q_{n(p-1)} + Q_{np} = \sum_{i=1}^{p} Q_{ni} = \Delta Q_0 \tag{7-40}$$

第二阶段, 产生的焦耳热 E_n 是一个恒定值。第二阶段截止的标志是加热阶段的结束。

第三阶段: 当 $m+1 \leqslant n \leqslant m+p$ 时, 以 $n = m+1$ 为例, 第 $m+1$ 个周期产生的焦耳热可表示为

$$\begin{aligned} E_{m+1} &= Q_{m2} + \cdots + Q_{(n-p+2)(p-1)} + Q_{(n-p+1)p} \\ &= \Delta Q_0 - Q_{(m-1)1} = \Delta Q_0 - Q_{11} \end{aligned} \tag{7-41}$$

因此

$$E_n = \Delta Q_0 - \sum_{i=m+1}^{n} Q_{(i-m)(n-i+1)} \tag{7-42}$$

第三阶段激励源停止激励, 此阶段是一个单调递减的函数, 从表达式可以看出, 与第一阶段恰好相反。因此第一阶段与第三阶段拥有同样的特征时间, 都恰好等于弛豫时间 τ_D。

第四阶段: 当 $m+p+1 \leqslant n$ 时, 由于试件中已经没有涡流, 因此

$$E_n = 0 \tag{7-43}$$

第四阶段的特征时间取决于冷却阶段结束时的时间。

综上所述, 电磁感应加热四个阶段, 由于欧姆损耗, 涡流场所产生的热量可以表示为

$$E_n = \begin{cases} \displaystyle\sum_{i=1}^{n} Q_{i(n-i+1)} & 1 \leqslant n < p \\[2mm] \Delta Q_0 & p \leqslant n \leqslant m \\[2mm] \Delta Q_0 - \displaystyle\sum_{i=m+1}^{n} Q_{(i-m)(n-i+1)} & m+1 \leqslant n \leqslant m+p \\[2mm] 0 & m+p+1 \leqslant n \end{cases} \tag{7-44}$$

（2）各阶段电磁热多物理场分离　由式（7-44）可知，从电磁能量的角度，感应加热可以分割为四个阶段，各阶段的特征时间与材料的弛豫时间以及冷却时间密切相关，由此可以将各阶段电磁热场进行分离。

第一阶段：电磁场起到主导作用。随着脉冲激励信号的激发，在导体材料的表面或内部感应出涡流。涡流场的密度快速上升，从零达到最大值，此时涡流场的分布稳定。欧姆损耗产生的焦耳热由于不同周期产生的涡流相互叠加而不断上升。在此阶段，由于电磁场的突变，热扩散的变化率（曲线斜率的变化）达到最大。由于此阶段的时间太短，其特征时间等于电磁场的弛豫时间，加热区域与非加热区域在温度上并没有产生明显的差别。因此，在第一阶段，热扩散作用十分有限。

第二阶段：三维的热扩散起到主导作用。在此阶段涡流场密度以及分布都应处于稳定的状态。涡流产生的焦耳热保持恒定。在加热区域温度持续上升，使加热区域与非加热区域产生了明显的温差。根据傅里叶热传导定律，由于温差的逐渐变大，热扩散也变得加剧。随着热扩散的不断加强，温升继续，但温升速率逐渐减小，此现象反过来又会减弱热扩散程度。当热扩散与电磁场产生的焦耳热相等时，温度保持不变。

第三阶段：此阶段激励结束，冷却阶段开始。第三阶段与第一阶段是相反的过程，特征时间都等于弛豫时间。在此阶段，涡流场快速消失，涡流密度从最大值减小为零。与此同时，涡流场产生的焦耳热也随之单调递减，直至为零。此阶段热扩散的变化率达到最大，由于时间过短，其数值变化很小。

第四阶段：此阶段激励结束，试件中涡流消失，仅存在热扩散，热扩散的作用与第二阶段相仿。当温度开始下降时，热扩散随着减弱。随着热扩散的减小，温度随时间的变化逐渐减小，此现象反过来会减弱热扩散减小的程度。最终，导体的温度逐渐减小，并趋于环境温度。

2. 仿真与试验验证

（1）仿真与试验参数设置　运用 COMSOL 有限元仿真软件进行电磁热多物理场模型仿真。此模型将感应涡流与热扩散多物理场相互融合。图 7-37a 为有限元仿真模型，试件材料为钢。缺陷尺寸为 30mm×0.35mm×6mm，缺陷的材料设置为空气。直导线平行于试件，垂直于缺陷放置。直导线的提离距离为 5mm，外径为 3.4mm，内径为 2.5mm。材料的参数见表 7-3。

图 7-37b 为人工缺陷，选取各向同性的铁磁材料作为试件，在试件正中央包含着一个深

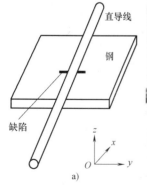
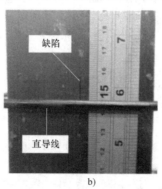
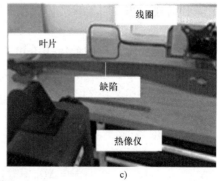

图 7-37　模型和试件照片

a）有限元仿真模型　b）人工缺陷　c）涡轮叶片试件

度方向贯通，长度方向有限的裂纹缺陷。图 7-37c 为涡轮叶片试件，其边缘处的自然裂纹作为实际缺陷进行验证。直导线作为激励线圈，尺寸形状和参数与仿真中完全相同。激励电流为 350A，激励频率为 256kHz。加热时间为 300ms，整个视频记录时间为 600ms。试验系统同 7.2.2 节，可以牺牲窗口大小的方式来提高采样频率。本研究红外热像仪的像素为 64×80，采样频率为 2000Hz。

（2）电磁热多物理场分离　图 7-38 分别从仿真与试验的角度展示了缺陷引起的试件表面空间温度分布。人工选择由表面缺陷引起的表面瞬态温度场分布区域大小与形状，并定义为受影响区域（Impact Area）。在材料表面辐射率未知的情况下，用 Digital Level（DL）来表示温度。试验结果数据按式（7-45）归一化的方法映射到 [0，1] 范围内。

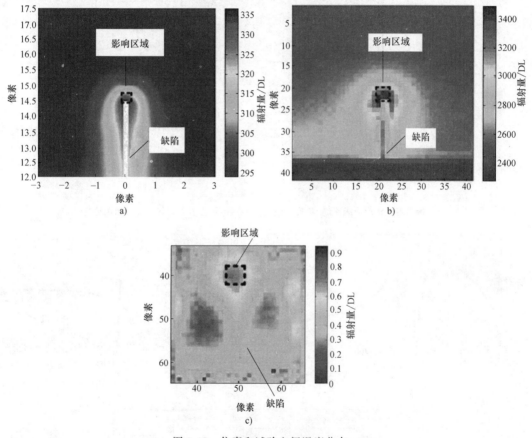

图 7-38　仿真和试验空间温度分布

a）仿真结果　b）钢板试验　c）涡轮叶片实际自然裂纹的表面瞬态温度场分布

$$T_{xy}^* = \frac{T_{xy} - T_{min}}{T_{max} - T_{min}} \tag{7-45}$$

式中，T_{min} 和 T_{max} 分别代表在矩形受影响区域内任意像素点在视频中的最低与最高温度；T_{xy} 表示在受影响区域这个像素点的温度；T_{xy}^* 是此点的归一化温度值。

图 7-39a、图 7-40a 和图 7-41a 表示在整个视频中受影响区域内所有像素点的瞬态温度相应曲线。图 7-39b、图 7-40b 和图 7-41b 表示此温度曲线对时间的一阶导数 dT/dt。由热传导

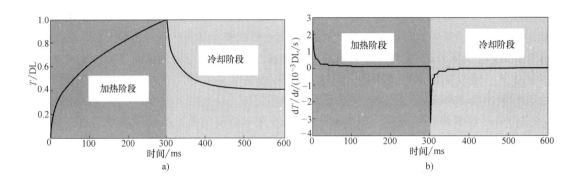

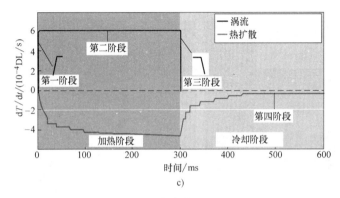

图 7-39　仿真结果

a）瞬态温度相应曲线　b）温度相对时间的一阶导数　c）涡流与热扩散的分离

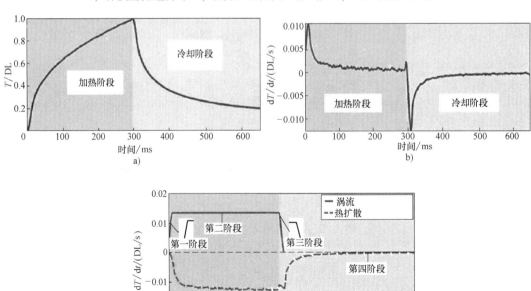

图 7-40　钢板人工裂纹结果

a）瞬态温度相应曲线　b）温度相对时间的一阶导数　c）涡流与热扩散的分离

方程可知，$\mathrm{d}T/\mathrm{d}t$ 可以分解为由涡流场产生的焦耳热部分和热扩散部分。根据前述分析，由式（7-44）可得到涡流能量的曲线。热扩散的曲线则可以通过 $\mathrm{d}T/\mathrm{d}t$ 减去涡流场的影响得到。图 7-39c、图 7-40c 和图 7-41c 展示了电磁场与热场这两个物理场的分离情况。从图中可以发现，在加热阶段与冷却阶段，热扩散的曲线是旋转对称的。在第一阶段与第三阶段，涡流密度发生突变，由此引起热扩散产生最大的变化率。在第二阶段与第四阶段，涡流密度保持恒定，此时热扩散的趋势逐渐趋于平缓。热扩散的这种变化趋势在加热阶段与冷却阶段是极其相似的。

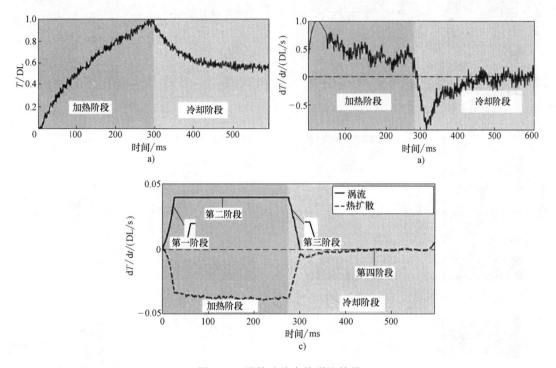

图 7-41　涡轮叶片自然裂纹结果

a）瞬态温度相应曲线　b）温度相对时间的一阶导数　c）涡流与热扩散的分离

（3）各阶段物理机理解释以及定量评估缺陷　不同阶段的仿真与试验结果如图 7-42 所示。根据式（7-44）可知，在时间分割模型中，第一阶段作为加热阶段的起始阶段，经历的时间为 p 个周期，恰好等于电磁场弛豫时间，因此选择 0.5ms 的那一帧作为第一阶段的代表。在此阶段，当涡流遇到裂纹时，将发生绕行，在裂纹尖端涡流密度变大，而在裂纹两侧涡流密度减小，在温度场表现出裂纹尖端形成极热点，在裂纹两侧形成温度低温区域。在此阶段，涡流密度迅速上升，而热扩散在如此短的时间内并没有对表面温度场产生很大的影响。由于第一阶段的时间量级为 s，并且在试验与仿真中加热阶段设置为 300ms，因此第二阶段的范围应该为 $10^{-4}\sim0.3\mathrm{s}$。选择此范围内的任意一帧代表第二阶段，如第 10ms。在此阶段，涡流密度不再变化，所以在时间分割模型中的每个周期内试件从激励源获得的能量相同，因此试件的温度逐步上升。与此同时，在此阶段三维的热扩散成为主导因素。从图 7-42 中可以看出，第二阶段的热扩散明显强于第一阶段。当加热阶段结束，激励停止，冷却阶段开始意味着第三阶段的开始。此阶段试件中的涡流场迅速衰减，与第一阶段是相反的过程，并且拥有相同的特征时间，此处选择 300.5ms 的帧代表此阶段。第四阶段选取第 500ms 的帧来表示，此阶段涡流完全消失，只存在热扩散，使温度从高温区域向低温区域流动，以此减小各区域之间的差别。从图 7-42 中可以看出，这将会引起整幅图片的模糊化。在此阶段很难获取缺陷的定量信息。从仿真与试验的结果都非常好地证明了 4 个阶段的物理解释。

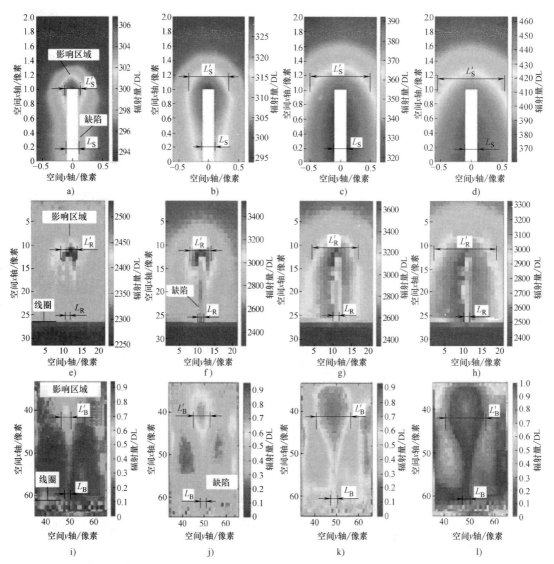

图 7-42 仿真、钢板试验以及涡轮叶片试验不同阶段的感应加热图像
a)、e)、i) 第一阶段　b)、f)、j) 第二阶段　c)、g)、k) 第三阶段　d)、h)、l) 第四阶段

表 7-6 表明，在加热的初始阶段（第一阶段）对表面缺陷的定量具有一定的优势。定义宽度误差为真实缺陷的宽度与受影响区域宽度之间的区别。在钢板含槽缺陷的仿真结果中，第一阶段的误差率为 14.3%。剩下 3 个阶段的误差率，分别提高了 85.7%、385.7% 和 485.7%。与之相对应的试验中，第一阶段的误差率为 33.3%。此后 3 个阶段误差率分别提高了 100.3%、266.7% 和 500%。由于复杂的几何结构，涡轮叶片的真实边缘缺陷的结果和仿真结果有一定的差距。第一阶段的误差率为 40%，之后 3 个阶段误差率分别提高了

116%、285%和360%。从比较结果可以看出，第一阶段对缺陷定量评估具有较大的优势，原因是第一阶段涡流场分布已经确定，同时横向热扩散的影响还较小，而随后几个阶段，由于横向热扩散会模糊热像图，因此在第一阶段，就可以利用表面温度场近似地表征涡流的分布，以此表征缺陷的定量信息。

$$\alpha = \frac{L'_S - L_S}{L_S}, \beta = \frac{L'_R - L_R}{L_R}, \gamma = \frac{L'_B - L_B}{L_B} \tag{7-46}$$

表 7-6　受影响区域宽度与真实缺陷的宽度误差率

误差率	加热阶段		冷却阶段	
	第一阶段 （0.5ms）	第二阶段 （10ms）	第三阶段 （300.5ms）	第四阶段 （500ms）
仿真 α	14.3%	100%	400%	500%
人工缺陷 β	33.3%	133%	300%	533.3%
叶片缺陷 γ	40%	156%	325%	400%

由试验结果与讨论可知：

1）从电磁能量的角度，建立物理-数学时间分割模型。从理论上进行数学推导，将涡流脉冲热成像分为 4 个阶段，并给出了试验和仿真中各阶段的特征时间。通过对各阶段的物理解释，将由涡流产生的焦耳热与热扩散的影响进行了分离。

2）通过仿真、人工裂纹以及自然裂纹试验对以上模型进行验证。通过各阶段瞬态温度场验证 4 个阶段电磁热场不同的物理机理，并对电磁热场进行分离。同时发现，第一阶段对表面裂纹缺陷定量评估具有较好的效果。

7.3　涡流脉冲相位热成像

大量的理论与试验研究表明，相位信息可以抑制加热不均匀、表面形状复杂和表面发射率变化等因素带来的负面影响。热成像领域由此发展出了脉冲相位热成像（Pulsed Phase Thermography，PPT）检测技术。在涡流热成像领域形成了涡流脉冲相位热成像、脉冲相位电磁感应热成像（Burst Phase Induction Thermography）等技术。根据涡流加热方式，涡流脉冲相位热成像又可以分为表面加热型涡流脉冲相位热成像（Surface Heating Eddy Current Pulsed Phase Thermography，SH-ECPPT）和体加热型涡流脉冲相位热成像（Volume Heating Eddy Current Pulsed Phase Thermography，VH-ECPPT）。

7.3.1　涡流脉冲相位热成像概述

1. 技术原理

涡流脉冲相位热成像（ECPPT）是在涡流脉冲热成像和涡流锁相热成像的基础上提出来的。其硬件系统和涡流脉冲热成像一样。图 7-43a 所示为涡流脉冲相位热成像的原理框图，涉及感应加热、热波传导和红外测温。与涡流脉冲热成像（ECPT）一样，它的感应加热信号通常为经脉冲调制的高频交流电，如图 7-43b 所示。热像仪捕获的瞬态温度通常为脉冲信号，分为加热阶段和冷却阶段，如图 7-43c 所示。通过傅里叶变换将瞬态温度从时域转换到频域，获得不同频率热波的相位，即相位谱，如图7-43d所示。在相位谱上提取合适的特征值可形成相谱图进行缺陷的可视化检测，也可以用来定量缺陷深度。

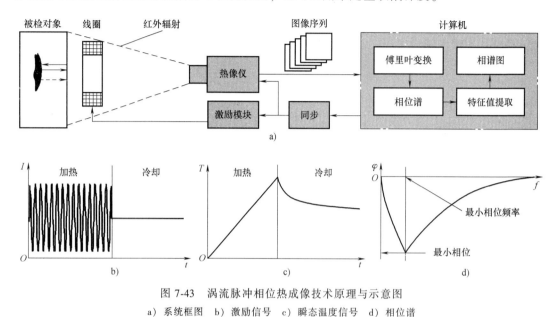

图7-43 涡流脉冲相位热成像技术原理与示意图

a) 系统框图 b) 激励信号 c) 瞬态温度信号 d) 相位谱

图7-44所示为傅里叶变换前后的时域瞬态温度序列、相位序列、热像图序列和相位图序列。图7-44a为某个像素处的瞬态温度序列，所有像素的瞬态温度序列构成了热像图序列（三维矩阵），如图7-44c所示。对每个像素的瞬态温度序列进行傅里叶变换，计算所有谐波成分的相位信息，可以得到单个像素点的相位序列，如图7-44b所示。依次计算所有像素点的相位序列，则可以获得相位图序列（三维矩阵），如图7-44d所示。某一频率时的相位图可用来直观地检测缺陷是否存在。从相位谱上提取跟频域有关的特征值，可对缺陷进行定量评估。

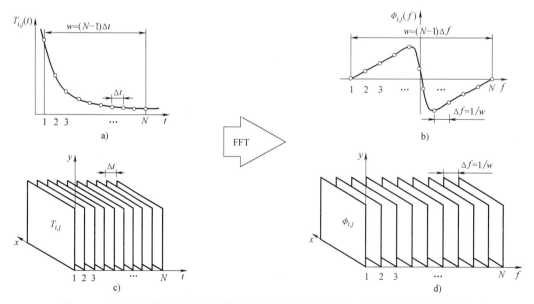

图7-44 傅里叶变换前后的时域瞬态温度序列、相位序列、热像图序列和相位图序列

Ishikawa 发现做傅里叶变换时，选择输入数据的范围对相位谱具有一定的影响。当采用包含上升阶段的温度序列作为傅里叶变换输入时，将造成相位谱的周期性振荡，振荡周期为上升时间的导数。

2. 体加热型涡流脉冲相位热成像

根据加热方式，涡流脉冲相位热成像可以分为表面加热型涡流脉冲相位热成像和体加热型涡流脉冲相位热成像。两者的技术原理都是离散傅里叶变换和相位分析。两者区别的根源在于表面加热和体加热，如 7.1.2 节所示。表面加热型涡流脉冲相位热成像的原理可以参考闪光灯加热的脉冲相位热成像。体加热型涡流脉冲相位热成像的技术核心是对体加热型涡流脉冲热成像的时域温度响应进行傅里叶变换，其基本原理包括以下几个部分。

（1）感应体加热　感应体加热产生的热量可以表示为

$$Q = Pt = I^2 t \sqrt{\frac{\mu f}{\sigma}} \tag{7-47}$$

式中，P 是加热功率；I 是电流幅值；t 是加热时间。在单位体积 V 内，该热量导致的温升可以表示为

$$\Delta T = \frac{Pt}{\rho c_p V} \tag{7-48}$$

考虑到 P、ρ、c_p 和 V 都可以看作不变，可以得出温升与时间呈线性的关系。也就是说，在 VH-ECPPT 中，温度的上升趋势呈直线形式。在下降阶段，温度下降过程是一个幂函数过程，温度下降速度取决于被检材料与环境的传热系数（Heat Transfer Coefficient）。一般而言，传热系数非常小。另外，温度下降速度还取决于被检材料内部温度的不均匀。总之，温度下降比较缓慢。这个下降过程可以使用幂函数来表示，即

$$\Delta T = at^{-b} + g \Rightarrow \Delta T - g = at^{-b}$$
$$\Rightarrow \ln(\Delta T - g) - \ln a = -b \ln t \tag{7-49}$$

经对数域转换后，温度下降曲线变化为一条直线，斜率为 b。在表面加热型脉冲热成像中，系数 b 的值是一个常数 0.5。而在体加热型涡流脉冲热成像中，系数 b 的值小于表面加热型的系数值（0.5）。

（2）热波传导　在一定时间的感应加热下，被检材料内部将产生一系列不同频率的热波（热扩散波）。它们的速度和穿透深度可以表示为

$$v = \sqrt{2\omega a}$$
$$\mu_{th} = \sqrt{\frac{2k}{\omega \rho c}} = \sqrt{\frac{2a}{\omega}} \tag{7-50}$$

式中，k 是热导率；ρ 是密度；c 是比热容；a 是热扩散率；ω 是热波角频率。

式（7-50）表明，不同频率热波的速度和穿透深度是不同的。频率低的热波传播速度小，但是穿透深度大；而频率高的热波传播速度大，但是穿透深度小。假设存在一个缺陷，深度为 z，如果热波的穿透深度 μ 大于缺陷深度 z，那该缺陷导致的热波异常可以传导到表面。热波的幅值 A 和相位 φ 可以分别表示为

$$A = T_0 e^{-z/\mu}$$
$$\varphi = z/\mu \tag{7-51}$$

式中，T_0 是表面温度；z 是深度。

很明显，深度 z 处的温度对表面温度有依赖性，而表面温度受环境反射、发射率变化、加热不均匀以及表面形状等因素的影响。相反，相位对这些因素都是免疫的。因此，相位信息可以得到更好的检测效果。

（3）相位提取　傅里叶变换是联系时域和频域的数学工具。离散傅里叶变换公式可以用来提取相位信息。

$$F_n = \Delta t \sum_{k=0}^{N-1} T(k\Delta t) e^{-i2\pi nk/N} = \text{Re}_n + \text{Im}_n \tag{7-52}$$

式中，Δt 是采样间隔；n 代表频率成分；Re_n 和 Im_n 分表代表 F_n 的实部和虚部。幅值和相位可以分别表示为

$$A_n = \sqrt{\text{Re}_n^2 + \text{Im}_n^2}$$

$$\varphi_n = \arctan\left(\frac{\text{Im}_n}{\text{Re}_n}\right) \tag{7-53}$$

频率成分 f_n 和频率分辨率 f_r 可分别表示为

$$f_n = \frac{n}{N\Delta t}$$

$$f_r = \frac{1}{N\Delta t} \tag{7-54}$$

从相位谱上提取特征值或使用不同频率的相位图可以进行缺陷检测。

7.3.2　表面加热型涡流脉冲相位热成像缺陷定量评估

1. 有限元分析

采用 COMSOL 3.5 建立三维有限元模型，它由线圈、试件、下表面缺陷和空气组成。激励线圈的材料为铜，试件材料设置为钢，下表面缺陷的材料设置为空气。材料参数见表 7-3。采用矩形块来代替下表面缺陷，d 表示缺陷的埋藏深度，V 表示缺陷宽度。依次设置 6 个矩形块表示相同宽度、不同埋藏深度的缺陷，宽度 V 保持为 6mm，埋藏深度 d 分别为 1mm、1.5mm、2mm、2.5mm、3mm 和 4mm。缺陷的宽深比 $v = (V/d)$ 分别为 6、4、3、2.4、2 和 1.2。为方便表述，6 个缺陷分别编号为 1~6。在仿真过程中，激励频率设置为 256kHz，电流为 380A，时间间隔为 0.01s，对应的采集频率为 100Hz。加热过程中，记录试件表面的时域瞬态温度变化，并采用快速傅里叶变换技术转化至频域进行分析。

加热时间设置为 40ms，完整的记录时间为 3s。将缺陷背面区域的温度信号与无缺陷区域的温度信号分别做傅里叶变换，得到缺陷区域与非缺陷区域的幅值谱和相位谱。缺陷区域幅值谱和相位谱与非缺陷区域的幅值谱和相位谱相减，得到图 7-45 所示的 6 个缺陷的差分幅值谱和差分相位谱。从图 7-45a 中看出，幅值谱的最大值和到零频率（即幅值为零时的频率）可以作为特征值来对缺陷进行评估。比较图 7-45a 和 b 可以发现，缺陷在差分相位谱的差异表现在更宽的频率区域。因此，从差分相位谱提取特征值将更容易。从差分相位谱中提取了差分到零频率（$\Delta f_{\varphi=0}$）、最小相位、最小相位频率（$\Delta f_{\varphi=\min}$）等特征值。差分到零频率代表缺陷的差分相位谱达到零相位的频率。最小相位代表缺陷差分相位谱的最小值。最小相位频率代表缺陷差分相位谱达到最小值的频率。从图 7-45b 可以看出，随着缺陷埋藏深度

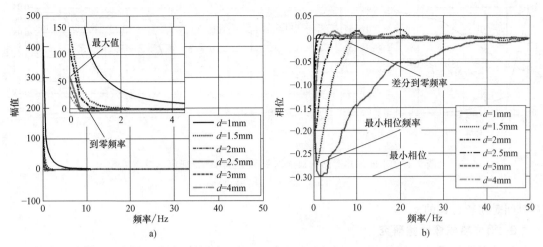

图 7-45 40ms 加热后缺陷的差分幅值谱和差分相位谱

a) 差分幅值谱 b) 差分相位谱

的增加，差分到零频率和最小相位频率单调减小，而最小相位单调增大（绝对值单调减小）。

加热时间设置为 100ms，记录时间为 3s。图 7-46a 所示为 6 个缺陷的差分相位谱。可以看出，由于加热时间的增大，缺陷 1 的相位谱受到影响，其最小相位变得与缺陷 2 重叠。但是，所有缺陷的差分到零频率仍然与缺陷深度保持着单调关系。加热时间设置为 200ms，记录时间为 3s。图 7-46b 所示为 6 个缺陷的差分相位谱。可以发现，缺陷 1 受到的影响加剧，其差分到零频率和最小相位都出现异常。缺陷 2 和 3 的相位谱也受到一定程度的影响，差分到零频率出现了重叠。

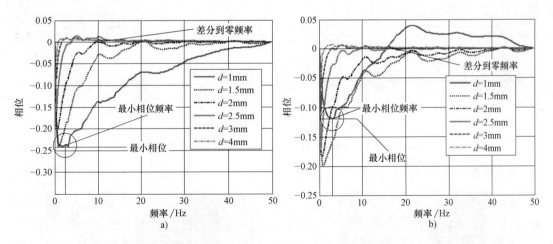

图 7-46 加热时间为 100ms 和 200ms 时 6 个缺陷的差分相位谱

a) 加热时间为 100ms 时的差分相位谱 b) 加热时间为 200ms 时的差分相位谱

图 7-47 所示为不同加热时间下，缺陷埋藏深度与两个特征值（差分到零频率和最小相位）的对应关系。图 7-47c 中，单调关系出现了异常，因此 200ms 不利于缺陷的定量评估。图 7-47a 和 b 中，缺陷埋藏深度与差分到零频率保持单调关系。因此，100ms 和 40ms 作为加

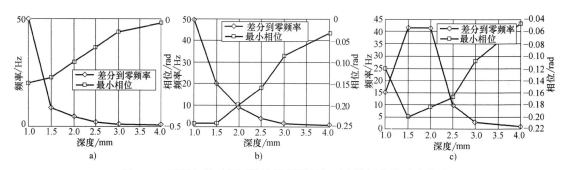

图 7-47 不同加热时间下缺陷埋藏深度与两个特征值的对应关系

a) 40ms b) 100ms c) 200ms

热时间是比较合适的。

2. 相位热成像试验研究

试验系统和钢试件如 7.2.2 节介绍。试验中，把平面矩形感应线圈置于试件无缺陷一侧，采用热像仪记录同侧的温度变化。加热时间设定为 0.1s。三个缺陷的埋藏深度分别为 1mm、2mm、3mm。图 7-48a 所示为缺陷 1、2 和 3 的差分相位谱。可见，缺陷 1~3 的差分相位谱从大到小依次达到 x 轴。图 7-48b 为缺陷深度与特征值的对应关系。可见，随着缺陷埋藏深度的增加，差分到零频率单调减小，最小相位单调增大。这个结论与有限元仿真分析的结果是一致的。

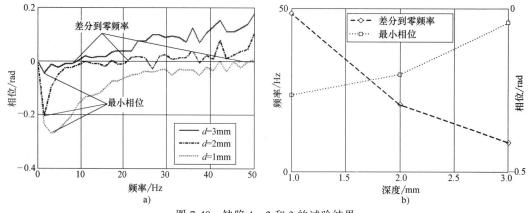

图 7-48 缺陷 1、2 和 3 的试验结果

a) 试验获得的差分相位谱 b) 缺陷深度与特征值的对应关系

涡流脉冲热成像中，某一时刻的热像图用来检测识别缺陷。图 7-49 所示为缺陷 1 和 2

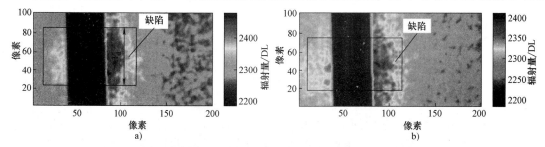

图 7-49 缺陷 1 和 2 在 0.75s 时的热像图

a) 0.75s 时缺陷 1 的热像图 b) 0.75s 时缺陷 2 的热像图

在 0.75s 时的热像图。可见,位于线圈附近的缺陷区域可以被明显发现。但是,由于线圈加热的非均匀现象(离线圈越远,涡流密度越小),可检测的缺陷区域与实际缺陷形状(矩形)差异很大。因此,很难定量缺陷的宽度及长度。

涡流脉冲相位热成像中,相位信息可有效地消除非均匀加热现象。选择特定频率下的相位图可以改善缺陷检测的识别效果。图 7-50 所示为缺陷 1~3 在不同频率时的相位图。以缺陷 1 为例,可检测的缺陷区域与真实形状非常相似。特别是远离线圈的缺陷区域也可以被检测出来。根据相位图可以估计,缺陷的宽度大约为 7mm,与实际的缺陷宽度 6mm 较为接近。比较图 7-50 和图 7-49 的检测结果,可以发现相位图对缺陷的检测识别效果更好。

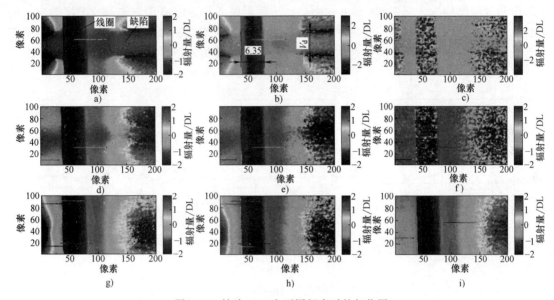

图 7-50 缺陷 1~3 在不同频率时的相位图

a) 1.5625Hz 时缺陷 1 的相位图 b) 3.125Hz 时缺陷 1 的相位图 c) 12.5Hz 时缺陷 1 的相位图
d) 1.5625Hz 时缺陷 2 的相位图 e) 3.125Hz 时缺陷 2 的相位图 f) 12.5Hz 时缺陷 2 的相位图
g) 1.5625Hz 时缺陷 3 的相位图 h) 3.125Hz 时缺陷 3 的相位图 i) 12.5Hz 时缺陷 3 的相位图

7.3.3 体加热型涡流脉冲相位热成像缺陷检测

1. 有限元分析

使用 COMSOL Multiphysics 3.5a 建立的三维 FEM 模型包含碳纤维增强复合材料 CFRP、线圈、空气和埋入缺陷——聚四氟乙烯(Polytetrafluoroethylene, PT-FE)。表 7-3 给出了材料的参数。如图 7-51 所示,CFRP 的长×宽为 60mm×60mm,厚度为 L。插入缺陷的尺寸长×宽(W)×高为 60mm×12mm×2mm。d_r 代表缺陷的埋藏深度(即缺陷离加热一侧表面的距离);d_t 代表缺陷离背面的距离。在

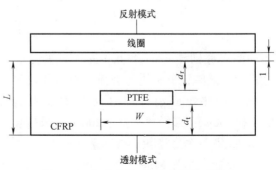

图 7-51 含有内部 PTFE 缺陷的三维有限元模型的截面示意图

不同的仿真模型中，缺陷的两个深度保持相同，分别设置为1mm、2mm、3mm和4mm（缺陷编号为：插入缺陷1、2、3和4）。相应地，含有该缺陷的CFRP厚度$L = d_r + 2mm + d_t$分别为4mm、6mm、8mm和10mm。线圈离CFRP表面的距离为1mm。激励信号的频率和电流分别设置为256kHz和380A。

在仿真中，加热时间设置为0.2s。图7-52a显示了CFRP表面插入缺陷1区域的瞬态温度T_1和无缺陷区域的瞬态温度变化T_{ref}。很明显，T_{ref}在上升阶段是直线形式。使用式(7-49)拟合下降阶段的温度变化，可以得到系数b为0.24。插入缺陷并不产生焦耳热，T_1与T_{ref}将在某一时刻分离，并小于T_{ref}。使用缺陷区域的瞬态温度减去无缺陷区域的瞬态温度获得差分温度响应。图7-52b和c分别显示了反射模式和透射模式下的差分温度响应。由于经过了差分处理，所有的差分温度响应曲线都在某一时刻与x轴分离，并低于x轴。由于在上升阶段和下降阶段的过渡处存在振荡现象，很难准确提取该区域的偏离时间。另一个方法是提取最小值时间来表征深度。可以发现，缺陷越深，最小值时间的值越大。

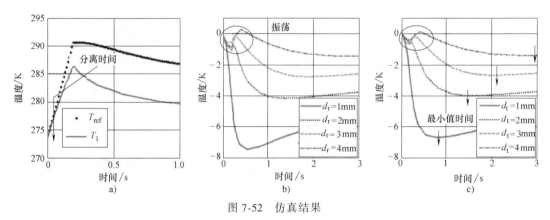

图 7-52　仿真结果

a）插入缺陷1和无缺陷区域的温度响应曲线　b）反射模式下的差分温度响应曲线　c）透射模式下的差分温度响应曲线

从仿真结果可以发现，上升阶段的温度响应曲线也可能包含重要的信息（如插入缺陷1的分离时间）。因此，选择整个温度响应作为离散傅里叶变换（Discrete Fourier Transform, DFT）的输入。图7-53所示为插入缺陷的差分相位谱。可以发现，相位谱是振荡的，振荡周期约等于加热时间的倒数（$f_m = 1/0.2Hz = 5Hz$），这与Ishikawa发现的结果一致。

2. 试验研究

试验的CFRP试块含有一个插入缺陷。试块厚3.5mm。一片PTFE薄膜用于模拟空气分层，其横向尺寸是10mm×10mm。其与表面和背面的距离分别为3mm和0.5mm。试验采用穿透模式，线圈置于试块的表面，而热像仪置于背面。加热时间和冷却时间分别设置为200ms和800ms。采样频率f为200Hz，采样点N为200，则频率分辨率$f_r = f/N$为1Hz。

图7-54a所示为50ms时的热像图，仅显示纤维结构。图7-54b所示为500ms时的热像图，

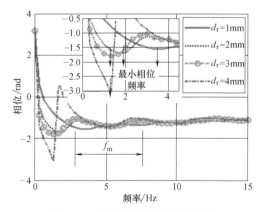

图 7-53　插入缺陷的差分相位谱

可以发现中间出现了一块较低温区域。但是，由于加热不均匀的影响，很难判断出是否存在缺陷。图 7-54c 所示为 4 个点的温度响应曲线，它们的位置如图 7-54a 所示。点 A 位于无缺陷区域的基体上，B 位于无缺陷区域的碳纤维上，C 位于缺陷区域的基体上，D 位于缺陷区域的碳纤维上。观察 4 个点的温度响应曲线，可以发现，4 个点的温度响应曲线在下降阶段的速度都比较缓慢。同时，由于缺陷并不产生热量，位于缺陷区域的 C 和 D 的温度比 A 和 B 更低。点 B 和 D 的相位谱如图 7-54d 所示。很明显，相位谱是振荡的，周期为 5Hz，正好是加热时间（0.2s）的倒数。图 7-54e 所示为 2Hz（相位谱的波峰）时的相位图。图 7-54f 所示为 9Hz（波谷）时的相位图。可知，相位图消除了非均匀加热现象，并把插入缺陷和碳纤维结构进行了分离。

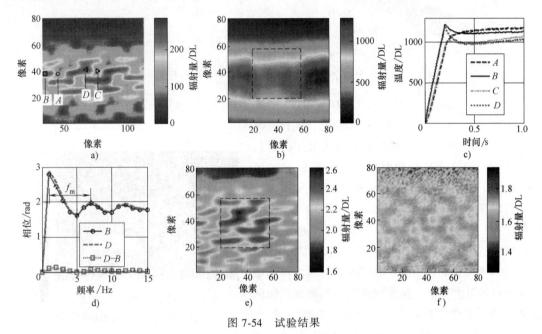

图 7-54　试验结果

a) 50ms 时的热像图　b) 500ms 时的热像图　c) 4 个点的温度响应曲线　d) B 和 D 的相位谱
e) 2Hz 时的相位图　f) 9Hz 时的相位图

7.4　碳纤维复合材料缺陷的检测评估

碳纤维复合材料具有较低的电导率，其趋肤深度很大。采用涡流热成像检测碳纤维复合材料时，其加热方式是体加热型。实际上，碳纤维复合材料最大的特点就是非均匀性和各向异性，因此在缺陷评估过程中应充分考虑碳纤维结构和层状结构的影响。

7.4.1　表面裂纹的检测评估

1. 有限元分析

（1）模型　有限元模型如图 7-55 所示。模型包含线圈、CFRP 试件和裂纹。CFRP 试件的尺寸为 100mm×38mm×6mm。在 CFRP 试件的表面设置矩形块来模拟表面裂纹，缺陷宽度 w 为 1mm，缺陷高度 d 分别为 0.5mm、1mm、2mm 和 4mm，缺陷的埋藏深度为 0，缺陷区域

的剩余厚度 l 分别为 5.5mm、5mm、4mm 和 2mm。没有考虑 CFRP 的纤维结构和多层特性，只考虑 CFRP 的各向异性，其纵向、横向和垂直方向的电导率分别设置为 10000S/m，100S/m 和 100S/m，纵向、横向和垂直方向的热扩散率分别设置为 $1.70\times10^{-6}\mathrm{m^2/s}$、$1.05\times10^{-6}\mathrm{m^2/s}$ 和 $0.43\times10^{-6}\mathrm{m^2/s}$，密度设置为 $1540\mathrm{kg/m^3}$，比热容设置为 $850\mathrm{J/(kg \cdot K)}$。线圈为一根直导线，与 CFRP 的长边平行，位于 CFRP 中轴线上方，提离为 1mm。激励频率为 256kHz，幅值为 380A。加热时间为 0.2s，总记录时间为 0.5s。

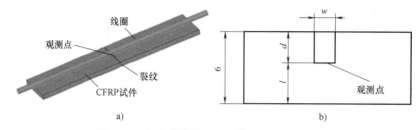

图 7-55　含有裂纹的 CFRP 模型和截面示意图

经计算，256kHz 的涡流在 CFRP 中的趋肤深度大约为 9.95mm。这个厚度超过了 CFRP 试件的厚度，CFRP 将会被整体加热。由于表面裂纹处厚度变薄，涡流被聚集在更小的体积内，单位体积内涡流产生的热量增多，导致缺陷区域（观测点）的温度高于无缺陷区域。图 7-56 所示为带有缺陷（$w=1$mm，$d=2$mm）的 CFRP 表面的热像图。很明显，缺陷区域的温度要高于无缺陷区域。这个特征可以用来进行表面裂纹的识别。

（2）有限元分析结果　图 7-57a 所示为不同缺陷观测点的温度响应。随着缺陷深度的增加，缺陷底部剩余厚度和体积减小。根据式（7-48），体积越小，热量导致的温度就越高。图 7-57b 所示为各个缺陷观测点的归一化瞬态温度响应。在加热阶段，不同缺陷的归一化温度响应基本一致。

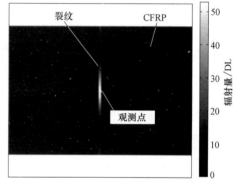

图 7-56　CFRP 表面的热像图

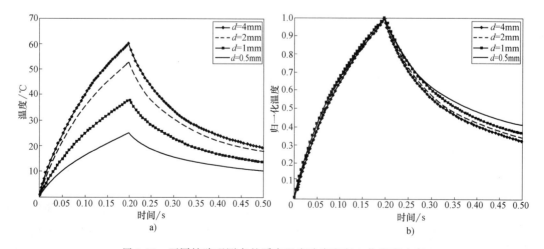

图 7-57　不同缺陷观测点的瞬态温度响应和归一化温度响应

在冷却阶段，高度更大的缺陷，温度下降得更快。高度越大时，缺陷与无缺陷之间的温度梯度越大，因此温度下降得越快。

从瞬态温度曲线中提取最大值。图 7-58 所示为温度最大值与缺陷高度的对应关系。可见，最大值与高度保持单调关系，但不是线性的。

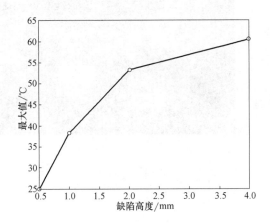

图 7-58　温度最大值与缺陷高度 d 的对应关系

2. 试验及结果

试验系统同 7.2.2 节。CFRP 试件如图 7-59 所示。试件由 Exel Composites 提供，为单方向多层纤维。试件尺寸为 350mm×38mm×6mm。在其表面加工 3 个裂纹，宽度为 1mm，埋藏深度为 0，高度 d 分别为 0.5mm、1mm 和 2mm。试验采取反射模式。线圈放置在 CFRP 中轴线上方，提离为 1mm，方向与缺陷相垂直。热像仪记录同一侧的温度。

图 7-59　CFRP 照片和线圈示意图

试验中，加热时间为 0.2s，冷却时间为 0.3s。图 7-60a 所示为 2mm 深缺陷的热像图，可见缺陷区域的温度升高，与有限元分析结果是一致的。图 7-60b 所示为不同深度缺陷观测点的温度响应，与有限元分析结果一致，缺陷高度越大（即剩余厚度越小），温升越高。图 7-60c 所示为归一化温度响应，与有限元分析结果一致，上升阶段的归一化温度响应基本不受缺陷高度影响。缺陷高度 d 越大，下降阶段的归一化温度响应下降得越快。

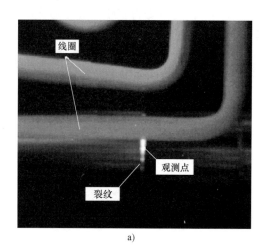

a)

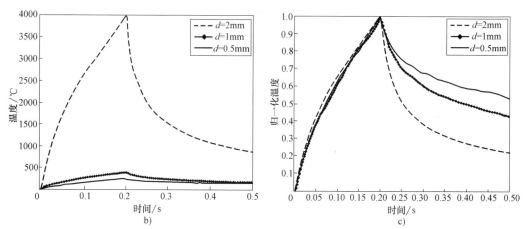

图 7-60 试验结果

a) 2mm 深缺陷的热像图 b) 缺陷的温度响应 c) 缺陷的归一化温度响应

7.4.2 内部分层缺陷的检测评估

1. 带有分层缺陷的 CFRP 试件设计

带有分层缺陷的碳纤维复合材料试件的照片和示意图如图 7-61 所示。该试件由葡萄牙 ALSTOM 公司提供。试件的横向尺寸为 300mm×100mm。从左到右，试件含有 6 个不同厚度的区域，厚度分别为 3.48mm、2.97mm、2.5mm、2mm、1.57mm 和 1mm。每个区域有两个人工插入的分层缺陷，材料为聚四氟乙烯，尺寸分别为 6mm×6mm 和 10mm×10mm。分层缺陷距试件底面有相同的距离（0.5mm），离正面（试件上表面）的距离不同。也就是说，不同厚度区域缺陷的埋藏深度（到试件上表面的距离）分别为 3mm、2.5mm、2mm、1.5mm、1mm 和 0.5mm。

2. VH-ECPT 试验结果和分析

（1）分层缺陷检测 在反射模式下，线圈会阻碍热像仪的视线，也会阻挡分层缺陷区域的显示。在穿透模式下进行试验，感应线圈置于试件的正面，热像仪记录缺陷区域背面的

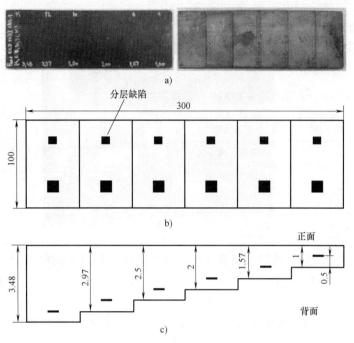

图 7-61　带有分层缺陷的复合材料试件

a）实物图：正面，背面　b）俯视图　c）主视图

温度变化。2mm 厚度处 $100mm^2$ 的分层缺陷区域被检测。加热时间为 200ms，热像仪记录时间为 1s。图 7-62 所示为分层缺陷区域在 25ms 时的热像图。图 7-63 所示为分层缺陷区域在 500ms 时的热像图。4 个点 A、B、C 和 D 的位置见表 7-7。与反射模式下的检测结果相同，在早期加热阶段（25ms 以内），热像图上只能观察出的显示为周期性高亮区域的碳纤维结构。在冷却阶段，碳纤维结构与基体的温度趋于一致，碳纤维结构无法观察出来。此时，分层缺陷区域显示为较低的温度区域。

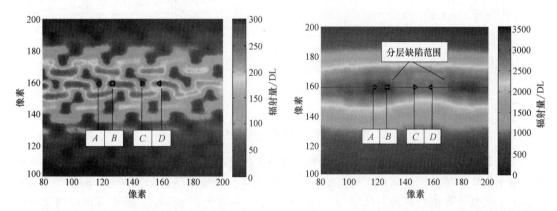

图 7-62　分层缺陷区域在 25ms 时的热像图　　　　图 7-63　分层缺陷区域在 500ms 时的热像图

图 7-64 所示为图 7-63 中横跨分层缺陷的直线在不同时刻的温度曲线。在 25ms 时，温度曲线（实线）只显示周期性的纤维结构，且纤维结构展示出较高温度，而基体则显示较低温度；200ms 时（虚线），随着热量的增加，纤维和基体的温度进一步升高，且两者之间的

温差进一步增大，但是仍然只显示周期性
的结构；而在 500ms 时（点线），由于热传
导，碳纤维和基体的温度基本一致。此时，
分层区域显示为较低的温度。

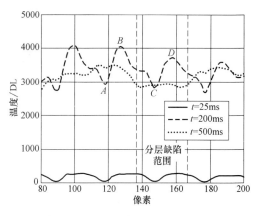

图 7-64　横跨缺陷区域的直线在不同时刻的温度曲线

表 7-7　分层缺陷试件上不同点的位置描述

点名称	位置（碳纤维或基体）	位置（缺陷或无缺陷）
A	基体	无缺陷区域
B	碳纤维	无缺陷区域
C	基体	分层缺陷区域
D	碳纤维	分层缺陷区域

为了更好地观测缺陷区域和无缺陷区域内碳纤维结构和基体的温度变化，在图 7-63 中
选择 4 个点 A、B、C 和 D。4 个点的位置见表 7-7。图 7-65 所示为 4 个点的瞬态温度响应曲
线。在加热阶段，基体上的两个点（A 和 C）的曲线较为一致，而碳纤维上的两个点（B 和
D）的曲线较为一致，这体现了加热阶段主要显示碳纤维结构与基体的差异；在冷却阶段，
无缺陷区域（A 和 B）的曲线较为一致，而缺陷区域（C 和 D）的曲线较为一致，这体现了
冷却阶段主要显示缺陷和无缺陷的差异。同时可以发现，随着时间的增大，缺陷区域（C 和
D）的温度与无缺陷区域（A 和 B）的温度差越来越小，最终趋于一致，达到热平衡状态。

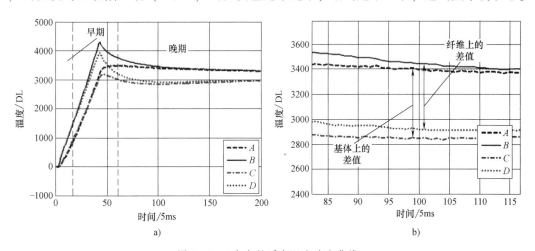

a)　　　　　　　　　　　　　　　　b)

图 7-65　4 个点的瞬态温度响应曲线

（2）缺陷埋藏深度定量分析　为了衡量缺陷的深度对温度的影响，选取某一时刻缺陷
区域和无缺陷区域分别在基体上和纤维上的温度差值作为特征值。如图 7-65b 所示为 500ms
时基体上的温度差值和纤维上的温度差值。依次对不同厚度区域 100mm^2 的分层缺陷进行检
测，并提取差值。缺陷的深度依次为 3mm、2.5mm、2mm、1.5mm、1mm 和 0.5mm。差值
与缺陷深度的关系如图 7-66 所示，曲线为使用式（7-55）所示的指数型函数进行拟合的结
果。可见，差值与深度的关系基本符合指数关系。

$$T = ae^{bx} \tag{7-55}$$

式中，T 为温度差值；a 为指数型函数的前系数；b 为 x 的前系数；x 为缺陷的埋藏深度。

3. 体加热型涡流脉冲相位热成像试验结果和分析

本小节介绍体加热型涡流脉冲相位热成像技术在穿透模式下对内部分层进行检测。感应线圈置于试件的正面，热像仪记录缺陷区域背面的温度变化。加热时间为 200ms，热像仪记录时间为 1s，采样频率为 200Hz。

（1）非均匀加热对 VH-ECPT 的影响　2.97mm 处 100mm² 的分层缺陷作为检测对象，它离试件正面和背面的距离分别为 2.5mm 和 0.5mm。图 7-67 所示分层缺陷在 20ms、200ms 和 500ms 时的热像图。温度单位为 DL，并做了归一化处理调整为 ［0，1］。首先可以发现，沿 x 轴的不均匀加热现象很明显。20ms 时的热像图中，碳纤维结构和基体结构很明显。200ms 的热像图中，高温的碳纤维结构开始模糊。500ms 的热像图中，碳纤维结构不可见，分层缺陷区域出现了低温现象。

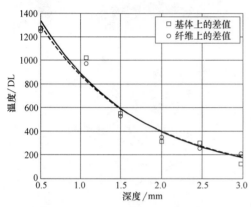

图 7-66　缺陷埋藏深度与温度差值的对应关系

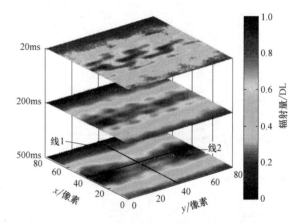

图 7-67　2.97mm 厚度处分层缺陷在 20ms、
200ms 和 500ms 时的热像图

提取图 7-67 中两条线在不同时刻的温度曲线。图 7-68a 所示为线 1 在不同时刻的温度曲线。线 1 和线圈方向垂直，非均匀加热现象非常明显，且无法观察到分层缺陷。图 7-68b 所示为线 2 在不同时刻的温度曲线，线 2 和线圈方向相平行，它没有受到非均匀加热的影响。在 500ms 时，可以清楚地观察到分层缺陷所导致的低温区域。

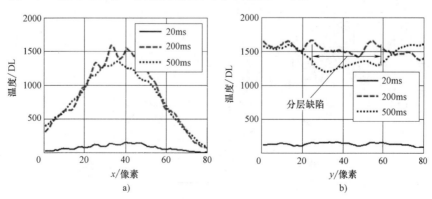

图 7-68　不同时刻的温度
a）线 1　b）线 2

　　图 7-69 所示为 4 个点（A、B、C 和 D）的瞬态温度响应。它们的位置见表 7-7。在冷却阶段，缺陷区域 C 和 D 的温度低于无缺陷区域 A 和 B 的温度。

　　（2）体加热型涡流脉冲相位热成像完整温度响应的相位谱分析　　输入数据的点数 N 为 200。对输入数据执行 200 点的 DFT。频率分辨率 f_r 是 1Hz。图 7-70 所示为 2.97mm 厚度区域分层缺陷在 2Hz、4Hz、6Hz、7Hz 和 39Hz 时的相位图。相位做了归一化处理调整至 [0，1]。比较热像图和相位图结果，可以发现，非均匀加热现象被消除，且分层缺陷和碳纤维结构被分离。在 4Hz 和 6Hz 的相位图上，只有碳纤维和基体结构可以被发现。在 2Hz 和 7Hz 的相位图上，分层缺陷可以被发现。在 39Hz 的相位图上，由于衰减严重，难以观察到碳纤维结构和缺陷。图 7-71 所示为线 1 和线 2 在 4Hz、6Hz 和 7Hz 时的相位曲线。与温度曲线相比较，非均匀加热现象被消除，且碳纤维和分层的差异更加明显，容易识别分层缺陷区域。

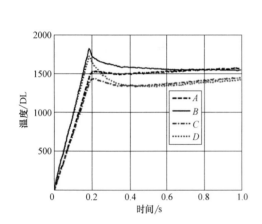

图 7-69　4 个点 A、B、C 和 D 的
瞬态温度响应曲线

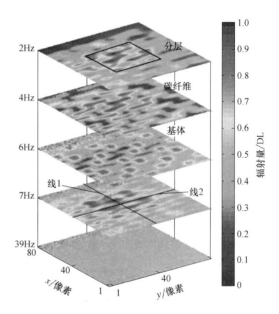

图 7-70　2.97mm 厚度区域分层缺陷在 2Hz、4Hz、
6Hz、7Hz 和 39Hz 时的相位图

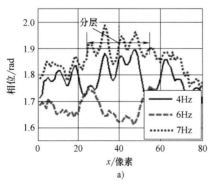

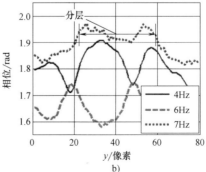

图 7-71　相位曲线

a）线 1　　b）线 2

图 7-72 所示为点 B 和 D 的相位谱。很明显，它是振荡的，振荡周期 f_m 大约为 5.5Hz，约等于加热时间 0.2s 的倒数。可以显示分层缺陷的频率（2Hz 和 7Hz）正好位于相位谱的波峰。而显示碳纤维和基体的频率（4Hz 和 6Hz）正好位于相位谱的波谷附近。

对整个瞬态温度响应曲线进行 DFT，可以发现：①与热像图相比较，相位谱可以提高分层缺陷的检测效果；②线圈有限的加热范围引起的非均匀加热对图像的影响可以被很好地抑制；③相位谱具有振荡现象，波峰和波谷频率可以用来分离分层缺陷和背景（碳纤维和基体结构）；④相位谱上无法提取最小相位、最小相位频率等特征值。

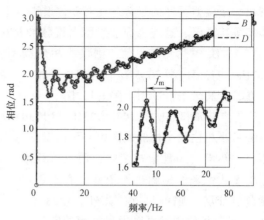

图 7-72　点 B 和 D 的相位谱

（3）体加热型涡流脉冲相位热成像下降阶段温度响应的相位谱分析　对下降阶段的温度响应曲线进行 DFT。输入数据的 N 为 156，执行了 156 点的 DFT，频率分辨率 f_r 为 1.2821Hz。图 7-73a 所示为点 B 和 D 的相位谱。很明显，相位谱不再显示振荡现象，而是呈

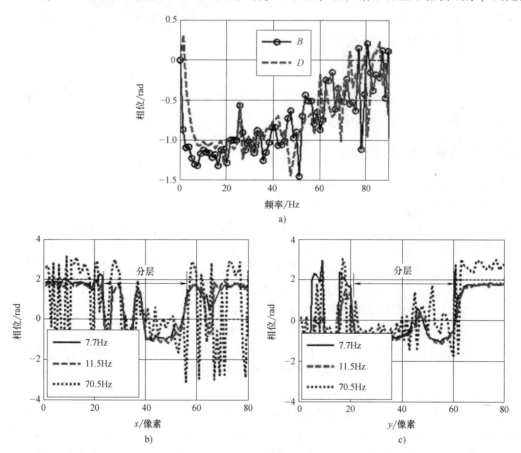

图 7-73　相位谱和相位分布曲线

a）点 B 和 D 的相位谱　b）线 1 在 7.7Hz、11.5Hz 和 70.5Hz 时的相位　c）线 2 在 7.7Hz、11.5Hz 和 70.5Hz 时的相位

现出一个整体下凹的趋势。在对相位谱进行平滑等处理之后，可以提取最小相位、最小相位频率等特征值，这与表面加热型涡流脉冲相位热成像的表现是一致的。如点 B 的相位谱大约在 7.7Hz 时达到最小值，则最小相位频率为 7.7Hz。图 7-73b 和 c 显示了线 1 和线 2 在 7.7Hz、11.5Hz 和 70.5Hz 时的相位轮廓。比较 3 个频率的相位曲线，非均匀加热现象不复存在，有利于表征分层缺陷的尺寸。

图 7-74a 和 b 所示为 7.6923Hz 和 17.9487Hz 时的相位图。图 7-74c 和 d 所示为由最小相位和最小相位频率构成的图像。可以发现，不仅加热不均匀现象被消除，而且碳纤维结构变化带来的影响也被消除，有利于定量分析分层缺陷的尺寸。此外，1.2821 ~ 70Hz 时的相位图都可以用来检测并定量分析分层缺陷。

对下降阶段的瞬态温度响应曲线进行 DFT，结果可知：①相位图和相位谱可以用来检测和评估缺陷；②加热不均匀对图像的影响可以被很好地消除；③纤维结构带来的影响也可以被消除；④相位谱中可以提取最小相位和最小相位频率等特征值，用来形成图像，有利于分层缺陷的检测和定量。

在反射模式下，也可以得到类似的结论，此处不再赘述，读者可查阅相关文献。

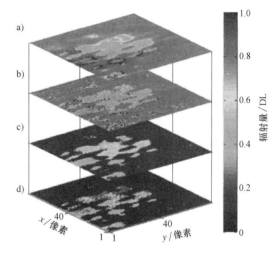

图 7-74　相位检测结果
a) 7.6923Hz 时的相位图　b) 17.9487Hz 时的相位图
c) 最小相位构成的图像　d) 最小相位频率构成的图像

7.4.3　撞击缺陷的检测评估

1. 带有撞击损伤的 CFRP 试件设计

采用的 CFRP 试件照片见 3.4.3 节中的图 3-57。图 7-75a 和 b 所示为 12J 撞击部位的正面与背面在显微镜下的图像。撞击首先会在撞击点造成一个凹坑，12J 撞击缺陷留下的凹坑在最深处大约为 0.23mm。其次，撞击会破坏碳纤维结构，会在撞击点边缘及外沿造成凸出结构。较大能量的撞击带来的损伤会穿透整个试件，在试件背面也造成凸出结构，如图 7-75b 所示。图 7-75c ~ e 所示分别为 10J、8J、6J 撞击部位的背面。

2. 涡流宽脉冲热成像和涡流宽脉冲相位热成像

涡流宽脉冲热成像（ECSPT）和涡流宽脉冲相位热成像（Eddy Current Square Pulsed Phase Thermography，ECSPPT）分别是涡流脉冲热成像（ECPT）和涡流脉冲相位热成像（ECPPT）的特殊形式。ECSPT 与 ECPT 的最大区别是，ECSPT 使用了较长的加热时间。根据前文所述，更长的加热时间可以导致更多的热量 Q 和更大的温升 ΔT。这意味着，ECSPT 有更好的 SNR 和对比度。由傅里叶变换可知，在相同的脉冲时间内，更长的加热时间可以导致低频成分的能量更大。图 7-76a 所示为 3 个不同加热时间的脉冲信号的波形，它们的总时间为 1.5s，加热时间分别为 0.1s、0.5s 和 1s。图 7-76b 显示了这 3 个脉冲信号从直流到 11Hz 的幅值谱。可以发现，1s 加热时间的脉冲的低频成分能量最大、频谱最窄。这些特征

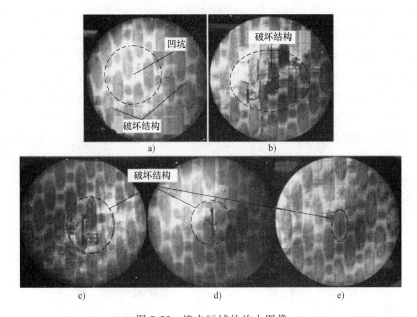

图 7-75 撞击区域的放大图像

a）12J 撞击部位的正面 b）12J 撞击部位的背面 c）10J 撞击部位的背面

d）8J 撞击部位的背面 e）6J 撞击部位的背面

都有利于深层（内部）缺陷的检测。但是，较长的加热时间也会带来弊端，如加热不均匀现象和模糊效应会更加明显。这些弊端可以通过 ECSPPT 的相位信息进行克服。

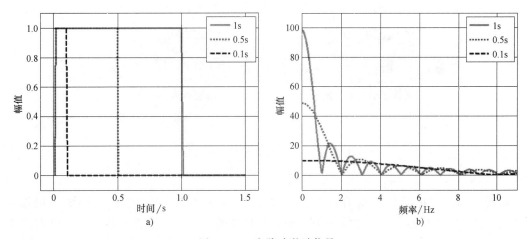

图 7-76 3 个脉冲激励信号

a）时域信号 b）幅值谱

3. ECSPT 结果和分析

使用 ECSPT，在穿透模式下，分别对 10J 撞击部位的正面与背面进行检测。加热时间为 1s，红外热像仪记录 1s 的加热阶段和随后 500ms 的冷却阶段的温度数据，采集频率为 100Hz。

对撞击部位正面检测时，感应线圈置于撞击部位的背面，热像仪记录撞击部位正面的温度变化。图 7-77a 所示为撞击部位正面在 0.01s 时的热像图。规则分布的亮点表示碳纤维结构，表明在加热的早期主要显示碳纤维结构与基体的差异。同时，撞击缺陷部位的几个亮点较为异常，比正常区域的亮点更明显，这是由于破损点的电阻值变大，进而产生了更多的热量。图 7-77b 所示为撞击部位正面在 1s 时的热像图。随着碳纤维结构与基体之间热量的传导，碳纤维造成的亮点基本消失。在撞击缺陷边缘部位显示出弧形的高温区域，该特征可明确判断撞击缺陷的存在。图 7-77c 所示为撞击部位正面在 1.5s 时的热像图，由于热传导致的横向模糊效应，已经很难观察到损伤部位。

对撞击部位背面检测时，感应线圈置于撞击部位的正面，热像仪记录撞击部位背面的温度变化。图 7-77d 所示为撞击部位背面在 0.01s 时的热像图。图 7-77e 所示为撞击部位背面在 1s 时的热像图，被破坏的纤维结构造成的几个亮点集中分布。图 7-77f 为撞击部位背面在 1.5s 时的热像图，由于横向模糊效应，无法观察到损伤部位。

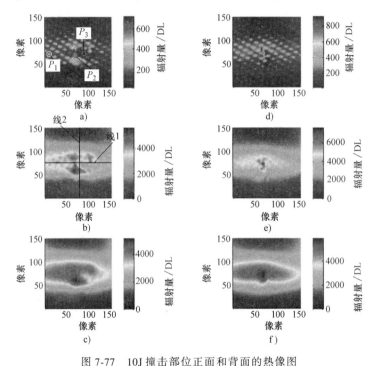

图 7-77　10J 撞击部位正面和背面的热像图

a) 0.01s 正面　b) 1s 正面　c) 1.5s 正面　d) 0.01s 背面　e) 1s 背面　f) 1.5s 背面

在图 7-77b 中选择两条垂直的线，并观察它们的温度。图 7-78a 显示线 1 的温度，图 7-78b 显示线 2 的温度。由于线 1 平行于 x 轴和线圈，而线 2 垂直于线圈，可以看出线 2 上的不均匀加热现象更加明显。在 10ms，线 1 和线 2 都可以显示出碳纤维和损伤部位引起的温度差异。随着涡流加热，在 1s 时，线 1 和线 2 更能显示出损伤部位引起的温度差异。涡流停止加热后，随着热传导的继续，在 1.5s 时，线 1 和线 2 已无法显示出碳纤维和损伤部位之间的温度差异。也就是说，涡流宽脉冲热成像使用了较长的加热时间可以增强对比度，但是带来的非均匀加热现象和模糊效应也是无法忽略的，直接影响了损伤的评估效果。

为了更好地观测缺陷区域和无缺陷区域各点的温度变化，在图 7-77a 中选择 3 个点 P_1、P_2 和 P_3，它们的位置见表 7-8。图 7-79a 为 3 个点的瞬态温度响应。在加热阶段，P_1 和 P_2 的温度上升趋势近似为一条直线，这是体加热的结果。由于撞击边缘的电导率变小，撞击边

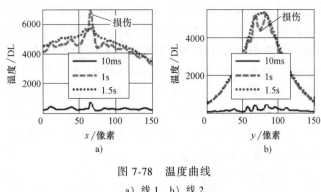

图 7-78　温度曲线

a）线 1　b）线 2

缘处 P_2 的温度高于无缺陷区域的 P_1。位于撞击中央 P_3 点的温度始终低于无缺陷区域 P_1 和缺陷边缘 P_2 的温度。

表 7-8　10J 撞击试件上不同点的位置描述

点名称	位置（碳纤维或基体）	位置（缺陷或无缺陷）
P_1	碳纤维	无缺陷区域
P_2	碳纤维	撞击边缘
P_3	基体	撞击中央

采用 ECSPT 可以很直观地检测 10J 撞击导致的表面损伤。但是存在以下缺点：①线圈的形状会带来严重的不均匀加热效应；②随着时间增大，会产生横向模糊效应；③周期性纤维结构导致的热异常也会影响损伤的判断。

4. ECSPPT 结果和分析

（1）ECSPPT 对损伤的识别与定位分析　使用 ECSPPT 对穿透模式下撞击的检测结果进行相位分析。采用完整的瞬态温度响应（包含加热阶段和冷却阶段）作为 DFT 的输入。温度响应的点数 N 为 150，执行了 150 点的 DFT 算法，则频率分辨率 f_r 为 0.6667Hz。图 7-79b 显示了 P_1、P_2 和 P_3 这 3 个点的相位谱。可以观察出，相位谱的振荡频率 f_m 大约为 1Hz，这正好等于加热时间 1s 的倒数。这种振荡现象有利于分离损伤和碳纤维结构。10Hz 之后，3 个点的差异非常微弱，这意味着高频成分的能量已非常小。

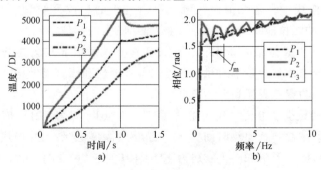

图 7-79　3 个点的温度响应和相位谱

a）温度响应　b）相位谱

图 7-80a~c 显示了 10J 撞击正面在 0.6667Hz、4.6667Hz 和 34.6667Hz 时的相位图。图 7-80d~f 显示了 10J 撞击背面在 0.6667Hz、4.6667Hz 和 34.6667Hz 时的相位图。比较 EC-SPPT 和 ECSPT 的结果可以发现，加热不均匀现象和模糊效应都被消除，这有利于损伤的定位。在 0.6667Hz 时的相位图中，除了表面损伤可以很容易发现外，一些不可见损伤也能被发现（见图 7-80a 中贴着横线的区域）。0.6667Hz 正好是相位谱的波峰频率。在 4.6667Hz 时的相位图中，可以发现周期性的碳纤维结构和基体结构，而 4.6667Hz 正好是相位谱的波谷频率。在 34.6667Hz 时的相位图中，损伤和碳纤维结构都无法发现。这个结果说明了，ECSPPT 可以分离损伤和碳纤维结构。

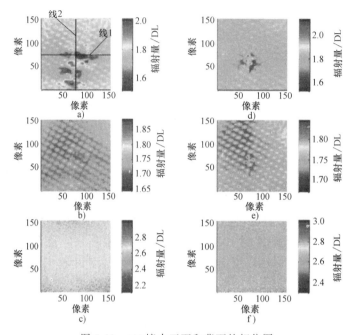

图 7-80 10J 撞击正面和背面的相位图

a）0.6667Hz 正面 b）4.6667Hz 正面 c）34.6667Hz 正面 d）0.6667Hz 背面
e）4.6667Hz 背面 f）34.6667Hz 背面

图 7-81 所示为线 1 和线 2 在 0.6667Hz 和 4.6667Hz 时的相位曲线。与前文的温度曲线比较，相位曲线完全消除了不均匀现象和模糊效应，隐形损伤很容易识别出来。在 0.6667Hz 时的相位曲线中，隐形损伤区域显示出较小的相位，见图 7-81 中虚线圈起的部分。而在 4.6667Hz 的相位曲线上，碳纤维结构显示较大的相位。

涡流宽脉冲相位热成像结果说明：①ECSPPT 可以消除非均匀加热现象和模糊效应；②相位谱出现振荡现象，不同频率的相位图可以分离损伤和碳纤维结构；③位于波峰频率的相位图可以用于识别和定位表面和内部隐形损伤。

（2）不同撞击能量损伤分析 其他能量（2J、4J、6J、8J 和 12J）撞击部位的正面和背面依次在穿透模式下被检测。加热时间为 1s，红外热像仪记录 1s 的加热阶段和随后 500ms 的冷却阶段的温度数据。图 7-82a~f 分别为 12J、10J、8J、6J、4J 和 2J 撞击部位正面在 1s 时的热像图。可以发现，10J 和 12J 撞击正面的破损区域呈圆弧状。6J 和 8J 撞击正面的损伤结构呈集中分布。但是，无法发现 6~12J 撞击造成的内部损伤。4J 撞击正面的缺陷无法检

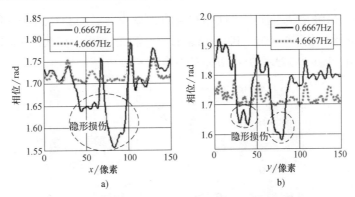

图 7-81　频率为 0.6667Hz 和 4.6667Hz 时的相位曲线

a）线 1　b）线 2

测，但实际上存在一个微弱的凹坑。图 7-82g~l 分别为 12J、10J、8J、6J、4J 和 2J 撞击部位背面在 1s 时的热像图。受加热不均匀现象和横向模糊效应的影响，很难发现表面破损结构。

图 7-83a~f 所示分别为 12J、10J、8J、6J、4J 和 2J 撞击正面在 1.3333Hz 时的相位图。

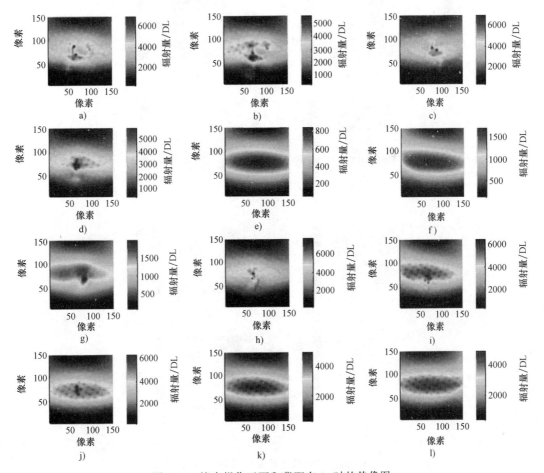

图 7-82　撞击损伤正面和背面在 1s 时的热像图

a）12J 正面　b）10J 正面　c）8J 正面　d）6J 正面　e）4J 正面　f）2J 正面　g）12J 背面

h）10J 背面　i）8J 背面　j）6J 背面　k）4J 背面　l）2J 背面

可以发现，6J、8J、10J 和 12J 撞击正面不仅可以发现表面破损结构，还可以发现内部隐形损伤。图 7-83g~l 所示分别为 12J、10J、8J、6J、4J 和 2J 撞击背面在 1.3333Hz 时的相位图。可以发现，6J、8J、10J 和 12J 撞击背面都有损伤。

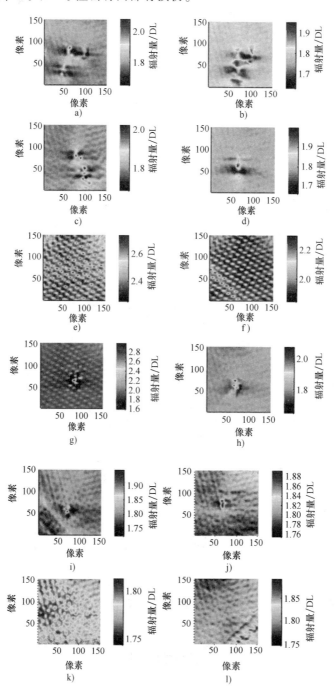

图 7-83　撞击正面和背面在 1.3333Hz 时的相位图

a) 12J 正面　b) 10J 正面　c) 8J 正面　d) 6J 正面　e) 4J 正面　f) 2J 正面　g) 12J 背面　h) 10J 背面

i) 8J 背面　j) 6J 背面　k) 4J 背面　l) 2J 背面

　　对比 ECSPT 和 ECSPPT 的结果，可以发现：①ECSPPT 消除了非均匀加热和模糊效应，能够发现撞击带来的内部损伤；②4J 以下撞击没有带来内部损伤。

　　涡流脉冲热成像是最常用的一种涡流热成像检测技术，具有系统简单、速度快、灵敏度高、分辨率高、频谱丰富、可评估的参数多等优势。近些年，涡流脉冲热成像在金属材料和碳纤维复合材料的检测评估中得到越来越多的研究。尽管如此，现有研究和应用仍存在一些不足，主要表现在：①复合材料中的缺陷检测方法尚未成熟；②理论研究和应用研究之间存在较大的脱节现象；③检测信号反演解释和缺陷定量评估的研究还存在较多困难；④缺陷检测识别的自动化和智能化程度水平较低。本章与第 8 章（介绍图像及图像序列处理方法在涡流脉冲热成像检测中的应用）试图梳理出一些针对上述问题和不足的解决思路与方法，促进该技术的发展和推广应用。

第8章 涡流脉冲热成像图像及图像序列处理

时空信息挖掘在电磁无损检测的缺陷检测、分类和量化评估中起到了重要的作用。第3章的脉冲涡流检测的主成分和独立成分分析和第6章的扫频微波成像的非负矩阵分解即是例证。本章介绍涡流脉冲热成像（ECPT）检测中的图像及图像序列处理方法，深入分析空间、时间、频率、稀疏和多维域融合的信号处理方法，重点讨论相关电、磁、热物理特性与数学模型的映射关系。本章涉及的部分论文与案例代码程序可在 http://faculty. uestc. edu. cn/gaobin/zh_CN/lwcg/153392/list/index. htm 下载。

8.1 图像及图像序列处理概述

8.1.1 图像处理方法

1. 空间域处理方法

"空间域"一词是指图像平面本身，这类方法是以对图像的像素及其邻域直接处理为基础的。空间域处理可由下式定义：

$$g(x,y) = T[f(x,y)] \tag{8-1}$$

式中，f 是输入图像；g 是处理后的图像；T 是对 f 的一种操作，如线性变换、对数变换和逻辑运算等。

有关空间域图像增强的详细理论介绍可参考其他资料，以下介绍几种在涡流热成像领域中有效的图像处理方法。

（1）图像的加减运算 代数运算是指对两幅图像进行点对点的加、减、乘或除等而得到新图像的运算。两幅图像 $f(x, y)$ 与 $h(x, y)$ 的加法操作可表示为

$$g(x,y) = f(x,y) + h(x,y) \tag{8-2}$$

加法操作的一个重要应用是对同一场景的多幅图像求平均值，可以有效降低随机干扰的影响。两幅图像 $f(x, y)$ 与 $h(x, y)$ 的减法操作可表示为

$$g(x,y) = f(x,y) - h(x,y) \tag{8-3}$$

减法处理的主要作用是消除背景干扰，突出两幅图像的差异部分。在实际检测中，在相同检测条件下分别检测待检试件和无缺陷试件，得到它们在某一时刻的热像图，如图 8-1a 和 b 所示。把两者分别作为 $f(x, y)$ 与 $h(x, y)$，然后做减法处理，最终得到了图 8-1c 所示的热像图。图 8-1c 中，线圈和试件造成的背景干扰都被消除了，可以清晰地发现裂纹的存在。这个实例充分说明了减法处理可以有效消除背景干扰，突出缺陷信号。

（2）直方图处理 直方图是多种空间域处理技术的基础。直方图的横轴一般为像素灰度值，其纵轴为图像中该像素灰度出现的次数。对于数字图像 $f(x, y)$，设图像灰度值为 a_0，a_1，$\cdots$，a_{k-1}，则灰度值为 a_i 的概率密度函数为

$$P(a_i) = \frac{\text{灰度级为 } a_i \text{ 的像素数}}{\text{图像上总的像素数}} (i = 0,1,2,\cdots,k-1) \tag{8-4}$$

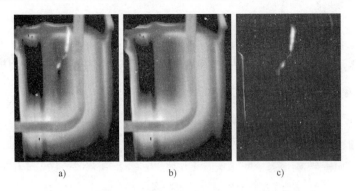

图 8-1 待检试件、标准试件及相减之后得到的热像图

且有

$$\sum_{i=0}^{k-1} P(a_i) = 1 \qquad (8-5)$$

一幅图像的直方图可以反映出图像的特点。当图像的对比度较小时，它的灰度直方图幅值表现为较小的一段区间内非零。较暗的图像表现为直方图上低灰度区间内非零，而高灰度区间上的幅值很小或为零。看起来清晰柔和的图像，它的直方图分布比较均匀。图 8-2 所示为某下表面缺陷在 500ms 时的归一化灰度图和灰度直方图。缺陷如虚线所示，与线圈垂直。从灰度直方图可以看出，图像的对比度很低，灰度值主要集中在 0.25 ~ 0.6 范围内。

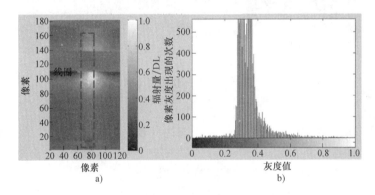

图 8-2 某下表面缺陷在 500ms 时的归一化灰度图和灰度直方图

a）500ms 时的灰度图　b）灰度直方图

通过直方图均衡化处理可以改变图像中灰度概率分布，使其均匀化。其实质是使图像中灰度概率密度较大的像素向附近扩展，因而灰度层次拉开；而概率密度较小的像素灰度级收缩，从而让出原来占有的部分灰度级。这样的处理使图像充分有效地利用各个灰度级，因而增强了图像对比度。对图 8-2 中的结果进行直方图均衡化处理。图 8-3 所示为均衡化后的归一化灰度图和灰度直方图。可见，图像对比度得到了增强，缺陷临近线圈的部位（即图中"十"字符号位置）更容易被识别。

除直方图均衡外，还可以根据直方图的分布进行其他变换。对图 8-2 中的结果进行直方图处理，把 0.25 ~ 0.6 范围的灰度线性变换为 0 ~ 1 范围。图 8-4 所示为线性变换后的归一化灰度图和灰度直方图。可见，图像对比度得到了进一步增强，缺陷临近线圈的部位（即图中"十"字符号位置）更容易被识别。

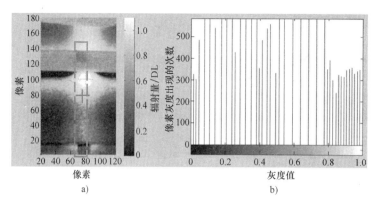

图 8-3　均衡化后的归一化灰度图和灰度直方图

a）均衡化后的灰度图　　b）均衡化后的灰度直方图

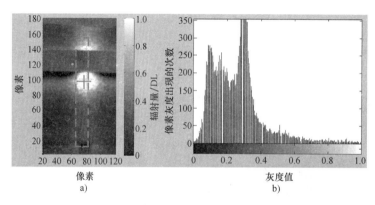

图 8-4　线性变换后的归一化灰度图和灰度直方图

a）线性变换后的灰度图　　b）线性变换后的灰度直方图

　　直方图均衡虽然增大了图像的对比度，但往往处理后的图像视觉效果生硬、不够柔和，有时甚至会造成图像质量的恶化。另外，均衡后的噪声比处理前明显，这是因为均衡没有区分有用信号和噪声。当图像中噪声较大时，噪声也被增强。

　　（3）空间滤波法和模糊处理　空间滤波法主要用于模糊处理和减小噪声。主要的空间滤波法有均值滤波、中值滤波和维纳滤波。这些算法的原理及其应用可以参考数字图像处理书籍。图 8-5 所示为某缺陷检测结果在中值滤波前后的对比。可以发现，图像中的随机噪声经中值滤波后被有效降低；同时，缺陷造成的"亮区"也被模糊化。

　　（4）空间导数法和锐化处理　锐化处理的主要目的是突出图像中的细节或者增强被模糊了的细节。锐化处理可以使用空间微分来完成。希腊的 Tsopelas 教授提出使用一阶空间微分和二阶空间微分的方法对热像图进行处理，相应的计算公式分别为

$$D_1 T(x,y,t) = \sqrt{\left(\frac{\partial T}{\partial x}\right)^2 + \left(\frac{\partial T}{\partial y}\right)^2} \tag{8-6}$$

$$D_2 T(x,y,t) = \sqrt{\left(\frac{\partial^2 T}{\partial x^2}\right)^2 + \left(\frac{\partial^2 T}{\partial y^2}\right)^2} \tag{8-7}$$

图 8-6a 所示为 2.5s 时铝板中某缺陷的热像图，图 8-6b 所示为经过二阶微分处理之后获

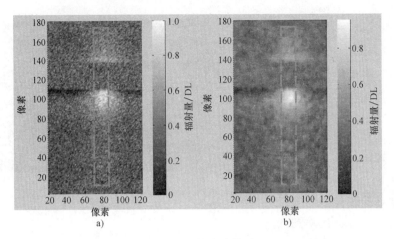

图 8-5　中值滤波前后

a）滤波前　b）滤波后

得的热像图。比较两者可以发现，经二阶微分处理后，缺陷区域得到了锐化，可以清晰地看到缺陷的轮廓。

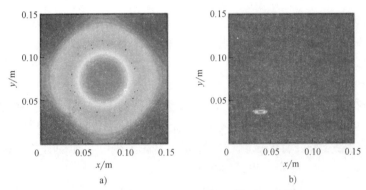

图 8-6　某缺陷经空间导数法处理前后的热像图

（5）图像分割　图像分割是根据图像的组成结构和应用需求将图像划分成若干个互不相交的子区域的过程，即把图像分解成具有某些特性的若干区域并提取出感兴趣区域目标的过程。这些子区域是某种意义下具有共同属性的像素的连通集合，如不同目标物体所占的图像区域、前景所占的图像区域等。

图像分割一般采用的方法有边缘检测（Edge Detection）、边界跟踪（Edge Tracking）、区域生长（Region Growing）、区域分离和聚合等。图像分割算法一般基于图像灰度值的不连续性或其相似性。第一类方法基于图像亮度的不连续变化分割图像，如针对图像的边缘有边缘检测、边界跟踪等算法。第二类方法依据事先制定的准则将图像分割为相似的区域，如阈值分割、区域生长等。对原始热像图进行分割有利于缺陷的识别。图 8-7 所示为某缺陷幅值谱图和相位谱图进行基于 Canny 算子的边缘检测之后获得的结果。经边缘检测之后，缺陷的轮廓更加明确。

2. 像素级图像融合方法

（1）像素级图像融合理论　图像融合的概念起源于 20 世纪 70 年代后期，是多传感器信息融合中的一部分。图像融合就是将同一对象的两幅或更多的图像合成到一幅图像中，使它比原来任何一幅都更容易被理解。通常在观察同一目标或场景时，多传感器在不同时间或同一时间获取的图像信息是有所差异的。即使是采用单一的传感器，在不同观测时间、不同观测角度或不同的环境条件下获得的信息也可能不同。图像融合通过对源图像间的冗余信息和互补信息进行处理，使得到的融合图像可靠性增强，能更客观、精确和

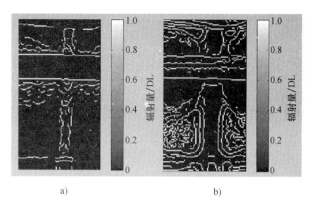

图 8-7　边缘检测之后的幅值谱图和相位谱图
a) 幅值的边缘检测　b) 相位的边缘检测

全面地对某一场景进行图像描述。例如，针对同一目标但聚焦不同的多幅图像，如果一些景物在其中的一幅图像中很清晰，而在别的图像中较为模糊，可以采取图像融合的方法获得一幅新的图像，融合后的图像比融合前的任意一幅图像具有更多的信息量。

图像的融合过程可以发生在信息描述的不同层。依据融合在处理流程中所处的阶段，图像融合一般可分为三个层次：像素级融合、特征级融合和决策级融合。

像素级图像融合是将各幅源图像或者源图像的变换图像中的对应像素进行融合，从而获得一幅新的图像。参加融合的源图像可能来自多个类型的图像传感器，也可能来自单一图像传感器。单一图像传感器提供的各幅图像可能来源于不同观测时间或空间，也可能来自同一时间但空间光谱特性不同的图像（如多光谱照相机获得的图像）。像素级图像融合是最低层次的图像融合，也是其他高层次图像融合的基础，目前大多数研究集中在该层次上。

以两幅图像的融合来说明图像融合的过程及方法。假设参加融合的两幅源图像分别为 A、B，图像大小为 $M \times N$，融合后得到的图像为 C。

简单的图像融合方法不对参加融合的源图像进行任何变换或者分解，而是直接对其取出的像素进行选择、平均或加权平均等简单处理后融合成一幅新的图像。它的基本原理是在进行融合处理时都不对参与融合的图像进行分析变换，融合处理只是在一个层次上进行，属于较为简单的图像融合方法。简单的图像融合方法具有实现简单、融合速度快等特点。在某些特定的图像融合应用场合，简单的图像融合方法也可以获得较好的融合效果。这些方法主要包括：

1）像素灰度值取大法。基于像素灰度值取大的图像融合方法可表示为

$$C(m,n) = \max(A(m,n), B(m,n)) \tag{8-8}$$

即在融合时，比较源图像 A 和 B 中对应位置 (m, n) 处像素灰度值的大小，以其中灰度值大的像素作为融合后图像 C 在位置 (m, n) 处的像素。

2）像素灰度值取小法。基于像素灰度值取小的图像融合方法可表示为

$$C(m,n) = \min(A(m,n), B(m,n)) \tag{8-9}$$

即在融合时，比较源图像 A 和 B 中对应位置 (m, n) 处像素灰度值的大小，以其中灰度值小的像素作为融合后图像 C 在位置 (m, n) 处的像素。

像素灰度值取大法和取小法只是简单地选择参加融合的图像中灰度最大/小的像素作为融合后图像的像素，效果一般，应用场合有限。

　　3）加权平均图像融合方法。加权平均方法将源图像对应像素的灰度值进行加权平均，生成新的图像。对 A、B 两图像进行的加权平均图像融合方法可以描述为

$$C(m,n) = \omega_1 A(m,n) + \omega_2 B(m,n) \tag{8-10}$$

式（8-10）中，ω_1 和 ω_2 为加权系数，可以表示为

$$\omega_1 = \frac{A(m,n)}{A(m,n)+B(m,n)} \tag{8-11}$$

$$\omega_2 = \frac{B(m,n)}{A(m,n)+B(m,n)} = 1-\omega_1 \tag{8-12}$$

　　若 $\omega_1 = \omega_2 = 0.5$，则为平均融合。平均融合方法是加权平均的特例，使用平均方法进行图像融合，可提高图像的信噪比，但会削弱图像的对比度，尤其是当有用信号只出现在一幅图像上。加权平均融合的方法中，通过融合各源图像提供的冗余信息，可以提高监测的可靠性。加权平均法的优点是简单直观，适合实时处理，但简单的叠加会使图像的信噪比降低。当融合图像的灰度差异很大时，就会出现明显的拼接痕迹，不利于后续的目标识别。

　　（2）像素级图像融合的应用　某缺陷的幅值图和相位图分别如图 8-8a 和 b 所示。对幅值图像、相位图分别进行像素灰度级取大法、取小法和平均法融合，得到了图 8-8c～e 所示的结果。可以发现：①像素级取大法和平均法获得了较好的融合效果；②融合之后的热像图

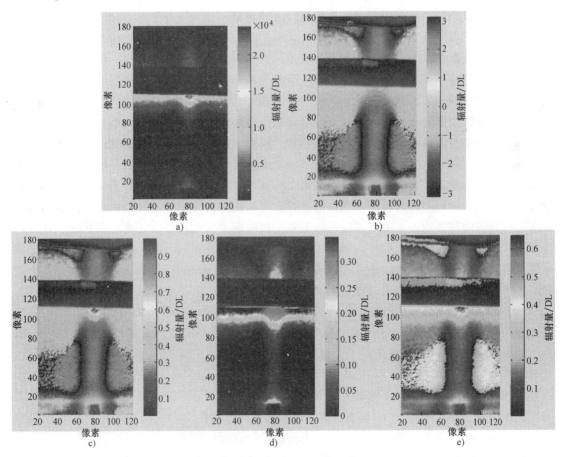

图 8-8　像素级图像融合的应用

a）3.125Hz 幅值图　b）3.125Hz 相位图　c）取大法　d）取小法　e）平均法

不仅保留了原图所示的近线圈区域高亮的特征，而且可以显示远离线圈的缺陷区域。

3. 频域图像处理

（1）图像傅里叶变换　离散函数的傅里叶变换可以推广到二维的情形，其二维离散傅里叶变换定义为

$$F(u,v) = \frac{1}{N}\sum_{x=0}^{N-1}\sum_{y=0}^{N-1} f(x,y)\,\mathrm{e}^{-\mathrm{j}2\pi(ux+vy)/N} \tag{8-13}$$

式中，$u=0,1,2,\cdots,N-1$；$v=0,1,2,\cdots,N-1$。二维离散傅里叶反变换定义为

$$F(x,y) = \frac{1}{N}\sum_{u=0}^{N-1}\sum_{v=0}^{N-1} F(u,v)\,\mathrm{e}^{\mathrm{j}2\pi(ux+vy)/N} \tag{8-14}$$

式中，$x=0,1,2,\cdots,N-1$；$y=0,1,2,\cdots,N-1$；u、v 是频率变量。二维函数的离散傅里叶幅值谱、相位谱和能量谱可分别表示为

$$|F(u,v)| = \sqrt{\mathrm{Re}^2(u,v)+\mathrm{Im}^2(u,v)}$$

$$\varphi(u,v) = \arctan(\mathrm{I}(u,v)/\mathrm{R}(u,v))$$

$$E(u,v) = |F(u,v)|^2 = \mathrm{Re}^2(u,v)+\mathrm{Im}^2(u,v) \tag{8-15}$$

式中，$\mathrm{Re}(u,v)$ 为实部；$\mathrm{Im}(u,v)$ 为虚部。

图像的频率是表征图像中灰度变化剧烈程度的指标，是灰度在平面空间上的梯度。如大面积的沙漠在图像中是一片灰度变化缓慢的区域，对应的频率值很低；而对于地表属性变换剧烈的边缘区域在图像中是一片灰度变化剧烈的区域，对应的频率值较高。从纯粹的数学意义上看，傅里叶变换是将一个函数转换为一系列周期函数来处理。从物理层面看，傅里叶变换是将图像从空间域转换到频率域，其逆变换是将图像从频率域转换到空间域。换句话说，傅里叶变换的物理意义是将图像的灰度分布函数变换为图像的频率分布函数，傅里叶逆变换是将图像的频率分布函数变换为灰度分布函数。通过观察傅里叶变换后的频谱图，可以看出图像在空间上不同频率处的能量分布。如果频谱图中暗的点数更多，那么实际图像是比较柔和的。反之，如果频谱图中亮的点数多，那么实际图像一定是尖锐的，边界分明且边界两边像素差异较大的。对频谱移频到原点以后，可以看出图像的频率分布是以原点为圆心，对称分布的。将频谱移频到圆心除了可以清晰地看出图像频率分布以外，还有一个好处，是可以分离出有周期性规律的干扰信号，如正弦干扰。在一幅带有正弦干扰，移频到原点的频谱图上可以看到，除了中心以外，还存在以某一点为中心对称分布的亮点集合，这个集合是干扰噪声产生，可以通过在该位置放置带阻滤波器消除干扰。

（2）图像傅里叶变换用于碳纤维增强复合材料纤维表征和缺陷检测　图 8-9a 显示了 10J 撞击损伤的相位图。可以观察到规则分布的亮点，代表碳纤维结构。此外，还存在一片暗色，代表分层缺陷。图 8-9b 显示了无撞击损伤的相位图。只可以观察到规则分布的亮点，代表碳纤维结构。对这两个相位谱图进行 2D 傅里叶变化，其 2D 傅里叶幅值谱分别如图 8-9c 和 d 所示。在两幅 2D 傅里叶幅值谱上都可以观察到同样分布的亮点，代表规则分布的碳纤维结构。不同的是，在 10J 撞击的 2D 傅里叶幅值谱的中心（低频区域）可以观察到较大范围的亮区，代表了缺陷的存在。因为分层缺陷区域的颜色强度变化比较缓慢，所以在 2D 傅里叶幅值谱上显示为低频成分。

对 10J 撞击的 2D 傅里叶幅值谱进行低通高斯滤波，该低通高斯滤波的 2D 傅里叶幅值

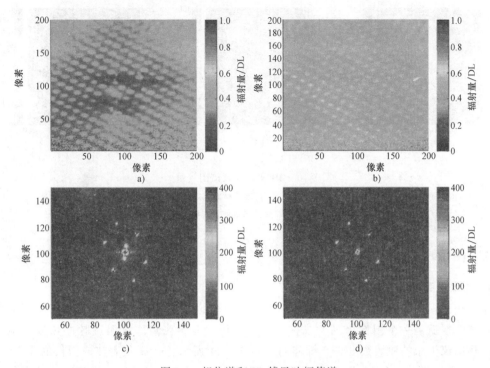

图 8-9　相位谱和 2D 傅里叶幅值谱

a）10J 撞击损伤的相位图　b）无撞击损伤的相位图　c）10J 撞击的 2D 傅里叶幅值谱

d）无撞击的 2D 傅里叶幅值谱

谱如图 8-10a 所示。滤波之后的 2D 傅里叶幅值谱如图 8-10b 所示，处于高频区域代表碳纤维规则分布的亮点被滤掉。滤波之后进行反傅里叶变换，获得相位图如图 8-10c 所示，碳纤维亮点被消除，只剩下分层缺陷和周边由于试件引起的温度变化。对 10J 撞击的 2D 傅里叶幅值谱进行高通高斯滤波，该高通高斯滤波的 2D 傅里叶幅值谱如图 8-10d 所示。滤波之后的 2D 傅里叶幅值谱如图 8-10e 所示，处于低频区域代表缺陷的亮区被滤掉。滤波之后进行反傅里叶变换，获得相位图如图 8-10f 所示，只剩下碳纤维造成的亮点，而且可以发现几处碳纤维结构有破损，亮点区域的相位值明显高于正常的碳纤维。

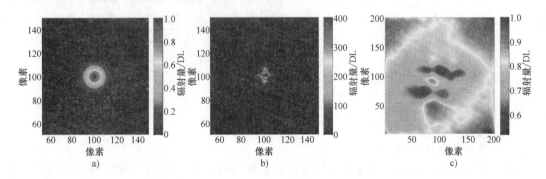

图 8-10　2D 傅里叶频谱图

a）低通滤波的 2D 傅里叶幅值谱　b）低通滤波之后的 10J 撞击的 2D 傅里叶幅值谱

c）反傅里叶变换之后得到的相位图

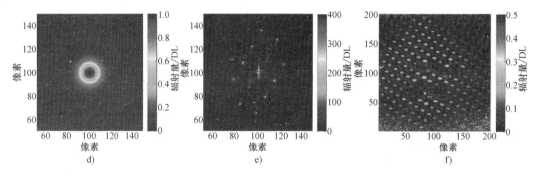

图 8-10 2D 傅里叶频谱图（续）

d）高通高斯滤波的 2D 傅里叶幅值谱 e）高通高斯滤波之后的 10J 撞击的 2D 傅里叶幅值谱

f）反傅里叶变换之后得到的相位图

8.1.2 图像序列处理方法

1. 图像序列

在电磁无损成像检测中，如果每个空间位置获得的信号都是一个向量序列，则所有空间位置获得的数据是一个图像序列，或称为三维矩阵、三维张量。以涡流脉冲热成像检测为例，由热像仪记录的原始数据是三维阵列。如图 8-11 所示，$n \times m$ 代表热成像仪的像素，t 代表时间，p 代表图像（帧）序号，q 代表帧的数量。每一帧的数据为二维阵列，即在每一帧（每一时刻）的温度值是一个 $n \times m$ 阵列。每个像素点的温度变化是一个一维向量。每一帧的二维阵列可以获得一幅图像，采用上面介绍的图像处理方法可以对该图像进行处理。但是，该幅图像只显示某一时刻或某一频率的信息，可能导致检测效果不佳。为了提高检测效果，有时需要对多幅不同时刻或频率时的图像进行处理，这就是图像序列处理。目前，常用的图像序列处理方法有主成分分析法、独立成分分析法和非负矩阵分解法等。

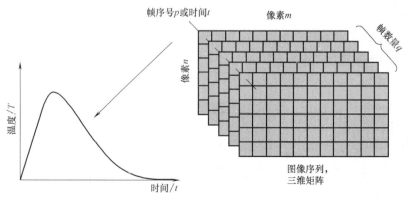

图 8-11 涡流脉冲热成像数据格式示意图

2. 图像序列处理方法过程

图 8-12 所示为基于主成分分析（PCA）和独立成分分析（ICA）的图像序列处理方法。该方法主要包含以下步骤：

步骤一：采用热像仪获得原始的热像图序列，该图像序列是三维数组。对原始数据进行一些预处理，如差分处理、归一化处理等。

步骤二：转换三维数组 $X(m, n, q)$ 为二维数组 $Y(o, q)$，o 为 $m \times n$，q 代表帧的数量。该二维数组的每一个行向量代表每一个空间位置的温度变化曲线（温度瞬态响应）。

步骤三：对二维数组进行范围优化选择。根据被检对象的特征选择较小的时间范围的数据。

步骤四：采用主成分分析或独立成分分析处理这个二维数组，得到相应的主成分（PCs）或独立成分（ICs）。该步骤可以看作是利用主成分分析或独立成分分析进行特征值提取。

步骤五：每一个主成分或独立成分是一维向量。通过步骤二的逆变换做数据转换，把一维向量转化为二维数组。

步骤六：将二维数组以图像形式显示，进行缺陷的识别与评估。

3. 图像序列处理实例

（1）表面微缺陷　为了测试和验证基于统计分析的图像序列处理方法对表面微缺陷检测的有效性，对某微小缺陷的原始图像序列进行处理。图 8-13a 为小孔缺陷的原始检测结果，小孔位于线圈边缘，其导致的温度变化被加热现象所掩盖，很难发现。

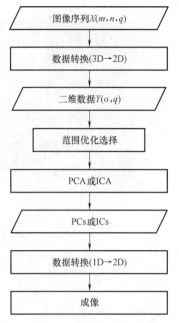

图 8-12　基于 PCA 或 ICA 的
图像重构方法

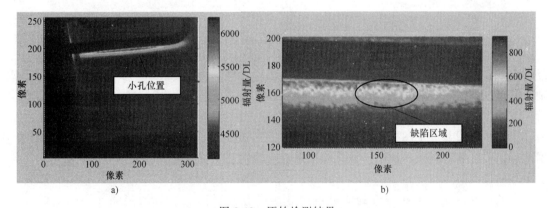

a)　　　　　　　　　　　　　b)

图 8-13　原始检测结果
a）小孔缺陷　b）深层缺陷

图 8-14 所示为经过主成分分析和独立成分分析处理之后得到的新图像。在图 8-14a 所示的第一主成分图像中，只有激励线圈和试件的边缘可以被很明显地发现，这说明试件边缘的信息占据主导地位；在图 8-14b 所示的第三主成分图像中，可以观察到小孔所导致的一个异常亮点。同样，小孔导致的温度异常点可以在图 8-14c 所示的第五独立成分和图 8-14d 所示的第十一独立成分中发现。

（2）深层缺陷　为了测试和验证基于统计分析的图像重构方法对深层缺陷检测的有效性，对某深层缺陷（横向尺寸与深度比为 1.5）的原始图像（100 帧）进行处理。图 8-13b 所示为该深层缺陷在 300ms 时的原始热像图，缺陷很难被发现。图 8-15 所示为经过主成分

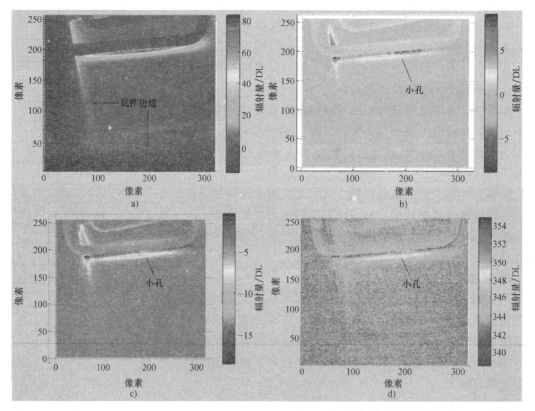

图 8-14　主成分和独立成分处理之后的检测结果

a）第一主成分构成的图像　b）第三主成分构成的图像　c）第五独立成分构成的图像　d）第十一独立成分构成的图像

分析和独立成分分析算法重构得到的新图像。在图 8-15a 所示的第一主成分图像中，只有激励线圈可以被很明显地发现。在图 8-15b 所示的第二主成分图像中，可以观察到下表面缺陷所导致的"亮斑"。在图 8-15c 所示的第七独立成分图像中，缺陷区域与周边区域的温度有差异，但是不明显。在图 8-15d 所示的第九独立成分图像中，缺陷导致的"亮斑"最明显，据此可以很可靠地判断出缺陷。该试验结果说明采用基于统计分析的图像重构方法可提高深层缺陷的检测能力。

由此可见，基于统计分析的图像重构方法可有效提高表面微缺陷和深层缺陷的检测能力。

4. 图像序列处理方法的优化与改进

在实际检测中，可以对基于统计分析的图像重构方法进行优化与改进。优化的原则和目的主要有：第一，选择较小范围的数据，以减少数据量，减少计算时间；第二，根据缺陷的性质选择合适的数据范围。如复合材料内部的分层缺陷主要影响冷却阶段的温度变化，据此可以选择冷却阶段的数据进行处理，而选择早期的数据可以抑制热传递的横向"模糊效应"。

以下通过碳纤维复合材料分层缺陷的检测实例来说明图像序列处理方法进行优化与改进的必要性。图 8-16a 所示为碳纤维复合材料中某分层缺陷在冷却阶段 500ms 时的热像图，分层缺陷区域显示了较低的温度。图 8-16b 为图 8-16a 中某几个点的瞬态温度曲线。A 点位于无缺陷区域的基体上，B 点位于无缺陷区域的碳纤维上，C 点位于缺陷区域的基体上，D 点

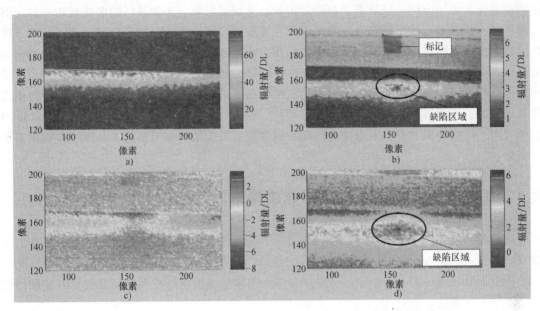

图 8-15　经过主成分分析和独立成分分析算法重构得到的新图像

a) 第一主成分　b) 第二主成分　c) 第七独立成分　d) 第九独立成分

位于缺陷区域的碳纤维上。在加热阶段，基体上的两个点（A 和 C）的曲线较为一致，而碳纤维上的两个点（B 和 D）的曲线较为一致。这体现了在加热阶段主要显示碳纤维结构与基

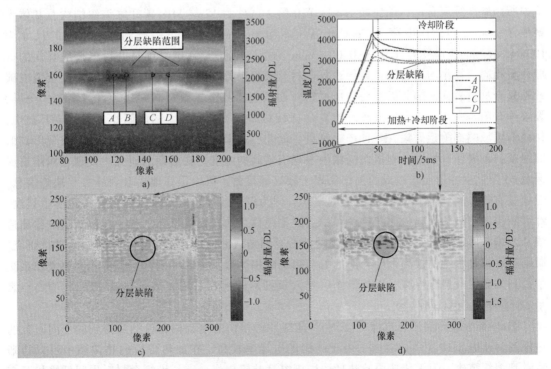

图 8-16　数据范围优化的图像重构方法的效果对比

a) 500ms 时的原始热像图　b) 几个点的瞬态温度响应　c) 采用全部数据进行图像序列处理时第五成分的结果

d) 采用冷却阶段数据进行图像序列处理时第三成分的结果

体的差异，而无法分辨分层缺陷；在冷却阶段，无缺陷区域（A 和 B）的曲线较为一致，而缺陷区域（C 和 D）的曲线较为一致，因此在冷却阶段可以分辨出缺陷区域。在进行基于统计分析的图像重构时，采用冷却阶段的数据作为输入和采用全部数据作为输入会取得不同的效果。图 8-16c 和 d 分别为采用全部数据和冷却阶段数据进行主成分分析的结果。可见，采用全部数据进行图像序列处理时，使用第五成分的效果最好，而采用冷却阶段数据进行图像序列处理时，使用第三成分的效果最好。而且，图 8-16d 中的检测效果明显优于图 8-16c 的检测效果。在这个例子中，采用冷却阶段数据进行重构的结果要明显优于采用全部数据重构的结果。

8.2　基于小波分析的涡流脉冲热成像空间-暂态-尺度图像优化方法

热成像的视频信息中不仅包含图像信息，同时也包含时序和与之对应的频谱信息，空间-暂态-尺度图像优化即是利用小波分析的特点，对某一暂态时的图像空间进行多尺度分解，提取不同频域尺度中的特征进行分析。本小节将从多维信息挖掘的角度优化涡流脉冲热成像缺陷检测方法。

8.2.1　涡流脉冲热成像复合材料低冲击损伤分析方法

本小节以涡流脉冲热成像技术的复合材料冲击损伤检测为例展开介绍，试验中激励电流设置为 380A，激励频率为 256kHz，最大激励功率为 2.4kW。试验系统如 7.1 节介绍。本试验中所用碳纤维复合材料试块如 7.4.3 节介绍。试件为 12 层 5HS 碳纤维编织结构，基体为聚亚苯基硫醚，试件由荷兰 TenCate Advanced Composites 公司生产制造。试件的尺寸为 100mm×150mm，厚度为（3.78±0.05）mm。不同冲击能量对碳纤维复合材料造成损伤的机理并不相同，较小的冲击能量会导致复合材料表面局部凹陷；较大的冲击能量不仅会造成碳纤维复合材料表面凹陷，而且会造成材料背面凸起，甚至导致材料中出现纤维断裂、分层、裂纹等缺陷。由于损伤会造成碳纤维复合材料局部区域具有较大的电阻率，涡流绕开损伤，在损伤区域端部附近聚集，并且产生热量，因此，若损伤区域大，则损伤区域内表现出较低的温度；若损伤区域小，则损伤区域内表现出较高的温度。在前期的研究中发现，涡流热成像对 6J 及以上冲击能量造成的损伤实现了较好的检测，可以很好地提取到纤维和缺陷信息，但无法有效检测到 4J 冲击能量造成的损伤，因为较小的冲击能量难以使复合材料产生裂纹、纤维断裂等明显的缺陷，而且热像图中纤维编织信息和损伤信息叠加在一起，给缺陷检测造成了困难。本节将针对 4J 小冲击能量对复合材料造成的微弱冲击损伤缺陷的检测进行研究。激励和冷却过程中的被测试件表面的瞬态热响应用热像仪记录下来，从涡流脉冲热成像系统中得到的是一段热像视频，即热像图序列，如图 8-17 所示。用 X 表示热像图序列，$X(t)$ 表示 t 时刻的热像图矩阵。

图 8-18 所示为涡流热成像对受到 4J 能量冲击损伤的复合材料检测后得到的不同时刻的热像图。从图 8-18 中可以看出，由于纤维的电导率较高，在加热阶段的热像图中可以清晰地看到编织结构，但无法从原始热像图中观察到缺陷损伤。碳纤维复合材料层间纤维相互交织，结构复杂，感应加热后在热像图中材料的编织结构信息和缺陷信息混叠，需要通过后期的数据处理进行缺陷识别和特征提取。

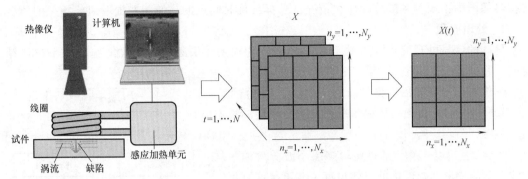

图 8-17　涡流脉冲热成像缺陷检测原理图

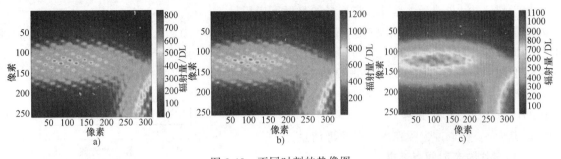

图 8-18　不同时刻的热像图

a) 加热阶段热像图　b) 加热结束时的热像图　c) 冷却阶段热像图

8.2.2　空间-暂态-尺度图像序列优化处理方法

小波分析（Wavelets Analysis）是一种比较成熟的信号处理技术，由于其独特的优势在很多领域得到了广泛的应用。它继承和发展了短时傅里叶变换局部化的思想，是对信号进行时频分析的有效工具。它具有多分辨率分析的特点，在高频处具有较高的时间分辨率，而在低频处具有较高的频率分辨率，具有自适应满足信号时频分析需要的特点，能够很好地分析信号的局部特征，小波变换适用于检测非稳态信号中携带的异常信号。

小波变换的实质是将待分析的信号与变换尺度以及移位后的母小波函数进行比较。连续小波变换（CWT）和离散小波变换（DWT）在很多应用中都是有效的分析工具。由于热像图是非稳态和非周期信号，所以选用小波分析工具来分析热像图信号，在数学上，连续小波变换的定义式为

$$X(\tau,i)=\frac{1}{\sqrt{i}}\int_{-\infty}^{+\infty}X(t)\psi\left(\frac{t-\tau}{i}\right)\mathrm{d}t \tag{8-16}$$

式中，τ 是时间的移位；i 为变化宽度；$\psi(t)$ 是母小波函数。连续小波变换常用的母小波函数有 Mexican hat 小波、高斯小波和谐小波等。它使用离散的尺度和时移，$i=2^{\beta}$，$\tau=\varepsilon2^{\beta}$，$\varepsilon$、$\beta$ 都是整数。不同的分解层数对应不同的分解尺度（小波宽度）和时移。离散小波变换在图像处理中有着广泛的应用，如图像滤波、图像压缩等领域。因为离散小波变换可以对信号进行正交分解，把信号有效地分解到不重叠的频带内，所以是一种快速、非冗余的变换，具有较小的计算复杂度。本试验中将选用离散小波变换对热像图进行分析，在时间和空间上

分析热像图中不同频率成分的变化情况，选择最优时间点的热像图并提取缺陷相关的信息。

1. 处理流程

具体的信号处理流程图如图 8-19 所示，图中说明了瞬态选择、尺度选择和小波选择之间的关系。

热像图信号处理的步骤可以总结为以下几个步骤：

步骤 1：输入得到的热像图序列，选择最优的瞬态帧热像图。

步骤 2：尺度选择。通过比较多层小波分解的平均小波系数能量来选择最优的分解尺度，在该尺度下可以实现热像图中碳纤维编织信息和冲击损伤信息的分离。

步骤 3：母小波函数选择。在选择的尺度下应用最大能量标准选择最优母小波函数。

步骤 4：最佳瞬态时间点选择。通过观察不同时间点热像图中不同频率成分的变化选择最佳瞬态时间点。

步骤 5：用优化的小波在选定的尺度下对最佳时间点的热像图进行小波分解。

步骤 6：提取冲击损伤和纤维纹理信息。

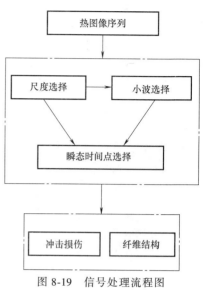

图 8-19 信号处理流程图

2. 最优瞬态时间点选择

用热像仪记录被检测材料的瞬态热响应，目前大多数热成像缺陷检测处理方法是人为从热像图序列中选择一帧图像来检测和定量缺陷。然而，这种方法的缺点是没有一个恰当的选择标准来最大化缺陷检测能力，在实际应用中不可避免地导致所选热像图中信息量的不足，从而导致缺陷检测的不确定性。在这里，可以通过小波变换选择最优的一帧图像。

获得的热像图序列表示为 $\{X(t)\}_{t=1}^{N}$，$t=1, 2, \cdots, N$。$X(t)$ 表示 t 时刻的热像图，N 表示热像图的帧数。2D 小波变换可包含水平、垂直和斜方向。第 i 层小波变换可以用式（8-17）来表示：

$$Y_{A}^{i}(t) = \mathrm{DWT}_{A}^{i}\{X(t)\}$$
$$Y_{H}^{i}(t) = \mathrm{DWT}_{H}^{i}\{X(t)\}$$
$$Y_{V}^{i}(t) = \mathrm{DWT}_{V}^{i}\{X(t)\}$$
$$Y_{D}^{i}(t) = \mathrm{DWT}_{D}^{i}\{X(t)\} \tag{8-17}$$

$Y_{A}^{i}(t)$、$Y_{H}^{i}(t)$、$Y_{V}^{i}(t)$、$Y_{D}^{i}(t)$ 分别表示对 t 时刻的热像图进行第 i 层小波变换后近似、水平、垂直、斜方向的小波系数矩阵。这里 $\mathrm{DWT}^{i}\{X(t)\}$ 表示进行 i 层小波变换。得到第 i 层分解的小波系数矩阵后，分别计算近似、水平、垂直、斜方向的小波系数矩阵的系数能量，如式（8-18）所示：

$$E_{A}^{i}(t) = \sum a_{j,k}^{2}$$
$$E_{H}^{i}(t) = \sum h_{j,k}^{2}$$
$$E_{V}^{i}(t) = \sum v_{j,k}^{2}$$
$$E_{D}^{i}(t) = \sum d_{j,k}^{2} \tag{8-18}$$

式中，$E_{\mathrm{A}}^{i}(t)$、$E_{\mathrm{H}}^{i}(t)$、$E_{\mathrm{V}}^{i}(t)$、$E_{\mathrm{D}}^{i}(t)$ 分别表示近似、水平、垂直、斜方向的小波系数能量；$a_{j,k}$、$h_{j,k}$、$v_{j,k}$、$d_{j,k}$ 分别为系数矩阵 $Y_{\mathrm{A}}^{i}(t)$、$Y_{\mathrm{H}}^{i}(t)$、$Y_{\mathrm{V}}^{i}(t)$、$Y_{\mathrm{D}}^{i}(t)$ 的第 $(j,\ k)$ 个元素。通过以上公式，所有热像图在第 i 分解层的水平、垂直、斜向的高频系数能量可被计算。由于不同尺度下的小波系数能够反映出信号中与该尺度所对应的频率成分，因此可以观测到在整个加热和冷却阶段热像图中不同频率成分的变化情况。这里选择的小波分解系数是小波分解第 4 层的小波系数，因为在本试验中热像图编织信息和冲击损伤信息在小波分解的第 4 层被分离开来。更多关于分解层的选择将在后面进行详细的讨论。离散小波变换把图像信号分解到 4 个子矩阵中，分别为低频信息和 3 个方向（水平、垂直和斜方向）的高频信息。在本试验中，由于 3 个方向的高频系数能量随帧数的变化规律都一致，因此选取一个代表方向进行分析（如水平）。试验结果如图 8-20 所示。

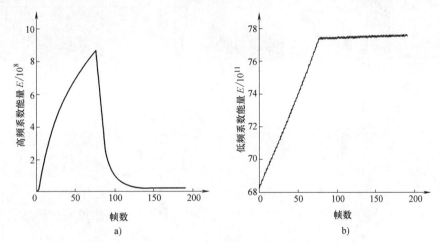

图 8-20   整个加热和冷却阶段热像图序列中低频和高频系数能量的变化情况

a）高频系数能量随帧数的变化   b）低频（近似）系数能量随帧数的变化

从图 8-20 中可以看出热像图序列中低频系数能量和高频系数能量随帧数的变化规律是不同的，低频系数能量以一定的速度上升到一个拐点，然后保持稳定的状态。高频系数能量的变化完全不同，加热（激励）阶段快速地上升到跟低频相同的拐点，然后在冷却阶段快速下降，最终消失。这些现象都可以从物理角度去解释。在复合材料中，碳纤维编织结构相互交织在一起，树脂作为支撑体，冲击导致试件表面有一个较小的变形，进而导致涡流在该区域外聚集。在加热（激励）阶段，由于沿着纤维方向有较大的电导率和热导率，在纤维方向快速产生了更多的热量。在冷却阶段，因为没有了热源，热开始从温度较高的区域（纤维）扩散到周围温度较低的区域，最终与周围区域形成温度平衡。这就是热像图中编织相关的成分快速增加和快速消失的原因，低频系数能量中包含了热像图中的大部分能量，体现了整个试件中热量的产生和扩散，在加热阶段增加，然后在冷却阶段开始的时候，由于热扩散，热量也有略微的上升。这个变化过程相对稳定最终达到了一个平衡状态。在本试验中，选择处于拐点处的第 76 帧热像图作为最优瞬态选择用于缺陷分析，因为在此处冲击损伤信息和纤维信息量都是最大的，并且没有由于热扩散造成热像图中缺陷信息的模糊。图 8-20 中的拐点变化特征可用于区分冲击损伤和纤维信息。

为了证明该方法的有效性，随机选取不同时间点的热像图进行对比，结果如图 8-21 所示。图 8-21a、b、c 所示为选取的不同瞬态热像图，图 8-21d、e、f 所示为与纤维相关的热信息（以水平方向为例）。编织信息也很重要，它可被进一步用来分析分层和纤维断裂。从图中可以看出，时间点的选择对检测结果有很大的影响，在第 50 帧（加热阶段）热像图中纤维信息可以清晰地被检测到，但检测不到缺陷损伤信息，在第 120 帧（冷却阶段）热像图中由于热扩散，缺陷损伤信息已经变得模糊。而在第 76 帧热像图中，冲击损伤信息和编织信息都是最清晰的。通过试验结果可以发现，瞬态时间点的选择将会影响最终的检测结果，本试验中选择加热阶段结束时的第 76 帧热像图作为最优瞬态选择，用于缺陷分析。

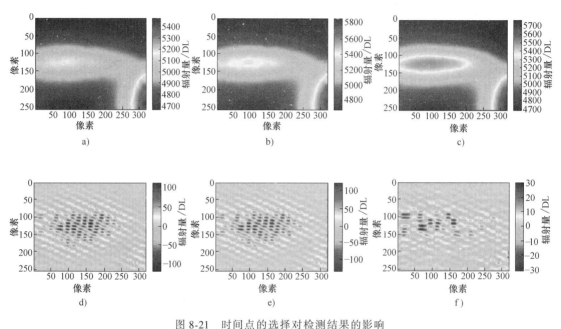

图 8-21　时间点的选择对检测结果的影响

a）50 帧低频　b）76 帧低频　c）120 帧低频　d）50 帧高频　e）76 帧高频　f）120 帧高频

3. 空间分解尺度的选择

选择瞬态帧图像之后，需要选择最优的空间分解尺度。通过小波变换将该帧热像图中的不同频率成分提取出来，这是通过伸展并平移母小波函数（通过变换尺度因子）来实现的。当分析的信号跟某个尺度下的小波函数更接近时，小波系数将变大，这意味着小波系数可以反映出信号中的主要成分和某个特定尺度下小波的相关程度，这样就可以通过小波系数判断最佳的分解尺度。在本试验中，分解尺度对应不同的小波分解层数，最优的分解尺度能够将热像图中的编织信息和冲击损伤信息分离开来。每分解一层系数，矩阵的尺度将变为原来的一半，方法通过计算各分解层的系数平均能量来选择最佳分解尺度。用公式表示如下：

$$e_A(i) = \sum a_{j,k}^2 / (J \times K)$$

$$e_H(i) = \sum h_{j,k}^2 / (J \times K)$$

$$e_V(i) = \sum v_{j,k}^2 / (J \times K)$$

$$e_D(i) = \sum d_{j,k}^2 / (J \times K) \tag{8-19}$$

这里 $e_A(i)$、$e_H(i)$、$e_V(i)$、$e_D(i)$ 分别表示第 i 层的系数平均能量，$a_{j,k}$、$h_{j,k}$、$v_{j,k}$、$d_{j,k}$ 分别是系数矩阵 $\boldsymbol{Y}_A^i(t)$、$\boldsymbol{Y}_H^i(t)$、$\boldsymbol{Y}_V^i(t)$、$\boldsymbol{Y}_D^i(t)$ 的第 (j, k) 个元素。$j = 1, 2, \cdots, J$；$k = 1, 2, \cdots, K$。$J \times K$ 是系数矩阵的大小。

图 8-22 所示为小波分解前 5 层的系数平均能量计算结果，低频系数平均能量随着分解层数的增加逐渐增大。但是高频成分（水平、垂直和斜方向）的系数平均能量在小波分解的前 3 层都很小，当到了第 4 层，小波系数平均能量突然变大，而且第 4 层的小波系数平均能量在前 5 层分解中是最大的。这表示第 4 层尺度的频率成分与热像图信号具有较大的相关性，所以小波系数相对较大。热像图中跟小波分解第 4 层尺度相关的频率成分可以通过小波变换被提取。图 8-23 所示为对热像图进行 5 层小波变换并重构后的结果。从热像图 5 层小波分解重构结果中可以看出，通过重构，部分高频信号从热像图中被分离出来，但是编织信息仍然存在于热像图中。可是到了第 4 层，存在于高频信号中的编织信息完全从热像图中分离了出来。这跟前面讨论的第 4 层小波变换的小波系数最大相一致。因此选择第 4 层为小波分解的最优分解尺度。

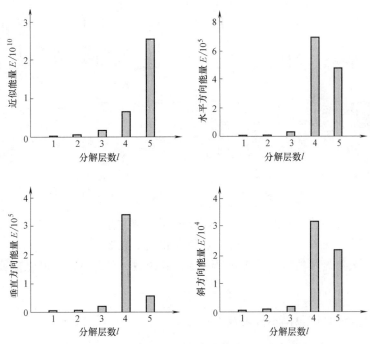

图 8-22　小波分解前 5 层的系数平均能量计算结果

4. 母小波函数的选择

小波变换的关键是从小波函数族中选取恰当的母小波函数。母小波函数的特征有正交性、对称性和紧支性等。理解小波函数的这些特征有助于从小波函数族中选择恰当的小波函数来分析不同的信号。例如，正交性表明母小波函数跟自己的内积是正交的，与其他不同尺度和移位后的母小波的内积为零。因此，正交小波可以把信号分解到非重叠的频带内。对称母小波可以用于线性相位滤波器。紧支性小波是指在有限范围内非零的小波函数，这使得小波变换可以反映信号的局部特征。

反映小波性能的方法包括定性方法和定量方法。定性的标准（如形状匹配）很难通过

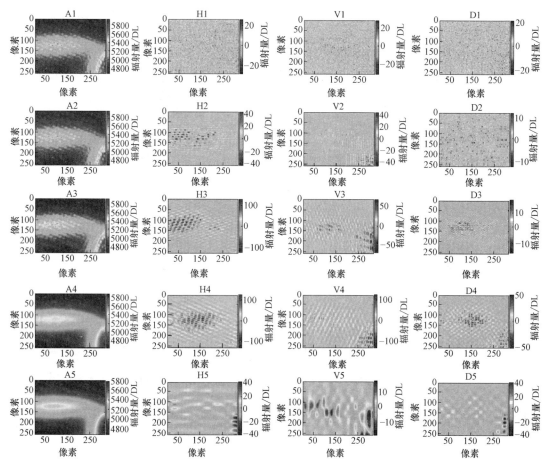

图 8-23　对热像图进行 5 层小波变换并重构后的结果

肉眼来比较信号跟母小波函数的相似性，所以需要定量的标准如最大能量标准来选择小波函数。此外，还有另外两种母小波选择标准：最大相关系数标准和最小香农熵标准。

在本书中，选择最大能量标准来选择最优小波函数，信号 $X(t)$ 的能量可以表示为

$$E = \int |X(t)|^2 dt \tag{8-20}$$

同时，信号的能量可以用小波系数表示为

$$E = \iint |\mathrm{WT}(i,\tau)|^2 di d\tau \tag{8-21}$$

第 i 层的信号能量可以表示为

$$E^i = \int |\mathrm{WT}(i,\tau)|^2 d\tau \tag{8-22}$$

实际中，小波系数是离散的，所以第 i 层小波分解的信号能量可以近似表示为

$$E^i = \sum \{\mathrm{DWT}(i,\tau)\}^2 \tag{8-23}$$

最优基小波函数是和需要分析的信号最相似的小波函数。基小波函数与要分析的信号越相似，小波系数越大，因为信号中特定的频率成分可以在小波系数中反映出来，最优小波是可以从信号中提取出最大能量的母小波。在这里选择不同的小波进行对比，通过试验，选择

恰当的小波函数，它们分别是 db(5～10)、coif(4～5)、bior(3.5，3.7，3.9～6.8)、sym(5～10)、haar。不同小波系数能量的对比结果如图 8-24 所示。

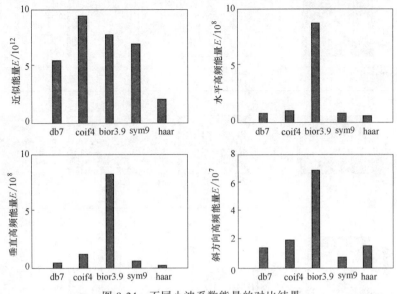

图 8-24　不同小波系数能量的对比结果

从图 8-24 中可以看出，近似小波系数能量最大的是 coif4 小波，db7、bior3.9、sym9 小波的系数能量相对都较大。然而，高频成分的系数能量跟低频表现不同，在水平、垂直和斜方向获得最大能量的都是 bior3.9 小波。这表明 bior3.9 小波函数跟图像中的相关成分更相似。

不同小波的重构结果见表 8-1。从表 8-1 中可以看出小波的选择也会影响检测结果，db7、coif4、sym9 小波可以有效地把编织信息从热像图中分离出来并在低频成分中检测到冲击损伤信息。H4、V4、D4 分别表示不同方向的纤维信息，但从图中可以看出冲击损伤信息并不是很清晰。haar 小波的分析结果很模糊，那是因为在数学中 haar 小波是不同尺度和移位后的方波函数，出现这种情况的原因很可能是图像中的编织信号与 haar 小波函数有很小的相似性。

表 8-1　不同小波的重构结果

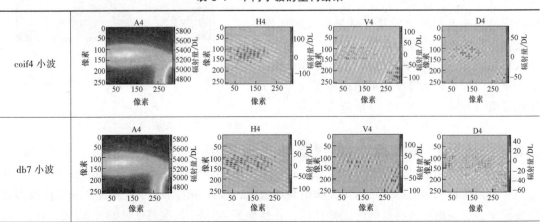

（续）

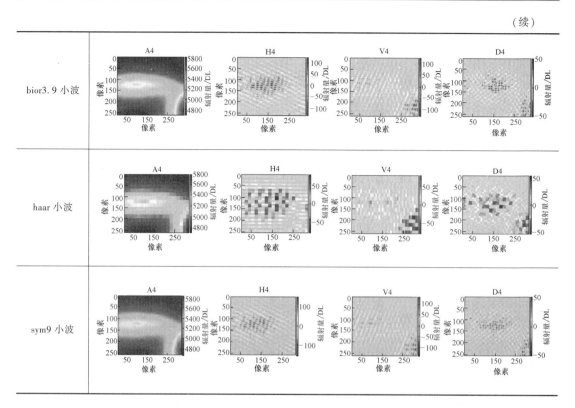

由表 8-1 对比的结果可知，bior3.9 小波表现最好，不仅可以把与编织相关的信息从热像图中分离出来，而且在低频成分中可以清晰地看到冲击损伤被完整地保留下来，从放大后的检测结果中能清晰地看到损伤区域，如图 8-25 所示。虽然在面对不同的检测对象时最优母小波函数可能不同，但最优小波函数能得到更好的检测结果。

利用小波系数能量分析不同频率成分的特性，提出了一种自动选取最优瞬态（时间点）图像的方法，加热阶段结束时的热像图被选择为最佳瞬态帧图像。通过分解热像图到不同的频带内，并选择恰当小波分解尺度，可以检测红外热像图中微弱冲击对碳纤维复合材料造成的损伤，并提取出热像图中的编织信息。对比不同母小波函数对检测结果的影响，选择出最优母小波函数。小波分析及优化过程还可以进一步应用于涡流热成像对不同材料缺陷的定量分析。

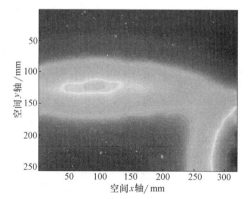

图 8-25　应用 bior3.9 小波缺陷的检测结果

8.3　涡流脉冲热成像空间-暂态热光流模型

本节旨在利用涡流脉冲热成像方法的物理效应，设计和推导用于复杂构件缺陷检测的热光流模型，以实现对材料缺陷的定量分析，并推导了热光流-散度算法和热光流-熵算法。

8.3.1　热光流模型

热光流（Optical Flow）是目前运动图像分析的重要方法，它的概念是在 1950 年被提出的，是指时变图像中模式的运动速度。热光流算法已经广泛应用于计算机视觉的图像处理中。热光流场是指两幅图像灰度模式的表面运动。这种方法可用于检测和跟踪运动的目标，特别是能够有效地检测和跟踪两个重叠的运动物体。运动估计被用来描述当前图像和参考图像之间参数块的位置偏移，这个过程的运算是比较复杂和耗时的。

基于涡流脉冲热成像方法所获取的热像图，记录了材料表面热光流的流动，而且所记录的热光流的流动情况，表现在热像图像素的偏移上。因此，可以使用热光流来跟踪标定热像图中温度参数位置的偏移，以实现跟踪热光流的流动，并且将这种方法模型化为热光流（Thermo—Optical—Flow，TOF）模型。

1. 涡流脉冲热成像热光流模型的建立

热光流算法分析热像图序列特定时间段的步骤包括：将这个被选取出时间段的开头和结尾处的时间点记为 t 和 $t+\Delta t$。热光流用来记录这两个时间点 t 和 $t+\Delta t$ 两幅图像热光流的移动，热像图序列就可以被看作三维矩阵，且这三维矩阵包含的信息有坐标 x、坐标 y 和时间 t，在经过时间 Δt 后，灰度值 I（这里指温度值）的坐标（x，y，t）移动到了新的位置，移动的距离为 Δx、Δy，在本节中，两个热像图之间的像素位移表示的温度变化反映了热的传播，这可以由式（8-24）表示，即

$$I(x,y,t)=I(x+\Delta x,y+\Delta y,t+\Delta t) \tag{8-24}$$

热量的流动状态就可以通过上述公式计算，两幅热像图中热量的移动是微弱的，$I(x,y,t)$ 图像的约束可以根据泰勒系数将式（8-24）展开为

$$I(x+\Delta x,y+\Delta y,t+\Delta t)$$
$$=I(x,y,t)+\frac{\partial I}{\partial x}\Delta x+\frac{\partial I}{\partial y}\Delta y+\frac{\partial I}{\partial t}\Delta t+o(\Delta x^2,\Delta y^2,\Delta t^2) \tag{8-25}$$

从式（8-24）和式（8-25）两个公式，可以推断出

$$\frac{\partial I}{\partial x}\Delta x+\frac{\partial I}{\partial y}\Delta y+\frac{\partial I}{\partial t}\Delta t=0 \tag{8-26}$$

或者将式（8-26）写成

$$\frac{\partial I}{\partial x}\frac{\Delta x}{\Delta t}+\frac{\partial I}{\partial y}\frac{\Delta y}{\Delta t}+\frac{\partial I}{\partial t}\frac{\Delta t}{\Delta t}=0 \tag{8-27}$$

因此可以得出这个结论：

$$\frac{\partial I}{\partial x}v_x+\frac{\partial I}{\partial y}v_y+\frac{\partial I}{\partial t}v_t=0 \tag{8-28}$$

在这个公式中，v_x 和 v_y 是 x 和 y 坐标方向的速度或称为 $I(x,y,t)$ 的热光流，$\partial I/\partial x$、$\partial I/\partial y$、$\partial I/\partial t$ 是热像图对应参数的偏导数，还可以简写成 I_x、I_y、I_t。

因此可以将式（8-28）写成

$$I_xv_x+I_yv_y=-I_t \tag{8-29}$$

热像图的灰度值 $I(x,y,t)$ 可以用来评估疲劳损伤区域的热像图和温度响应。红外热像仪对材料的表面和亚表面的温度变化是非常灵敏的。热像图的灰度值和材料表面的温度是

成正比的关系（即 $I \propto T$）。因此，灰度值和温度对时间 t 的一阶导数之间的关系可以表示为

$$\frac{\partial I}{\partial t} \propto \frac{\partial T}{\partial t} \tag{8-30}$$

因此，可以将式（8-29）变换为

$$-\frac{\partial T}{\partial t} \propto I_x v_x + I_y v_y \tag{8-31}$$

从上述公式中，建立了灰度值、材料表面的温度、热光流之间的关系。最后，将其模型化为热光流模型来跟踪材料的热扩散，实现材料损伤的检测。

2. 热光流模型的优势

热光流模型可以用于跟踪热像图序列的热光流流动。根据推导过程，它的优势可以总结如下：

首先，由于热光流计算了每个像素点位置的偏移量，因此对于微小的热光流变化都是灵敏的，适用于材料微缺陷的检测。

其次，通过迭代算法计算得出的热光流的数值 (v_x, v_y) 的物理含义为热光流流动的速度，这使得热光流和材料热光流流动物理过程结合在一起。研究者可以通过观测热光流模型，实现简单、准确地分析热光流的物理过程。

最后，由于热光流跟踪标定了材料热光流流动，且计算得出的数值 (v_x, v_y) 是一个包含了热光流速度大小和方向的矢量值。这一特性使得热光流 (v_x, v_y) 表示了丰富的信息。研究者既可以分析热光流标定的热光流流动的奇异值，以确定材料缺陷的位置，还可以通过热光流矢量图直接观察材料各个区域热光流流动的方向、速度等参数。

结合热光流模型的优势与电磁热成像的物理机理，在随后的案例验证中，该方法具有检测灵敏度高、包含丰富的物理含义与信息、便于损伤评估的优点。

8.3.2 热光流模型的定量分析

式（8-31）中，一个公式含有两个未知数 v_x 和 v_y，是不能求出唯一解的。因此热光流模型的推导公式是一个病态方程。为了寻求其他方程求解热光流模型，引入了另外一种典型的约束条件。Horn-Schunck 算法引入的附加约束条件为整体平滑性条件，即该约束条件要求热光流模型本身尽可能的平滑。热光流矢量可以被定义为 $\boldsymbol{F} = (v_x, v_y)^\mathrm{T}$。平滑条件表示为 $\min\left\{\left(\frac{\partial u}{\partial x}\right)^2 + \left(\frac{\partial u}{\partial y}\right)^2 + \left(\frac{\partial v}{\partial x}\right)^2 + \left(\frac{\partial v}{\partial y}\right)^2\right\}$。

通过平滑条件，计算热光流的过程归结为式（8-32）的变分求解问题。通过 Horn-Schunck 算法求解热光流模型的病态方程时，要想得到稳定的解，通常需要上百次的迭代，即通过 $n+1$ 次迭代得到 v_x、v_y 的值，n 为任意整数。

$$E = \iint \left[(I_x v_x + I_y v_y + I_t)^2 + \alpha^2 (\| \nabla v_x \|^2 + \| \nabla v_y \|^2) \right] \mathrm{d}x \mathrm{d}y \tag{8-32}$$

式中，α 为系数，可由人为设定。

通过 Horn-Schunck 算法，迭代得出热光流 v_x、v_y 的值，即计算出热光流流动的速度，可定性地分析缺陷的位置。为了定量地分析材料缺陷的程度，需进一步推导热光流-散度算法和热光流-熵算法。

1. 涡流脉冲热成像热光流-散度特征提取与分析研究

为了量化热光流，用以定量分析材料的损伤，引入了散度的概念。散度（Divergence）可用于表征空间矢量场发散的强弱程度，且散度的正负值也代表了矢量发散的方向。本节从热像图序列的热光流场中提取散度值，以标定热光流流动的情况和定量分析复杂构件损伤程度，并将这种方法定义为热光流-散度（Thermo—Optical—Flow—Divergence）算法。

传统意义上，根据散度公式将热光流-散度算法的关系定义为

$$\mathrm{div}\boldsymbol{v}=\frac{\partial v_x}{\partial x}+\frac{\partial v_y}{\partial y} \tag{8-33}$$

热光流 v_x 和 v_y 的求解是通过 $n+1$ 次迭代产生的，该处设定的迭代次数为 100 次或者多于 100 次。由于不同的迭代次数得到的结果差距较大，用迭代得到的热光流值计算散度值是不太准确的，因此，在本节中，使用 I_x 和 I_y 来代替 v_x 和 v_y，以计算散度值。

因此，热光流-散度算法可以被定义为

$$\mathrm{div}\boldsymbol{I}=\frac{\partial I_x}{\partial x}+\frac{\partial I_y}{\partial y} \tag{8-34}$$

在式（8-34）中，当热光流-散度的值大于零时，表示热光流在膨胀（即此处热光流是在扩散）；当热光流-散度的值小于零时，表示热光流在收缩（即此处热光流是在汇聚）；当热光流-散度的值等于零时，此处热光流的流动比较均匀（即热光流的流进等于热光流的流出）。

材料的损伤会改变材料的电导率、磁导率、热导率，引起热光流的流动发生变化。不同的热光流流动状态会引起热光流模式的行为不同，而散度场可以量化材料不同损伤下热光流的各种行为，因此使用热光流-散度算法可以有效地分析热传导过程，可以有效地展示材料的纹理、缺陷信息，对材料的缺陷进行定量分析，并且有助于分析材料的微观特性（如电导率、磁导率、热导率）。

一般情况下，使用热光流模型定性地分析材料缺陷时，只考虑了热像图序列的冷却阶段，即只考虑了温度达到最高（通过加热阶段达到温度的最高值）后的热扩散过程。因此，在第 7 章涡流脉冲热成像基本原理中介绍的热传导公式中，产生的热量 Q 的值为零。在冷却阶段，激励线圈停止，热导率会受温度的影响。根据以上分析，可对材料缺陷造成的样件属性变化进行定量分析。

2. 涡流脉冲热成像热光流-熵特征提取与分析研究

为了直观地分析热光流的混乱程度，从热光流场中提取熵，用来量化由于材料中微小缺陷造成的结构变化而引起的热传播的差异。熵是信息论的基本概念，它被用来描述系统中的不确定性程度。传统的熵算法中，信息集合的可能不确定性的状态为 a_i，且相应的概率分布为 $p(a_i)$。熵 $H(a)$ 的公式可以表示为

$$H(a)=-\sum p(a_i)\log_2(p(a_i)) \tag{8-35}$$

这个公式称为香农熵，在这里 a 为可能不确定状态 a_i 的集合。在本节中使用热光流-熵算法来计算热光流的混乱程度，并且从热像图中定量地计算出微小缺陷的尺度。当材料表面出现微小的损伤时，电导率、热导率、磁导率会发生微弱的变化，造成这些区域的热量分布变得不均匀，且热量分布的混乱程度是和微小缺陷的程度直接相关的。热光流-熵算法进一步分析了热光流的奇异值，提高了检测的灵敏度。

热像图序列可以看作一个关于空间 (x, y) 和时间 t 的三维矩阵序列，且提取的热光流

场可以被视为在时间 t 和 $t+\Delta t$ 之间的关于某一空间坐标 (x, y) 的二维矩阵序列。根据平滑条件和式 (8-32)，一个像素点的热光流的值为 $u(i, j)$ 和 $v(i, j)$，在像素点的坐标值 (x, y) 改用 (i, j) 来表示。

一般情况下，热光流-熵的公式可以被定义为

$$H(u) = -\sum p(u(i,j))\log_2(p(u(i,j))) \tag{8-36}$$

$$H(v) = -\sum p(v(i,j))\log_2(p(v(i,j))) \tag{8-37}$$

式中，p 为热光流的概率。

由于只考虑材料某些区域的热光流，一个包含了材料热光流信息的特定区域的范围可以被定义为 $\sum_{i=m_1}^{m_2}\sum_{j=n_1}^{n_2}u(i, j)$ 和 $\sum_{i=m_1}^{m_2}\sum_{j=n_1}^{n_2}v(i, j)$（这里 $m_1<m_2$，$n_1<n_2$，且 m_2 和 n_2 的值小于整幅图像的尺寸值）。所以，式 (8-36) 和式 (8-37) 可以被改写为

$$H(u) = -\sum_{i=m_1}^{m_2}\sum_{j=n_1}^{n_2} p(u(i,j))\log_2(p(u(i,j))) \tag{8-38}$$

$$H(v) = -\sum_{i=m_1}^{m_2}\sum_{j=n_1}^{n_2} p(v(i,j))\log_2(p(v(i,j))) \tag{8-39}$$

同样地，热光流 $\sum_{i=m_1}^{m_2}\sum_{j=n_1}^{n_2}u(i, j)$ 和 $\sum_{i=m_1}^{m_2}\sum_{j=n_1}^{n_2}v(i, j)$ 的概率 p 可以被定义为

$$p(u(i,j)) = \frac{u(i,j)}{\sum_{i=m_1}^{m_2}\sum_{j=n_1}^{n_2}u(i,j)} \tag{8-40}$$

$$p(v(i,j)) = \frac{v(i,j)}{\sum_{i=m_1}^{m_2}\sum_{j=n_1}^{n_2}v(i,j)} \tag{8-41}$$

因此式 (8-38) 和式 (8-39) 可以被改写为

$$H(u) = -\sum_{i=m_1}^{m_2}\sum_{j=n_1}^{n_2} \frac{u(i,j)}{\sum_{i=m_1}^{m_2}\sum_{j=n_1}^{n_2}u(i,j)}\log_2\left(\frac{u(i,j)}{\sum_{i=m_1}^{m_2}\sum_{j=n_1}^{n_2}u(i,j)}\right) \tag{8-42}$$

$$H(v) = -\sum_{i=m_1}^{m_2}\sum_{j=n_1}^{n_2} \frac{v(i,j)}{\sum_{i=m_1}^{m_2}\sum_{j=n_1}^{n_2}v(i,j)}\log_2\left(\frac{v(i,j)}{\sum_{i=m_1}^{m_2}\sum_{j=n_1}^{n_2}v(i,j)}\right) \tag{8-43}$$

因此，热光流-熵可以被定义为式 (8-42) 和式 (8-43)，可利用这两个公式分析热光流混乱的程度，达到定量地分析材料微小缺陷的目的。

3. 热光流-散度和热光流-熵算法的优点

在前两节分别介绍了热光流-散度算法和热光流-熵算法的推导过程。如前文所述，热光流-散度算法和热光流-熵算法都可用于对热光流进行定量分析，以实现对复杂构件的缺陷进行定量分析。这两种算法的优点如下：

1) 热光流-散度算法进一步阐述和强调了热光流流动的物理过程。通过计算散度值，进

一步细化了每个区域的热光流流量。且推导结论为：热光流-散度值大于零时的区域，表示此处热光流在扩散；热光流-散度小于零时的区域，表示此处热光流在汇聚。因此，热光流-散度算法更适合冲击损伤缺陷检测。

2）热光流-熵算法强调了热光流流动的混乱程度。热光流模型通过跟踪热光流流动的变化，找到热光流流动的奇异值。热光流-熵算法通过计算热光流的混乱程度，进一步强调了热光流流动的奇异值，增加了对微小缺陷检测的灵敏度。

8.4 基于热光流模型的复合材料冲击损伤检测

本节旨在利用热光流模型跟踪材料的热量流动，并从热光流模型中提取散度值，进一步强调了热量流动的过程，以标定热量流动的奇异值来实现缺陷的定位和定量检测。需要特别强调的是，使用的热光流-散度算法能清晰地区分复合材料的纹理特征和缺陷特征，适用于对复合材料缺陷的物理属性进行分析。最后，建立热光流-散度和不同能量冲击损伤之间的映射关系。

8.4.1 复合材料冲击损伤检测方法和试块

1. 复合材料冲击损伤检测的流程

图 8-26 所示为基于热光流模型分析复合材料冲击损伤的总体流程图，包括通过涡流脉冲热成像方法获得热像图序列，通过温度响应曲线选择最佳的时间段，进行数据归一化（温度的最大值设置为 1，最低温度设置为 0），基于热光流算法对冲击损伤进行分析。

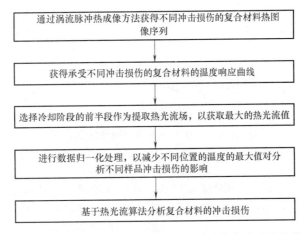

图 8-26 基于热光流模型分析复合材料冲击损伤的总体流程图

2. 样品准备和试验设备的搭建

试验研究使用了 7.5 节的复合材料试件。如图 8-27 所示，复合材料样品的尺寸为 100mm×150mm，且有 12 层的 5HS 碳纤维编织，如图 8-27b 所示。聚合物基体是由聚苯硫醚（PPS）制成的。样品板的密度为 1460kg/m^3。复合材料试件上含有不同能量冲击造成的损伤。4J、6J、8J、10J 和 12J 的冲击损伤是使用 CEAST Fractovisplus 9350 撞击设备产生的，且这个设备还拥有 DAS 16000 数据采集系统和视觉冲击分析软件。在本节中，对 4～12J 能量造成的冲击损伤和热光流模型之间的关系进行了讨论。

电磁场在材料中的穿透深度是由材料和涡流趋肤效应所决定的。以往的研究已经证明，复合材料中电磁场的穿透深度大约为1cm，而这个穿透深度大于本章中使用的复合材料样件的厚度（4.5mm），因此，复合材料样件的每一层都会有感应产生的电涡流。根据焦耳定律，碳纤维复合材料每一层都会产生焦耳热。因此，通过分析热像仪记录的热传导过程，来分析复合材料物理属性的变化。

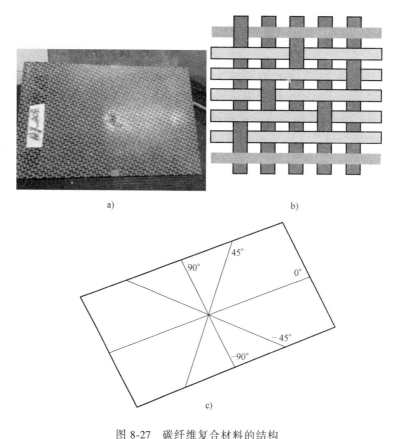

图 8-27 碳纤维复合材料的结构

a）碳纤维样品照片 b）碳纤维材料的编织结构 c）纤维取向的定义

涡流脉冲热成像的瞬态热成像有反射和透射两种成像模式。在反射模式中，捕获的热像图序列中包括缺陷的信息和一块感应线圈信息，进而影响缺陷的光学流场分析。因此在本试验中使用透射模式来分析 4～12J 热能量扩散和冲击损伤之间的关系。

8.4.2 基于热光流模型的复合材料冲击损伤的评估

1. 冲击损伤分析时间段及初始化数据

如 8.3.1 节所述，热光流模型是通过跟踪两个时间点间热量的流动来分析材料的缺陷的。热光流是从热像图序列中的两幅图像中提取的，因此在使用热光流模型中，选取恰当的时间段是至关重要的。由于温度响应曲线反映了热传导的过程，因此可以通过分析温度响应曲线选择恰当的时间段。步骤如下：

1) 先选取热像图温度较高处的位置（温度最高的位置往往更加真实地反映整个热像图序列在记录时间里的温度响应），作出温度响应曲线。

2) 求出这条温度响应曲线的导数（温度的变化率）。

3) 根据温度响应曲线选取时间段。

如图 8-28a 所示，图像灰度随着时间变化而变化。矩形标记区域表示选择的热响应曲线的时间段，使用该降温阶段的数据进行无损检测定量分析具有更高的灵敏度。

如图 8-28a 所示，下降沿的斜率较大，代表在下降沿拥有更快的温度变化。在本节中，是从两幅瞬态热像图中提取热光流的。基于下降沿拥有更快的温度变化，选择冷却阶段前半段作为进一步分析冲击损伤的时间段。在这项研究中，选择 75~100 帧（即为 196~288ms 时间段，由矩形区域标记）做进一步分析。从图 8-28a 中可以看到，瞬态温度和冲击能量之间的关系非线性相关。对不同能量（4~12J）的冲击损伤进行涡流脉冲热成像试验时，样品和线圈的距离不是每次都一样的。为了消除激励线圈和复合材料样品之间的提离对不同能量冲击损伤检测的影响，对 4~12J 的视频数据做了归一化处理。如图 8-28b 所示，以 12J 冲击损伤的热像图为例，为了规范不同冲击能量的温度响应曲线，温度的最大值设置为 1，最低温度设置为 0。温度响应曲线值的大小被改变，而曲线的形状被保留。

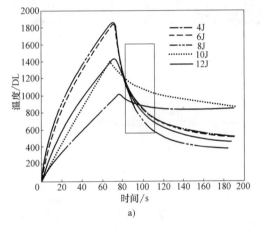 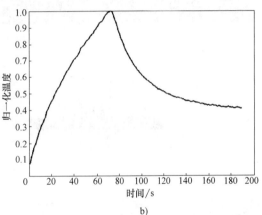

图 8-28　不同冲击损伤的温度响应曲线

a) 不同冲击损伤的温度响应曲线　b) 归一化后 12J 冲击损伤的温度响应曲线

2. 复合材料冲击损伤定量分析

（1）热像图序列热光流-散度特征的提取　通过观测从热像图中提取的热光流场，可以很清晰地看到复合材料表面热光流流动的过程。热光流矢量的大小表示热光流的快慢，热光流矢量的方向表示热光流流动的方向。从图 8-29 中可以看到，在视频图像的某些区域，热光流值出现了奇异值。这是由于材料表面的冲击损伤改变了样件表面的电涡流，进而影响了样件表面的温度分布。而通过计算的热光流可以表征热流的流动。为了量化热光流（即为量化样件的冲击损伤），使用了热光流-散度算法。热光流-散度反映了热光流流动收缩或膨胀特性（即热光流的汇聚或扩散的特性）。为了从另一个角度分析热光流的过程，分析了热光流-散度的三维图像和二维图像（图 8-29d 和 f）。以 12J 冲击损伤试样为例，在选定冷却期间，对碳纤维表面热光流-散度的分布进行了分析。

　　如图 8-29d 所示,在缺陷区域和无缺陷区域热光流-散度是显著不同的。这种现象表明热光流-散度的关系能够有效地区分复合材料的纹理特征和缺陷特征。如图 8-29f 所示,浅灰色部分的热光流-散度值很小,这个地方代表材料本身的纹理特征。且从图 8-29 中热光流矢量的流动方向可以看出,热光流总是沿着碳纤维的方向扩散的。在热光流-散度大于零的区域,这里的热光流在膨胀(即表示此处的热光流在扩散),在热光流-散度小于零的区域,这里的热光流在收缩(即表示此处热光流在汇聚)。由于复合材料受损严重的区域温度较高,因此,在冷却阶段的初期,热光流从缺陷区域扩散至周围的区域。在二维的伪彩色热光流-散度图像中,在受损严重区域的热光流-散度值大于零(即伪彩色图像的热光流-散度值为红色),在受损严重区域周围的热光流-散度值小于零(即伪彩色图像的热光流-散度值为蓝

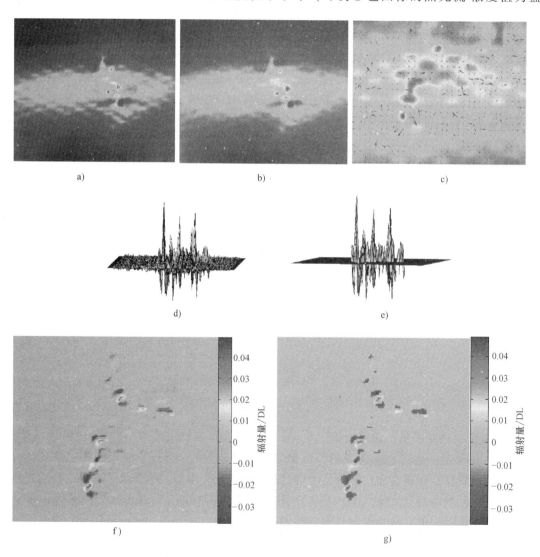

图 8-29　12J 冲击能量的热像图、热光流图像、热光流-散度图像

a) t 时刻的热像图　b) t+Δt 时刻的热像图　c) 热光流图像

d) 三维热光流-散度图　e) 消噪后的三维热光流-散度图

f) 二维热光流-散度图　g) 消噪后的二维热光流-散度图

色）。这是由于热光流从受损严重区域扩散到周围区域，且在热光流-散度图上表现为受损严重区域的热在扩散，受损严重周围区域的热量从受损区域汇聚到此处。为了更清楚地显示缺陷的位置，通过计算热光流-散度值来实现缺陷的检测。从图 8-29d 看出，热光流-散度的伪彩色图像明显分为三个部分，第一部分是黑色的（div>0.02），第二部分是浅灰色的（0.01≤div），第三部分是浅色的（div<0.01）。阈值设置为 0.01 或 -0.01［在（-0.01，0.01）范围内热光流-散度值设为 0)］，以消除周围的纹理特征对缺陷特征检测的影响。图 8-29g 和 e 显示，利用对热光流-散度值设定阈值的方法可以有效地消除材料纹理特征对冲击损伤检测的影响，使热光流-散度图像能更加清晰地观测缺陷。

（2）热光流-散度与不同能量的关系　　虽然复合材料受到冲击能量（4J）的影响，但是4J 冲击能量比较小，样品没有断裂，在受冲击损伤的区域只发生了变形。宏观观察发现，小能量冲击（4J）可以导致在试样表面的凹印记。与之相反，更大的冲击能量影响（6~8J）可导致塑性变形、脱层及断裂。根据复合材料冲击损失机制，由冲击载荷所引起的应力低于材料的屈服强度，材料的变形在弹性范围内。冲击完成后，弹性变形逐渐消失，材料没有出现明显的变化。因此，使用热光流-散度算法测量 4J 的冲击损伤时，热光流-散度的数值很小（接近零），如图 8-27a 所示。当由负载引起的冲击载荷应力超过材料的屈服强度时，材料发生不可恢复的塑性变形，导致复合材料出现冲击损伤，如图 8-29 所示。

图 8-30 所示为不同冲击能量损伤的热光流-散度值。图 8-30a、c、e、g、i 中，x 和 y 坐

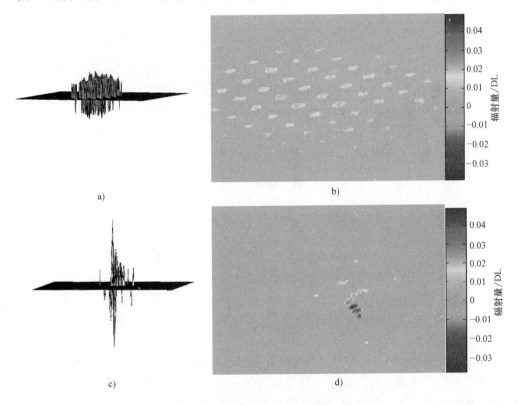

图 8-30　三维图像和二维伪彩色图像显示不同冲击能量下的热光流-散度值

a)、c)　三维图像，且分别为 4J、6J 冲击能量

b)、d)　二维伪彩色图像，且分别为 4J、6J 冲击能量

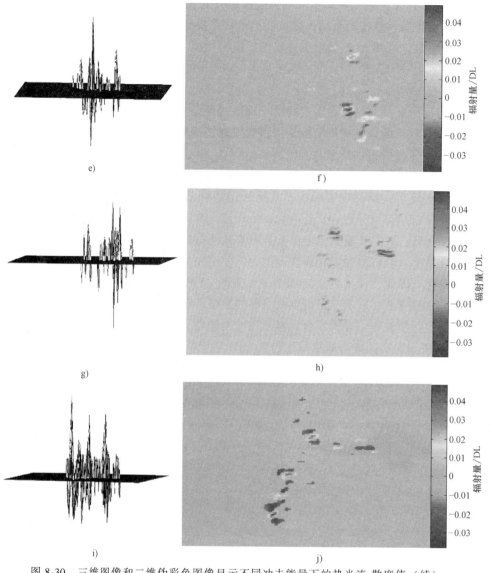

图 8-30　三维图像和二维伪彩色图像显示不同冲击能量下的热光流-散度值（续）

e)、g)、i) 三维图像，且分别为 8J、10J、12J 冲击能量

f)、h)、j) 二维伪彩色图像，且分别为 8J、10J、12J 冲击能量

标表示点的位置，用 Z 坐标表示热光流-散度值。如图 8-29 所述，为了避免由边界引起的误差，边界热光流-散度的值设置为 0。为了减小背景噪声，将热光流-散度值设置阈值，阈值的数值为 0.01 或 −0.01。如图 8-30a、c、e、g、i 所示，热光流-散度值随着冲击能量的增加而逐渐增加。

　　根据以往的研究，严重的塑性变形导致在加热阶段温度上升幅度更大，进而在冷却阶段中具有更快的温度衰减。可以看出，随着温度的衰减率增加，热光流-散度值增大。因此，通过热光流-散度表征的碳纤维复合材料的冲击损伤范围也更大。从图 8-30 中可以看出，4J 冲击能量损伤的热光流-散度值远远小于其他冲击能量损伤的热光流-散度值。因为 4J 冲击能量相对较小，复合材料仅发生轻微变形。冲击能量损伤区域和周围之间的电涡流密度变化不明显，导致基于电涡流密度的热光流-散度值也很小。这意味着该方法可能无法区分 4J 冲击能量损伤特征和碳纤维复合材料纹理特征。

图 8-31 所示为 12J 冲击能量下的缺陷边界研究。根据涡流脉冲热成像基本原理和热光流-散度的物理含义：热光流-散度图中的奇异代表着碳纤维复合材料冲击能量损伤面积。热光流-散度值大于零的区域表示了材料的缺陷区域不同的导热和导电性能，热光流-散度图中数值最大区域展示了复合材料冲击能量损伤造成的结构凸起损伤。图 8-31a 所示为 12J 冲击能量损伤的凸出结构和缺陷轮廓。图中显示的结果表明，热光流-散度算法能够有效地检测冲击能量损伤的凸出结构。

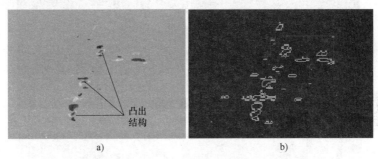

图 8-31　12J 冲击能量下的缺陷边界研究

a）凸出的结构　b）缺陷的边界

在前文分析的基础上，计算冲击能量损伤区域的大小。根据已经确认的缺陷区域，做出了包围缺陷区域的缺陷边界曲线。因此，可以通过计算缺陷的边界曲线以内的像素点个数来分析缺陷区域的大小。如图 8-32 所示，横坐标表示不同的冲击能量，纵坐标表示冲击破坏区域的所占图像的像素点个数，用于表征缺陷面积。图 8-32 显示，随着冲击能量的增加，碳纤维复合材料缺陷区域的大小是单调上升的。

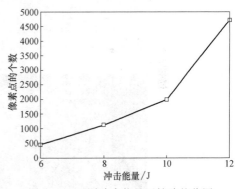

图 8-32　不同冲击能量下缺陷的范围

8.4.3　不同方向散度和冲击损伤行为分析

正如图 8-27a 和 b 所示，本章试验所用的碳纤维复合材料具有 12 层编织结构，且每一层的纤维方向都是不同的，碳纤维复合材料沿着材料的纹理进行热扩散。散度值小于零的区域总是围绕散度值大于零的区域，下面将详细分析竖直方向或水平方向上散度大于零或小于零的区域。

当复合材料遭受一定速度的撞击器击打时，材料中产生了冲击应力波。当冲击速度较低时，所产生的冲击应力低于材料的屈服强度，材料将产生弹性变形。当冲击速度超过一定数值后，冲击应力高于材料的屈服强度，材料发生塑性变形。由于复合材料由许多交错的编织带组成（图 8-27b），所以热总是沿着材料的纤维方向传导。散度的大小和材料的密度 ρ、比热容 c_p、热导率 κ 相关。X、Y 方向散度值的大小，展示了碳纤维复合材料编织层冲击损伤的程度。X 方向上冲击损伤的程度大于 Y 方向上冲击损伤的程度，这个结论说明，碳纤维复合材料层间的冲击损伤都是不一样的。

图 8-33c 和 d 展示了 X、Y 方向上散度值的分布。从图 8-33c 中看出黑色区域的散度和浅色区域的散度相互垂直。浅色区域表示散度值小于零，表征了热量的汇聚。黑色区域表示散度值大于零，表征了热量的扩散。这意味着，热是沿着材料纹理方向（即水平方向）传播，当材料在沿垂直方向传播时，会受到编织方向的阻碍。最后，使用散度算法增强了材料热量传播方向的物理分析。从图 8-33e 和 f 可以看到在 X 和 Y 方向上存在某一些散度大于零的小区域（平行于材料的编织方向）。图 8-33g 展示了冲击损伤区域的外形。区域 B 和区域 C 是

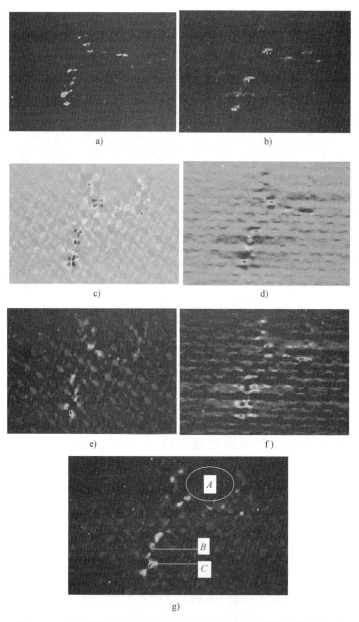

图 8-33 碳纤维的垂直编织方向和平行编织方向的散度值的关系

a) 12J（div<0） b) 12J（div>0） c) 12J-X d) 12J-Y e) 12J-X（div<0）

f) 12J-Y（div<0） g) 冲击损伤（12J-X, div>0）

散度值最大的区域，且它们的位置不在冲击区域 A 的里面和边界上。这意味着，损伤最严重的区域并不在冲击点上，而是在区域 A 旁边，如区域 B 和 C。当击打速度大于某一特定数值时，应力波将沿着材料的纤维方向传播且使材料内部的结构发生变化。在区域 B 和 C，当材料的拉伸应力大于材料的拉伸强度时，缺陷将会产生。

8.5　基于盲源分离的多维图像序列处理方法

　　电磁热成像在实际检测中，主要为视频信息的数据处理。由于数据量大（同时包含空间和时序信息），因此检测结果与信号分析方法密切相关，在检测缺陷信息时分析方法相较于设备的精度更为重要。对比前文中提到的检测视频信号处理方法，人为对帧图和像素级特征的选取方法不客观，极易受到干扰，重复性差，并且会丢失选择区外的大量热像图信息。在频域特征提取中，傅里叶变换方法主要用于分析不同频率时被检对象在不同深度的信息，并需要选择最优频率获取缺陷信息，很难智能、自动并有效地量化缺陷。并且算法提取的特征很难将被检信号的物理含义与检测信号联系起来。矩阵分解模型可针对整个热像图视频进行处理，解决了人为选择帧图或像素级特征而丢失大量数据信息的局限，但目前的研究只是局限于应用这类方法作为一种图像处理方法来提取缺陷空间特征。而深层次的研究：如何将这些缺陷的电磁热物理特性与数学模型进行对接；如何同时获取多维空间上的信息；如何挖掘热成像视频中空间-时序或空间-频域模式特征提高未知数量微缺陷自动检测精准度等等，这一系列的问题都还需进一步深入研究。

　　本节同样以涡流脉冲热成像金属缺陷检测为例，详细说明图像序列空间-时序模式特征提取的过程及相关的物理解释。该部分的理论是基于盲源分离（Blind Source Separation，BSS）模型展开的。自 20 世纪 80 年代法国的 Herault 和 Jutten 提出以来，盲源分离获得了快速发展，在理论上不断获得突破的同时，其可应用于语音识别、信号去噪、声呐等范围，在医学、无线通信、光纤通信等领域上也有应用。最早提出这个模型是为了解决鸡尾酒问题：在一个鸡尾酒宴会中，同时有多个人讲话，会场中麦克风接收到的信号是多个人语音的混合，如何从麦克风接收的信号中分离出每个讲话者的声音，就是盲源分离。其主要特征为在信号源和信号混叠参数均未知的情况下，仅仅根据获得的观测信号求取源信号。观测信号通常由一组传感器采集得到，每个传感器采集的均为多个原始信号的混叠。根据信号混叠方式的不同，信号模型主要分为：瞬时线性混叠模型、卷积混叠模型以及非线性混叠模型等。非线性混叠模型的难度最大，需要一定的先验知识才能分离恢复源信号。瞬时线性混叠模型最为简单，研究成果也最丰富。本节首先介绍涡流脉冲热成像缺陷检测电磁热物理场变化与盲分离模型关联，然后分别介绍空间-时序、空间-频域、稀疏和张量缺陷盲分离。

　　简单的瞬时线性混叠模型可简单概括为：由未知源信号 $\boldsymbol{x}(t)=(x_1(t),x_2(t),\cdots,x_{N_s}(t))^{\mathbf{T}}$ 通过未知信道获取的一系列观测混合向量 $\boldsymbol{y}(t)=(y_1(t),y_2(t),\cdots,y_{N_o}(t))^{\mathbf{T}}$，可表示为

$$\begin{pmatrix} y_1(t) \\ y_2(t) \\ \vdots \\ y_{N_o}(t) \end{pmatrix} = \begin{pmatrix} m_{11} & m_{12} & \cdots & m_{1N_s} \\ m_{21} & m_{22} & \cdots & m_{2N_s} \\ \vdots & \vdots & \ddots & \vdots \\ m_{N_o1} & m_{N_o2} & \cdots & m_{N_oN_s} \end{pmatrix} \begin{pmatrix} x_1(t) \\ x_2(t) \\ \vdots \\ x_{N_s}(t) \end{pmatrix} \Leftrightarrow \boldsymbol{y}(t)=\boldsymbol{M}\boldsymbol{x}(t) \tag{8-44}$$

式中，$\boldsymbol{M}$ 是未知混合矩阵，维数为 $N_o\times N_s$（假设观测信号数目为 N_o，源信号数目为 N_s）；t 为时间或采样点；$\boldsymbol{T}$ 为转置。

盲源分离的目的是给定混合观测向量 $\boldsymbol{y}(t) = (y_1(t), y_2(t), \cdots, y_{N_o}(t))^{\mathrm{T}}$，同时分离出未知 $\boldsymbol{M}$ 和 $\boldsymbol{x}(t) = (x_1(t), x_2(t), \cdots, x_{N_s}(t))^{\mathrm{T}}$。其代表性的求解方法包括 Bell-Sejnowski 最大信息法、Amari 自然梯度（Natural Gradient）法、Cardoso 等变化自适应法（EASI）、Hyvarinen 快速独立元分析算法（FastICA）以及等阵特征值分解方法等。根据观测信号相对于源信号的数量，瞬时线性混叠盲源信号分离问题可分为三类：适定盲源信号分离，即观测信号数量等于源信号数量（$N_o = N_s$）；超定盲源信号分离，即观测信号数量比源信号数量多（$N_o > N_s$）；欠定盲源信号分离，即观测信号数量比源信号数量少（$N_o < N_s$）。

8.5.1　空间-时序电磁热成像盲源混合模型

通过理论、仿真和试验验证，电子科技大学高斌教授课题组研究发现，当电涡流行径处于裂口或裂纹处，电涡流行径会随之发生变化，并在裂口或裂纹附近形成各类电涡流密度分布区。以裂口为例，如图 8-34 上图所示仿真模型，裂口两端会形成电涡流密度集中区域，

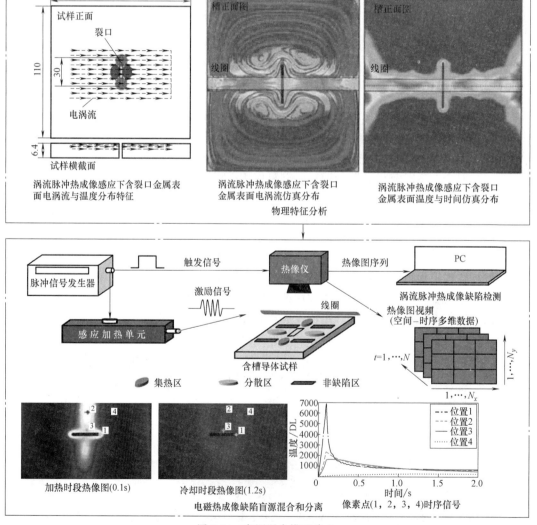

图 8-34　盲源混合模型建立

而裂口两旁形成电涡流密度分散区域。由于焦耳热的作用，电涡流密度分布造成缺陷附近形成各类温度分布区，同时，激励线圈作用范围以外的样本区会受线圈感应区散热影响，形成不同于缺陷附近的温度分布区。这些区域电磁热分布不仅在空间上各具特征，并且其时域的热传导特征也不相同（如根据傅里叶定律和笛卡儿坐标中的焦耳热温度上升规律，在温度分布集中区域，涡流脉冲热成像感应加热阶段温度随时间快速上升，并在感应停止冷却阶段随时间迅速下降）。根据这些区域热分布和热传导的特点，可将这些区域随时间变化的多个热源分离问题视为具有各自特征的盲源分离问题。

根据仿真和试验在各状况下电磁热分布，分析各盲源区空间及时域特征，视热像仪为单信道盲源混合信号接收器，从数学建模出发，热像仪在 t 时间点盲源混合热像图 $\boldsymbol{Y}(t)$ 为 $N_x \times N_y$ 维矩阵。m_i 为盲源混合参数，描述了在 t 时间点各盲源区信号在混合信号中所占权值。因此，理想条件下单信道线性盲源混合数学模型如图 8-35 所示。

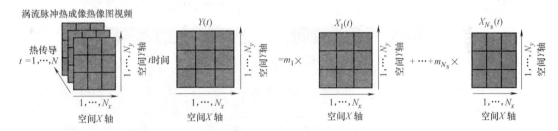

图 8-35　涡流脉冲热成像单信道线性盲源混合数学模型

$\boldsymbol{X}_i(t)$ 表示第 i 个盲源成分，N_s 表示盲源总数。公式上得出 $\boldsymbol{Y}(t) = \sum\limits_{i=1}^{N_s} m_i \boldsymbol{X}_i(t)$ 。考虑线性含噪混合模型 $\boldsymbol{Y}(t) = \sum\limits_{i=1}^{N_s} m_i \boldsymbol{X}_i(t) + \boldsymbol{N}(t)$ ，这里假定 $\boldsymbol{N}(t)$ 为具有高斯分布特征的杂波信号。

利用分解（Decomposition）方法的单信道转换多信道盲源混合模型架构方法，为解决数学病态问题而得到新的混合模型，且构造为多维观测量，从而可将欠定问题转换为适定问题，进而弱化病态问题。具体步骤为：获得热像图视频，对每一帧热像图按列依次取值并顺序化排列，对每帧热像图向量化，然后，将得到的每帧热像图向量依次作为新矩阵的行向量，构架出新矩阵。向量化并构架新矩阵如图 8-36 所示，所得 ECPT 热像图视频 $\boldsymbol{Y}$ 沿时间 t 轴包含 N 帧热像图片，如图 8-36a 所示；将每帧热像图片 $\boldsymbol{Y}(t)$ 向量化，即对每一帧热像图片 $\boldsymbol{Y}(t)$ 按列依次取值并顺序化纵向排列，得到列向量 $\mathrm{vec}[\boldsymbol{Y}(t)]$，如图 8-36c 所示；然后转置得到行向量 $\mathrm{vec}[\boldsymbol{Y}(t)]^{\mathrm{T}}$，如图 8-36d 所示，$\mathrm{vec}[\boldsymbol{Y}(t)]^{\mathrm{T}}$ 含有 $n_p = 1, \cdots, N_y, \cdots, N_x \times N_y$ 个像素；将 $t = 1, \cdots, N$ 帧热图全部向量化并转置，并将各行向量按时间 $t = 1, \cdots, N$ 顺序重新组合，即依次作为新矩阵的行向量，构架出图 8-36e 所示的新混合矩阵：

$$\boldsymbol{Y}' = \{ \mathrm{vec}[\boldsymbol{Y}(t=1)]^{\mathrm{T}}, \mathrm{vec}[\boldsymbol{Y}(t=2)]^{\mathrm{T}}, \cdots, \mathrm{vec}[\boldsymbol{Y}(t=N)]^{\mathrm{T}} \} \tag{8-45}$$

由此可得

$$\boldsymbol{Y}' = \boldsymbol{M}\boldsymbol{X}' + \boldsymbol{N}' \tag{8-46}$$

其代表的矩阵形式如图 8-37 所示。

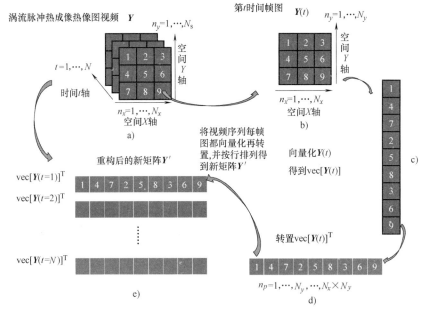

图 8-36　矩阵向量化示意图

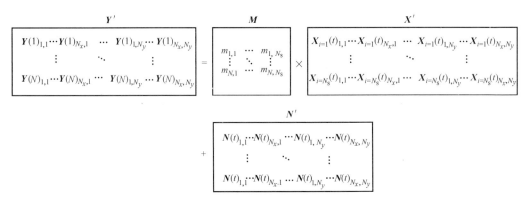

图 8-37　矩阵形式示意图

其中 $\boldsymbol{X}' = (\mathrm{vec}(\boldsymbol{X}_1(t)), \mathrm{vec}(\boldsymbol{X}_2(t)), \cdots, \mathrm{vec}(\boldsymbol{X}_{N_s}(t)))^{\mathrm{T}}, \boldsymbol{M} = (\boldsymbol{m}_1, \cdots, \boldsymbol{m}_{N_s}), \boldsymbol{m}_i = (m_{1,1}, \cdots, m_{N,1})^{\mathrm{T}}$。这里可假设 $N_s = N$，且混合矩阵 $\boldsymbol{M}$ 满秩，则 $\boldsymbol{Y}'$ 与 $\boldsymbol{X}'$ 的转化为可逆过程，可通过分解算法求得分解矩阵 $\boldsymbol{W} = \boldsymbol{M}^{-1}$，使得 $\widehat{\boldsymbol{X}'} = \boldsymbol{W}\boldsymbol{Y}'$，$\widehat{\boldsymbol{X}'}$ 为求解源信号。欠定的单通道盲源信号分离问题转化为正定的盲源信号分离，有利于使用鲁棒的盲源分离算法求解。

8.5.2　空间-时序盲源模式成分分解算法

需要注意的是：在热像图的盲源分离模型中，预先并不清楚热源模式成分是否具有不相关性或独立性，需要通过讨论不同分解算法对结果的影响和针对分解成分的解释来分析算法的适应度，各类盲源分解算法会在此章分别介绍，并突出各自的分解特点。

1. 算法概述

（1）主成分分解算法（白化）　主成分分析是通过线性变换将原始数据变换到正交的子

空间中，获得互不相关的新变量的方法。通过主成分分析，解析出主要影响因素，从而将原有的高维数据投影到低维的数据空间，获得模式成分，使特征更加直观。基于主成分分析的热响应盲源分离计算过程归纳如下：

给定观测向量 $\boldsymbol{y}'$（$\boldsymbol{Y}'$ 列向量），寻找线性变换 $\boldsymbol{W}_{\text{PCA}}$，使得变换后的向量 $\tilde{\boldsymbol{y}}'$ 被白化（Whiten），各向量成分 $\tilde{\boldsymbol{y}}'_i$ 不相关且具有单位方差。$E(\tilde{\boldsymbol{y}}'\tilde{\boldsymbol{y}}'^{\text{T}}) = \boldsymbol{I}$，$\boldsymbol{I}$ 为单位矩阵，变换后为 $\tilde{\boldsymbol{y}}' = \boldsymbol{W}_{\text{PCA}}\boldsymbol{y}' = \boldsymbol{W}_{\text{PCA}}\boldsymbol{M}\boldsymbol{x}'$，这个问题可以用主成分分解获得直接解，令 $\boldsymbol{E} = (\boldsymbol{e}_1, \cdots, \boldsymbol{e}_{N_s})$ 以协方差矩阵 $\boldsymbol{C}_x = E(\boldsymbol{x}'\boldsymbol{x}'^{\text{T}})$ 的单位范数特征向量为列的矩阵。这些可以通过向量 $\boldsymbol{x}'$（$\boldsymbol{X}'$ 列向量）的样本直接地或用某个在线学习规划计算出来。令 $\boldsymbol{D} = \text{diag}(d_1, \cdots, d_{N_s})$ 以 $\boldsymbol{C}_x$ 的特征值为对角元素的对角矩阵，其中 d_i，（$i = 1, \cdots, N$）为特征值，则线性白化变换可以由下式得出，即

$$W_{\text{PCA}} = D^{-\frac{1}{2}}E^{\text{T}} \tag{8-47}$$

证明：$C_x = EDE^{\text{T}}$，E 为正交矩阵，满足 $EE^{\text{T}} = E^{\text{T}}E = I$，则下式成立，即

$$E(\tilde{\boldsymbol{y}}'\tilde{\boldsymbol{y}}'^{\text{T}}) = W_{\text{PCA}}E(\boldsymbol{x}'\boldsymbol{x}'^{\text{T}})W_{\text{PCA}}^{\text{T}} = D^{-\frac{1}{2}}E^{\text{T}}EDE^{\text{T}}ED^{-\frac{1}{2}} = I \tag{8-48}$$

$\tilde{\boldsymbol{y}}'$ 的协方差为单位矩阵，因此 $\tilde{\boldsymbol{y}}'$ 被白化，通过特征值分解，可以求得分解矩阵 $\boldsymbol{W}_{\text{PCA}}$，使得分解后的各向量成分互不相关，可以作为盲源分离的一类依据。主成分分解方法还可以通过如奇异值分解（Singular Value Decomposition，SVD）、递归最小二乘法等算法实现。通过主成分分解矩阵 $\boldsymbol{W}_{\text{PCA}}$ 和主成分 $\widehat{\boldsymbol{x}'}_{\text{PCA}} = \tilde{\boldsymbol{y}}'$，其中（$\widehat{\boldsymbol{x}'}_{\text{PCA}}$ 为分解后 $\widehat{\boldsymbol{X}'}_{\text{PCA}}$ 的列向量）

$$\widehat{\boldsymbol{X}'}_{\text{PCA}} = W_{\text{PCA}}\boldsymbol{Y}' \tag{8-49}$$

同时通过主成分分解，可以计算各主成分贡献率及累计贡献率，贡献率用来量化主成分所包含的信息量占原有数据中总信息量的比重。定义第 i 个主成分的贡献率为

$$\ell = \frac{d_i}{\sum_{j=1}^{N_s} d_j}(i = 1, \cdots, N_s) \tag{8-50}$$

d_i 为 $\boldsymbol{x}'_i$ 特征值，主成分的累计贡献率表示了这种描述的信息完整性，其数值越大，完整性越高，信息丢失越少；反之，完整性越低，信息丢失量越大。定义前 N_p 个主成分的累计贡献率为

$$\eta = \frac{\sum_{i=1}^{N_p} d_i}{\sum_{j=1}^{N_s} d_j} \tag{8-51}$$

累计贡献率可为主成分数量的选取、噪声抑制和保证信息的完整性提供一种客观依据，在本文中选取累计贡献率在 95% 以上的前 N_p 个主成分。

（2）独立成分分解算法　不相关性是独立性的一个弱化形式（如果两个随机变量的协方差为 0，则这两个变量是不相关的），白化比不相关略强（一个零均值的随机向量被白化，

指它各分量具有相同的单位方差且互不相关），但不相关和白化仅仅是独立性的一部分，是独立成分分解的预处理步骤，可以把混合矩阵的搜索范围 $\boldsymbol{M}$ 限制到正交矩阵的空间，所以白化或 PCA 解决了部分独立成分分析（Independent Component Analysis，ICA）问题，且通过这样的方式降低了算法的复杂度。与 PCA 相似，ICA 也同样存在多类实现算法，如基于峭度的梯度算法和极大似然估计算法等，这里以常用的 Fast ICA 算法为例概括介绍：寻找分解向量 $\boldsymbol{w}_{\mathrm{ICA}}$（$\boldsymbol{W}_{\mathrm{ICA}}$ 列向量），使得对应的投影 $\boldsymbol{w}_{\mathrm{ICA}}^{\mathrm{T}} \widehat{\boldsymbol{x}'}_{\mathrm{PCA}}$ 的非高斯性达到极大化。非高斯性在这里可利用负熵度量，如 $J(a) \propto [E(G(a)) - E(G(b))]^2$，$G$ 为任意实际非二次函数，可称为对比函数。根据库恩-塔克（Kuhn-Tucker）条件，在 $E((\boldsymbol{w}_{\mathrm{ICA}}^{\mathrm{T}} \widehat{\boldsymbol{x}'}_{\mathrm{PCA}})^2) = \|\boldsymbol{w}_{\mathrm{ICA}}\|^2 = 1$ 约束条件下，$E(G(\boldsymbol{w}_{\mathrm{ICA}}^{\mathrm{T}} \widehat{\boldsymbol{x}'}_{\mathrm{PCA}}))$ 寻优过程可表示为

$$E(\widehat{\boldsymbol{x}'}_{\mathrm{PCA}} g(\boldsymbol{w}_{\mathrm{ICA}}^{\mathrm{T}} \widehat{\boldsymbol{x}'}_{\mathrm{PCA}})) - \beta \boldsymbol{w}_{\mathrm{ICA}} = 0 \tag{8-52}$$

式中，g 是对比函数 G 的导函数，采用牛顿迭代法，可获得雅克比矩阵为

$$J(\boldsymbol{w}_{\mathrm{ICA}}^{\mathrm{T}}) = E(\widehat{\boldsymbol{x}'}_{\mathrm{PCA}} \widehat{\boldsymbol{x}'}_{\mathrm{PCA}}^{\mathrm{T}} g'(\boldsymbol{w}_{\mathrm{ICA}}^{\mathrm{T}} \widehat{\boldsymbol{x}'}_{\mathrm{PCA}})) - \beta \boldsymbol{I} \tag{8-53}$$

式中，g' 是 g 的导函数，求得方向向量 $\boldsymbol{w}_{\mathrm{ICA}}^{\mathrm{T}}$ 后，即可得到线性变换矩阵 $\boldsymbol{W}_{\mathrm{ICA}}$ 及其对应的独立成分：

$$\widehat{\boldsymbol{X}'}_{\mathrm{ICA}} = \boldsymbol{W}_{\mathrm{ICA}} \widehat{\boldsymbol{X}'}_{\mathrm{PCA}} \tag{8-54}$$

同理可求得混合矩阵 $\widehat{\boldsymbol{M}} = \boldsymbol{W}^{\dagger}$，$\dagger$ 为伪逆转换（Pseudo Inverse），$\widehat{\boldsymbol{M}} = (\widehat{\boldsymbol{m}}_1, \cdots, \widehat{\boldsymbol{m}}_{N_s})$，其中 $\widehat{\boldsymbol{m}}_i$ 混合矩阵展示了热传导的时序模式成分，将在后面的试验讨论中具体分析。

在实际应用中，为提高计算效率和分解精度，可以根据具体情况选择不同的对比函数。常用的对比函数及其导函数见表 8-2。

表 8-2　常用对比函数及其导函数

G 对比函数	导函数 g
$G_1(x') = \dfrac{1}{a_1} \mathrm{logcosh}(a_1 x')$	$g_1(x') = \tanh(a_1 x')$
$G_2(x') = -\dfrac{1}{a_2} \exp(-a_2 x'^2 / 2)$	$g_2(x') = x' \exp(a_2 x'^2 / 2)$
$G_3(x') = \dfrac{1}{4} x'^4$	$g_3(x') = x'^3$

注：$1 \leqslant a_1 \leqslant 2$，$a_2 \approx 1$。

与 PCA 同理，优化选择盲源成分非常重要，峭度系数可客观反映 ICA 分解成分的独立性，在统计学上用四阶中心矩来测定：

$$\mathrm{kurt}(a) = E\{a^4\} - 3(E\{a^2\})^2 \tag{8-55}$$

通过分析分解独立成分的独立性，可潜在自动直接获取缺陷对应的模式成分，这部分将在"3 试验结果分析"具体讨论。

（3）非负矩阵分解算法　非负矩阵分解算法（Nonnegative Matrix Factorization，NMF）同样适用于盲源分离研究领域并广泛应用于图像、文本、语音等处理。与 PCA 和 ICA 算法相比，NMF 加了非负约束（热像图视频均为非负元素），分离成分加强了局部特性提取（局

部特性以人脸为例,如人脸子特征眼睛、鼻子、嘴巴等)。基于 NMF 算法的盲源混合模型同样表示为 $Y'=MX'$,分解算法可通过选取不同的代价函数和迭代法则分解盲源成分。

欧式距离 [S] 代价函数:

$$C_{\mathrm{LS}}(Y'\,|\,[\widehat{MX'}]) = \frac{1}{2}\sum_{i,j}\,(Y'_{ij}-[\widehat{MX'}]_{ij})^2 \tag{8-56}$$

其常用乘性迭代法则求解 M 和 X',归纳为

$$\widehat{M}\leftarrow\widehat{M}\,\frac{Y'\widehat{X'}^{\mathrm{T}}}{\widehat{MX'}\widehat{X'}^{\mathrm{T}}}$$

$$\widehat{X'}\leftarrow\widehat{X'}\,\frac{\widehat{M}^{\mathrm{T}}Y'}{\widehat{M}^{\mathrm{T}}\widehat{MX'}} \tag{8-57}$$

Kullback-Leibler (KL) 散度代价函数:

$$C_{\mathrm{KL}}(Y'\,|\,\widehat{MX'}) = \sum_{i,j}\,(Y'_{ij}\log\frac{Y'_{ij}}{[\widehat{MX'}]_{ij}}-Y'_{ij}+[\widehat{MX'}]_{ij}) \tag{8-58}$$

其常用乘性迭代法则求解 M 和 X',归纳为

$$\widehat{M}\leftarrow M\cdot\frac{(Y'./\widehat{MX'})\widehat{X'}^{\mathrm{T}}}{1\widehat{X'}^{\mathrm{T}}}$$

$$\widehat{X'}\leftarrow\widehat{X'}\cdot\frac{\widehat{M}^{\mathrm{T}}(Y'./\widehat{MX'})}{\widehat{M}^{\mathrm{T}}1} \tag{8-59}$$

其中 "·" 和 "./" 表示元素相乘和相除。"1" 为 $N\times n_p$ 大小的矩阵。

Itakura-Saito (IS) 散度代价函数:

$$C_{\mathrm{IS}}(Y'\,|\,\widehat{MX'}) = \sum_{i,j}\left(\frac{Y'_{ij}}{[\widehat{MX'}]_{ij}}-\log\frac{Y'_{ij}}{[\widehat{MX'}]_{ij}}-1\right) \tag{8-60}$$

其常用乘性迭代法则求解 M 和 X',归纳为

$$\widehat{M}\leftarrow\widehat{M}\,\frac{[(\widehat{MX'})^{\cdot-2}Y']\widehat{X'}^{\mathrm{T}}}{(\widehat{MX'})^{\cdot-1}\widehat{X'}^{\mathrm{T}}}$$

$$\widehat{X'}\leftarrow\widehat{X'}\,\frac{\widehat{M}^{\mathrm{T}}[(\widehat{MX'})^{\cdot-2}Y']}{\widehat{M}^{\mathrm{T}}(\widehat{MX'})^{\cdot-1}} \tag{8-61}$$

在本章的试验分析中,主要采用 Itakura-Saito (IS) 散度代价函数,该算法相较于欧式距离代价函数和 Kullback-Leibler (KL) 散度代价函数,具有标度不变的特点:在分解过程中,能量大和能量小的模式成分视为同等重要,而 KL 散度代价函数和欧式距离代价函数一般突出能量大的成分,如下式所示:

$$C_{\mathrm{IS}}(\partial a\,|\,\partial b) = C_{\mathrm{IS}}(a\,|\,b)$$
$$C_{\mathrm{LS}}(\partial a\,|\,\partial b) = \partial^2 C_{\mathrm{LS}}(a\,|\,b)$$
$$C_{\mathrm{KL}}(\partial a\,|\,\partial b) = \partial C_{\mathrm{KL}}(a\,|\,b) \tag{8-62}$$

该特性使 IS 散度在微缺陷检测中具有优势,将在后续试验中具体分析。

（4）稀疏分解　在电磁无损检测中，针对上述盲源分解算法，可在贝叶斯推论框架下，建立多个局部判别的稀疏盲分解模型。根据每个局部模型在表征目标时的重要程度分配权重，将目标建模为多个局部模型的加权组合以减弱表观变化对模型的影响称为稀疏加权。先验信息的加权会在检测灵敏度和量化准确度上对缺陷的信息提取带来帮助，方便更进一步地对信号进行加工处理，如压缩和编码等。稀疏分解算法首先是由 Mallat 提出的，也就是目前常用的匹配追踪（Matching Pursuit，MP）算法，该算法是一个迭代算法，简单且易于实现，因此得到了广泛的应用。随后，Pati 等人基于 MP 算法，提出了正交匹配追踪（Orthogonal Matching Pursuit，OMP）算法，OMP 算法相较于 MP 算法，收敛速度更快。在以后的研究中，为了改进 OMP 算法，学者也提出了其他算法，如压缩采样匹配追踪（Compressive Sampling Matching Pursuit，CoSaMP）算法、正则化正交匹配追踪（Regularized Orthogonal Matching Pursuit，ROMP）算法、分段式正交匹配追踪（Stagewise OMP，StOMP）算法、子空间追踪（Subspace Pursuit，SP）算法等。这里可以将稀疏加权应用到盲源分离算法中，如稀疏主成分分解、稀疏独立成分分解和稀疏非负矩阵算法。常用的稀疏加权模型有：

L1 范式约束（数据服从拉普拉斯分布）：$\min \| a \|_1$。

L2 范式约束（数据服从高斯分布）：$\min \| a \|_2$。

同理，在缺陷检测中，最注重的是缺陷的定位和定量信息的获取，而这些信息相对于整个试件样本来说是稀疏分布的，如何在分解算法中利用稀疏加权，提高缺陷检测和量化精度是研究重点。由此，可把混合模型变换为

$$Y' = \underbrace{\left[MX' \right]_{i=1,\cdots,N_s, i \neq j}}_{L} + \underbrace{M_j X'_j}_{S} + G \tag{8-63}$$

式中，L 为其他模式成分；S 为稀疏模式成分；G 为其他噪声信号。

这里假设缺陷信息满足稀疏分布，如何从检测信息中只分解出与缺陷相关的稀疏模式成分是具体目标。在随后的试验分析中，将讨论稀疏加权对分解结果的影响。

2. 试验试件的准备

在本章后面的讨论过程中，主要采用了三种比较典型的被测试件，分别为不锈钢含槽试件（图 8-38）、带黑色条纹的不锈钢含槽试件（图 8-39）、带自然热疲劳裂纹的叶片（图 8-40）。

图 8-38 所示为不锈钢含槽试件，长为 100mm，宽为 45mm，厚度为 0.24mm。试样中心有一长度为 10mm、宽度为 2mm 的狭缝，用来模拟体积型不锈钢试样的含槽缺陷。该试件厚度极薄，远小于检测时的涡流趋肤深度和热透入深度，可近似认为激励过程中，试件横截面上的热分布处处相同，检测时，无论采用穿透模式还是反射模式，试件表面都具有相似的热分布。这种相似性，使穿透模

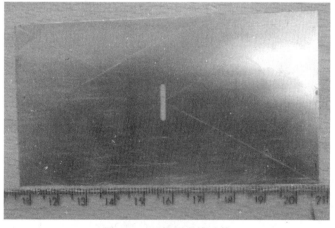

图 8-38　不锈钢含槽试件

式获得反射模式的检测结果，从而从红外热像图中消除激励线圈的遮挡，简化分析。

图 8-39 所示为带黑色条纹的不锈钢含槽试件，长为 100mm，宽为 45mm，厚度为 0.24mm。一侧表面等间隔喷涂有 4 条黑色条纹，条纹横贯试件，长度为 45mm，宽度为 5mm，相邻两条黑色条纹间的距离为 5mm，其余部位均没有喷涂。黑色涂层厚度极薄，以保证涂层表面与材料表面的温度相同。试样中心光亮区域有一长度为 10mm、宽度为 2mm 的狭缝，用来模拟体积型不锈钢试样的表面裂纹。

图 8-39　带黑色条纹的不锈钢含槽试件

该试件采用奥氏体不锈钢制作，在本文中用于模拟表面存在油污、氧化、磨损等的被测试件。

图 8-40 所示为带自然热疲劳裂纹的叶片。该试件由 Alstom 提供，通过循环热疲劳试验，在试件上产生了多个自然热疲劳裂纹，如图 8-40a 中椭圆区域所示。该裂纹长 4.2mm，宽度可忽略，在其左侧还有一个次生小疲劳裂纹。为便于观测，图 8-40b 给出了该裂纹的渗透检测图像。在图像上可清楚地观测到 4.2mm 的裂纹（椭圆区域），但次生裂纹较难辨认。该试件用不锈钢材料制作，在本文中用于验证所提出的图像序列盲源模式成分分离算法在自然裂纹检测中的有效性。

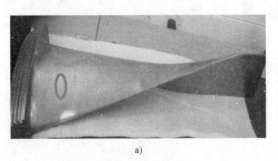
a)

b)

图 8-40　带自然热疲劳裂纹的叶片和检测结果
a）照片　b）渗透检测结果

3. 试验结果分析

图 8-41a 所示为加热结束时的红外热像图。在图中，裂纹端点（位置 3）的温度高于裂纹侧面（位置 1）的温度，这是因为在感应加热阶段，涡流遇到裂纹时向两侧分开，并从裂纹端点处绕过，使得端点处的涡流密度高于侧面的涡流密度，产生了更多的焦耳热，从而获得了比裂纹侧面更高的温度。激励线圈下方（位置 2）的温度与位置 3 的温度具有较小的差异，这是由于激励线圈的提离不同造成的。图 8-41b 所示为冷却阶段的红外热像图。同时，

由于激励线圈到试件的提离从上到下逐渐增大（图 8-41d），材料内部的磁感应强度随着距离的增大快速降低，影响了裂纹两端涡流密度的进一步增大，进而缩小了位置 3 与位置 2 的温度差异，降低了裂纹两端与其他区域的温度差异。温度差异的降低，使得难以直接依据温度的高低判断出位置 2 与位置 3 是否存在缺陷，影响了缺陷的检测识别。图 8-41c 显示了图 8-41a 中 4 个标号位置的瞬态红外热响应时域信号。在电涡流脉冲热成像检测中，在加热阶段，裂纹两端（位置 3）涡流密度最高，温度以最快的速率上升。在 0.1s 加热结束时，由于裂纹两端的温度最高，其与周围区域形成最陡峭的温度梯度，热量扩散速率最快，温度下降也最快。温度的快速下降使其热响应具有丰富的高频成分，且尽管后期温度下降迅速，裂纹两端的温度依然高于其他区域。在加热阶段，裂纹两侧的涡流密度较低，温度上升较慢。在冷却阶段，由于紧邻温度较高的裂纹两端及激励线圈下方区域（位置 2），裂纹两侧从周围区域缓慢吸收热量，温度下降速率较慢。在检测过程中，该区域吸收的能量低于周围区域，且热响应变化慢，高频成分含量低，因此在幅度图像中，裂纹两侧的幅度低于其他区域。激励线圈下方区域（位置 2）的涡流密度高于裂纹两侧，低于裂纹两端，具有相对较好的温度和热响应变化速率，在幅度图像中幅值较好。非涡流直接加热区域（位置 4），只通过热传导从周围区域吸收热量，加热结束后温度呈现出连续增长的趋势，检测过程中获得的能量最低，热响应变化最慢。

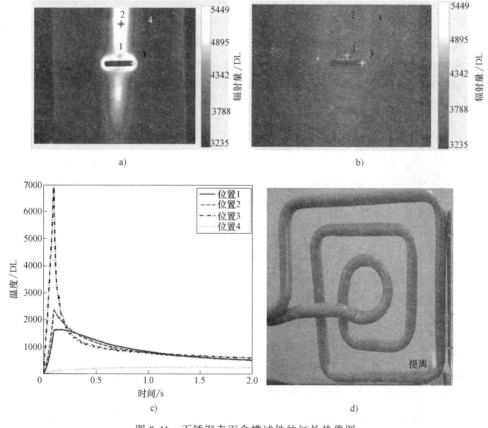

图 8-41　不锈钢表面含槽试件的红外热像图

a) 加热结束时的红外热像图　b) 冷却阶段的红外热像图　c) 瞬态红外热响应时域信号　d) 激励线圈及提离

根据上述结果分析，直接分析电磁热成像的热像图无法准确自动定位和量化缺陷，且根据检测原理，热像图存在空间和时序模式特征是合理假设，如图 8-41a 和 c 呈现的区域热分布特性，因此盲源模式成分分离对电磁热成像无损检测具有重要的推进作用。

（1）主成分分解   主成分分解结果见表 8-3，其中成分数量 $N_s = 4$，累计贡献率 $\eta >$ 95%。混叠向量为 PCA 分解获得的 $\widehat{M} = (\widehat{m}_1, \widehat{m}_2, \cdots, \widehat{m}_{N_s})$。

表 8-3   不锈钢含槽试件热像图的主成分及对应的混叠向量和峭度系数

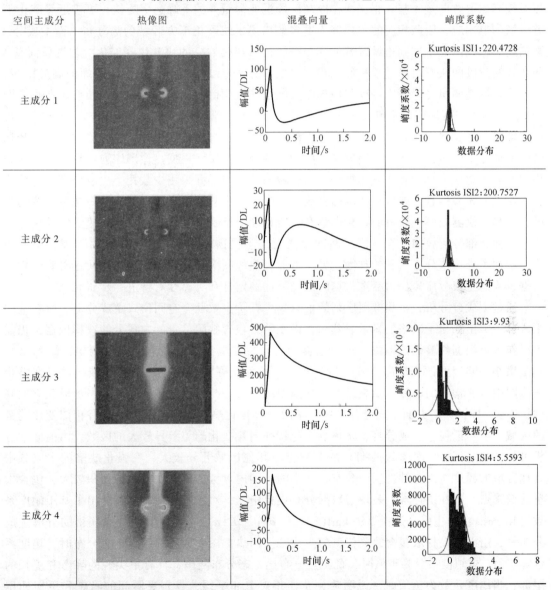

对表 8-3 进行分析，在不锈钢含槽试件检测中，与非线圈覆盖区域相比，线圈下方区域面积较大，其热响应的变化幅度也较大，在热响应数据变化的整体趋势中贡献最大，在表示具有较高贡献率的第 3 个和第 4 个主成分中反映了该区域对应的热分布。槽两端在加热阶段的涡流密度最大，加热功率最高，温度上升最快；在冷却阶段，因与周围区域的温度梯度最

大，热量快速扩散，温度下降最快，在极短的时间内即下降到稳态，因此其对热响应整体变化趋势的影响主要表现在加热及冷却的起始阶段。

将 PCA 分解获得的 4 个混叠向量 $\widehat{m}_i$ 与图 8-41c 中 4 个典型位置的瞬态红外热响应做对比。在 4 个混叠向量中，混叠向量 4 与激励线圈下方区域瞬态红外热响应的变化趋势最相似，其次是混叠向量 3。激励线圈下方区域的热分布在主成分 3 和 4 中得到强化，幅值较大。加热结束时，激励线圈正下方的温度梯度大于其边缘区域的温度梯度，温度下降速率也相对较高。混叠向量 4 与 3 相比，在冷却阶段混叠向量 4 的下降速率更快，更接近线圈正下方区域的热响应，因此相应的主成分 4 更多地描述了线圈正下方区域的热分布，而主成分 3 则描述了从线圈正下方到边缘区域的热分布。槽两端热响应的快升快降变化，与混叠向量 1 和 2 开始阶段的快升快降过程相似，相应的主成分 1 和 2 突出强化了裂纹两端的高温区域；一方面，混叠向量 1 的下降过程与冷却阶段激励线圈两侧的热响应变化趋势相似。在热像图 1 中，激励线圈两侧区域幅值仅次于裂纹两端，高于其他区域。相对于混叠向量 2、3、4 最后的缓慢下降，只有混叠向量 1 最后为平缓的上升，这与热传导加热区域的热响应相似，相应的主成分 1 中热传导区域的幅值高于激励线圈两侧区域。根据热像图序列中热响应变化趋势的差异，主成分分析算法分离提取不同区域的热分布，并采用少数几个主成分表达。该算法无需任何先验信息，即可在特定的主成分中强化突出缺陷信息，降低了图像选择的劳动强度，提高了检测效率。获得的混叠向量在一定程度上反映了主成分强化区域热响应的变化趋势，然而，部分混叠向量在不同的时间段内对应不同区域的热响应，整体的物理含义不明确，增加了进一步分析信息的难度。另一方面，热像图中是否存在缺陷信息缺乏必要的判定依据，当以主成分序号作为筛选依据时，结果的稳定性和可靠性有待进一步研究。

通过主成分分析，将热像图序列的信息集中在了少数几个空间模式主成分上，并在某些主成分上突出强化了缺陷的显示。然而，由于缺乏包含缺陷信息的主成分的选择依据，仍需由操作人员根据经验筛选图像，自动化程度有限。在电涡流脉冲热成像检测中，缺陷（特别是微小缺陷）只改变局部区域的热分布：一方面其在热像图上的信息区域往往只在整个热像图中占非常小的区域，如裂纹两端的高温区域，且与周围区域差异较大，形成孤立的高（低）温区域；另一方面主成分分析中，主成分只强化热响应与特征向量具有相似变化趋势的区域，换句话说，主成分将忽略热响应与特征向量变化趋势差异较大的区域。由前面的分析可知，缺陷区域（如裂纹两端）的热响应与其他区域差异较大，在强化缺陷的主成分中其他区域的幅度将因为被抑制而分布在很小的范围内。考虑到非缺陷区域面积较大，包含大量的像素点，且在统计学上表现为数据分布更集中，针对这一特性，本节提出了基于峭度系数（Kurtosis）的主成分选择算法 $kurt(a) = E\{a^4\} - 3E\{a^2\}$，其中 a 为任意获得的分解主成分向量，用以自动提取包含缺陷信息的主成分。当热像图中的数据服从正态分布时，峭度系数等于 0。当峭度系数为正值时，说明热分布比正态分布陡峭，具有更尖锐的峰态和更长的尾部；当峭度系数为负值时，说明热分布比正态分布平缓，具有更圆润的峰态和更短的尾部。4 个主成分的峭度系数见表 8-3。表 8-3 中直方图显示了主成分中像素点幅值的分布情况，该图中横轴表示幅值，纵轴表示幅值的统计量。各主成分中像素点幅值在 0~3 内出现的频次均较高，主成分 1、2、3、4 幅值的变化范围分别为 0~30、0~30、0~10 和 0~8。从图中可以看出相对于主成分 3 和 4，主成分 1 和 2 的幅值分布范围更广，也更集中。依据表

8-3 中的峭度系数图，将正态分布的拟合曲线与直方图对比，主成分 3 的陡峭程度与正态分布相当且尾部较短；主成分 4 的直方图比正态分布陡峭，尾部较主成分 3 有所延长；主成分 1 和 2 直方图的尖锐程度远大于正态分布，且具有更长的尾部。这种差异性在峭度系数上的反映为主成分 1 和 2 的峭度系数分别为 220.4728 和 200.7527，远大于主成分 3 和 4 的峭度系数 9.93 和 5.5593。之所以出现这种情况，是因为主成分 3 和 4 对应的特征向量与激励线圈下方涡流加热区域的热响应相似。该区域不仅面积大，包含像素数量多，而且周围区域的温度梯度小，过渡平缓。当热像图序列在特征向量上投射时，激励线圈下方区域的幅值最高，随着距离的增加幅值逐渐降低，形成平缓的过渡带，从而造成幅值分布的分散。主成分 1 和 2 则因裂纹两端区域面积小，包含像素少，且在加热阶段形成奇异点，于周围区域产生了陡峭的温度梯度，过渡区域窄小。当热像图序列在向与裂纹两端热响应变化趋势相似的主成分上投射时，裂纹以外区域的幅值受到了较大的抑制，大部分区域的幅值信息集中在较小的范围内，分布更集中。由此可见，峭度系数可以作为缺陷有无的判定依据，用于包含缺陷信息主成分的自动提取。

（2）独立成分分解　独立成分分解结果见表 8-4，其预处理为白化过程（主成分分解），分解算法为 Fast ICA 算法。

表 8-4　不锈钢表面槽试件热像图的独立成分及对应的混叠向量和峭度系数

空间独立成分	热像图	混叠向量	峭度系数
独立成分 1			
独立成分 2			
独立成分 3			

（续）

空间独立成分	热像图	混叠向量	峭度系数
独立成分 4	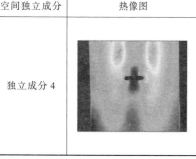	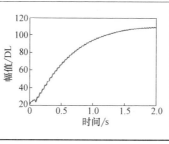	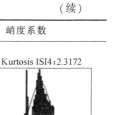

对独立成分分解结果做分析，混叠向量 1 在加热阶段快速上升，在冷却阶段开始时，迅速下降，0.2s 以后下降趋势趋于平缓，并在 0.4s 后进入近似线性的缓慢下降阶段；混叠向量 2 在加热阶段快速上升，在冷却阶段下降速率随着时间的推移逐渐降低；混叠向量 3 在加热阶段快速上升，加热结束后，继续缓慢增长了一段时间才开始近似线性的下降；混叠向量 4 在整个检测过程中一直缓慢上升，上升速率随着时间的推移逐渐降低，并在检测结束时达到近似稳定。将 4 个混叠向量与图 8-41c 中 4 个典型位置的瞬态红外热响应进行对比，可以发现混叠向量 1、2、3、4 分别与位置 1、2、3、4 的变化趋势相似。混叠向量与对应热响应曲线的皮尔森相关系数见表 8-5，依据表中数据可以知道相应位置的皮尔森相关系数近似为趋近于 1。因此，混叠向量可以用来描述不同区域的瞬态红外热响应。另外，位置 1、2、3、4 分别位于裂纹两端、激励线圈下方区域、激励线圈边缘区域以及热传导加热区域，且这些区域分别被独立成分 1、2、3、4 强化，即混叠向量描述的是其对应独立成分强化区域的瞬态红外热响应。

表 8-5　混叠向量与对应热响应曲线的皮尔森相关系数

位置 混叠向量	1	2	3	4
1	0.997	0.724	0.501	0.682
2	0.720	0.998	0.950	0.753
3	0.410	0.900	0.988	0.559
4	0.706	0.774	0.692	0.995

根据不同区域瞬态红外热响应的不同变化趋势，基于独立成分分析的盲源信号分离算法分离提取了不同区域的热响应信息，并将其热量的空间分布和随时间的变化规律分别保存在独立成分和其对应的混叠向量中。另外，考虑到瞬态红外热响应的变化趋势由其所在位置温度的变化趋势决定，获得的混叠向量描述了独立成分强化区域温度的变化过程，具有清晰的物理含义。一方面，该算法可在特定的独立成分中强化突出缺陷信息；另一方面，表面槽两端的热响应在加热阶段上升速率最快，在冷却开始阶段下降速率最快，可将混叠向量作为包含缺陷的独立成分的筛选依据。由此可见，基于独立成分分析的盲源信号分离算法，在降低图像选择的劳动强度、提高检测效率的同时，为缺陷信息的筛选提供了依据，便于缺陷的自动检测。表 8-4 同时给出了 4 个独立成分的峭度系数。表中直方图显示了独立成分中像素点幅值的分布情况，该图中横轴表示幅值，纵轴表示幅值的统计量。独立成分 1、2、3、4 幅

值的变化范围分别为 6~52、2~14、0~13、23~29。相对于独立成分 2、3 和 4，独立成分 1 的幅值分布范围更广，也更集中。将正态分布的拟合曲线与直方图对比，独立成分 4 的陡峭程度与正态分布相当且尾部较短；独立成分 2 和 3 的直方图比正态分布陡峭，尾部较独立成分 4 有所延长；独立成分 1 直方图的尖锐程度远大于正态分布，且具有更长的尾部。这种差异性在峭度系数上的反映为独立成分 1 的峭度系数为 414.6925，远大于独立成分 2、3 和 4 的峭度系数 12.6382、5.6707 和 2.3172。与主成分 1 和 2 一样，独立成分 1 强化突出了裂纹两端的高温区域，且峭度系数更高，约为主成分 1 和 2 峭度系数的 2 倍。这是因为独立成分 1 中只分离提取了裂纹两端高温区域，对其他区域热响应的抑制更彻底。主成分 1 和 2 则在强化裂纹两端高温区域的同时，分别强化了激励线圈两侧和传导加热区域，造成幅值的分布更分散。所以，在独立成分分析中，最大峭度系数可以作为缺陷有无的判定依据，与混叠向量配合使用，进一步提高包含缺陷信息独立成分自动提取的可靠性。此外，在独立成分分解过程中对比函数的选择也会影响分离结果，分别采用表 8-2 中不同的对比函数 G_1、G_2、G_3，求解不锈钢表面裂纹试件的独立成分。对应的最大峭度系数分别为 414.6925、397.6129 和 402.3726，在数值上远大于其他独立成分的峭度系数。不同对比函数最大峭度系数的差异主要是因为：在电涡流脉冲热成像检测中，不同区域的涡流和热分布存在一定程度的耦合；而在数据分离时，不同对比函数具有不同的数据变化趋势敏感度，提取不同区域热响应时的顺序也不同，耦合数据在不同主成分的贡献量也不同。尽管存在差异，但最大峭度系数仍可作为筛选包含表面裂纹信息独立成分的依据。独立成分、混叠向量和峭度系数见表 8-6。不同独立成分中的热分布非常接近，对应的混叠向量也保持了相同的变化趋势。验证了基于独立成分分析的盲源信号分离算法在 ECPT 数据处理中的稳定性。

表 8-6 不锈钢含槽试件热像图的不同对比函数分解的独立成分、混叠向量和峭度系数

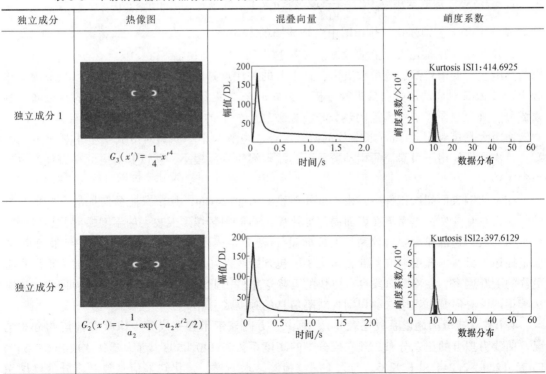

（续）

独立成分	热像图	混叠向量	峭度系数
独立成分 3	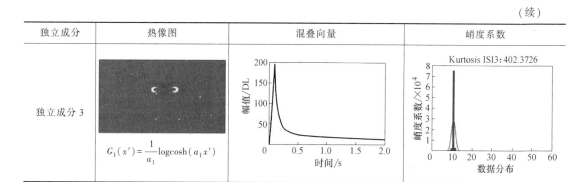 $$G_1(x') = \frac{1}{a_1}\text{logcosh}(a_1 x')$$		

在人工缺陷检测中，运用盲源空间-时序模式成分分离算法做缺陷检测取得了一定的成效，为进一步验证其数据处理结果的稳定性和可靠性，采用带自然热疲劳裂纹的叶片作为试验样品，进行算法验证。

带自然热疲劳裂纹叶片检测时，其加热时间为0.2s。图 8-42 所示为加热 0.1s 时的红外热像图。椭圆标注的区域为 4.2mm 长自然裂纹和其次生裂纹的位置。通过分析发现，在长裂纹的两端由于涡流密度较高，分别形成了两个高温区域，揭示了缺陷的存在，但从该图像中，并不能判断出是否存在小的次生裂纹和裂纹数量。

基于独立成分分析的盲源信号分离算法的处理结果见表 8-7。对比函数采用 $G_1(x') = \frac{1}{a_1}\text{logcosh}(a_1 x')$。独立成分 1 和 2 分别强化了热像图中激励线圈的不同部位及其在叶片光亮表面上的投影。在检测中线

图 8-42　带自然热疲劳裂纹叶片加热 0.1s 时的红外热像图

圈的热响应主要由检测系统参数决定，且本节的关注点是材料的缺陷检测，所以只对独立成分 1 和 2 及其对应的混叠向量进行分析。独立成分 2 强化显示了非缺陷区域的热分布，独立成分 1 强化显示了裂纹两端的热分布。在独立成分 1 的椭圆中，可清晰地看到 4 个亮斑：右侧两个大亮斑对应 4.2mm 长裂纹的两个端点，左侧两个小亮斑对应其次生小裂纹的两个端点。次生裂纹由于对涡流的扰动较弱，其端点涡流密度较小，所以其对应的亮斑强度也比长裂纹弱。

在不锈钢表面裂纹试件中，由于试件厚度只有 0.24mm，热量只能横向扩散，扩散速率较低。而在叶片中，电涡流在表面局部加热后，与周围区域形成较大的温度梯度，热量向三维空间扩散，扩散速率相对较高。混叠向量 1 和 2 都表现出了较高的下降速率。由于混叠向量描述了材料的温度响应，混叠向量 1 因包含裂纹两端的热响应信息，而在加热阶段具有更快的上升速率，在冷却阶段具有更快的下降速率。因此，基于独立成分分析的盲源分离算法求得的混叠向量可用于自动识别含缺陷信息的独立成分。

4 个独立成分的峭度系数见表 8-7。图中直方图显示了独立成分中像素点幅值的分布情况。曲线为拟合的正态分布。独立成分 1 的峭度系数为 140.0508，远大于独立成分 2、3、4 的 32.1228、2.244 和 1.9205。与人工裂纹检测结果一样，强化缺陷信息独立成分的峭度系

数最大，即在实际应用中，峭度系数可以作为包含表面裂纹信息独立成分的筛选依据。

表 8-7　叶片自然疲劳裂纹热像图独立成分、混叠向量和峭度系数

独立成分	热像图	混叠向量	峭度系数
独立成分 1			Kurtosis ISI1: 140.0508
独立成分 2			Kurtosis ISI2: 32.1228
独立成分 3			Kurtosis ISI3: 2.244
独立成分 4			Kurtosis ISI4: 1.9205

（3）受热发射率影响的盲源分离　根据斯蒂芬-玻耳兹曼定律，黑体单位表面积发射的总辐射功率与热力学温度的 4 次方成正比。因此，材料温度的微小改变都会引起辐射功率发生很大的变化。材料表面的热辐射是材料温度和表面发射率的函数。在电涡流脉冲热成像检测中，为避免热发射率影响热像图质量，造成误检误报，清楚地了解和认识材料表面的热发射率影响是非常有必要的。在实际检测中，在役构件表面往往存在油污、氧化层等污渍。当污渍面积较大时，容易在检测前发现，从而采用擦拭等简单方法予以清除；当污渍面积较小时，则常因发现不及时而被带入测量中。在同样的温度条件下，油污、氧化层、粗糙表面等的存在将大幅提高材料的热辐射水平，从而在热像仪上产生虚假的"高温"。图 8-43 所示为热发射率不均匀试样红外热像图，在长条形不锈钢试件上等间距分布着亮暗条纹，亮条纹为经过抛光的表面，黑色条纹为喷涂了黑色涂层的区域。黑色涂层非常薄，以保证其表面温度

与试样一致。黑色区域因具有更高的热发射率，亮度较高，显示为高温，而明亮区域因热发射率较低而呈现低温状态。

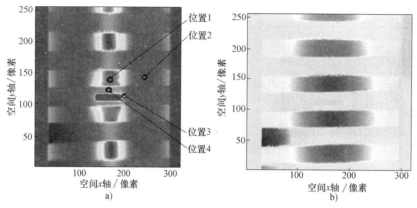

图 8-43   热发射率不均匀试样红外热像图

a）加热阶段   b）冷却阶段

由前面章节的分析可知，缺陷的识别依赖于热像图上的高低温区域。所不同的是，缺陷引起的高低温是热量在缺陷处聚集或扩散受阻的结果，而高热发射率引起的"高温"与材料内部的结构完整性无关，对应区域的温度并未真正提高。然而，这两种高温在热像图上非常相似，极难区分，常常引起缺陷误报。为有效区分这两种高温情形，提高缺陷检测效果，下面对热发射率引起的热响应变化进行深入分析，指出其不同。

热量扩散有对流、辐射和传导三种方式。在电涡流脉冲热成像检测中，单次检测面积通常不超过几平方米，时间不超过 2s，可认为材料所有位置所处环境（包括空气流通速率、辐射水平和环境温度等）均一致，因此对流对热扩散的影响可以忽略。当材料表面热发射率增大时，热辐射水平相应提高，以更快的速度向外传递热量，引起材料温度以更快的速率下降；反之，材料温度下降速率变慢。热传导是另一种高效的热量传递方式，在电涡流脉冲热成像检测中，以高频涡流短时加热被测物体后，在物体内部一般产生几开的温度差异，热量以热传导的方式从高温区域向低温区域流动。

以图 8-43 中长条形不锈钢薄板为例，对比研究热辐射及热传导对温度分布的影响。假设黑色条纹的热发射率与黑体相同，为 1。检测时的环境温度为室温 25℃，加热结束时，试样感应加热区域温度上升 10℃。这里可得黑色区域的热辐射功率为 0.115W。100Hz 激励频率下，不锈钢材料的涡流趋肤深度为 1.38mm，热透入深度为 1.68mm。在本实例中，试样厚度为 0.24mm，远小于涡流趋肤深度和热透入深度，因此，可近似认为被加热区域横截面的温度为均匀分布。检测时只在试样中心区域进行局部加热，从而将体积型试件中的三维热传导简化为横向的一维热传导。以上分析说明，热传导功率远大于热辐射功率，也就是说检测中，材料温度分布主要由热激励和热传导决定，热辐射对温度的影响可以忽略。综上所述，热激励和热传导决定了材料温度的分布，温度和材料表面热发射率决定了材料的热辐射水平。检测时，热像仪接收材料的热辐射，并最终形成可用于缺陷检测的热像图。热辐射与材料表面热发射率成正比，因此可以认为热发射率仅仅改变了被测件红外热响应的幅值，并未改变其信号随时间的变化规律。

图 8-44 所示为图 8-43 中位置 1、位置 2、位置 3 和位置 4 的热响应曲线，位置 1 处于黑色高热发射率区域，位置 4 处于光亮低发射率区域。从图 8-44 可以看出，在加热结束时，尽管原始红外热响应中，位置 1 响应的幅值高达位置 4 及其他位置接近 2 倍，但表现出了相同的曲线形态，说明了材料表面热发射率变化仅仅改变红外热响应的幅值，其变化规律改变不大，与前面的分析一致。因此，盲源空间-时序模式成分分离同样适用于解决此类问题。

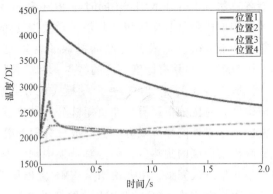

图 8-44　热发射率不均匀试样的红外热响应曲线

分离的热像图空间模式成分如图 8-45 所示，这里引入了 Itakura-Saito（IS）散度平滑非

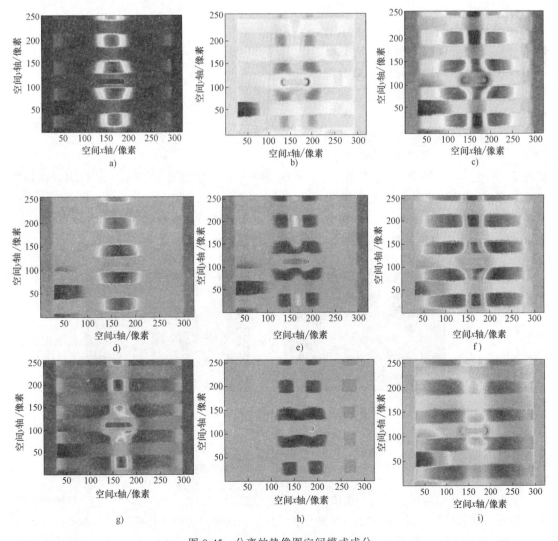

图 8-45　分离的热像图空间模式成分

a) ～c) 非负矩阵分解结果　d) ～f) 主成分分解结果　g) ～i) 独立成分分解结果

负矩阵算法（Smooth NMF），同时与 PCA 和 ICA 算法的结果进行比较。由于黑色高热发射率区域幅度能量是其他区域的几倍，导致裂纹两端集热区与其他区域的对比度降低，因此分离算法对低或微能量成分的准确提取非常重要。基于 Itakura-Saito（IS）散度代价函数的 Smooth NMF 算法具有标度不变的特点，和局部特征提取的平滑特性。

试验中 $N_s = 3$，图 8-45a、d、g 模式成分分解出激励线圈下方涡流加热区域的黑色高热发射率区，对比分析可看出非负矩阵分解结果较好，主成分分解混叠了激励线圈下方黑色高热发射率区以外的噪声成分，独立成分分解混叠了槽两端的集热区。图 8-45b、e、h 模式成分分解出槽两端的集热区，但分解结果中都混叠了其他区域信息，其中 NMF 分解获取的槽两端集热信息最完整，由此说明其 NMF 突出局部特征提取和 Itakura-Saito（IS）散度对低能量成分重视的优势，PCA 和 ICA 分解结果丢失了部分集热信息。图 8-45c、f、i 模式成分分解出激励线圈外黑色高热发射率区域，对比分析可看出非负矩阵分解结果较好，PCA 和 ICA 都混叠了其他区域信息。

（4）稀疏分解　以图 8-38 中不锈钢表面槽试件为例，根据 7.2.5 节物理场分离与分阶段机理分析，对热传导过程中的温度数据做时间上微分处理，以便获取涡流热阶段序列，如图 8-46 所示。

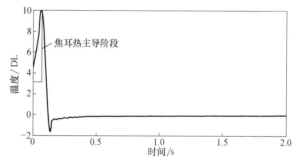

图 8-46 方框标示处近似为焦耳热阶段，在此阶段，热扩散影响较小。若存在缺陷，由于热奇异点更集中，更有利于表面微缺陷的检测与量化分

图 8-46 热传导中的温度数据做时间微分处理后获取的序列

析。图 8-47a 所示为针对整个视频微分后的 PCA 对缺陷两端热聚集区的模式成分分解结果，图 8-47b 所示为针对焦耳热阶段的 PCA 对缺陷两端热聚集区的模式成分分解结果。

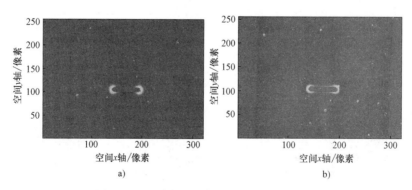

图 8-47 不同阶段热像图视频微分后的结果
a）整个热像图视频微分后 PCA 缺陷模式成分　b）焦耳热阶段微分后 PCA 缺陷模式成分

从图 8-47a 可以看出，对整个热像图视频微分后做 PCA 分析，集热区不仅包含缺陷槽两端边缘位置，也混叠了一部分缺陷边缘处的热扩散信息，这是由于整个热像图视频本身包含焦耳热和热传导两部分，分解的模式成分会同时受到两个物理信息的影响。图 8-47b 为对感应加热

阶段热像图视频微分后做 PCA 得到的缺陷模式成分，可以发现集热区集中在缺陷槽两端边缘位置，热扩散信息相较于图 8-47a 被弱化，并具有空间稀疏分布特征，如图 8-48 所示。

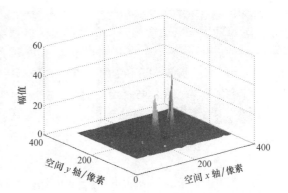

图 8-48　裂口两端的温度集中区三维表示

从槽及表面裂纹盲源分离研究成果分析中可知，裂口两端集热盲源区可直接用于 ECPT 缺陷定位和量化，且与其他温度盲源区对比发现，该区温度空间分布具有稀疏特性（图 8-49）。稀疏盲源分离算法在缺陷定位和量化的精确度提高上存在实施的可行性。

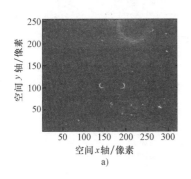
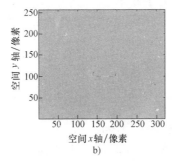
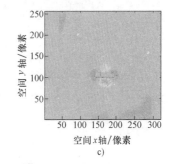

a)　　　　　　　　　b)　　　　　　　　　c)

图 8-49　针对不锈钢表面槽试件的稀疏分解结果

a) 基于 L1 范式约束贪婪稀疏分解算法

b) 基于高斯先验的自适应贝叶斯稀疏分解算法

c) 基于伯努利先验的自适应蒙特卡罗稀疏分解算法

图 8-49 针对不锈钢表面槽试件电磁热成像视频，分别尝试了不同的稀疏模式成分分解算法，可以发现算法均自动直接挖掘出槽两端集热盲源区，但结果各不相同。基于 L1 范式约束贪婪稀疏分解算法较好地挖掘出槽两端边缘集热区，相较于图 8-47b 更加集中，但该方法需要人为选择稀疏加权参数来控制稀疏分解成分，若选择不当，会导致过度稀疏或欠稀疏分解。基于高斯先验的自适应贝叶斯稀疏分解算法较完整地挖掘出槽缺陷的边缘且具有自适应迭代控制稀疏加权的功能，但分解成分混叠了其他信息。基于伯努利先验的自适应蒙特卡罗稀疏分解结果混叠信息最严重。

图 8-50 针对发射率不均匀试样电磁热成像视频，同样尝试了不同的稀疏模式成分分解算法，可以发现算法均自动直接挖掘出槽两端集热盲源区。基于 L1 范式约束贪婪稀疏分解算法集中突出槽两端边缘集热区，并抑制其他的混叠信息。基于高斯先验的自适应贝叶斯稀疏分解算法挖掘出槽缺陷的右边缘成分，较好地抑制了其他混叠信息。基于伯努利先验的自适应蒙特卡罗稀疏分解算法混叠信息最严重。由此可推论，稀疏加权的模式分解算法会对缺陷的定位和量化带来帮助，但需要根据缺陷和试件类型及电磁热成像的物理机理合适选择先验的稀疏加权模型及迭代分解算法，这将是微缺陷热成像检测算法的热点研究问题。

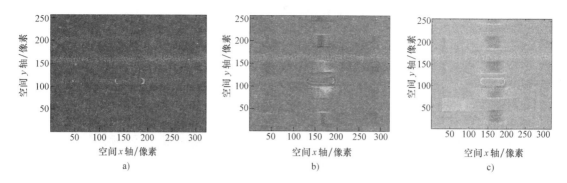

图 8-50　针对热发射率不均匀试样的稀疏分解结果

a）基于 L1 范式约束贪婪稀疏分解算法　b）基于高斯先验的自适应贝叶斯稀疏分解算法

c）基于伯努利先验的自适应蒙特卡罗稀疏分解算法

8.5.3　空间-相频盲源模式成分分解算法

1. 方法概述

相较于时域数据分析，频域特别是相位信息在热成像检测中起关键作用，相位信息具有更高的缺陷与非缺陷区的热对比度，相位图的结果不受表面发射率影响，缺陷深度预估结果较好。同空间-时域盲源模型一样，空间-相频也可考虑为盲源混合模型，热像图序列时-频转换可采用离散傅里叶变换完成，如采用下式：

$$\overline{Y}_{xy}(f) = \Delta t \sum_{n=0}^{N-1} \overline{Y}_{xy}(n\Delta t)\, e^{-i2\pi fn\Delta t} = \mathbf{Re}_{xy}(f) + i\mathbf{Im}_{xy}(f) \qquad (8\text{-}64)$$

式中，$\overline{Y}_{xy}(f)$、$\mathbf{Re}_{xy}(f)$ 和 $\mathbf{Im}_{xy}(f)$ 分别表示离散傅里叶变换后频率 f 的热像图频域响应、实部和虚部部分，如图 8-51 所示。

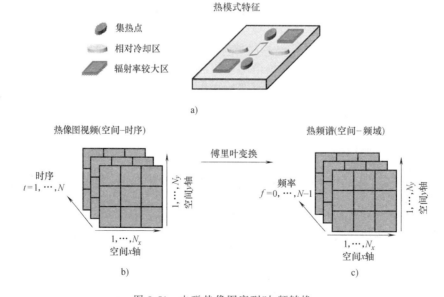

图 8-51　电磁热像图序列时-频转换

a）热像图盲源模式特征　b）空间-时域模型　c）空间-相频模型

由公式（8-64）可获得热像图空间-相位观测张量 $\boldsymbol{\Phi}_{xy}(f)=\arctan(\mathbf{I}_{xy}(f)/\mathbf{R}_{xy}(f))$ 同理于空间-时域盲源模型，空间-相位盲源模型可由盲源混合参数 $m_{f,i}$ 和模式特征 $\boldsymbol{S}_i$ 构成 $\boldsymbol{\Phi}_{xy}(f)=\sum\limits_{i=1}^{N_s}m_{f,i}\boldsymbol{S}_i$，同样利用分解（Decomposition）单信道转换多信道盲源混合模型架构方法解决数学病态问题得到新的混合模型，且构造为多维观测量。

$$\boldsymbol{\Phi}'=\boldsymbol{MS}'$$

$$\boldsymbol{\Phi}'=(\mathrm{vec}(\boldsymbol{\Phi}_{xy}(0)),\mathrm{vec}(\boldsymbol{\Phi}_{xy}(1)),\cdots,\mathrm{vec}(\boldsymbol{\Phi}_{xy}(N-1)))^{\mathrm{T}} \tag{8-65}$$

$$\boldsymbol{\Phi}'=\boldsymbol{MS}'$$

式中，$\boldsymbol{M}=(\boldsymbol{m}_1,\cdots,\boldsymbol{m}_{N_s})$，$\boldsymbol{m}_i=(m_{0,i},\cdots,m_{N-1,i})^{\mathrm{T}}$；$\boldsymbol{S}'=(\boldsymbol{S}_1,\boldsymbol{S}_2,\cdots,\boldsymbol{S}_{N_s})^{\mathrm{T}}$，$\boldsymbol{s}_i=\mathrm{vec}(\boldsymbol{S}_i)$。

同理，空间-时域模型下的各类分解算法（包括 PCA、ICA、NMF 和稀疏加权）也适用于空间-相频模型。

2. 试验结果分析

试验样本采用不锈钢表面槽试件、带黑色条纹的不锈钢表面槽试件和带自然热疲劳裂纹叶片。不锈钢表面槽试件的空间-相位独立成分分解如图 8-52 所示。对于不锈钢表面槽试件，对比空间-时域模型，空间-相位独立成分更强烈地突出了各成分的对比度，但决定缺陷检测灵敏度的槽两端集热区模式特征未能突出表示。

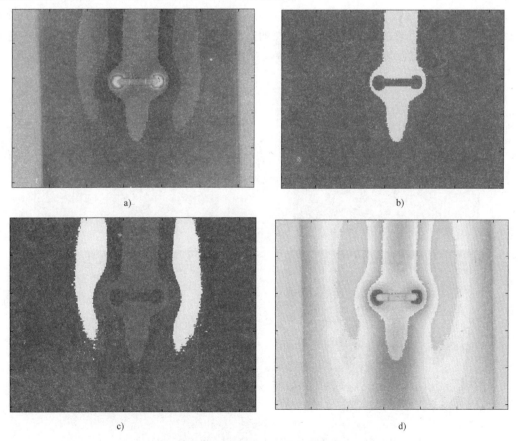

a)

b)

c)

d)

图 8-52 不锈钢表面槽试件的空间-相位独立成分分解

a）空间-相位独立成分 1 b）空间-相位独立成分 2

c）空间-相位独立成分 3 d）空间-相位独立成分 4

带黑色条纹的不锈钢表面槽试件的空间-相位独立成分分解如图 8-53 所示。对于带黑色条纹的不锈钢表面槽试件，对比空间-时域模型，空间-相位独立成分更好地抑制了由于黑色条纹的高辐射率造成的影响，并恢复了槽两端集热区模式特征。

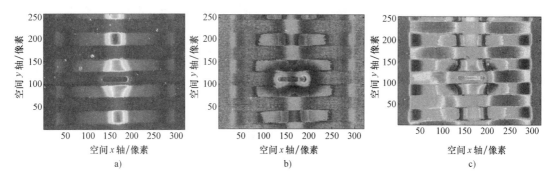

a)　　　　　　　　　b)　　　　　　　　　c)

图 8-53　带黑色条纹的不锈钢表面槽试件的空间-相位独立成分分解
a) 空间-相位独立成分 1　b) 空间-相位独立成分 2
c) 空间-相位独立成分 3

自然热疲劳裂纹叶片的空间-相位独立成分分解如图 8-54 所示。对于自然热疲劳裂纹的叶片，对比空间-时域模型，空间-相位独立成分缺陷区模式成分出现混叠现象，临近的较小裂纹定位存在误差。通过对比分析不同试件的试验结果可知，空间-相位独立成分能够更好地突出不同成分的对比度，能够抑制不同辐射率造成的影响，显现出缺陷处的特征。

a)　　　　　　　　　　　　　　b)

c)　　　　　　　　　　　　　　d)

图 8-54　自然热疲劳裂纹叶片的空间-相位独立成分分解
a) 空间-相位独立成分 1　b) 空间-相位独立成分 2
c) 空间-相位独立成分 3　d) 空间-相位独立成分 4

附　　录

附录 A　缩写

ACFM	Alternating Current Field Measurement，交流电磁场检测技术
AFRP	Aramid Fiber Reinforced Polymer/Plastic，芳纶纤维增强复合材料
ANN	Artificial Neural Network，人工神经网络
BEM	Boundary Element Method，边界元方法
BSS	Blind Source Separation，盲源分离
CFRP	Carbon Fiber Reinforced Polymer/Plastic，碳纤维增强复合材料
CBM	Condition-Based Maintenance，基于状态的维修
CM	Capacitance Method，电容法
CUI	Corrosion Under Insulation，保温层下腐蚀
CWG	Circular Waveguide，圆形波导
DW	Domain Wall，磁畴壁
ECA	Eddy Current Arrays，涡流阵列
ECLT	Eddy Current Locked-In Thermography，涡流锁相热成像
ECP	Electric Current Perturbation，电流扰动
ECPPT	Eddy Current Pulsed Phase Thermography，涡流脉冲相位热成像
ECPT	Eddy Current Pulsed Thermography，涡流脉冲热成像
ECSPPT	Eddy Current Square Pulsed Phase Thermography，涡流宽脉冲相位热成像
ECSPT	Eddy Current Square Pulsed Thermography，涡流宽脉冲热成像
ECST	Eddy Current Step Thermography，涡流阶跃热成像
ECT	Eddy Current Testing，涡流检测
EFP	Electromagnetic Forward Problem，电磁正问题
EIP	Electromagnetic Inverse Problem，电磁逆问题
EMAT	Electromagnetic Acoustic Transducer，电磁声换能器
EMNDT/ENDT	Electromagnetic Non-Destructive Testing，电磁无损检测
FDM	Finite Difference Method，有限差分法
FEM	Finite Element Method，有限元方法
FRP	Fiber Reinforced Polymer/Plastic，纤维增强复合材料
GB	国家标准
GFRP	Glass Fiber Reinforced Polymer/Plastic，玻璃纤维增强复合材料
GJB	国家军用标准
GOES	Grain-Oriented Electrical Steel，有取向电工钢

GPR	Ground Penetrating Radar, 探地雷达	
ICA	Independent Component Analysis, 独立成分分析	
LOI	Lift-off invariance, 提离交叉点	
IP	Inverse Problem, 逆问题	
MAE	Magnetic Acoustic Emission, 磁声发射	
MBN	Magnetic Barkhausen Noise, 巴克豪森噪声	
MFL	Magnetic Flux Leakage, 漏磁	
MFM	Magnetic Force Microscope, 磁力显微镜	
MIOF	Magneto-Optical Indicator Film, 磁光薄膜	
MMM	Metal Magnetic Memory , 金属磁记忆	
MNDT	Magnetic Nondestructive Testing, 磁无损检测	
MOI	Magneto-Optic Imaging, 磁光成像	
MOKE	Magneto-optical Kerr Effect , 磁光克尔效应	
MoM	Moment Method, 矩量法	
MPT	Magnetic Particle Testing, 磁粉检测	
MWNDT	Microwave Non-Destructive Testing, 微波无损检测	
MWT	Microwave Thermography, 微波热成像	
MWWG	Microwave Waveguide, 微波波导	
NDI	Non-Destructive Inspection, 无损检查	
NDT	Non-Destructive Testing, 无损检测	
NDT&E	Non-Destructive Testing and Evaluation, 无损检测与评估	
NDE	Non-Destructive Evaluation, 无损评估	
NMF	Non-negative Matrix Factorization, 非负矩阵分解	
NMR	Nuclear Magnetic Resonance, 核磁共振	
NOES	Non-oriented Electrical Steel , 无取向电工钢	
OCM	On-condition Maintenance, 视情维修	
PCA	Principal Component Analysis, 主成分分析	
PEC	Pulsed Eddy Current, 脉冲涡流	
PPT	Pulsed Phase Thermography, 脉冲相位热成像	
PT	Penetration Testing, 渗透检测法	
QNDE	Quantify Non-Destructive Evaluation, 定量无损评估	
RCF	Rolling Contact Fitigue, 滚动接触疲劳	
RFEC	Remote Field Eddy Current , 远场涡流	
RT	Radiographic Testing, 射线检测	
RWG	Rectangular Waveguide, 矩形波导	
SCC	Stress Corrosion Crack, 应力腐蚀裂纹	
SCNR	Signal-to-Coherent-Noise Ratio, 信号与相关噪声比	
SFMW	Sweep Frequency Microwave Waveguide, 扫频微波波导	
SD	Sparse Decomposition, 稀疏分解	

SVM	Support Vector Machine，支持向量机
TF	Tensor Factorization，张量分解
TOF	Thermo—Optical—Flow，热光流
TOFD	Thermo—Optical—Flow—Divergence，热光流散度
UT	Ultrasonic Testing，超声检测
VIM	Volume Integral Method，体积分法

附录 B　主要符号

a	热扩散系数
α	衰减系数
β	相位系数
γ	复传输常数
ε	介电常数、表面发射率
ε_r	相对介电常数
η	波阻抗
θ	角度
λ	波长
δ	趋肤深度
δ_{th}	热波透入深度
μ	磁导率
μ_r	相对磁导率
π	圆周率
ρ	密度
τ	时间延迟
σ	电导率
Φ	磁通
φ	相位
ω	角速度
B	磁感应强度、电纳
c	光速
c_p	比热容
d	厚度
E	电场强度
e	热吸收系数
f	频率
G	电导
H	磁场强度
J	电流密度

κ	热导率
I	电流
T	温度、周期
P	功率
Q	热量
r	半径
t	时间
V	电压、体积
Y	导纳
Z	阻抗
z	深度

参 考 文 献

[1] 黄松岭. 电磁无损检测新技术 [M]. 北京：清华大学出版社，2014.

[2] 任吉林，林俊明. 电磁无损检测 [M]. 北京：科学出版社，2008.

[3] LI Y, YAN B, LI D, et al. Pulse-modulation Eddy Current Inspection of Subsurface Corrosion in Conductive Structures [J]. NDT&E Int., 2016, 79：142-149.

[4] 易方，李著信，苏毅，等. 管道金属磁记忆检测技术现状分析及发展研究 [J]. 后勤工程学院学报，2009 (05)：24-28.

[5] 黄松岭，王坤，赵伟. 电磁超声导波理论与应用 [M]. 北京：清华大学出版社，2013.

[6] 林俊明. CNDT&E "云" 检测与评价技术 [J]. 无损检测，2012 (06)：12-16.

[7] 黄卡玛，赵翔. 电磁场中的逆问题及应用 [M]. 北京：科学出版社，2005.

[8] 雷刚. 电磁逆问题的统计分析方法 [D]. 武汉：华中科技大学，2009.

[9] 雷银照. 时谐电磁场解析方法 [M]. 北京：科学出版社，2000.

[10] 范孟豹，曹丙花，张光新. 电涡流无损检测技术的理论建模研究 [M]. 北京：科学出版社，2015.

[11] 幸玲玲. 涡流无损检测中数值模拟与缺陷重构的研究 [D]. 西安：西安交通大学，1999.

[12] 杨叔子，康宜华，陈厚桂等. 钢丝绳电磁无损检测 [M]. 北京：机械工业出版社，2017.

[13] 刘亮. 钢轨疲劳裂纹形成及扩展寿命预测研究 [D]. 成都：西南交通大学，2011.

[14] 田贵云，高斌，高运来，等. 铁路钢轨缺陷伤损巡检与监测技术综述 [J]. 仪器仪表学报，2016，37 (8)：1763-1780.

[15] 陈俊逸. 基于红外热成像技术的复合材料蜂窝结构积水检测 [J]. 中国科技信息，2015，519 (15)：23-24.

[16] ZOGHI M. The International Handbook of FRP Composites in Civil Engineering [M]. New York：CRC Press, 2013.

[17] 左洪福，蔡景，王华伟. 维修决策理论与方法 [M]. 北京：航空工业出版社，2008.

[18] 恩云飞，来萍，李少平. 电子元器件失效分析技术 [M]. 北京：电子工业出版社，2015.

[19] 黄平捷. 多层导电结构厚度与缺陷电涡流检测若干关键技术研究 [D]. 杭州：浙江大学，2004.

[20] 徐可北，周俊华. 涡流检测 [M]. 北京：机械工业出版社，2004.

[21] CHADY T, ENOKIZONO M. Multi-frequency Exciting and Spectrogram-based ECT Method [J]. Journal of Magnetism and Magnetic Materials, 2000, 21 (5)：700-703.

[22] 林俊明. 电磁（涡流）检测技术现状及发展趋势 [J]. 无损检测，2004 (9)：40-41.

[23] 何赟泽. 电磁无损检测缺陷识别与评估新方法研究 [D]. 长沙：国防科学技术大学，2012.

[24] YANG B F, LI X C. Pulsed Remote Field Technique Used for Nondestructive Inspection of Ferromagnetic Tube [J]. NDT&E Int., 2013, 53：47-52.

[25] 徐小杰. 铁磁性管道中轴向裂纹的远场涡流检测技术研究 [D]. 长沙：国防科学技术大学，2008.

[26] 李云飞，陈振茂. 基于非线性涡流的结构材料塑性损伤评价 [J]. 振动、测试与诊断，2015，35 (1)：112-115.

[27] 何广君，康宜华，孙燕华，等. 钢管高速漏磁检测中涡流效应实验分析 [J]. 钢管，2013，42 (4)：75-78.

[28] 田明明，解社娟，肖盼，等. 基于脉冲涡流/电磁超声复合检测方法的复杂缺陷检测 [J]. 无损检测，2016，38 (12)：9-14.

[29] 刘建文. 基于 GMR 传感器的无损探测系统的设计 [D]. 杭州：杭州电子科技大学，2013.

[30] MOROZOV M, TIAN G Y, WITHERS P J. The Pulsed Eddy Current Response to Applied Loading of Various Aluminium Alloys [J]. NDT&E Int., 2010, 43 (6): 493-500.

[31] SMITH C H, SCHNEIDER R W, Dogaru T, et al. Eddy-Current Testing with GMR Magnetic Sensor Arrays [J]. AIP Conference Proceedings, 2004, 700 (1): 406-413.

[32] SMITH R, HARRISON D. Hall Sensor Arrays For Rapid Large-Area Transient Eddy Current Inspection [J]. Insight, 2004, 46 (3): 142-146.

[33] SOPHIAN A, TIAN G Y, et al. A Feature Extraction Technique based on Principal Component Analysis for Pulsed Eddy Current NDT [J]. NDT&E Int., 2003, 36 (1): 37-41.

[34] SOLLIER T, LORECKI B, GOUPILLON O. CODECI, a New System for The Inspection of Surface Breaking Flaws Based on Eddy Current Array Probe and High Resolution CCD Camera [J]. Studies in Applied Electromagnetics and Mechanics, 2004, 24: 215-222.

[35] 刘波. 涡流阵列无损检测中裂纹参数估计和成像方法研究 [D]. 长沙: 国防科学技术大学, 2011.

[36] MOOK G, MICHEL F, SIMONIN J. Electromagnetic Imaging Using Probe Arrays [J]. Strojniški vestnik-Journal of Mechanical Engineering, 2011, 57 (3): 227-236.

[37] 雷银照. 关于电磁场解析方法的一些认识 [J]. 电工技术学报, 2016, 31 (19): 11-25.

[38] UDPA S S, MOORE P O. Nondestructive Testing Handbook, Third Edition: Volume 5, Electromagnetic Testing (ET) [M]. Columbus, OH: The American Society for Nondestructive Testing, 2004.

[39] 范孟豹. 多层导电结构电涡流检测的解析建模研究 [D]. 杭州: 浙江大学, 2009.

[40] 雷银照, 马信山. 涡流线圈的阻抗计算 [J]. 电工技术学报, 1996, 11 (1): 17-20.

[41] THEODOULIDIS T P, KRIEZIS E E. Eddy Current Canonical Problems (With Applications To Nondestructive Evaluation) [M]. Henderson, NV: Tech Science Press, 2006.

[42] THEODOULIDIS T P, BOWLER J R. The Truncated Region Eigenfunction Expansion Method for the Solution of Boundary Value Problems in Eddy Current Nondestructive Evaluation [J]. AIP Conference Proceedings, 2005, 760: 403-408.

[43] THEODOULIDIS T P, BOWLER J R. Eddy Current Coil Interaction with a Right-angled Conductive Wedge [J]. Proceedings of the Royal Society of London A: Mathematical, Physical and Engineering Sciences, 2005, 461 (2062): 3123-3139.

[44] LI Y, THEODOULIDIS T, TIAN G Y. Magnetic Field-based Eddy-current Modeling for Multilayered Specimens [J]. IEEE T. Magn., 2007, 43 (11): 4010-4015.

[45] LI Y, TIAN G Y, SIMM A. Fast Analytical Modelling for Pulsed Eddy Current Evaluation [J]. NDT&E Int., 2008, 41 (6): 477-483.

[46] FAVA J O, RUCH M C. Calculation and Simulation of Impedance Diagrams of Planar Rectangular Spiral Coils for Eddy Current Testing [J]. NDT&E Int., 2006, 39 (5): 414-424.

[47] 范孟豹, 黄平捷, 叶波, 等. 多层导电结构电涡流检测探头阻抗解析模型及数值计算 [J]. 机械工程学报, 2009, 45 (6): 50-54.

[48] 任芳芳, 雷银照. 三层平板导体厚度及电导率的涡流检测 [J]. 无损检测, 2013, 35 (8): 50-53.

[49] BOWLER J R, FU F W. Transient Eddy Current Interaction with an Open Crack [J]. AIP Conference Proceedings, 2004, 700 (1): 329-335.

[50] FU F W, BOWLER J R. Transient Eddy Current Response Due to an Open Subsurface Crack In a Conductive Plate [J]. AIP Conference Proceedings, 2006, 820 (1): 337-344.

[51] SABBAGH H A, MURPHY R K, SABBAGH E H, et al. Computational Electromagnetics and Model-Based Inversion [M]. New York: Springer, 2003.

[52] 段耀勇. 棱边有限元理论分析及其在涡流场中的应用 [D]. 西安: 西安交通大学, 1997.

[53] LI Y. Theoretical and Experimental Investigation of Electromagnetic NDE for Defect Characterisation [D]. Newcastle: Newcastle University, 2008.

[54] 耿强, 田淑侠, 黄太回, 等. 基于支持向量机和神经网络方法的应力腐蚀裂纹定量重构 [J]. 电工技术学报, 2010, 25 (10): 196-199.

[55] 肖春生, 王树宗, 朱华兵. 基于人工神经网络的电涡流逆问题解 [J]. 无损检测, 2005, 27 (4): 172-175.

[56] 杨宾峰. 脉冲涡流无损检测若干关键技术研究 [D]. 长沙: 国防科学技术大学, 2006.

[57] 武新军, 张卿, 沈功田. 脉冲涡流无损检测技术综述 [J]. 仪器仪表学报, 2016, 37 (8): 1698-1712.

[58] 徐平. 多层金属结构中腐蚀缺陷的脉冲涡流检测技术研究 [D]. 长沙: 国防科学技术大学, 2005.

[59] LI Y, LIU X B, CHEN Z M, et al. A Fast Forward Model of Pulsed Eddy Current Inspection of Multilayered Tubular Structures [J]. Int. J. Appl. Electrom., 2014, 45 (1-4): 417-423.

[60] 张玉华, 孙慧贤, 罗飞路. 层叠导体脉冲涡流检测中探头瞬态响应的快速计算 [J]. 中国电机工程学报, 2009, 29 (36): 129-134.

[61] FAN M B, HUANG P J, YE B, et al. Analytical Modeling For Transient Probe Response in Pulsed Eddy Current Testing [J]. NDT&E Int., 2009 (42): 376-383.

[62] ZHANG J H, KIM W J, YUAN M D, et al. Analytical Approach To Pulsed Eddy Current Nondestructive Evaluation of Multilayered Conductive Structures [J]. Journal of Mechanical Science and Technology, 2013, 26 (12): 3953-3958.

[63] FU F W, BOWLER J. Transient Eddy-current Driver Pickup Probe Response Due to a Conductive Plate [J]. Magnetics, IEEE Transactions on, 2006, 42 (8): 2029-2037.

[64] THEODOULIDIS T. Developments in Calculating the Transient Eddy-current Response from a Conductive Plate [J]. Magnetics, IEEE Transactions on, 2008, 44 (7): 1894-1896.

[65] 范孟豹, 曹丙花, 杨雪锋. 脉冲涡流检测瞬态涡流场的时域解析模型 [J]. 物理学报, 2010, 59 (11): 7570-7574.

[66] 范孟豹, 黄平捷, 叶波, 等. 脉冲涡流解析模型研究 [J]. 浙江大学学报 (工学版), 2009, 43 (9): 1621-1624.

[67] CHEN X L, LEI Y Z. Time-domain Analytical Solutions To Pulsed Eddy Current Field Excited by a Probe Coil Outside a Conducting Ferromagnetic Pipe [J]. NDT&E Int., 2014, 68: 22-27.

[68] PREDA G, CRANGANU-CRETU B, HANTILA F I, et al. Nonlinear FEM-BEM Formulation and Model-free Inversion Procedure for Reconstruction of Cracks Using Pulse Eddy Currents [J]. IEEE T. Magn., 2002, 38 (2): 1241-1244.

[69] THEODOULIDIS T, WANG H T, TIAN G Y. Extension of a Model For Eddy Current Inspection of Cracks to Pulsed Excitations [J]. NDT&E Int., 2012, 47: 144-149.

[70] XIE S J, CHEN Z M, TAKAGI T, et al. Development of a Very Fast Simulator for Pulsed Eddy Current Testing Signals of Local Wall Thinning [J]. NDT&E Int., 2012, 51: 45-50.

[71] 黄琛. 铁磁性构件脉冲涡流测厚理论与仪器 [D]. 武汉: 华中科技大学, 2011.

[72] LI J, WU X J, ZHANG Q, et al. Measurement of Lift-off Using the Relative Variation of Magnetic Flux in Pulsed Eddy Current Testing [J]. NDT&E Int., 2015, 75: 57-64.

[73] HUANG C, WU X J, XU Z Y, et al. Ferromagnetic Material Pulsed Eddy Current Testing Signal Modeling by Equivalent Multiple-coil-coupling Approach [J]. NDT&E Int., 2011, 44 (2): 163-168.

[74] YANG B F, LI B, WANG Y J. Reduction of Lift-off Effect for Pulsed Eddy Current NDT Based on Sensor Design and Frequency Spectrum Analysis [J]. Nondestructive Testing and Evaluation, 2010, 25 (1):

77-89.

［75］ KIWA T, KAWATA T, YAMADA H, et al. Fourier-transformed Eddy Current Technique to Visualize Cross-sections of Conductive Materials ［J］. NDT&E Int. , 2007, 40 (5): 363-367.

［76］ PARK D G, ANGANI C S, KIM G D, et al. Evaluation of Pulsed Eddy Current Response and Detection of the Thickness Variation in the Stainless Steel ［J］. IEEE T. Magn. , 2009, 45 (10): 3893-3896.

［77］ ZENG Z W, LI Y S, HUANG L, et al. Frequency-domain Defect Characterization in Pulsed Eddy Current Testing ［J］. Int. J. Appl. Electrom. , 2014, 45 (1-4): 621-625.

［78］ QIU X B, LIU L L, LI C L, et al. Defect Classification by Pulsed Eddy-current Technique Based on Power Spectral Density Analysis Combined with Wavelet Transform ［J］. IEEE T. Magn. , 2014, 50 (9): 1-8.

［79］ CHEN T L, TIAN G Y, SOPHIAN A, et al. Feature Extraction and Selection for Defect Classification of Pulsed Eddy Current NDT ［J］. NDT&E Int. , 2008, 41 (6): 467-476.

［80］ ZHANG Q, CHEN T L, YANG G, et al. Time and Frequency Domain Feature Fusion for Defect Classification Based on Pulsed Eddy Current NDT ［J］. Res. Nondestruct. Eval. , 2012, 23 (3): 171-182.

［81］ HOSSEINI S, LAKIS A A. Application of Time-frequency Analysis for Automatic Hidden Corrosion Detection in a Multilayer Aluminum Structure Using Pulsed Eddy Current ［J］. NDT&E Int. , 2012, 47: 70-79.

［82］ YANG G, TIAN G Y, QUE P W, et al. Independent Component Analysis-based Feature Extraction Technique for Defect Classification Applied for Pulsed Eddy Current NDE ［J］. Res. Nondestruct. Eval. , 2009, 20 (4): 230-245.

［83］ ZHOU D Q, TIAN G Y, ZHANG B Q, et al. Optimal Features Combination for Pulsed Eddy Current NDT ［J］. Nondestructive Testing and Evaluation, 2010, 25 (2): 133-143.

［84］ PAN M C, HE Y Z, TIAN G Y, et al. PEC Frequency Band Selection for Locating Defects in Two-layer Aircraft Structures with Air Gap Variations ［J］. IEEE T. Instrum. Meas. , 2013, 62 (10): 2849-2856.

［85］ HORAN P, UNDERHILL P R, KRAUSE T W. Pulsed Eddy Current Detection of Cracks in F/A-18 Inner Wing Spar Without Wing Skin Removal Using Modified Principal Component Analysis ［J］. NDT&E Int. , 2013, 55: 21-27.

［86］ CHEN X, HOU D B, ZHAO L, et al. Study on Defect Classification in Multi-layer Structures Based on Fisher Linear Discriminate Analysis by Using Pulsed Eddy Current Technique ［J］. NDT&E Int. , 2014, 67: 46-54.

［87］ HUANG C, WU X J. An Improved Ferromagnetic Material Pulsed Eddy Current Testing Signal Processing Method Based on Numerical Cumulative Integration ［J］. NDT&E Int. , 2015, 69: 35-39.

［88］ LI S, HUANG S L, ZENG W, et al. Improved Immunity to Lift-off Effect in Pulsed Eddy Current Testing with Two-stage Differential Probes ［J］. Russian Journal of Nondestructive Testing, 2008, 44 (2): 138-144.

［89］ HE Y Z, PAN M C, LUO F L, et al. Reduction of Lift-off Effects in Pulsed Eddy Current for Defect Classification ［J］. IEEE T. Magn. , 2011, 47 (12): 4753-4760.

［90］ YU Y T, YAN Y, WANG F, et al. An approach to reduce lift-off noise in pulsed eddy current nondestructive technology ［J］. NDT&E Int. , 2014, 63: 1-6.

［91］ BUCK J A, UNDERHILL P R, MORELLI J E, et al. Simultaneous Multiparameter Measurement in Pulsed Eddy Current Steam Generator Data Using Artificial Neural Networks ［J］. IEEE T. Instrum. Meas. , 2016, 65 (3): 672-679.

［92］ STOTT C A, UNDERHILL P R, BABBAR V K, et al. Pulsed Eddy Current Detection of Cracks in Multilayer Aluminum Lap Joints ［J］. IEEE Sens. J. , 2015, 15 (2): 956-962.

［93］ ANGANI C S, PARK D G, KIM C G, et al. The Pulsed Eddy Current Differential Probe to Detect a

Thickness Variation in an Insulated Stainless Steel [J]. J. Nondestruct. Eval., 2010, 29 (4): 248-252.

[94] MANDACHE C. Inductive and Solid-state Sensing of Pulsed Eddy Current: A Comparative Study [J]. Int. J. Appl. Electrom., 2014, 45 (1-4): 265-271.

[95] ABRANTES R F, ROSADO L S, PIEDADE M, et al. Pulsed Eddy Currents Testing Using A Planar Matrix Probe [J]. Measurement, 2016, 77: 351-361.

[96] KEERTHI S S, LIN C J. Asymptotic Behaviors of Support Vector Machines with Gaussian Kernel [J]. Neural Computation, 2003, 15 (7): 1667-1689.

[97] 张艳. 基于粒子群优化支持向量机的变压器故障诊断和预测 [D]. 成都：西华大学, 2011.

[98] HE Y Z, TIAN G Y, ZHANG H, et al. Steel Corrosion Characterization Using Pulsed Eddy Current Systems [J]. IEEE Sens. J., 2012, 12 (6): 2113-2120.

[99] GOTOH Y, HIRANO H, NAKANO M, et al. Electromagnetic Nondestructive Testing of Rust Region in Steel [J]. IEEE T. Magn., 2005, 41 (10): 3616-3618.

[100] STEFANITA C G. Magnetism Basics and Applications [M]. Heidelberg: Springer-Verlag Berlin Heidelberg, 2012.

[101] 康宜华, 武新军. 数字化磁性无损检测技术 [M]. 北京：机械工业出版社, 2006.

[102] 宋凯, 康宜华, 孙燕华, 等. 基于 U 型探头的 ACFM 和 AC-MFL 法的机理辨析 [J]. 测试技术学报, 2010, 24 (1): 67-72.

[103] 唐莺, 郭希玲, 潘孟春, 等. 不同参量对缺陷交变漏磁场影响的仿真及验证 [J]. 无损检测, 2008, 30 (9): 22-24+57.

[104] 张毅宁, 马凤铭. 管道漏磁检测中缺陷分割技术的研究 [J]. 科技信息：学术研究, 2008 (10): 11-12.

[105] 孙寅春. 基于传感器阵列的脉冲漏磁特征提取技术研究 [D]. 南京：南京航空航天大学, 2010.

[106] MOORTHY V, SHAW B A, EVANS J T. Evaluation of Tempering Induced Changes in the Hardness Profile of Case-carburised En36 Steel Using Magnetic Barkhausen Noise Analysis [J]. NDT & E International, 2003, 36 (1): 43-49.

[107] MOORTHY V, SHAW B A, HOPKINS P. Surface and Subsurface Stress Evaluation in Case-carburised Steel Using High and Low Frequency Magnetic Barkhausen Emission Measurements [J]. Journal of Magnetism & Magnetic Materials, 2006, 299 (2): 362-375.

[108] LORD A E. Acoustic Emission [J]. Physical Acoustics, 1975 (11): 289353.

[109] 王金凤, 樊建春, 全钢, 等. 磁声发射无损检测方法研究进展 [J]. 石油矿场机械, 2008, 37 (5): 72-75.

[110] WILSON J W, TIAN G Y, MOORTHY V, et al. Magneto-Acoustic Emission and Magnetic Barkhausen Emission for Case Depth Measurement in En36 Gear Steel [J]. IEEE Transactions on Magnetics, 2009, 45 (1): 177-183.

[111] O' SULLIVAN D, COTTERELL M, CASSIDY S, et al. Magneto-acoustic Emission for the Characterisation of Ferritic Stainless Steel Microstructural State [J]. Journal of Magnetism & Magnetic Materials, 2004, 2716080 (75): 381-389.

[112] AUGUSTYNIAK M, AUGUSTYNIAK B, SABLIK M, et al. The Finite Element Method Simulation of the Space and Time Distribution and Frequency Dependence of the Magnetic Field, and MAE [J]. IEEE Transactions on Magnetics, 2007, 43 (6): 2758-2760.

[113] BEACH G S, NISTOR C, KNUTSON C, et al. Dynamics of Field-driven Domain-Wall Propagation in Ferromagnetic Nanowires [J]. Nature Materials, 2005, 4 (10): 741-744.

[114] STUPAKOV A, PEREVERTOV O, LANDA M. Dynamic Behaviour of Magneto-acoustic Emission in a

Grain-oriented Steel [J]. Journal of Magnetism & Magnetic Materials, 2016 (426): 685-690.

[115] 任吉林，邬冠华，宋凯，等. 金属磁记忆检测机理的探讨 [J]. 无损检测，2002，24 (1)：29-31.

[116] Dubov A. Method of Metal Magnetic Memory-the New Trend in Engineering Diagnostics [J]. Welding in the World, 2005, 49 (9): 314-319.

[117] 万升云. 磁记忆检测原理及其应用技术的研究 [D]. 武汉：华中科技大学，2006.

[118] 任吉林，林俊明. 金属磁记忆检测技术 [M]. 北京：中国电力出版社，2000.

[119] WILSON J W, TIAN G Y, BARRANS S. Residual Magnetic Field Sensing for Stress Measurement [J]. Sensors & Actuators A: Physical, 2007, 135 (2): 381-387.

[120] DOBMANN G. Physical Basics and Industrial Applications of 3MA-Micromagnetic Multiparameter Microstructure and Stress Analysis [C]. Moskall: loth European Conference on Non-Destructive Testing, 2010.

[121] GABI Y, WOLTER B, KERN R, et al. 3MA NDT Investigation for Process Monitoring and Quality Control in Press Hardened Steel [C]. Grenoble: Symposium de Genie Electrique, 2016.

[122] 刘平. 脉冲漏磁的集成无损评估方法研究 [D]. 南京：南京航空航天大学，2010.

[123] ALEX HUBERT, RUDOLF SCHAFER. Magnetic Domains: the Analysis of Magnetic Microstructures [M]. Heidelberg: Springer-Verlag Berlin Heidelberg, 2014.

[124] 刘平安，陈希江，丁菲，等. 一种新型表面磁光克尔效应测量系统 [J]. 河南大学学报（自然科学版），2007，37 (1)：18-22.

[125] BATISTA L, RABE U, HIRSEKORN S. Magnetic Micro-and Nanostructures of Unalloyed Steels: Domain Wall Interactions with Cementite Precipitates Observed by MFM [J]. NDT & E International, 2013, 5758-5768.

[126] BATISTA L, RABE U, ALTPETER I, et al. On the Mechanism of Nondestructive Evaluation of Cementite Content in Steels Using a Combination of Magnetic Barkhausen Noise and Magnetic Force Microscopy Techniques [J]. Journal of Magnetism and Magnetic Materials, 2014, 354: 248-256.

[127] AMIRI M S, THIELEN M, RABUNG M, et al. On the Role of Crystal and Stress Anisotropy in Magnetic Barkhausen Noise [J]. Journal of Magnetism and Magnetic Materials, 2014, 372: 16-22.

[128] BETZ B, RAUSCHER P, HARTI R, et al. Magnetization Response of the Bulk and Supplementary Magnetic Domain Structure in High-permeability Steel Laminations Visualized in Situ by Neutron Dark-field Imaging [J]. Physical Review Applied, 2016, 6 (2): 024023.

[129] BETZ B, RAUSCHER P, HARTI R, et al. Frequency-induced Bulk Magnetic Domain-wall Freezing Visualized by Neutron Dark-field Imaging [J]. Physical Review Applied, 2016, 6 (2): 024024.

[130] RICHERT H, SCHMIDT H, LINDNER S, et al. Dynamic Magneto-Optical Imaging of Domains in Grain-Oriented Electrical Steel [J]. Steel Research International, 2016, 87 (2): 232-240.

[131] 张鸥，徐学东，张海，等. 16MnR 钢不同疲劳周次下"原位"磁畴组织的变化 [J]. 无损检测，2013，35 (5)：34-36.

[132] CHUKWUCHEKWA N. Investigation of Magnetic Properties and Barkhausen Noise of Electrical Steel [D]. Cardiff: Cardiff University, 2011.

[133] KLIMCZYK P. Novel Techniques for Characterisation and Control of Magnetostriction in G. O. S. S [D]. Cardiff: Cardiff University, 2012.

[134] PEREVERTOV O, SCHÄFER R. Influence of Applied Compressive Stress on the Hysteresis Curves and Magnetic Domain Structure of Grain-oriented Transverse Fe-3% Si Steel [J]. Journal of Physics D: Applied Physics, 2012, 45 (13): 135001.

[135] PEREVERTOV O, SCHÄFER R. Influence of Applied Tensile Stress on the Hysteresis Curve and Magnetic Domain Structure of Grain-oriented Fe-3% Si Steel [J]. Journal of Physics D: Applied Physics, 2014,

47 (18): 185001.

[136] DENG Y M, ZENG Z W, TAMBURRINO A, et al. Automatic Classification of Magneto-Optic Image Data for Aircraft Rivet Inspection [J]. International Journal of Applied Electromagnetics & Mechanics, 2007, 25: 375-382.

[137] 程玉华. 探测亚表面缺陷的磁-光显微成像检测技术研究 [D]. 成都: 四川大学, 2007.

[138] 蒋琦. 偏振旋光角度场测量方法及其在磁光成像中的应用研究 [D]. 南京: 南京航空航天大学, 2011.

[139] CHENG Y H, DENG Y M, BAI L B, et al. Enhanced Laser-based Magneto-Optic Imaging System for Nondestructive Evaluation Applications [J]. IEEE Transactions on Instrumentation & Measurement, 2013, 62 (5): 1192-1198.

[140] ATKINSON D, ALLWOOD D A, XIONG G, et al. Magnetic Domain-wall Dynamics in a Submicrometre Ferromagnetic Structure [J]. Nat. Mater., 2003, 2 (2): 85.

[141] KRONMÜLLER H, PARKIN S, WASER R, et al. Handbook of Magnetism and Advanced Magnetic Materials [M]. New York: John Wiley & Sons, 2007.

[142] MCCORD J. Progress in Magnetic Domain Observation by Advanced Magneto-optical Microscopy [J]. Journal of Physics D: Applied Physics, 2015, 48 (33): 333001.

[143] KUSTOV M, GRECHISHKIN R, GUSEV M, et al. A Novel Scheme of Thermographic Microimaging Using Pyro-Magneto-Optical Indicator Films [J]. Advanced Materials, 2015, 27 (34): 5017-5022.

[144] GRECHISHKIN R, CHIGIRINSKY S, GUSEV M, et al. Magnetic Nanostructures in Modern Technology [M]. Netherlands: Springer Netherlands, 2008.

[145] JOUBERT P-Y, PINASSAUD J. Linear Magneto-optic Imager for Non-destructive Evaluation [J]. Sensors and Actuators A: Physical, 2006, 129 (1): 126-130.

[146] TREVINO GARCIA D A. Magnetic Flux Leakage Sensing: Modeling & Experiments [D]. Houston: Rice University, 2015.

[147] 杨富尧, 古凌云, 何承绪, 等. 取向硅钢细化磁畴技术的研究现状及展望 [J]. 材料导报, 2015, 29 (21): 36-40.

[148] 白宝泉. 微波的应用-微波法检测 [FB/OL]. (2013-08-14). https://blog.csdn.net/zzwu/article/details/9968705.

[149] 周在杞, 周克印, 许会. 微波检测技术 [M]. 北京: 化学工业出版社, 2007.

[150] FOUDAZI A, DONNELL K M, GHASR M T. Application of Active Microwave The rmography to Delamination Detection [C] //Montevideo Uruguay: In 2014 IEEE International Instrumentation and Measurement Technology Conference, 2014.

[151] FOUDAZI A, GHASR M T, DONNELL K M. Application of Active Microwave Thermography to Inspection of Carbon Fiber Reinforced Composites [C]//In AUTOTESTCON, 2014 IEEE, 2014.

[152] PIEPER D, DONNELL K M, GHASR M T, et al. Integration of Microwave and Thermographic NDT Methods for Corrosion Detection [J]. AIP Conference Proceedings, 2014, 1581 (1): 1560-1567.

[153] PALUMBO D, ANCONA F, GALIETTI U. Quantitative Damage Evaluation of Composite Materials with Microwave Thermographic Technique: Feasibility and New Data Analysis [J]. Meccanica, 2015, 50 (2): 443-459.

[154] 雷洁. 金属表面缺陷的微波无损检测研究 [D]. 西安: 西安电子科技大学, 2014.

[155] QADDOUMI N, KHOUSA M A, SALEH W. Near-field Microwave Imaging Utilizing Tapered Rectangular Waveguides [C] //In Instrumentation and Measurement Technology Conference, 2004. IMTC 04. Proceedings of the 21st IEEE, 2004.

[156] ABOU-KHOUSA M, SALEH W M, QADDOUMI N N. Near-field Microwave Imaging Utilizing Tapered Rectangular Waveguides [J]. IEEE Transactions on Instrumentation and Measurement, 2006, 55 (5): 1752-1756.

[157] BIN SEDIQ A S, QADDOUMI N. Near-field Microwave Image Formation of Defective Composites Utilizing Open-ended Waveguides with Arbitrary Cross Sections [J]. Compos. Struct., 2005, 71 (3-4): 343-348.

[158] GHASR M T, POMMERENKE D, KHARKOVSKY S, et al. Rapid Rotary Scanner and Portable Coherent Wideband Q-Band Transceiver for High-Resolution Millimeter-Wave Imaging Applications [J]. IEEE Transactions on Instrumentation and Measurement, 2011, 60 (1): 186-197.

[159] ZOUGHI R. Microwave Non-Destructive Testing and Evaluation Principles [M]. Netherlands: Springer Netherlands, 2000.

[160] GAO B, ZHANG H, WOO W L, et al. Smooth Nonnegative Matrix Factorization for Defect Detection Using Microwave Nondestructive Testing and Evaluation [J]. IEEE Transactions on Instrumentation and Measurement, 2014, 63 (4): 923-934.

[161] ZHANG H, GAO B, TIAN G Y, et al. Metal Defects Sizing and Detection Under Thick Coating Using Microwave NDT [J]. NDT&E Int., 2013, 60 (2): 52-61.

[162] KOMPASS R. A Generalized Divergence Measure for Nonnegative Matrix Factorization [J]. Neural Computation, 2007, 19 (3): 780-791.

[163] GAO B, WOO W L, DLAY S S. Variational Regularized 2-D Nonnegative Matrix Factorization [J]. IEEE Transactions on Neural Networks and Learning Systems, 2012, 23 (5): 703-716.

[164] ZHANG H, GAO B, TIAN G Y, et al. Spatial-Frequency Spectrum Characteristics Analysis with Different Lift-Offs for Microwave Nondestructive Testing and Evaluation Using Itakura-Saito Nonnegative Matrix Factorization [J]. IEEE Sens. J., 2014, 14 (6): 1822-1830.

[165] ZHANG H. Radio Frequency Non-destructive Testing and Evaluation of Defects Under Insulation [D]. Newcastle: Newcastle University, 2014.

[166] ZHANG H, HE Y Z, GAO B, et al. Evaluation of Atmospheric Corrosion on Coated Steel Using K-Band Sweep Frequency Microwave Imaging [J]. IEEE Sens. J., 2016, 16 (9): 3025-3033.

[167] MA Y T, LI Y, WANG F H. The Atmospheric Corrosion Kinetics of Low Carbon Steel in a Tropical Marine Environment [J]. Corros. Sci., 2010, 52 (5): 1796-1800.

[168] 姚毅. 金属管道缺陷的微波检测 [J]. 自动化与仪器仪表, 2003 (4): 51-53.

[169] 姚毅. 微波在检测技术中的应用 [A]. 2008' "先进集成技术" 院士论坛第二届仪表、自动化与先进集成技术大会论文集 [C], 2008.

[170] 杨晨. 压力管道的微波无损检测技术研究 [D]. 太原: 太原理工大学, 2012.

[171] JONES R E. Use of Microwaves for the Detection of Corrosion Under Insulation [D]. London: Imperial College London, Department of Mechanical Engineering, 2012.

[172] JONES R E, SIMONETTI F, LOWE M J, et al. Use of Microwaves for the Detection of Water as a Cause of Corrosion Under Insulation [J]. J. Nondestruct. Eval., 2012, 31 (1): 65-76.

[173] 李巍. 基于 ANN 的探地雷达浅层目标识别与电性能参数的反演 [D]. 南昌: 南昌大学, 2012.

[174] 杨廷怡. 探地雷达信号处理的研究与应用 [D]. 成都: 电子科技大学, 2014.

[175] 屈乐乐, 方广有, 杨天虹. 压缩感知理论在频率步进探地雷达偏移成像中的应用 [J]. 电子与信息学报, 2011, 33 (1): 21-26.

[176] 舒志乐. 隧道衬砌内空洞探地雷达探测正反演研究 [D]. 重庆: 重庆大学, 2010.

[177] 向伟. 基于探地雷达城市地下空间图像的探测识别研究 [D]. 长沙: 湖南大学, 2014.

[178] 陈理庆. 雷达探测技术在结构无损检测中的应用研究 [D]. 长沙: 湖南大学, 2008.

[179] SBARTAÏ Z M, LAURENS S, BALAYSSAC J P, et al. Ability of the Direct Wave of Radar Ground-coupled Antenna for NDT of Concrete Structures [J]. NDT&E Int., 2006, 39 (5): 400-407.

[180] KLYSZ G, BALAYSSAC J P. Determination of Volumetric Water Content of Concrete Using Ground-penetrating Radar [J]. Cement and Concrete Research, 2007, 37 (8): 1164-1171.

[181] 蒋诚. 地下管道周边介质缺陷的探地雷达实测研究 [D]. 长沙: 湖南大学, 2014.

[182] VRANA J, GOLDAMMER M, BAILEY K, et al. Induction and Conduction Thermography: Optimizing the Electromagnetic Excitation Towards Application [J]. Review of Quantitative Nondestructive Evaluation, 2009, 28: 518-525.

[183] WILSON J, TIAN G Y, ABIDIN I Z, et al. PEC Thermography for Imaging Multiple Cracks from Rolling Contact Fatigue [J]. NDT&E International, 2011, 44: 505-512.

[184] MALDAGUE X P. Theory and Practice of Infrared Technology for Nondestructive Testing [M]. New York: John Wiley & Sons, 2001.

[185] VAGESWAR A, BALASUBRAMANIAM K, KRISHNAMURTHY C V. Wall Thinning Defect Estimation Using Pulsed IR Thermography in Transmission Mode [J]. Nondestructive Testing and Evaluation, 2010, 25 (4): 333-340.

[186] SUN J G. Analysis of Pulsed Thermography Methods for Defect Depth Prediction [J]. J. Heat Trans., 2006, 128: 329-338.

[187] SHEPARD S M, LHOTA J R, AHMED T. Flash Thermography Contrast Model Based on IR Camera Noise Characteristics [J]. Nondestructive Testing & Evaluation, 2007, 22 (2-3): 113-126.

[188] YANG R Z, HE Y Z, GAO B, et al. Lateral Heat Conduction Based Eddy Current Thermography for Detection of Parallel Cracks and Rail Tread Oblique Cracks [J]. Measurement, 2015, 66: 54-61.

[189] WANG Y Z, GAO B, TIAN G Y, et al. Diffusion and Separation Mechanism of Transient Electromagnetic and Thermal Fields [J]. Int. J. Therm. Sci., 2016, 102: 308-318.

[190] KRAUSE T W, MANDACHE C, LEFEBVRE J H V. Diffusion of Pulsed Eddy Currents in Thin Conducting Plates [J]. AIP Conference Proceedings, 2008, 975 (1): 368-375.

[191] AAGANI C S, PARK D G, KIM C G, et al. Pulsed Eddy Current Differential Probe to Detect the Defects in a Stainless Steel Pipe [J]. J. Appl. Phys., 2011, 109 (7): 3455.

[192] SCHÖNBERGER A, VRTANEN S, GIESE V, et al. Non-destructive Evaluation of Stone-impact Damages Using Pulsed Phase Thermography [J]. Corrosion Science, 2012, 56: 168-175.

[193] IBARRA-CASTANEDO C, MALDAGUE X. Pulsed Phase Thermography Reviewed [J]. Quant. Infr. Therm. J., 2004, 1 (1): 47-70.

[194] RIEGERT G. Lockin and Burst-phase Induction Thermography for NDE [J]. Quant. Infr. Therm. J., 2006, 3 (2): 141-154.

[195] SHEPARD S M, LHOTA J R, RUBADEUX B A, et al. Reconstruction and Enhancement of Active Thermographic Image Sequences [J]. Opt. Eng., 2003, 42 (5): 1337-1342.

[196] HE Y Z, YANG R Z, ZHANG H, et al. Volume or Inside Heating Thermography Using Electromagnetic Excitation for Advanced Composite Materials [J]. Int. J. Therm. Sci., 2017: 111, 41-49.

[197] CHENG L, TIAN G Y. Surface Crack Detection for Carbon Fiber Reinforced Plastic (CFRP) Materials Using Pulsed Eddy Current Thermography [J]. IEEE Sens. J., 2011, 11 (12): 3261-3268.

[198] GAO J B, HU J, TUNG W W. Entropy Measures for Biological Signal Analyses [J]. Nonlinear Dynamics, 2012, 68 (68): 431-444.